实用电子技术丛书

光电器件基础与应用

彭 军 编著

科 学 出 版 社

北 京

内 容 简 介

本书介绍半导体光电器件的基本知识及最新应用。内容分为两大部分，第一部分介绍各种半导体发光、受光器件的基本知识，以及在传感技术、测量技术中的应用；第二部分主要介绍以OPIC为代表的、发光器件与受光器件的组合应用，例如光耦合器、光断续器、固体继电器、IrDA器等。

本书内容与时俱进，实用性强，可以作为半导体器件、光电子、传感技术等专业本科生、研究生的教学参考书，也可供相关领域工程技术人员参考。

图书在版编目（CIP）数据

光电器件基础与应用/彭军编著. —北京：科学出版社，2009（2021.1重印）
（实用电子技术丛书）
ISBN 978-7-03-024508-3

Ⅰ.光… Ⅱ.彭… Ⅲ.半导体器件：光电器件 Ⅳ.TN36

中国版本图书馆CIP数据核字（2009）第065277号

责任编辑：杨 凯 / 责任制作：董立颖 魏 谨
责任印制：张 伟 / 封面设计：李 力
北京东方科龙图文有限公司 制作
http://www.okbook.com.cn

科 学 出 版 社 出版
北京东黄城根北街16号
邮政编码：100717
http://www.sciencep.com
北京凌奇印刷有限责任公司 印刷
科学出版社发行 各地新华书店经销

*

2009年6月第 一 版 开本：B5（720×1000）
2021年1月第七次印刷 印张：20 1/2
字数：398 000

定 价：57.00 元

（如有印装质量问题，我社负责调换）

前　言

半导体光电器件的发展不但促进了传感技术的飞速发展，而且在光电子技术中展现出了无限的应用潜力。在电子技术突飞猛进的同时，光电子技术已经在AV设备、计算机周边设备以至于信息通信、自动控制等领域得到了广泛的应用。最近，作为信息大容量化、高速化、网络化及节能化的关键器件，光电子器件的应用领域不断地在扩展。进入21世纪以来，光电子技术的应用进一步拓展，在数字家电、高密度磁盘、移动/信息通信，甚至于在车载电子器件等许多领域内引起巨大的变革。

本书内容分为两大部分，第一部分介绍各种半导体发光、受光器件的基本知识，以及在传感技术、测量技术中的应用。第二部分主要介绍以OPIC为代表的、发光器件与受光器件的组合应用，例如光耦合器、光断续器、固体继电器、IrDA器等。

本书在介绍光电器件的原理、基本特性的同时，列举了大量具体的应用电路实例，重点介绍部件的选择、制作上的要点等临场技术技巧。通过大量光电器件的应用实例，向读者揭示光电器件最先进的使用方法，以使读者能够活学活用。

本书内容与时俱进，实用性强，可以作为半导体器件、光电子、传感技术等专业本科生、研究生的教学参考书，也可供相关领域工程技术人员参考。真诚希望创造新世纪的技术开发者和设计者，能够从本书中受益。

最后，谨向在编写本书过程中所参考、引用的文献、书籍的著译者表示谢意，同时对在本书的策划、编辑、出版过程中给予大力支持和指导的科学出版社东方科龙电子电工编辑部杨凯先生，以及各位工作人员表示诚挚的感谢。

编著者

目　录

第1章 可见光发光二极管

20 世纪 60 年代后期，首先实用化的红光可见光发光二极管(可见光 LED)由于长寿命、低功耗、体积小、驱动电压低等特点，开始取代小型灯泡并且迅速得到广泛应用。由于上述特点，使发光二极管容易利用晶体管或者 IC 直接驱动，因而在各种电子设备发展的同时，作为 LED 指示灯、数字显示等以显示为目的的人机接触器件，已经是不可缺少的了。

大约经过了 30 年，开发出了蓝色 LED，使得利用固态半导体实现 RGB 三元色全彩色显示，在整个可见光范围表现各种光成为可能，这也促进固态光源的进一步开发研究。使用蓝光和荧光体的白色 LED 已经实用化。这个技术的产生不仅对半导体产业界，对处理荧光体的化学药品业界也是很强的刺激。现在已经扩展到全彩色电光显示板、手机照相用的闪光灯光源、彩色液晶的背光等要求具有良好重复性的领域。对于普通照明 LED 的高辉度化、高效化的开发研究也在进行中。人们可以期待今后将会开发出各种用途的新型的发光器件取代以往的光源。

红外光 LED 在遥控器等应用方面有很长的历史。近年来，由于紫外光域 LED 的开发，使得 LED 的应用从单纯的认识光源迅速地向功能器件扩展。在许多方面呈现出应用潜力：

(1) 紫外 LED 与氧化钛催化剂结合的连续脱臭装置。

(2) 使用任意波长的 LED 光源抑制或促进植物的生长。

(3) 使用任意波长的 LED 的光源促进鱼介类生长或选择性捕鱼。

(4) 抑制昆虫飞散的可见光照明。

(5) 控制 R、G、B 的 LED 发光的演出照明装置。

(6) 利用分别驱动 R、G、B 的颜色变化的模糊指示器。

(7) 液晶光闸与 R、G、B 分别驱动的 LED 背光组合构成的全色显示 TV。

(8) 医疗用照明光源(UV＋荧光体)内视镜、腹腔镜、光治疗器、手术用照明光源等。

(9) 使用紫外 LED 的冷藏库内制冰机防霉装置。

这些用途巧妙地利用了与自然界的光和色不同的波长分布特性的 LED 的特点。

1.1　可见光发光二极管的工作原理

发光二极管(LED:Light Emitting Diode)是一种 PN 结半导体器件,通过电流从 p 型一侧流向 n 型一侧,产生高效率的发光。

发光波长(颜色)由半导体的材料、结构,以及掺入的杂质等因素决定,一般来说发光的输出与流过 pn 结的电流成比例。如图 1.1 所示,当 pn 结加正向电压,即阳极(p 型区一侧)加正电压,阴极(n 型区一侧)加负电压时,p 型区的空穴会穿过 pn 结向 n 型区移动,而 n 型区的自由电子会穿过 pn 结向 p 型区移动。在这个过程中,自由电子与空穴的一部分会因复合而消失,自由电子和空穴所具有的能量将以光的形式自然放出。这种光的波长大体上由 pn 结处的禁带宽度来决定。禁带宽度越大波长越短,禁带宽度越小波长越长。就是说发光的波长,即"色"取决于材料的性质。而 p 区与 n 区发光的比例则由发光二极管的材料、结构以及掺入的杂质等因素决定。

发光二极管与电灯之类相比,具有以下优点:

(1) 能够连续发光 5 万小时以上。

(2) 消耗功率低。

(3) 发热量微小。

(4) 发光范围可以从红外到紫外。

近年来,随着蓝光 LED 的实用化,所谓光的三元色[红(R)、绿(G)、蓝(B)]业已齐全,因而发光二极管的用途已经急速地扩展到全彩色显示、交通信号等领域。而且正在取代传统的白炽灯向照明领域扩展。照片 1.1 示出了实际的发光二极管照明灯,图 1.2 示出它的结构。

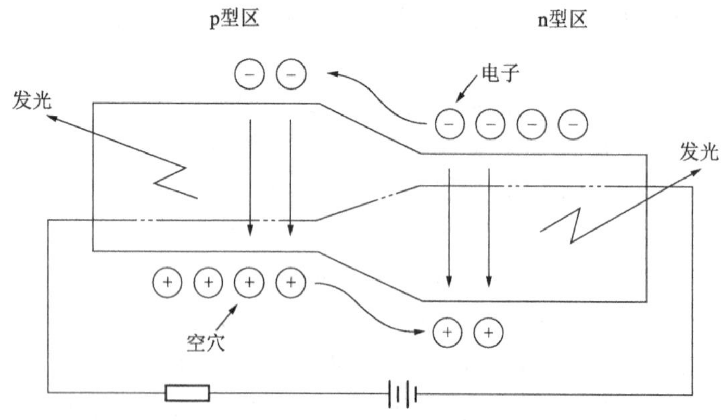

图 1.1　发光二极管的发光原理

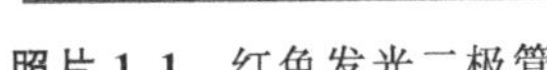

照片 1.1 红色发光二极管

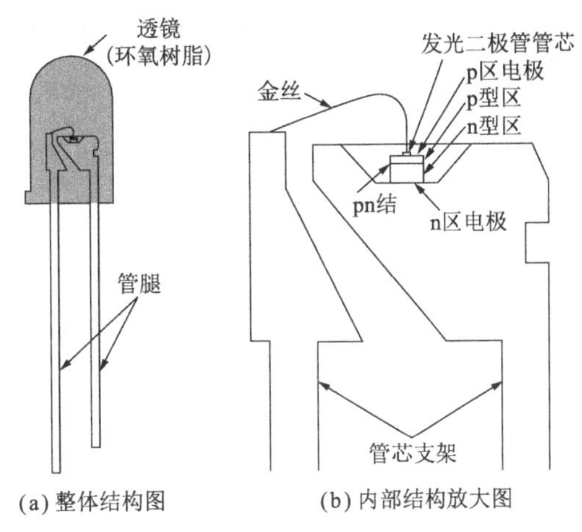

图 1.2 发光二极管的结构

1.2 可见光发光二极管使用的半导体材料及结构

实用上最重要的半导体发光器件的材料主要是位于化学元素周期表的Ⅲ族和Ⅴ族元素的化合物。下面介绍主要的化合物半导体。

(1) GaAs:GaAs 是Ⅲ-Ⅴ族化合物中研究最多、最深入的半导体材料。而且也是能够得到的结晶性能最良好的单晶材料。它用作红外线发光器件材料。

(2) GaP:GaP 是间接带隙型半导体,不过它能够以低电流/高效率发光,而且是一种能够发出从红色到黄绿色光的材料。

(3) GaAsP:GaAs1-xPx(x 是混晶比,表示材料中 As 与 P 的比例,两者之和为 1)是 GaAs 与 GaP 的混晶体。用气相外延法可以比较容易地批量生产出质量优良的单晶体。发光颜色有黄色、橙色。

(4) AlGaAs:是一种能够发出高辉度红光的材料。是 GaAs 与 AlAs 的混晶体,也能够作为半导体激光器材料使用。

(5) AlGaInP:近年来,由于气相生长技术的成熟提高了发光强度,因而这种材料的使用量迅速增加。通过改变 Al 与 Ga 的混晶比,可以发出从红色到绿色的光。

(6) InGaN:由于 InGaN 也能得到高的发光强度,因而近年来的使用量迅速增加。通过改变 In 与 Ga 的混晶比,可以发出从黄色到紫外的光。

表 1.1 列出使用各种材料制作的典型的发光二极管的光学、电学特性。图 1.3 示出 AlGaInP 系 LED 的结构示意图。图 1.3(a)是普通结构;图 1.3(b)是在电极下方设置有电流阻挡层,目的是阻挡无效电流流过;图 1.3(c)是限制发光部分、增加电流密度,以获得高辉度的结构。图 1.3(b)、(c)所示结构的制造过程是在中断外延结晶生长后,从反应器中取出衬底,经加工后再次将衬底放入反应器中进行外延生长获得的。

表 1.1　发光材料与发光颜色

管芯材料		pn 结形成方法	发光颜色	峰值发光波长(nm)	外部发光效率(%)	发光强度(mcd)	驱动电流(mA)	驱动电压(V)	禁带宽度(eV)
发光层	衬底								
GaP (Zn,O)	GaP	液相生长	红	700	～4	40	5	2	2.26
$Ga_{0.65}Al_{0.35}As$(DDH)	GaAlAs	液相生长	红	660	～15	5000	20	1.9	1.9
$Ga_{0.65}Al_{0.35}As$(DH)	GaAs	液相生长	红	660	～7	2500	20	1.9	1.9
$Ga_{0.65}Al_{0.35}As$(SH)	GaAs	液相生长	红	660	～3	1200	20	1.8	1.9
$GaAs_{0.35}P_{0.65}$	GaP	气相外延扩散	红	635	0.6	600	20	2	1.95
$GaAs_{0.15}P_{0.85}$	GaP	气相外延扩散	黄	585	0.2	600	20	2	2.1
$(Al_{0.05}Ga_{0.95})_{0.5}In_{0.5}P$	GaAs	MOCVD*	红	647	～8	6000	20	2.1	1.92
$(Al_{0.20}Ga_{0.80})_{0.5}In_{0.5}P$	GaAs	MOCVD*	橘黄	609	～4.5	10000	20	2.1	2.04
$(Al_{0.30}Ga_{0.70})_{0.5}In_{0.5}P$	GaAs	MOCVD*	黄	591	～3	8000	20	2.1	2.1
$(Al_{0.45}Ga_{0.55})_{0.5}In_{0.5}P$	GaAs	MOCVD*	绿	560	～0.2	1000	20	2.1	2.2
GaP(N)	GaP	液相生长	绿	565	0.2	1000	20	2	2.26
$In_{0.45}Ga_{0.55}N$	蓝宝石 SiC	MOCVD*	绿	520	～3	10000	20	3.5	2.38
$In_{0.2}Ga_{0.8}N$	蓝宝石 SiC	MOCVD*	蓝	465	～4	3000	20	3.6	2.67
$In_{0.10}Ga_{0.90}N$	蓝宝石 SiC	MOCVD*	蓝紫	405	～8	—	20	3.7	3.06

* MOCVD:金属有机物化学气相淀积法。

图 1.4 是能够得到蓝色、绿色的高辉度发光的 InGaN 系 LED 的结构示意图。图 1.4(a)是使用蓝宝石衬底的结构,图 1.4(b)是使用 SiC 衬底的结构。为了提高光的取出效率,也有提出在各自的衬底中,将发光层与衬底倒置的结构方案。由于蓝宝石衬底和 SiC 衬底与 InGaN/GaN 的晶格不匹配,所以为了生长出发光特性优良的高质量的结晶材料,还需要进一步采用缓冲层等的结晶生长方法。

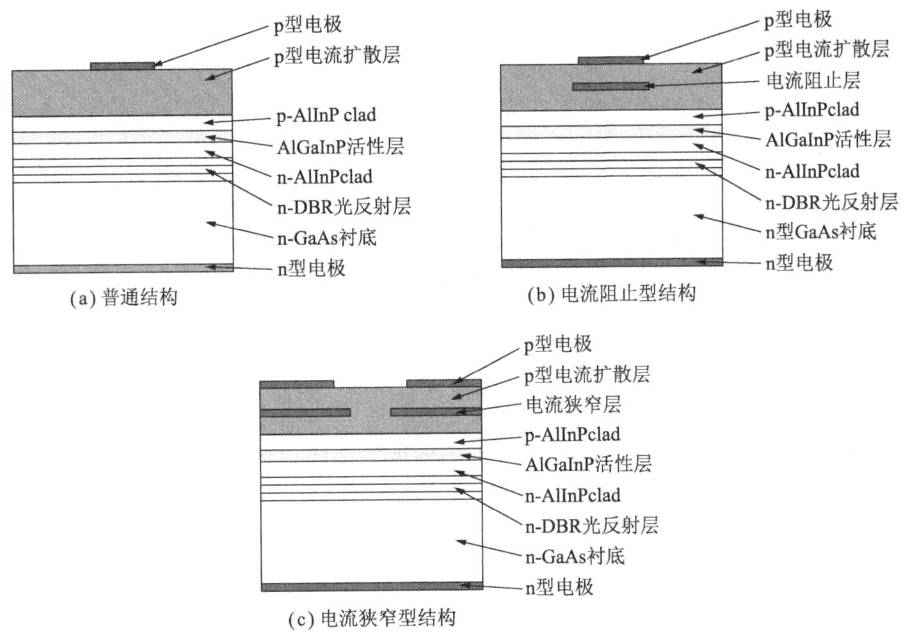

图 1.3　AlGaInP 系高辉度 LED 的结构示意图

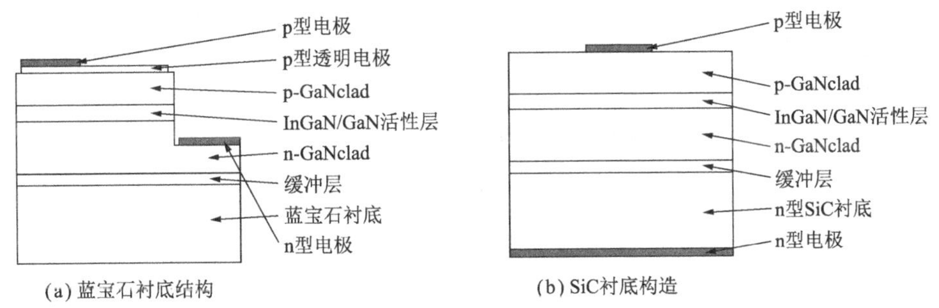

图 1.4　InGaN 系高辉度 LED 的结构示意图

1.3　可见光发光二极管的特性

1.3.1　绝对最大额定值

绝对最大额定值一般来说有如下各项规定：

(1) 容许损耗：附有与环境温度相关的降低曲线。

(2) 正向电流：附有与环境温度相关的降低曲线。

(3) 正向峰值电流：规定有脉冲宽度、占空比，另外，还规定有以占空比为参数的相关曲线。

(4) 反向电压。

(5) 工作温度。

(6) 保存温度。

(7) 焊接温度。

所谓绝对最大额定值意味着在规定条件下(主要是环境温度),无论什么场合都不能超过的额定值。在使用时必须注意这一点。这也是所有半导体器件共通的概念。注意到这一点,只要在额定值范围以内使用,就不会损坏器件。为了充分发挥半导体器件的长寿命和高可靠性,合理的使用值应该是在低于额定值的一定范围。特别是对于(1)~(4)项,使用值通常都是不到额定值的60%。

1.3.2 电流-电压特性

在正方向上呈现出普通的二极管特性。就是说,即使电压加至上升点,也几乎没有电流流过;而当电压超过上升点时,则呈现出欧姆性的导通特性。

不同结晶材料的上升点各不相同,对于GaAs约为1.0V,GaAsP和GaAlAs大约是1.5V(实际上,由于是混晶体,所以多少有些差异),GaP(红色)是1.8V,而GaP约为2.0V,InGaN(蓝色、绿色)则超过3.0V。

当电流开始流动时,由于存在内部电阻而产生电压降。这个值在推荐的工作电流范围内,大约是0.3~0.5V。

在反向情况下与普通的二极管也没有什么不同。反向击穿电压大约在十几伏至几十伏的范围。不过由于与使用条件有关,所以通常只规定了3~4V的反向电压下的漏电流。

图1.5示出一例发光二极管的电压-电流特性。

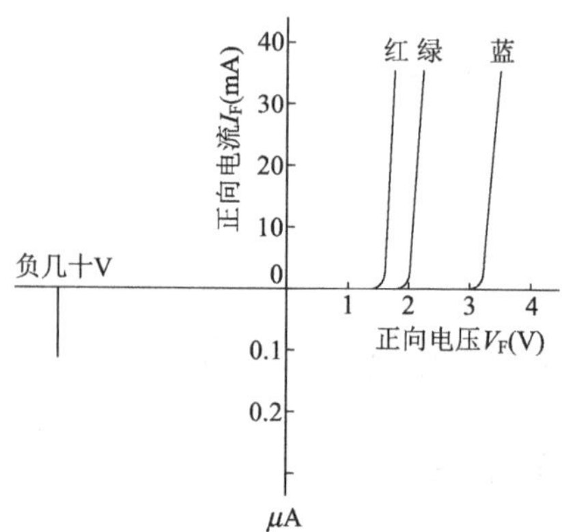

图1.5 发光二极管的电压-电流特性

1.3.3 环境温度与容许工作电流

当正向电流流过二极管的pn结时,由于损耗,结区会发热。如果LED芯片的周围覆盖有树脂,那么这些热量将沿LED芯片→黏合剂→引线的路径散发出去。但是在各个部分以及接触部分会妨碍这些热量的散发,就是说具有热阻。热阻由发光二极管的器件形态、结构、大小、材质等因素所决定，是固有值。

如果有热阻为 R_{th}(℃/W)的发光二极管器件工作时消耗的功率是 P(W)，那么这时在结区温度的上升为 R_{th}(℃/W)×P(W)＝ΔT(℃)。设环境温度为 T_a(℃)，那么结区温度 T_j(℃)就可表示为

$$T_j = T_a + \Delta T$$

因此，为了不使结区温度超过绝对最大额定值，必须遏止环境温度的升高以降低结区温度的上升。换句话说，器件工作时，要减小环境温度升高的功率消耗，这就是说，必须减小工作电流。这个关系用曲线图表示，就是环境温度-容许电流特性。图 1.6 示出一例这种特性。

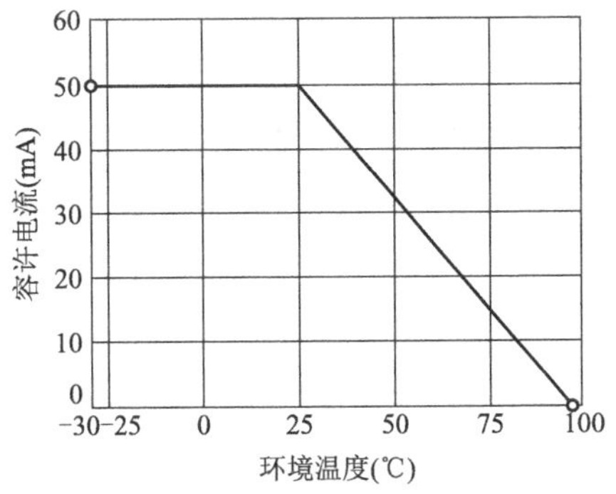

图 1.6 环境温度-容许电流特性

1.3.4 发光强度-正向电流特性

发光二极管基于流过正向电流而发光。在流过额定以内电流值的情况下，发光强度大约与电流成比例。图 1.7 示出一例。由于使用的发光材料不同，它上升的斜率会变化，直线性也会变化。

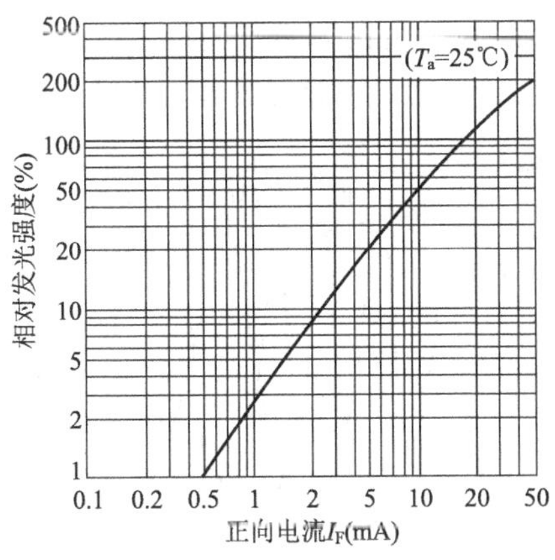

图 1.7 发光强度-正向电流特性

1.3.5　发光强度-环境温度特性

一般来说，发光强度具有图1.8所示的温度依赖性。这是由于发光复合几率具有温度依赖性的缘故。正因为这样，如果消耗功率大使结区温度上升，那么按照图1.8的特性，发光强度将会下降，这时发光强度不再与电流呈比例关系，而呈现出热饱和现象。为了避免这个问题的发生，在响应速度快的二极管中采用脉冲驱动的方法，以便在不提高平均功率的条件下获得高的发光强度。

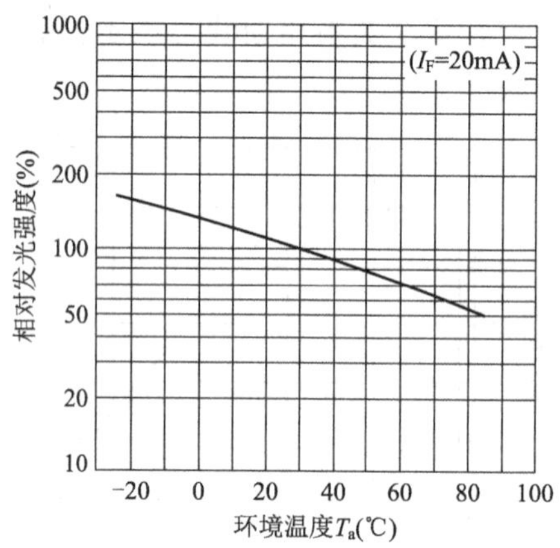

图1.8　发光强度-环境温度特性

1.3.6　发光谱

发光二极管发射光的波长，与上升电压一样，由晶体的种类决定。图1.9示出各种发光二极管的发光谱。近年来，发光色从红外到紫外已经进入多色化。光谱是单一的峰值，与发光峰对应大致呈现对称形状。

与峰值相对发光强度的50%的波长范围称为光谱半高宽。Ⅲ-Ⅴ族化合物系材料中，光谱半高宽通常是在30～50nm左右。如果光谱的半高宽比较宽，会使人眼产生模糊不清的感觉，从而减少刺激。不过在半高宽狭窄的场合，能看到敏锐的色彩。

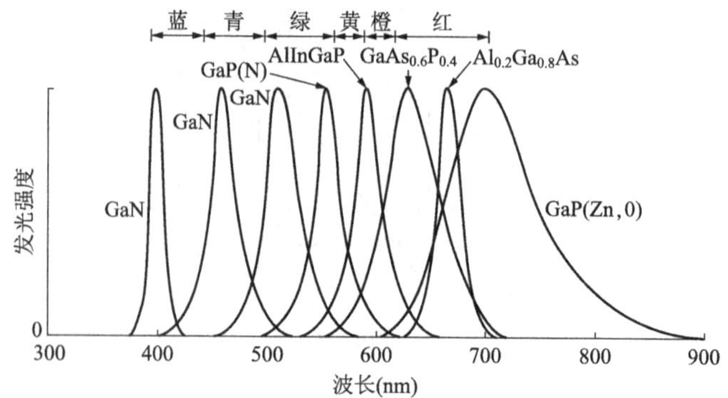

图1.9　发光二极管的发光谱

1.3.7 方向性

发光二极管的发光强度会因树脂透镜的形状和方向而不同。图 1.10 示出一例方向特性。图中是以最大的发光强度为基准，示出不同方向角的发光强度的相对值。光源附有透镜时，通过对透镜和芯片位置的设计，即使发光强度相同的管芯，由于采用具有棱镜效果的形状而具有方向性，能够增强正面方向上的相对发光强度。相对发光强度为峰值的 50% 的光轴偏离角称为方向半值角，该角度越小，表示方向性越尖锐。

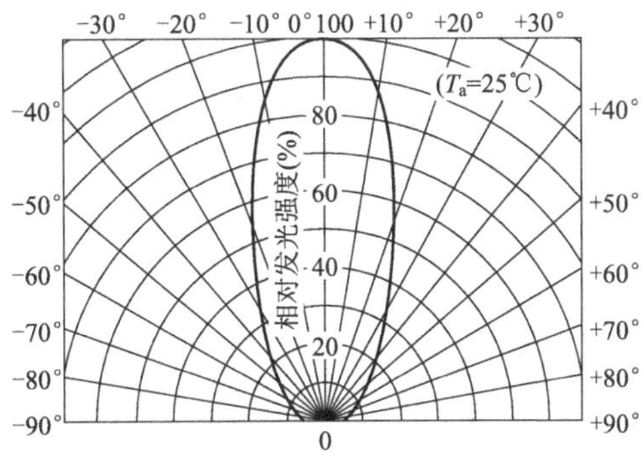

图 1.10 方向特性

1.3.8 响应特性

从电流流过发光二极管到管芯发光所需要的时间叫做响应速度。

目前一般的发光二极管的响应速度大约是 1μs 左右，不过已经在开发 10ns 以内的通信用高速 LED。

1.4 可见光发光二极管的基本使用方法

LED(发光二极管)由于体积小而且能够以小电流产生足够的发光强度，因而广泛用作电源指示等各种指示灯。

1.4.1 如何使可见光发光二极管发光

LED 是二极管的一种，它与整流二极管相同，电流只能在单一方向上流动。把"＋"(正)端叫做阳极(A)，"－"(负)端叫做阴极(K)。相反方向上没有电流流动。即使在正向上，如果电压没有超过某一定值，也没有电流流动。只是当超过该值时才有大电流流动。这个电压叫做上升电压或者正向电压(V_F)。

这个正向电压因发光色不同而有差异(见表 1.2)。因此，为了使 LED 发光，最低限度需要具有正向电压以上的电源电压。为了使 LED 发出适当的光，所要求的正向电流因器件种类的不同而异，一般大约是20mA左右。

表1.3列出几种典型的发光二极管(LED)的参数例。

表1.2　LED的正向电压

颜色	正向电压(V_F)
红、橙、黄绿	约1.8～2.1V
绿、蓝、白	约3.2～4.2V

表1.3　发光二极管(LED)的参数例

型号	TLS123	TLY123	TLO123	TLG123A	GL3BC402B0S1	TLN115A
颜色	红	黄	橙	绿	蓝	红外线
推荐电流	10～15mA	10～15mA	10～15mA	10～15mA	10～15mA	50mA
V_F/mA	2.05V/20mA	2.05V/20mA	2.05V/20mA	2.15V/20mA	3.6V/20mA	1.33V/50mA
发光波长	635nm	585nm	610nm	565nm	465nm	950nm
发光材料	GaAsP	GaAsP	GaAsP	GaP	InGaN	GaAs

1.4.2　基本驱动电路

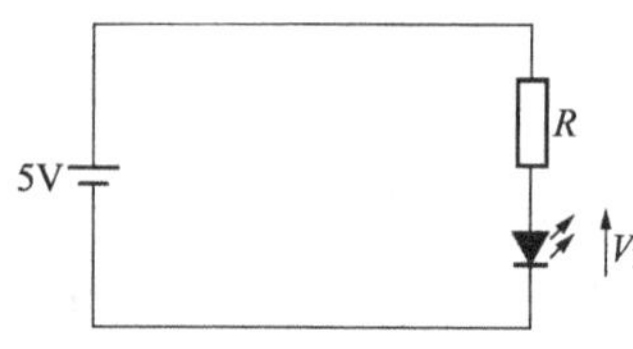

图1.11　LED的基本驱动电路

这里以图1.11所示的电路为例，使用5V的电源，求LED发光时所连接的电阻值。当没有接入这个电阻时，如果电源电压稍有上升就会流过大电流，会引起LED辉度的变化，甚至导致LED的劣化。由于电源是5V，在电流流过LED的状态下，LED两端保持V_F。在$V_F=2V$的LED的场合，限流电阻R两端的电压为

$$5-V_F=5-2=3(V)$$

由于希望流过LED的电流是20mA，按照欧姆定律，R为

$$R=E/I=3\div 0.02=150(\Omega)$$

1.4.3　调光方法

调光就是对发光二极管的辉度进行调整。所谓辉度就是当从某方向看光源时，用从该方向看到的光源的视在面积除以该方向发光强度的值。

LED的辉度需要按不同的用途进行调整。调整LED辉度的方法有两种，一种是利用电流调整的方法，另一种是基于脉宽调制的方法。

(1) 基于电流值的方法：LED的辉度通过改变正向电流值而进行调整。图1.12再次示出发光强度-正向电流特性。

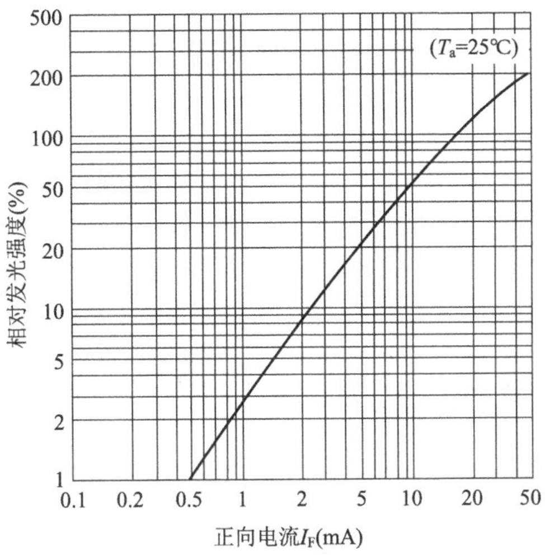

图 1.12 发光强度-正向电流特性

(2) 基于脉宽调制的方法：给 LED 设置开关，开关以比人眼能够感觉到的速度还快的速度进行开关动作，这样看到的就是不间断的发光。但是实际上电流是重复地时通时断着，因而能够通过改变电流流动和中断的时间调整辉度。辉度与电流流过的时间的长短成比例(图 1.13)。

另外，即使相同的 LED 产品，其正向电压-正向电流特性在参数规格的范围内会有差别的。因此，即使相同的产品加相同的电压，流过的电流也未必完全相同，发出的光亮也会有差异。因而在以并联方式连接使用 LED 的场合，必须充分注意到这一点。在并联 LED 的场合，推荐图 1.14 所示的电路。如图所示，利用电阻器调整加在各个 LED 上的电压，就能够减小它们之间的辉度差异。

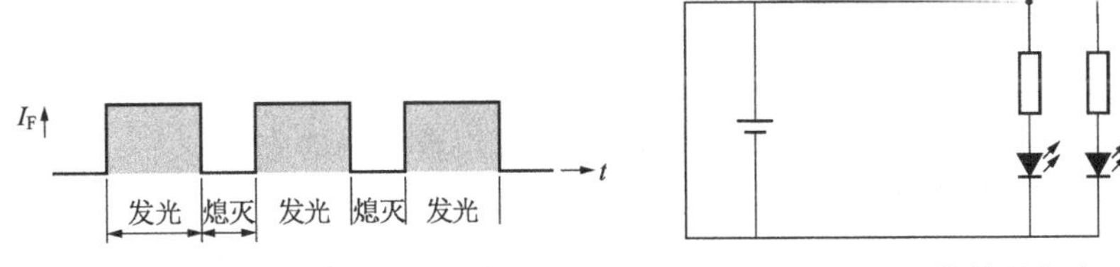

图 1.13 利用脉宽调制方法调节辉度　　**图 1.14** LED 的并联电路

对于蓝色和绿色的 GaN 系发光二极管中抗过电压和浪涌能力差的品种，应该设置图 1.15 中示出的保护电路。图 1.16 示出设置了保护电路情况下的电流-电压特性。

由于使用了齐纳二极管，使得不论正向也好反向也好，都不会有大于某特定值的电压加在 LED 上，从而起到了保护作用。最近的 GaN 系发光二极管中，有的产品将保护电路内藏在管壳内，另外还开发出了抗浪涌能力强的产品。

图 1.15　利用齐纳二极管保护 LED

图 1.16　设置保护电路情况下的电流-电压特性

1.5　可见光发光二极管的应用例

可见光发光二极管(LED)作为钨丝灯的替代品，其应用以室内指示灯为主。但是，近年来随着这种产品的高辉度化，作为在室外和车载用显示器件已经得到广泛应用，同时作为钨丝灯和卤灯的替代品，也已经大量用作传真通讯等 OA 设备的光源。

1.5.1　LED 在便携式电话中的应用

便携式电话在下列场合使用 LED：

(1) 液晶显示器的背光灯或者正面光灯。

(2) 键背光灯。

(3) 闪光灯。

(4) 状态显示灯。

图 1.17 和图 1.18 示出(1)的典型结构示意图和组件化时的结构图。LED 管芯发出的光效率高，而且可以在宽角度上沿一个方向发出辉度均匀的光，因而能够得到明亮的液晶画面。

关于用 LED 发白光的方法，实用化的有如下三种：

(1) 将三原色的 R、G、B 三种 LED 芯片组合封装的方法。

(2) 用蓝紫色 LED 芯片激励发 R、G、B 光的荧光体的方法。

(3) 蓝色 LED 与利用它激励的黄色荧光体组合封装的方法。

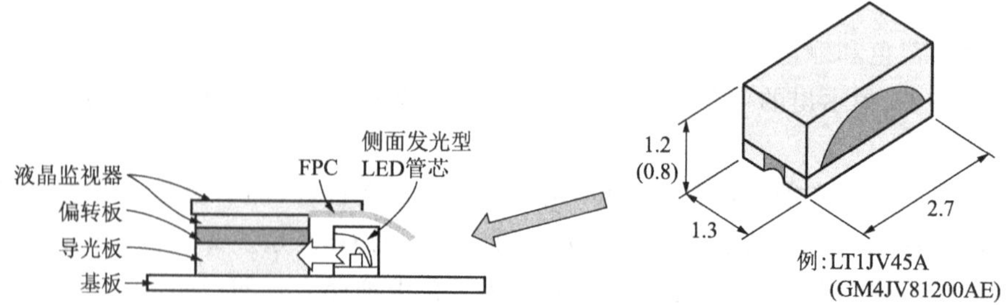

图 1.17　附反射板的侧面发光型芯片 LED 及利用它的液晶背光灯照明示意图

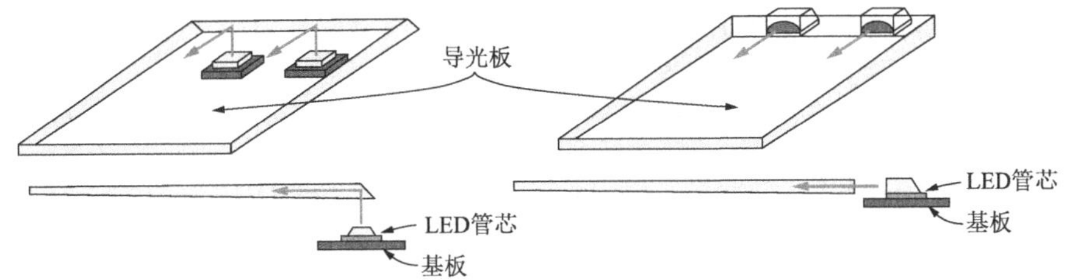

图 1.18 使用导光板的 LED 液晶背光灯实施例

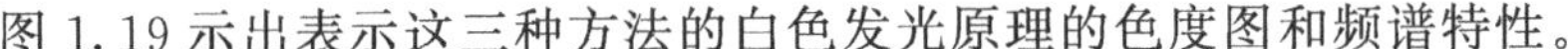

方法(1)是以三原色的 LED 作为光源，通过调整各自 LED 的辉度，不仅可以得到白光，而且可以在很宽的色域中再现。(2)与(3)的方法利用的发光原理与荧光体相同，所以封装起来的荧光体发光色是固定的。其中，方法(3)是 LED 的蓝色与荧光体发出的黄色合成为白色，所以不含有红色光的成分，被称为模拟白色 LED。目前，这种方法的发光效率最高。方法(2)也是荧光体发光，是以三原色的荧光体为光源，具有红色成分，重复性也好。另外，激励 LED 光的波长几乎不受视觉的影响，所以具有不易发生 LED 的光通量的色散引起色偏的优点。

图 1.19 示出表示这三种方法的白色发光原理的色度图和频谱特性。

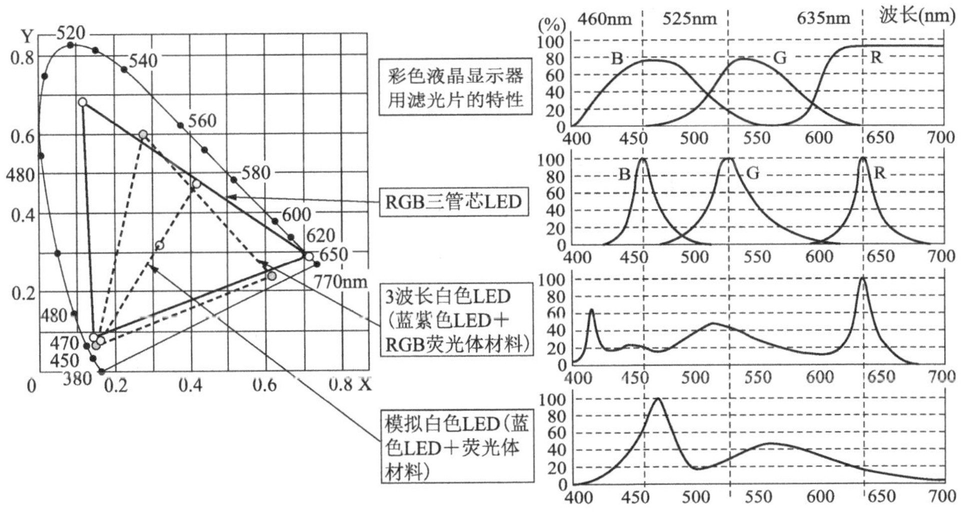

图 1.19 色度图与不同 LED 类型的频谱特性

这里使用的 LED 是在蓝色 LED 上用黄色荧光体形成白色发光，即所谓的模拟白色 LED，这种与彩色 TFT 液晶组合、进行彩色显示的方法已经成为主流。另外，为了更进一步提高色彩的再现特性，已经生产出具有 RGB 的发光波长的白色光源的 LED。

(2)的键背光灯通常使用 8 到 10 个 LED 管芯。在便携式电话急速迈入薄型化和轻量化的过程中，对 LED 器件的薄型化也提出了相应的要求。现在厚度 0.35

mm 的产品已经商品化(图 1.20)。

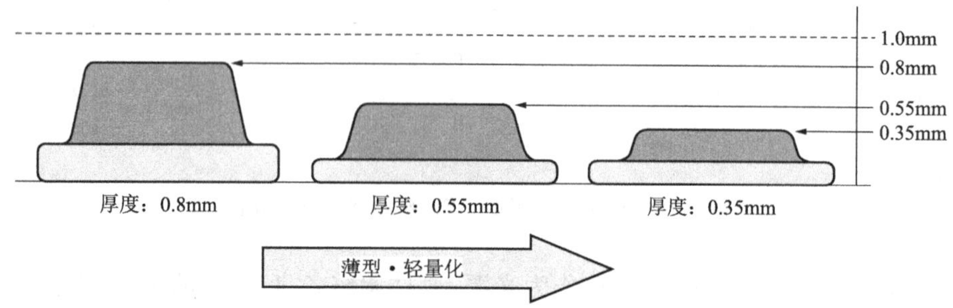

图 1.20 伴随着便携式电话的薄型化,键背光灯用芯片 LED 的厚度在变薄

关于(3)的闪光灯,LED 是用作迅速普及的附有照相功能的便携式电话在摄影时的辅助光源。R、G、B 三色的 LED 管芯封装在一个管壳内,它们各自发光形成白色光源。也有将蓝色 LED 与黄色荧光体组合形成模拟白色 LED 使用的情况。图 1.21 示出前者使用 LED 的例子。这种 LED 能够安装在印制电路板上,是面向便携式电话的小型化产品,能够将 LED 管芯搭载在金属引线架上,具有良好的散热性能。作为闪光灯,可以流过大的脉冲电流。

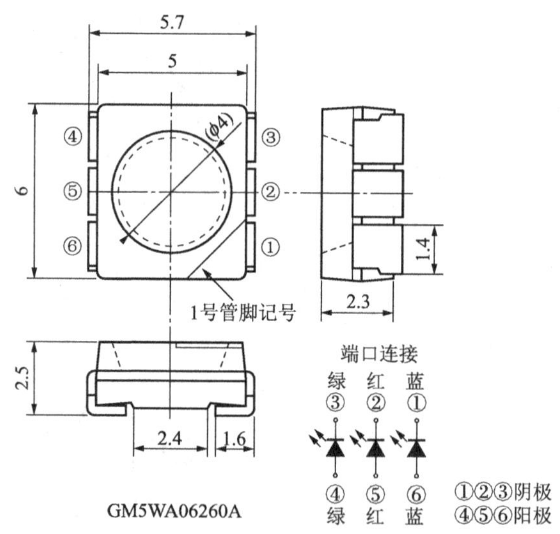

图 1.21 便携式电话中闪光灯用 LED 例

(4)是状态显示灯,它通过改变颜色来表示便携式电话的收信、通话等状态,还考虑到装饰的效果,使用 RGB 的 LED 进行多色显示。除了只在机壳表面下方设置 LED 进行显示的方式之外,还有使用丙烯树脂、聚碳树脂等导光体,进行面状、棒状发光显示的形式。

(1)~(4)的各种用途中,在将 LED 组入实际的便携式电话中进行工作的场合，与便携式电话的电池电压(2.5～3V)相比，特别是绿色、蓝色 LED 的工作电压较高，都在 3V 以上，如果将几个这样的 LED 串联起来使用，工作电压会更高，所以给 LED 的发光造成困难。另外，在作为③的闪光灯使用 LED 的场合，需要流过大的脉冲电流(约 150mA)，绿、蓝光 LED 的正向电压在 10V 以上，因而要求有高电压的电源。对此，为了确保 LED 的工作电压，利用 DC-DC 转换器升高电池电压，使 LED 能够正常工作(图 1.22)。

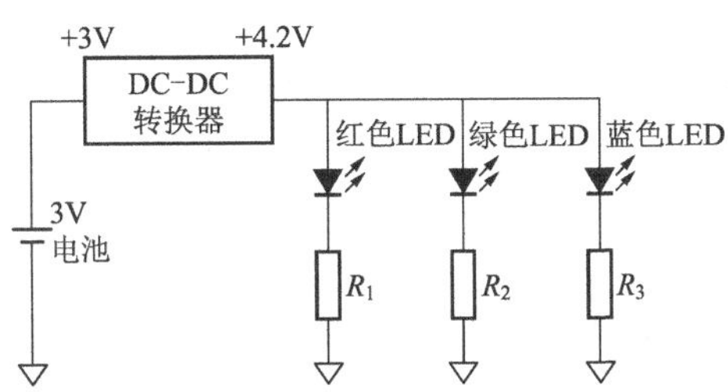

图 1.22 便携式电话中的 LED 驱动电路例(R,G,B 三色同时驱动)

IC 制造商已经开发出了这种用途的 DC-DC 转换器 IC，另外还有将 DC-DC 转换器与给 LED 提供一定电流的电路复合起来的 IC，甚至还开发出用于便携式电话、能够驱动(1)～(4)所有用途的 LED 的 IC。

在将图 1.21 所示的 RGB 的 LED 使用于便携式电话中闪光灯的场合，即使利用图 1.22 的电路，通过 R、G、B 各色的切换也能够实现全色工作。不过像图 1.23 那样进行连接，在抑制功率消耗的同时，也能够实现各 LED 原来所具有的功能。就是说，以通常的发光模式，可以通过开关切换方法发出 7 色光，也可以使所有管芯流过大的脉冲电流，作为照相闪光灯使用。也可以购买专用的驱动 IC。

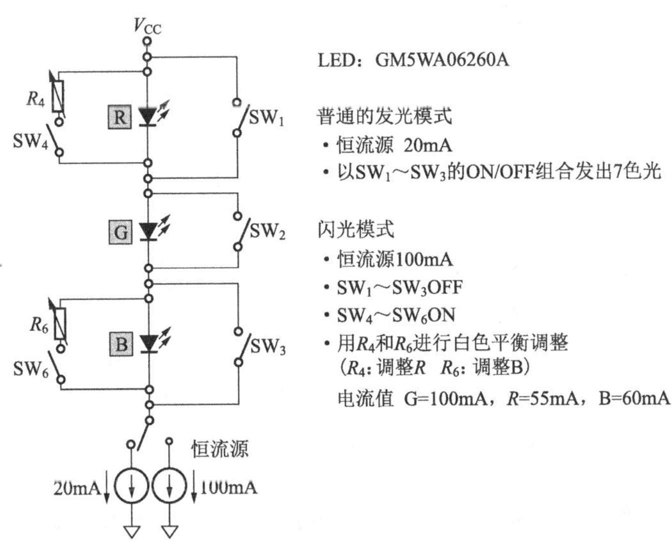

图 1.23 便携式电话中的闪光灯驱动例

1.5.2 在娱乐设备上的应用

在娱乐设备方面，近年来，由于高辉度的红、绿、蓝色LED的商品化，已经能够表现出丰富多彩的颜色。还由于长寿命、低功耗的优点，LED正在替代过去的白炽灯泡。使用的LED，如图1.24所示，有子弹形，以及前面便携式电话中介绍过的图1.21示出的薄型等。发光色有单色、双色，以及将RGB三色的管芯封装在一个管壳内的多色发光。

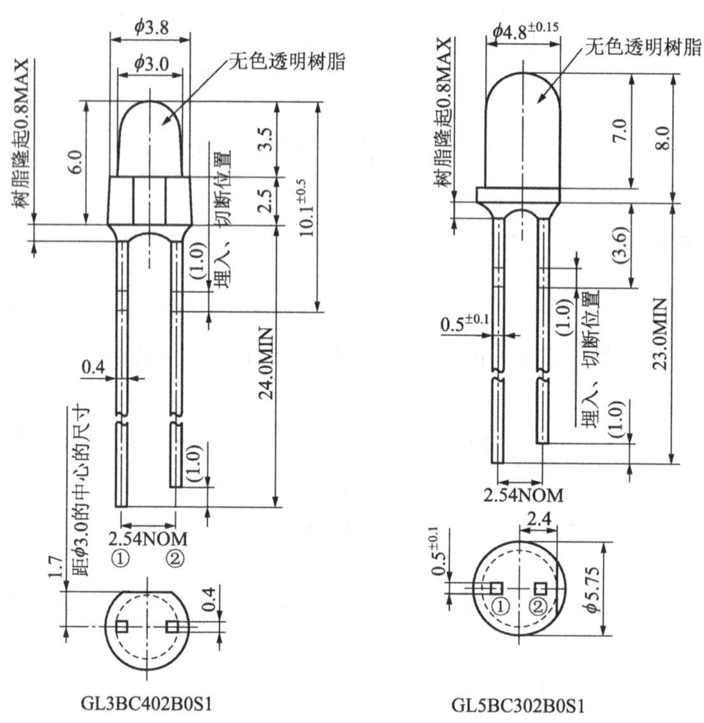

图1.24　子弹形LED的例子

这里以图1.25(a)所示的娱乐设备中的工作电路为例作以说明。这是使用蓝色LED的电路例。设备的电源是DC24V，为了使LED流过20.6mA的电流，降压电阻上的电压降约为20.6V，LED上加3.4V的电压使之发光。需要注意的是，在LED间歇发光或者单独使用的场合是没有什么问题的，但是在持续发光或者多个LED密集使用的情况下，所使用的降压电阻上的消耗功率可达20.6 V×0.0206A=0.42W，比较大。电阻器上的发热传导给LED，会导致LED发生故障，或者缩短使用寿命。为了解决这个问题，采用将同时发光的多个LED串联的方法，以减少降压电阻上消耗的功率(图1.25(b))，或者用DC-DC转换器将电源电压降至5V使用的方法(图1.25(c))。也可以使LED与降压电阻保持一定的距离，或者将安装LED的部分的线条尽量取宽，使之具有良好的散热性，这些方法对于抑制 LED 的使用环境温度是有效的，也有利于防止 LED 故障的发生以及长寿命化。而且由于能够减少对发光无贡献的功耗，所以有利于设备整体的节能。

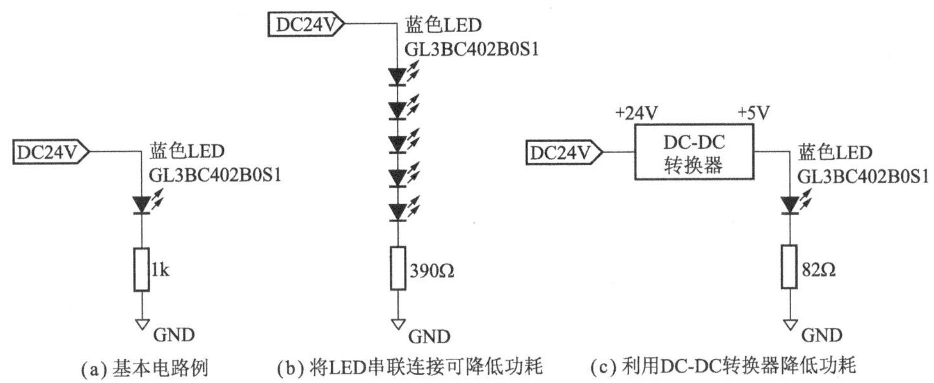

(a) 基本电路例　(b) 将LED串联连接可降低功耗　(c) 利用DC-DC转换器降低功耗

图 1.25　娱乐设备中的工作电路例

1.5.3　在车载设备中的应用

LED 在车载设备中的应用，在欧洲已经有 10 年以上的历史。而在美国和日本，只是近年来才开始使用。外部设备中，以刹车灯、组合灯为中心，已经实现 LED 化。其重要理由之一就是能够提高响应速度。GaAlAs 系双异质结结构 LED 的响应速度是几百纳秒，比钨灯快约 200 万倍。

关于车载用器件的规格有 AEC(Automotive Electronics Council)制定有关半导体的国际标准。包括 LED 在内的半导体器件的部分规格列于表 1.4 内。

表 1.4　AEC 规定的部分标准

试验项目	试验内容
断续动作寿命	T_a=25℃，$\Delta T_j \geqslant$100℃ (ON2 分/OFF2 分)×15000 周期
高温高湿偏压	85℃，85%RH，1000hr，V=最大额定值的 80%
高温反偏压	$T_a = T_{j(max)}$，1000hr，V=最大额定值的 80%
温度周期	−55℃～最大额定值　要求 100cy
蒸气加热	121℃，100%RH，96hr

1.5.4　在交通信号机中的应用

在国外，许多国家的交通信号机已经 LED 化。像新加坡，交通信号机的 LED 化已经达到 100%。

日本的车辆用信号机大致可以分为两类。一类是类似于昆虫眼睛的复眼型，另外一类是在无色透明树脂外罩内配置多个大电流 LED。复眼型已经使用的例子是直径 5mm 的子弹形 LED 灯，每种颜色使用 312 个。

过去白炽灯泡式的信号机，当夕阳照射时，人们往往难以分辨是否发光。现在使用的不管哪种 LED 在发光时，都能够保证分辨它的颜色，不容易产生错误，这是它的重要特点。

1.5.5 LED 用作自动识别装置的光源

使用 CCD 照相机认识物体的形状与颜色时，过去使用白色光源或者单一光源照射物体，物体通过透镜在 CCD 器件上成像。CCD 可以利用分别设置了 R、G、B 滤色板的传感器识别像的颜色。但是，由于在照明方面使用了具有 R、G、B 各自 3 种波长的 LED，采用依次切换的方法，所以 CCD 就没有再设置 R、G、B 各自的滤色板的必要了。就是说，如果单色传感器能够提取捕捉到的红色 LED 照明与绿色 LED 照明时画面信号中的差异，就能够认识颜色，因此使画面精细程度提高了 3 倍。不仅是 RGB 光源，如果使用红外或者紫外 LED 光源，那么不仅能够看到肉眼看不到的画面，还能够利用可见光与红外光画面信号上的差异，通过运算处理，消去照片底片上的瑕疵并且记录下来。因此也可以说是具有信息处理功能的创作。

1.5.6 在照明设备方面的应用

2004 年商品化的白色 LED(蓝色 LED＋黄色荧光体)不管电流容量如何，其发光效率大约都是 25lm/W。至于更一般的 ϕ5mm 的白色 LED，如果用 20mA 驱动时端子间电压是 3.5V，那么消耗功率为 0.07W，所以 1 个这种器件发出的光束就是 25lm/W×0.07W＝1.75lm/个。假定荧光灯的发光效率是 80lm/W，那么 1 支 20W 的荧光灯发出的光束就是 80lm/W×20W＝1600lm/1 支。就是说，为了得到相当于 1 支 20W 荧光灯的光束，需要上述白色 LED 的数量是：1600lm/支÷1.75lm/个→约 914 个，单纯计算的消耗功率为：914 个×0.07W →约 64W，是荧光灯功率消耗的 3 倍多(实际上，荧光灯电路也有功率损耗)。但是在不远的将来，可以预期白色 LED 的发光效率将会提高到 100lm/W(是目前的 4 倍)，所以上述 LED 的数量以及消耗的功率将会得到改善。

以上只是单纯地从数量上对荧光灯和白色 LED 进行比较。实际上，对于从整个玻璃管发光的荧光灯与只从 0.3～3mm 的立方体发射光束的点光源 LED 来说，是不能简单地进行比较的。

将 LED 用于照明时的优点以及应用例可整理如下：

(1) 能够进行纳秒量级的高速 ON/OFF：可见光通信。可以用作光通信的信息传输的媒体。

(2) 发光部分是微小的点光源：给照明设备设计的多样性提供了空间。而且，由于能够按设定的角度辐射光束，有利于灯光的灵活使用，避免造成光污染。

(3) 能够用 4V 以下的 DC 电源驱动发光：面向电池驱动，构成独立型街路灯。

是与太阳能系统组合的最佳光源。

(4) 长寿命：不仅比白炽灯的寿命长，还能够利用固态器件，与受光器件方便地模件化，还能够在保持相同辉度的条件下进行商品设计。

对于 LED 光源今后发展的要求，需要解决以下课题：

(1) 颜色重复性的改善：不是现在使用蓝色与黄色混色形成的模拟白色，而是制作 RGB3 色的波长齐全、并且接近波长从 400μm～700μm 范围很宽的太阳自然光。

(2) 发光效率的改善：将发光效率从现在的 25lm/W 提高到 100lm/W。

(3) 降低器件的价格。

(4) 在高辉度场所对眼睛的影响：对于从点光源发出的强光，需要建立对于人体影响安全的标准。

图 1.26 示出当前的各种光源发光效率的比较曲线。

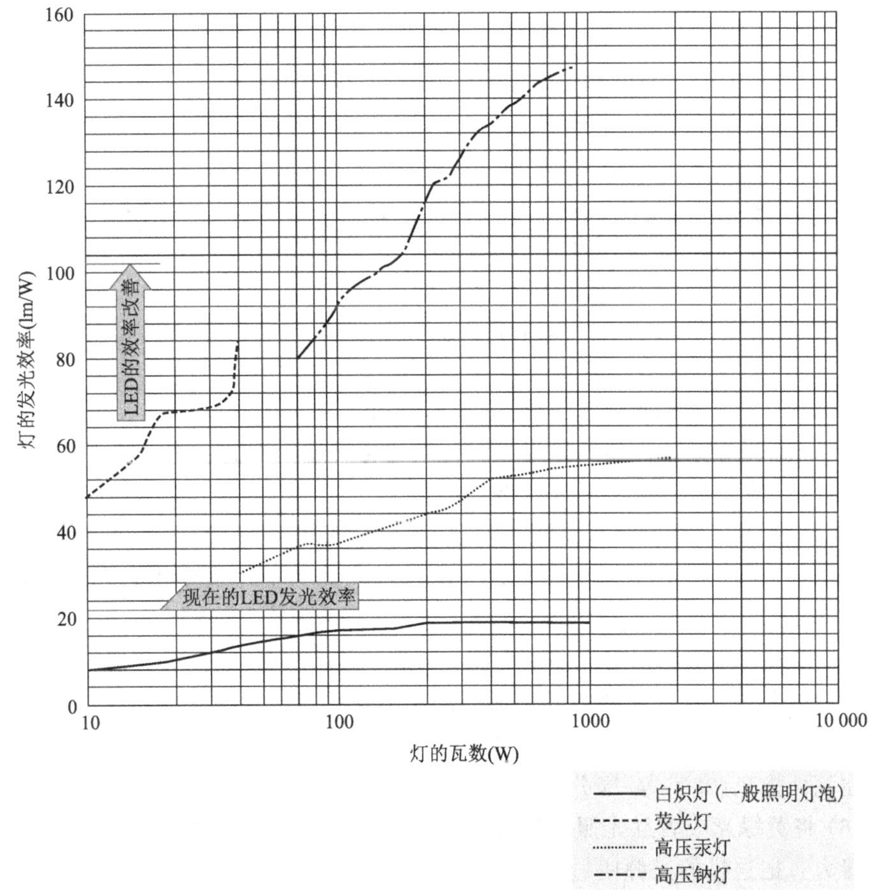

图 1.26　各种光源的大小和发光效率

1.5.7 在复印机/打印机上的应用

1. 普通复印机的结构与动作

普通复印机的结构如图 1.27 所示。下面依次简单说明它的动作。

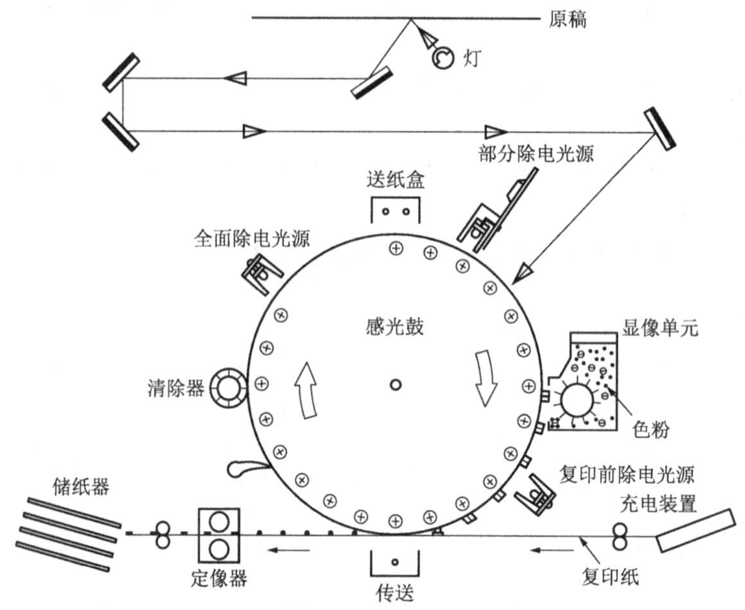

图 1.27　复印机的结构

(1) 图的中央是感光鼓，工作时它按箭头所示方向转动。

(2) 具有光半导体性质的感光鼓最初通过感光鼓上部的主充电装置(约 600V)的电晕放电，使整个感光鼓表面上带正电。

(3) 其次，通过部分除电光源，将光照射在感光鼓表面的一些部分上，只除去这部分的正电荷。这部分对应于因复印纸尺寸和修整而不需要附着色粉的部分，以及原稿中希望除去的部分等。

(4) 将来自原稿的反射光照射到感光鼓的表面，在那里成像，并因此消除与原稿中空白部分相对应的感光鼓表面所带的正电荷。

(5) 在显像部分，将带负电的色粉涂搽在感光鼓上。在静电作用下，色粉附着在与原稿面黑色(文字等)部分相对应的感光鼓表面上。

(6) 将黄绿光或者红光照射到整个感光鼓上，降低感光鼓的带电性，减弱色粉的附着力。把这样的光源叫做复印前除电光源。

(7) 在感光鼓的底部，通过给复印用纸的背面充电，吸引附着在感光鼓上的色粉，转印在复印纸上。附着了色粉的复印纸通过其后的高温处理进行定像。

(8) 由于复印结束后感光鼓上还有残留电荷，要用较弱的长波长光照射整个感光鼓，除去感光鼓深处的残留电荷。这个光源叫做全面除电光源($\lambda=660$ 或者 695nm)。它也使用在 LED 打印机和激光打印机上。另外，当接通复印机光源进行预热运转时，由于感光鼓原先有某种程度的前疲劳，这个光源也可以作为前疲劳光源使用，使得复印机在开始工作时就能够获得稳定的复印效果。

以上示出的 LED 除电光源，还有部分是用钨灯制作的，不过随着复印机的不断高速化，将会用 LED 置换钨灯，以获得更快的速度，并且能够任意选择波长。

2. LED 打印机

复印机是用透镜系统将原稿面上的图像成像在感光鼓上，所以叫做模拟复印机。相对应地，还有称为数字复印机的机器，这就是将读取的原稿面上的图像变换为电信号，通过打印机将这种信号印刷在复印用纸上。这种使用普通纸的打印机的结构形式，主要有 LED 打印机、激光打印机和液晶打印机三种。

这里仅就 LED 打印机作以介绍。它的装置简图如图 1.28 所示。这种结构与前面的复印机很相似，在接触来自原稿的写入光的部分设置了 LED 打印头。图 1.29 示出打印头的结构。图 1.29 中的 LED 芯片是将具有 240～600 点/英寸的发光密度的针状管芯排列成一条直线，再连接能够使各点任意发光的驱动电路。利用棒状透镜阵列，将 LED 点的发光图形成像在感光鼓上。至于成像在感光鼓上的图形的印刷过程，可参照前面复印机的工作原理。

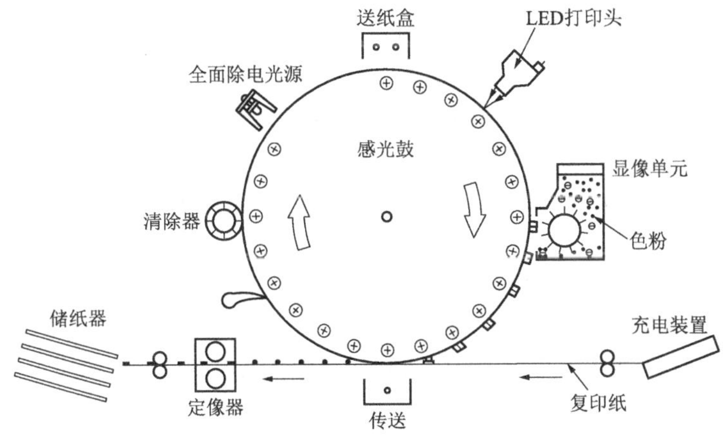

图 1.28 LED 打印机的结构

LED 打印头与其他打印头相比，具有如下特点：

(1) 由于没有机械运转部分，所以噪声小，不需要机械保养(与激光打印机的比较)。

(2) 不需要预热运转时间。

(3) 光路短，可以使结构设计变得简洁。

(4) 感光鼓中央与端部的画质没有差别(与激光打印机比较)。

通过 LED 发光部分与驱动部分一体化等技术革新,可以使进一步降低 LED 打印头的成本,因而在数字复印机、普通纸传真,以及个人打印机等领域的用途将会很广泛。

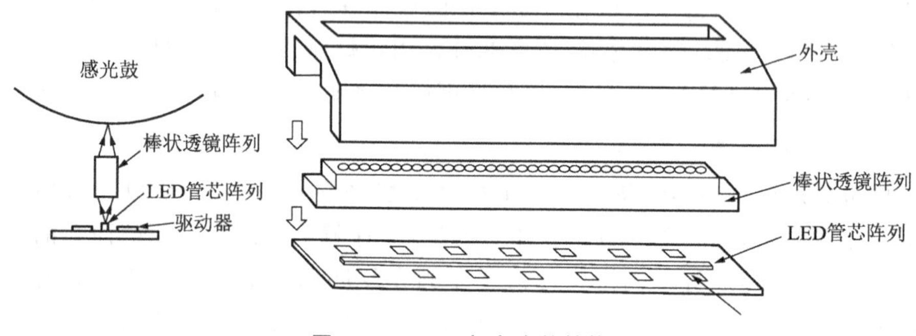

图 1.29　LED 打印头的结构

1.5.8　在投影机光源中的应用

近年来,随着 LED 管芯的高辉度化,已经开始了将 LED 应用于投影机光源中的开发研究工作。

投影机由以下三部分构成:"光源",照射微小陈列物的"光学照明系统",以及显示映像的微小陈列物、并将微小陈列物的映像投影到屏幕上的"光学投影系统"。

作为光源,已经在使用高压水银灯、金属氢化物灯等放电灯。但是,由于高电压驱动需要大的镇流电源、光谱所含颜色的成分不充分、需要较长的启动时间,以及寿命短等原因,人们还是期待着开发 LED 光源。

显示微小陈列物的映像,主要采用透射型的液晶嵌板、反射型的液晶嵌板,以及数字微反射镜器件(DMD:Digital Micromirror Device)三种方法。

随着投影机的小型化,已经开始使用 0.5″～0.7″的尺寸。不过在尺寸小型化的过程中,光的利用效率低成为新的问题。

为了提高这种光学系统的效率,可以采取以下方法:

(1) 提高发光效率(lm/W)。

(2) 缩小光源的尺寸(mm^2)。

(3) 缩小辐射角度。

(4) 增大微小陈列物尺寸,或者增大投影透镜的 F 值。

其中(1)～(3)是关系到 LED 的研究课题。

1.5.9　数字显示

使用LED的显示器有表示10进位数的7段数字显示。如图1.30所示，使7个LED(A～G)中的任意LED段发光，可以显示0～9的数字(D.P:包含小数点时为8段)。内部的连接有共阳极型和共阴极型。显示的位数可以从1位到多位。

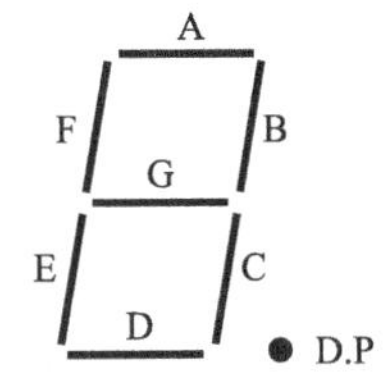

图1.30　各段的名称

关于驱动方法，有图1.31示出的静态驱动和图1.32示出的动态驱动。如果显示的位数增多，就要增加电路元器件，消耗的电流也会增大。因此各显示位通常采用分时方法共通使用译码器、驱动电路，减小消耗电流的动态驱动。由于人类眼睛的响应速度并不快，所以以几十毫秒的周期依次重复发光时，看起来就像和连续的发光一样。扫描各位的速度如果是在100Hz以上几十kHz以下就没有问题。流过各位的电流由扫描速度和显示各位数的发光时间决定，因此设定时应与它的发光时间相对应。需要注意的是，流过各段的电流不能超过最大额定值。

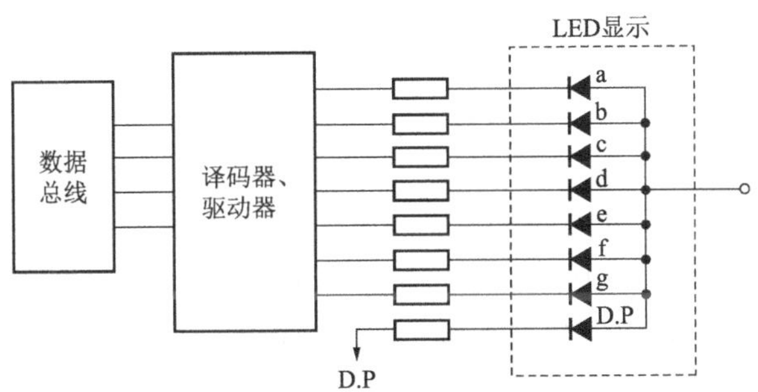

图1.31　静态驱动电路例

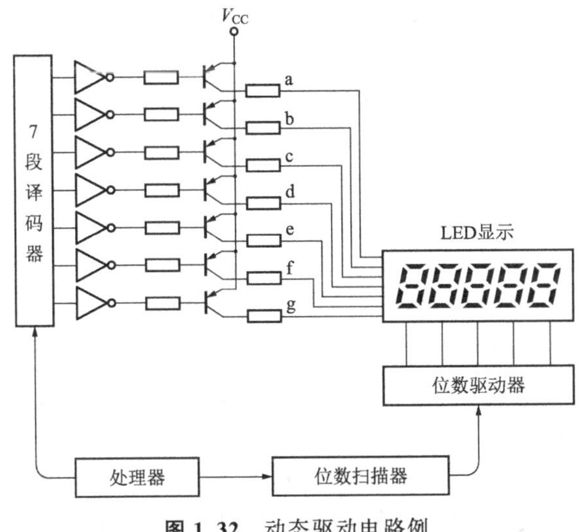

图1.32　动态驱动电路例

如果用动态驱动方法增加需要显示的位数,脉冲电流的占空比会变小(如果是 4 位,占空比是 1/4;如果是 8 位,则占空比为 1/8)。为了得到相同的辉度,就必须增大正向峰值电流。但是,当电流过大时,由于 LED 的自身发热,会导致发光效率下降。

另外,在显示计算机输出数据信息的场合,要使用 16 段显示器,使得能够进行字母显示和数字显示(叫做字母 · 数字)。与 7 段译码器相比,16 段文字变换用的译码器就变得复杂,用门电路构成时很费事。在使用微机的场合,有在 CPU 内进行译码的方法,不过这会加重微机的负担,所以还是使用专用的 IC 比较好。照片 1.2 是数字显示器外观,图 1.33 是一例 16 段显示器。

照片 1.2　数字显示 LED 例

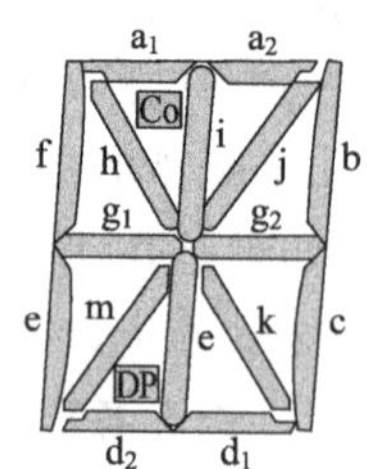

图 1.33　16 段显示器

1.5.10　点矩阵

用圆点表示汉字时,每个文字需要 256 个圆点(16×16)以上。利用以 16×16 点矩阵为最小单元的 LED 阵列,就能够表示更多的信息。点矩阵 LED 的结构是将16×16(256)的 LED 以矩阵状排列在配线基板上。用作圆点的 LED,有灯型和管芯 LED 型两种。

一般来说,由于灯型是利用透镜的效果将 LED 的光聚束在中心轴上,所以视角角度狭窄,不过在正面的辉度值增高了。管芯 LED 型的辉度值虽然下降,但是视角变宽了。

为了提高显示的品位,目前主流的方法是依次将 LED 管芯表面安装在基板上(照片 1.3)。通过提高 LED 的发光辉度,灯型作为户外的显示设备已经得到应用。户外显示中,如照片 1.4 所示那样,由于它的重量轻,所以使用价格低廉的集合型 LED 灯,已经能够实现大型的显示。

点矩阵的发光方法采用静态发光,使用大量的晶体管是不现实的。因此,如图 1.34 所示,在 X 轴和 Y 轴的矩阵上,一侧是数据线,另一侧是扫描线。以时分割切换扫描,通过与数据对应地变化"H/L",显示出发光图形。

用这种方法在 X 轴和 Y 轴上各使用 16 个晶体管就可以。发光顺序首先在 X 轴上给出发光图形数据[0200H],切换扫描线 Y_1。于是在这个瞬间,Y_1 线上[0200H]的数据发光。然后一定时间后,传送下一个 X 轴数据,Y_1 熄灭后切换到 Y_2。将这个动作 16 次高速从 Y_0 重复到 Y_{15},这样就可以显示出发光图形来。

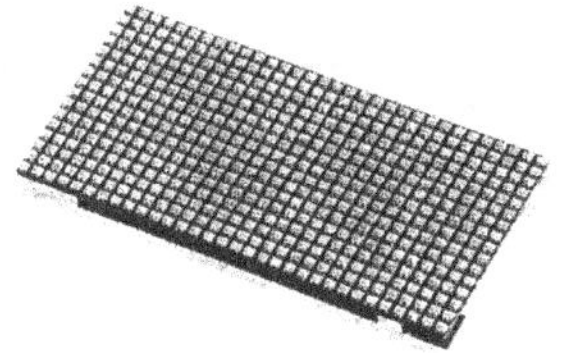

照片 1.3　点矩阵 LED 单元

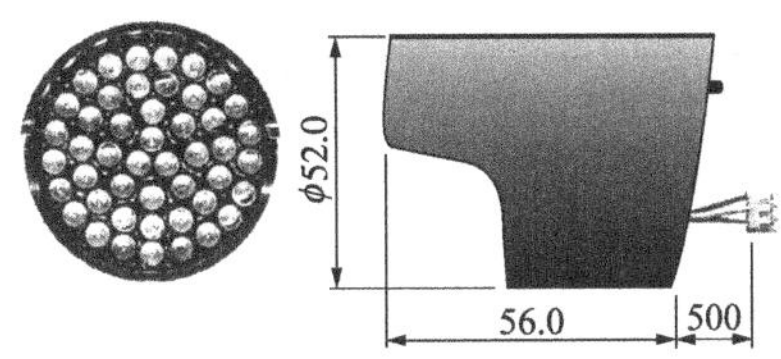

照片 1.4　集成型 LED 灯

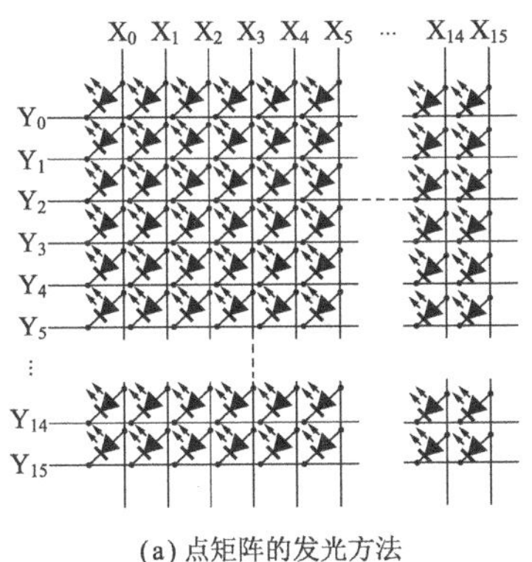

(a) 点矩阵的发光方法

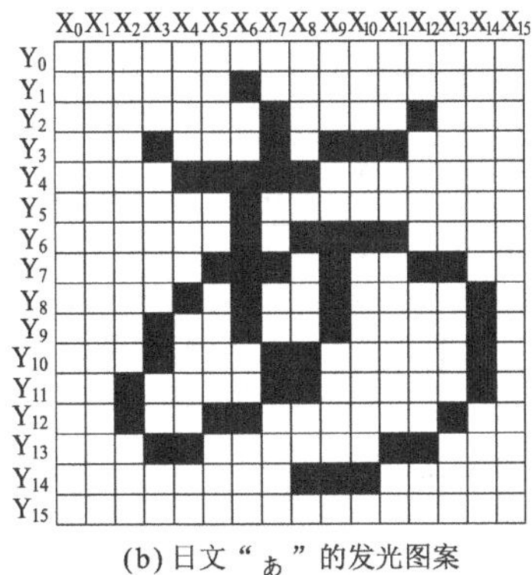

(b) 日文"あ"的发光图案

图 1.34　点矩阵的发光方法和发光图形例

点矩阵中，把扫描进行一周（从 Y_0 扫描到 Y_{15}）叫做 1 帧，把 1 秒钟内扫描一周的次数叫做帧频率。一根扫描线的发光时间的比例叫做占空比。在 16×16 点矩阵的场合占空比一般是 1/16。另外，这个帧频率有时会与荧光灯等的步调相合，从而导致看不清的情况，所以要避免与市电电源频率一致。一般来说，使用 100～200Hz 的频率。

另外，由于基本上是进行动态发光，所以容易发热。LED 器件的耐热性较差，当结温超过 100℃时，性能开始急剧劣化。所以在确定发光电流值时，必须考虑到显示器的安装密度以及使用时的发光率（在显示文字的场合发光率约为 30%，在图形的场合是 100%）。

最近，出现了将移位寄存器/锁存器/驱动电路与点矩阵 LED 组合成点矩阵 LED 单元的产品。表 1.5 列出典型的特性参数，图 1.35 画出它的框图，图 1.36 示出它的动态。现在，由于蓝光 LED 的发光辉度的提高，高辉度的三原色全色显示也已实用化。

表 1.5　点矩阵 LED 单元的电学特性例

$V_{cc}=5V, V_{LED}=4V, T_a=25℃$

项　目	符　号	MIN.	TYP.	MAX.	单　位
IC 用电源电压	V_{cc}	4.75	5	5.25	V
LED 用电源电压	V_{LED}	3.75	4	4.25	V

续表 1.5

项　目	符　号	MIN.	TYP.	MAX.	单　位
IC 消耗电流 *1	I_{cc}	—	4.5	8	mA
LED 消耗电流 *1	I_{LED}	—	1.2	2.2	A
输入电压	V_{IH}	3.5	—	—	V
	V_{IL}	—	—	0.8	V
输入电流	I_{IH}	—	—	1	μA
	I_{IL}	—	—	0.12	mA
时钟频率	f_{CLK}	—	—	10	MHz
重复频率	f_{FR}	70	250	1000	Hz

*1:2 色全发光时。

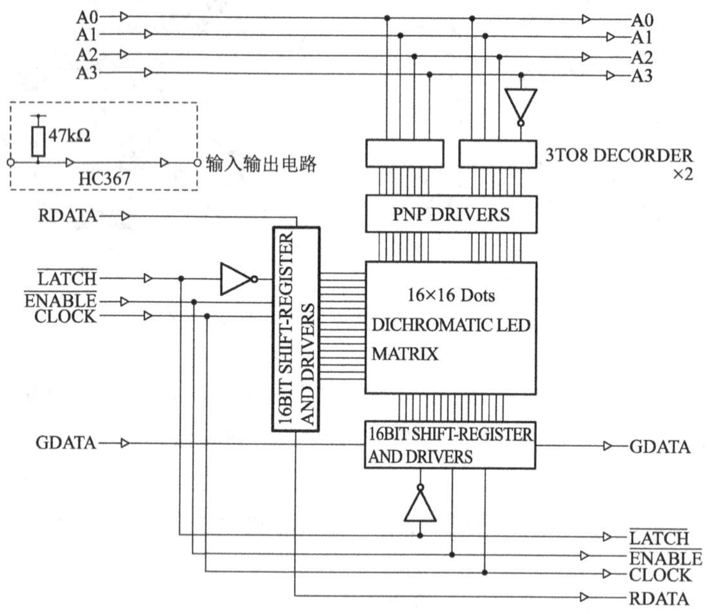

图 1.35　点矩阵的 LED 单元的框图

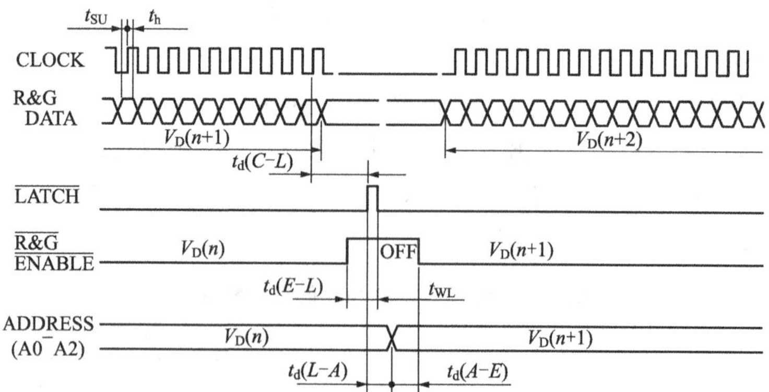

图 1.36　点矩阵的 LED 单元的动态图

1.5.11　LED 显示板

对于有多人同时传输信息的媒体来说，大型的信息板是不可缺少的。信息板要求必须具有良好的全色可视性，寿命长，管理成本低性能等。因此，具有自发光、长寿命、高速响应、能够全色显示等特点的 LED 显示板正在被广泛使用。

前面已经介绍过点矩阵 LED 单元。这里，我们再讨论将它横向排列 8 个文字构成 LED 显示板的硬件部分。在对控制器进行说明时，由于使用方法和成本问题的涉及面很宽，不能一概而论。这里仅就设计控制器的基础作以说明。

图 1.37 示出一例控制器电路。这个电路是以硬件输出前面介绍过的 1/16 占空比的动态驱动电路场合的串行・数据、地址信号、锁存信号等。

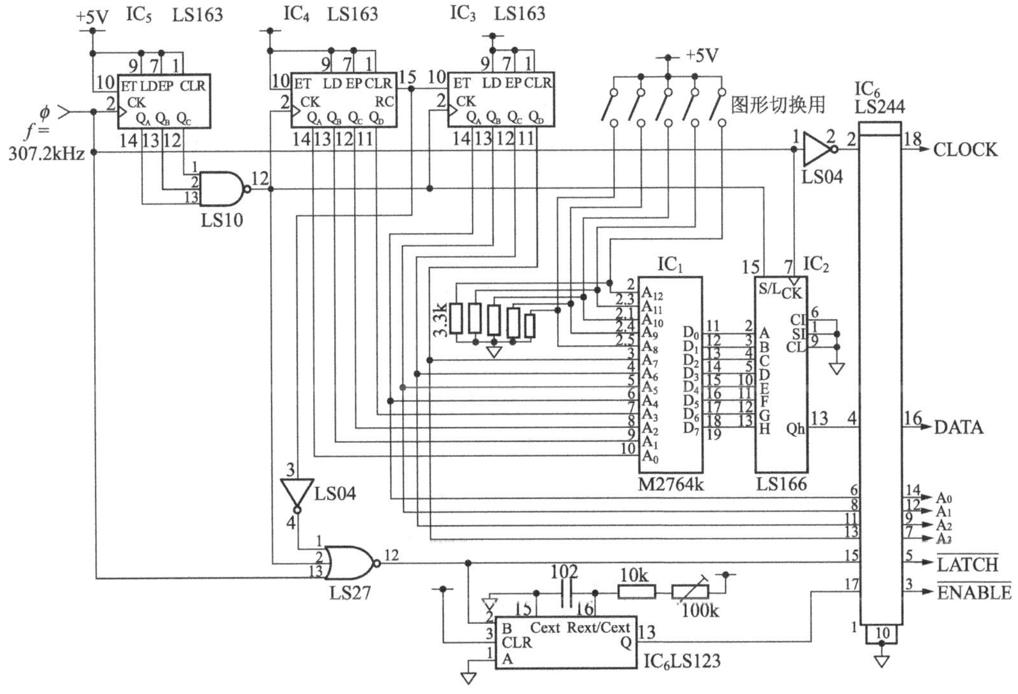

图 1.37　显示板控制电路

动态发光的场合，为了避免模糊不清，设定帧频率约为 150Hz。这种情况下，来自外部的时钟信号(ϕ)的频率为

16 圆点×8 单元×16 线×150Hz＝307.2kHz

其动作简单地说，就是当输入外部时钟信号时，计数器工作，以串行信号输出写入 ROM(IC_1)的内容。在输出 16 字节(128 位)的数据的同时输出锁存信号。

单元电路中，在 n 线发光的同时就开始传送下面 $n+1$ 线的数据，其存储器、地址如表 1.6 所示。

利用开关切换，显示图形能够产生 32 种变化。ROM 的区域分配列于表 1.7。这个控制器是单色用的。不过在增加了 ROM 和并-串行变换部分(IC_2)之后，也能够实现多色显示。另外，在搭载 CPU 的场合，通过将 ROM 部分变更为 RAM，能够随时改写内容，就能够实现左右上下移动(流动文字)、明暗显示。

控制显示内容或者明暗的场合，可以使文字倾斜，或者上下・速度变化，不过还需要在实际使用条件下，进行进一步的探讨。

表 1.6　显示位置与存储器・地址的关系

0010H	0011H	0012H	0013H	······················	001DH	001EH	001FH
0020H	0021H	0022H	0023H	······················	002DH	002EH	002FH
0030H	0031H	0033H	0033H	······················	003DH	003EH	003FH
⋮	⋮	⋮	⋮		⋮	⋮	⋮
00F0H	00F1H	00F2H	00F3H	······················	00FDH	00FEH	00FFH
0000H	0001H	0002H	0003H	······················	000DH	000EH	000FH

表 1.7　ROM 的分配

#0	0000H_00FFH
#1	0100H_01FFH
#2	0200H_02FFH
#3	0300H_03FFH
#4	0400H_04FFH
#5	0500H_05FFH
#6	0600H_06FFH
#7	0700H_07FFH
#8	0800H_08FFH
#9	0900H_09FFH
#10	0A00H_0AFFH
#11	0B00H_0BFFH
⋮	⋮
#29	1D00H_1DFFH
#30	1E00H_1EFFH
#31	1F00H_1FFFH

第2章 红外发光二极管

红外发光二极管通过与受光器件组合可以用来检知对象物，或者用于传送数据等。用于检知的例子很多，例如我们常见到的液晶触摸面板上的触摸点检知，DVD记录装置中的媒体检知等。进行传送数据的例子如使用在液晶电视、DVD记录装置、空调等的遥控发射器中，用于开关的ON/OFF、频道或设定温度切换等信号的发送。

2.1 红外发光二极管的工作原理与结构

红外发光二极管是指具有pn结的化合物半导体发光二极管（LED：Light Emitting Diode）中，峰值发光波长在红外（800～1000nm）范围的器件。

如图2.1所示，它的发光原理与可见光发光二极管完全相同，只不过由半导体的材料、结构，以及掺入的杂质等因素所决定的发光波长（颜色）在红外范围。

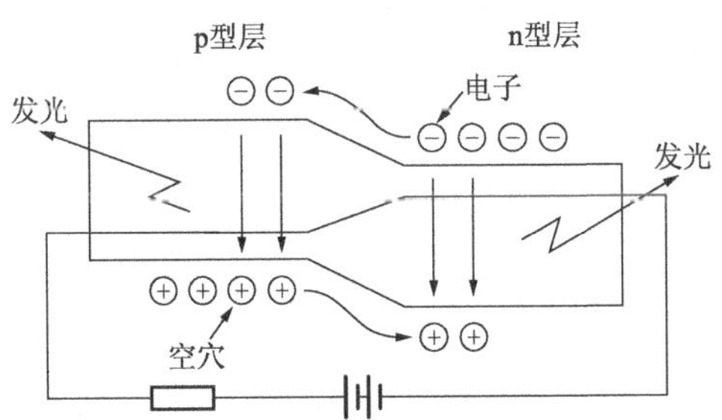

图2.1 红外发光二极管的发光原理

一般来说，红外发光二极管管芯是用元素周期表中的Ⅲ-Ⅴ元素制作的具有pn结的化合物半导体器件，管芯搭载在引线架上，n型电极和p型电极分别与引线连接，四周用红外透射率高的环氧树脂覆盖并形成透镜（图2.2）。

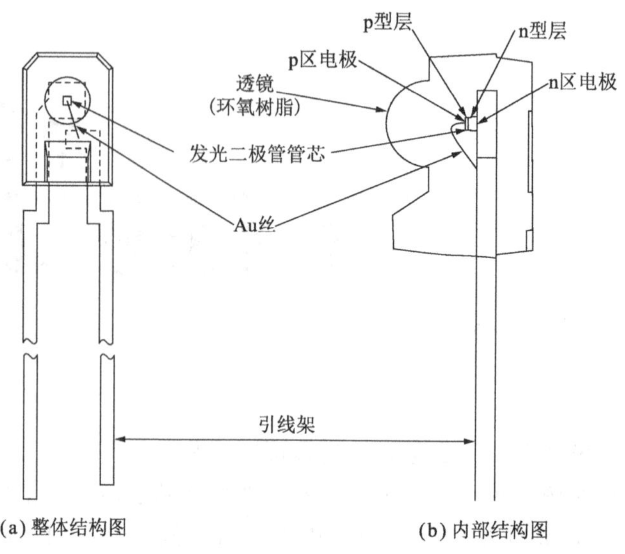

(a) 整体结构图　　(b) 内部结构图

图 2.2　红外发光二极管的结构

2.2　红外发光二极管的特性

2.2.1　电流-电压特性

红外发光二极管，如图 2.3(b)所示，具有电学“整流特性”。当外加电压是阳极(p 区)为正，阴极(n 区)为负(即正向电压)时，在某个电压以上，就会有电流流过。这个电压叫做“上升电压”。不同的化合物半导体，上升电压的大小不同。对于一般的使用 GaAs 制作的红外发光二极管来说，大约是 1V。上升电压受温度的影响，当环境温度升高时，该电压降低。对于 GaAs 来说，电压的温度系数大约是 −1.9mV/℃。图 2.4 示出以温度为参变量的正向电流-电压特性。

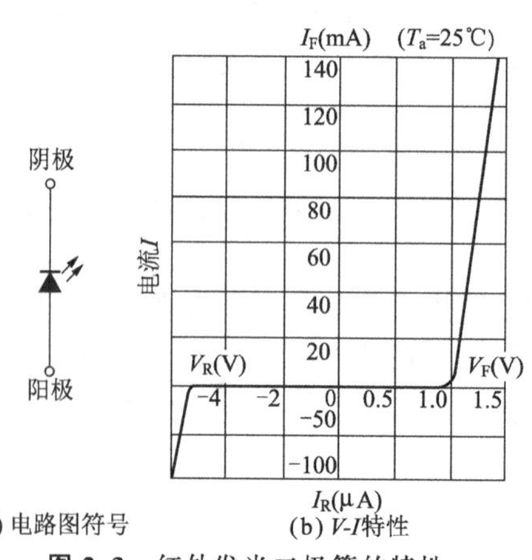

(a) 电路图符号　　(b) V-I特性

图 2.3　红外发光二极管的特性

当外加反向电压，即阳极（p 区）为负、阴极（n 区）为正时，在一定电压之内几乎没有电流，但是当电压超过这个电压值时电流急剧增大。如果外加电压超过这个"反向电压"，pn 结就有可能被击穿。红外发光二极管反向电压的额定值约 3～6V，比较小，所以使用时必须注意。

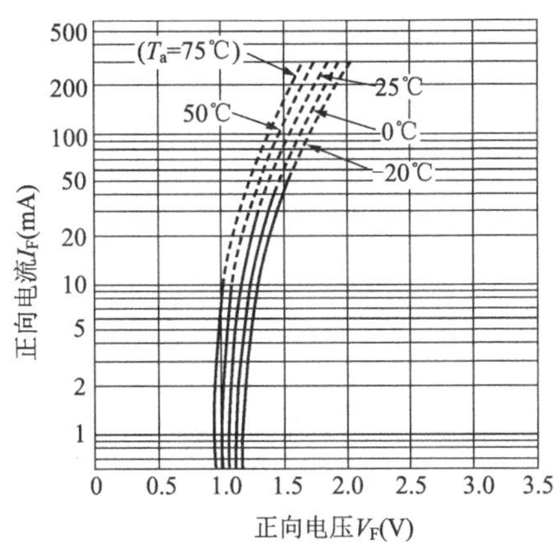

图 2.4 正向电流-正向电压特性

2.2.2 功 耗

红外发光二极管的热损耗，由加在器件上的电压 V_F 与流过的电流 I_F 之积给出。这时能量的一部分作为光的形式被发射出去，其余大部分则变为热。在不损害性能的条件下能够容许的损耗就是最大额定值下的容许损耗，通常用 W 表示。在使用器件时，必须充分考虑到容许损耗的限制。

2.2.3 辐射束-电流特性

红外发光二极管在流过正向电流时发射出红外光。红外发光二极管发射的光的全部能量叫做辐射束。而红外发光二极管在光轴方向上发射的光的能量叫做辐射强度。

当红外发光二极管流过额定值以下的电流时，辐射束和辐射强度大致与电流成比例。图 2.5 示出辐射束-电流特性例，图 2.6 示出辐射强度-电流特性例。

辐射束和辐射强度也受环境温度的影响。环境温度越高，辐射束和辐射强度就越低。所以随着温度的上升，对发光有贡献的电流的比例下降。另外，当电流增加时，芯片的电阻成分引起的发热也增大，因此发光效率[辐射束/(正向电流×正向电压)]下降。

红外发光二极管中，用 Φ_e 表示辐射束，单位是 W(瓦)。

辐射强度用 I_E 表示，单位是 W/sr(瓦/球面角度)。

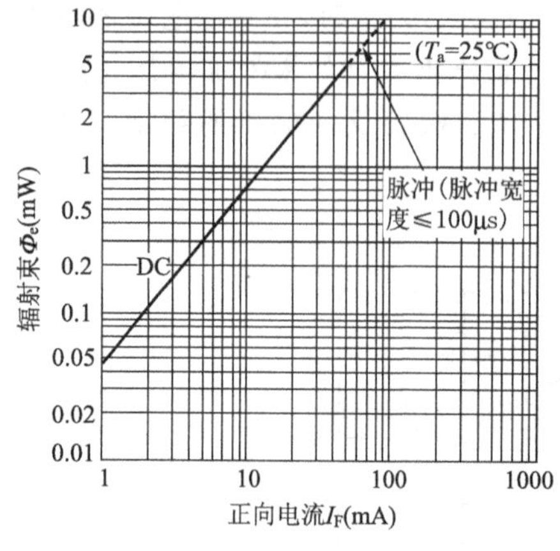

图 2.5　辐射束-正向电流特性

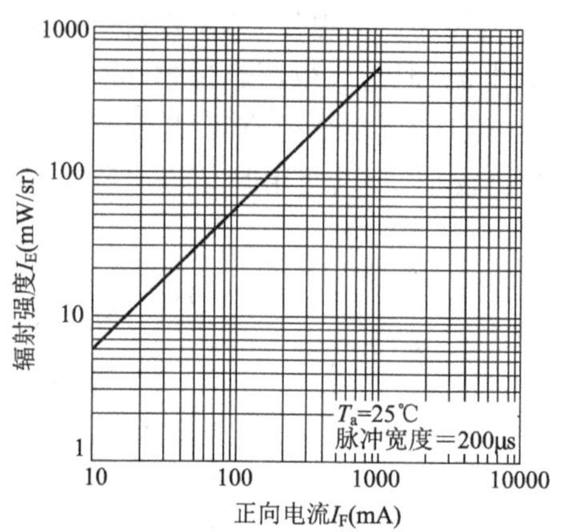

图 2.6　辐射强度-正向电流特性

2.2.4　电流的最大额定值与脉冲驱动

红外发光二极管为了获得大的辐射功率，需要提供更大的电流。但是为了保护器件免受损害，对电流的大小又有限制(容许损耗)，而且在大电流范围，器件自身的发热会导致发光效率下降，因而得不到与电流成比例的辐射功率。为了避免因发热而造成发光效率的下降，往往不用 DC 驱动红外发光二极管，而是采用脉冲驱动的方法。通过使脉冲的幅度变窄，减小占空比的方法，可以增大流过电流的峰值。图 2.7 示出一例用脉冲驱动的峰值电流与占空比的关系。

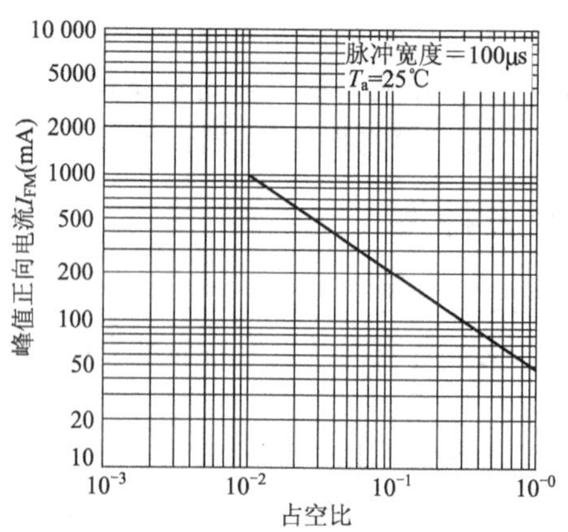

图 2.7　峰值正向电流与占空比的关系

2.2.5　发光谱

发光二极管发射光的波长，与上升电压一样是由化合物半导体的材料种类所决定。

图 2.8 示出各种发光二极管的发光谱。使用 GaAs 制作的红外发光二极管的峰值发光波长是 940～950nm。人类的眼睛对于这个波长范围是不敏感的，看不见这种红外光。但是，一般的受光器件是用半导体硅制造的光敏二极管或光敏三极管，它们对这个波长范围具有很高的灵敏度。光电器件中，红外发光二极管是通过流过电流将电流转换为光，而受光器件是接收这种光，并以电流形式取出。所以光电器件是在进行"电流→光→电流"转换，要求转换效率高。基于这一点，采用 GaAs 的红外发光二极管作为发光器件无疑是合适的。

如图 2.8 所示，红外发光二极管的发光谱与激光器不同，不是单一波长，而是具有一定的波长范围。把相对于辐射束峰值 50％的波长范围叫做频谱半高宽，GaAs 器件的半高宽约为 50nm。

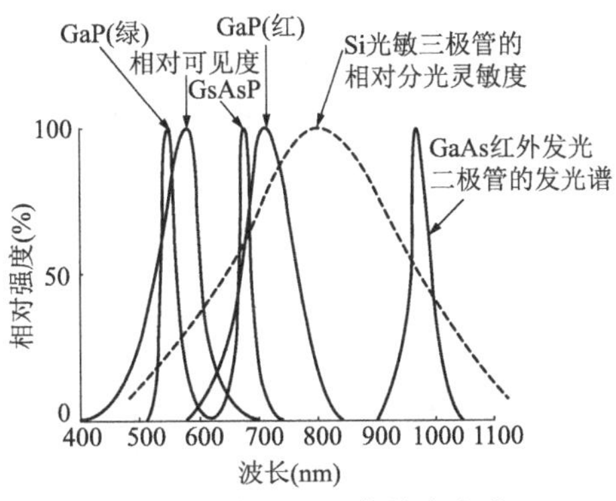

图 2.8 发光二极管的发光谱

2.2.6 方向性

红外发光二极管的辐射强度在不同方向上是不同的。图 2.9 示出了方向性例。

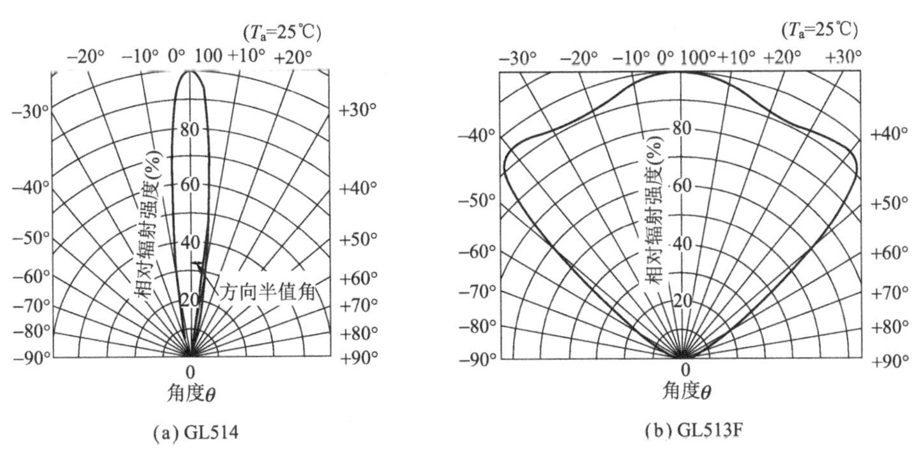

图 2.9 发光器件的方向性

2.3　红外发光二极管的基本使用方法

2.3.1　驱动点

作为发光二极管的基本特性，它不是"电压驱动"器件，而是"电流驱动"器件。如前所述，红外发光二极管光的强度(辐射束)与电流成比例。图 2.10 进一步示出发光二极管的电流-电压关系中有一个所谓的"驱动点"。在电流流动(开始发光)的工作范围内，相对于电压微小的变化，电流的变化非常大。因此，通过使一定的电流流过发光二极管，就能够得到一定强度的发光。不过即使外加一定的电压，由于正向电压的分散性导致正向电流的分散性，因而辐射束也会产生分散性。因此，比起恒定电压驱动来，恒定电流驱动可以说是适合于获得稳定辐射束的方法。

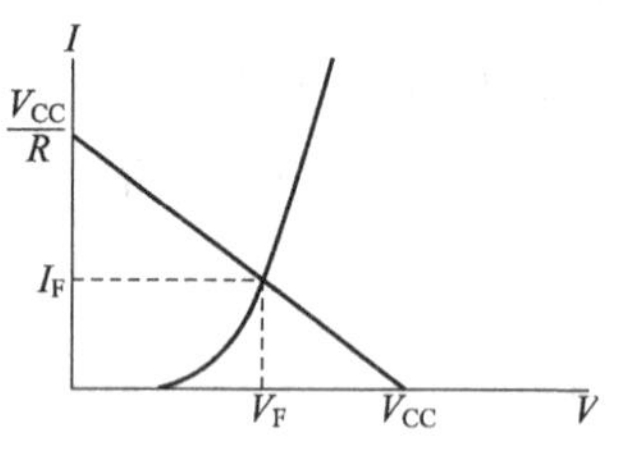

图 2.10　发光二极管的正向电流与正向电压关系，驱动点

2.3.2　基本驱动电路

图 2.11 是最基本、而且最常用的发光二极管的驱动电路例。

稳压电源 V_{CC} 通过限流电阻 R 将电流提供给发光二极管。发光二极管的正向电压 V_F 依赖于电流 I_F。不过在这个场合的使用范围内几乎可以看作是一定的，流过发光二极管的电流由下式给出：

$$I_F = \frac{V_{CC} - V_F}{R}$$

如前所述，发光二极管的辐射束与正向电流 I_F 成比例。

这里，讨论电源电压 $V_{CC}=5V$，流过发光二极管的电流 $I_F=20mA$ 使之发光的情况。由图 2.4 可知，$I_F=20mA$ 时 $V_F=1.2V$。由

$$20mA = \frac{5.0V - 1.2V}{R}$$

得到 $R=190\Omega$。

那么，当电源电压 V_{CC} 有±0.5V 的变动时，流过发光二极管的电流会有多大的变化？最大和最小电流可以分别由下式给出：

$$I_{F(MAX)} = \frac{5.5V - 1.2V}{190\Omega} = 22.6mA$$

$$I_{F(MIN)} = \frac{4.5V - 1.2V}{190\Omega} = 174.4mA$$

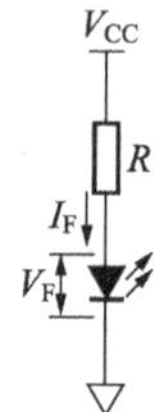

图 2.11　发光二极管的驱动电路

另一方面，假设在电源电压升高，$V_{CC}=$

12V，I_F=20mA 的条件下发光，按照

$$20\text{mA}=\frac{12\text{V}-1.2\text{V}}{R}$$

得到 R=540Ω。这时，如果电源电压与前面情况一样，仍然有±0.5V 的变动，那么流过发光二极管的最大和最小电流分别是：

$$I_{F(MAX)}=\frac{12.5\text{V}-1.2\text{V}}{540\Omega}=20.9\text{mA}$$

$$I_{F(MIN)}=\frac{11.5\text{V}-1.2\text{V}}{540\Omega}=19.1\text{mA}$$

可以看出，这时 I_F的变动比 V_{CC}=5V 时要小，因而辐射束的变动也就小。就是说，就电源电压的变动而言，采用高电压与大电阻可以减小辐射束的变化。

2.4 红外发光二极管的应用例

下面介绍红外发光器件，主要是 GaAs 红外发光二极管的应用和驱动例。其中图 2.11 示出的最基本也是最常用的发光二极管驱动电路例，在前面中已有详细介绍。

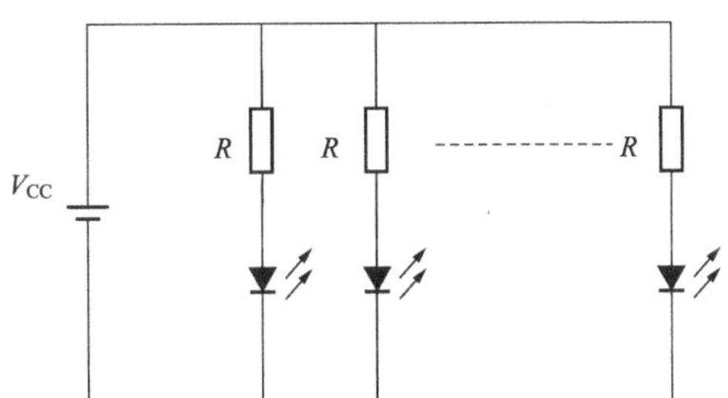

图 2.12 发光二极管并联时的驱动方法

2.4.1 串联、并联驱动多个发光二极管

下面就在 1 个发光二极管的辐射输出不足的情况，或者因其他要求需要多个发光二极管同时驱动的情况举例作以说明(图 2.12，图 2.13)。

图 2.12 所示的电路是图 2.11 中电路的并联。流过发光二极管的电流均为

$$I_F=\frac{V_{CC}-V_F}{R}$$

电源电压 V_{CC}都是共用的，不过由于负载电阻 R 与正向电压 V_F的分散性使得 I_F具有分散性。

在并联驱动的场合，负载电阻终归需要与各自的发光二极管连接起来。如果将多个发光二极管的阳极、阴极相互连接起来，就变成了“电压驱动”。由于 V_F的分散性使得电流的分散性变大，因而不合适。

另一方面,图 2.13 示出将多个发光二极管串联的情况。这时流过发光二极管的电流 I_F 为

$$I_F=\frac{V_{CC}-n\times V_F}{R}$$

这种情况下,对于 n 个发光二极管来说,即使 V_F 有分散性,流过的电流是相同的。但是,由于 $n\times V_F$ 而要求增大电源电压 V_{CC} 的值。

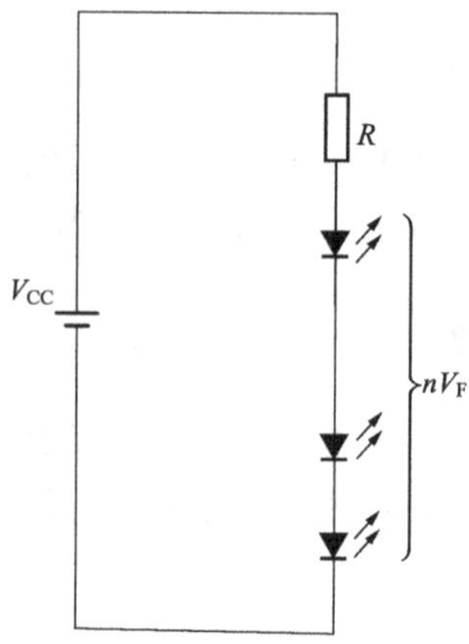

图 2.13　发光二极管串联时的驱动方法

2.4.2　使用晶体管的恒流驱动电路

红外发光二极管是电流驱动器件,由于辐射束与电流成比例,所以采用恒流电源驱动的方法比较好。

如图 2.14 示出用晶体管构成的恒流源驱动 1 个或者多个发光二极管的电路例。晶体管的基极,由于电压 $V_Z=6.8V$ 的齐纳二极管而被偏置稳定的电压。这种情况下,流过发光二极管的电流 I_F 与晶体管的集电极电流 I_C 相等,而且与发射极电流 I_E 也几乎相等。因此有

$$I_F=I_C\approx I_E$$

流过 R_E 的电流由齐纳二极管电压(V_Z)与晶体管基极-发射极间电压(V_{BE})之差给出,即

$$I_E=\frac{V_Z-V_{BE}}{R_E}=\frac{6.8V-0.7V}{270\Omega}=22.6mA$$

这时,在 $V_{CE}<V_{BE}$ 的条件下,即晶体管进入饱和区,对于恒流电路来说,就不工作了。因此,如果能够连接到集电极上的发光二极管的个数为 n,那么必须满足

$$V_{CC}\geqslant nV_F+V_{BE}+V_F \quad (V_E\text{是发射极电压})$$

例如，$V_{CC}=12V$ 时，

$$n \leqslant \frac{V_{CC}-V_{BE}-(V_Z-V_{BE})}{V_F}=\frac{12V-6.8V}{1.2V}$$

这时，发光二极管的数量被限制在 4 个以下。

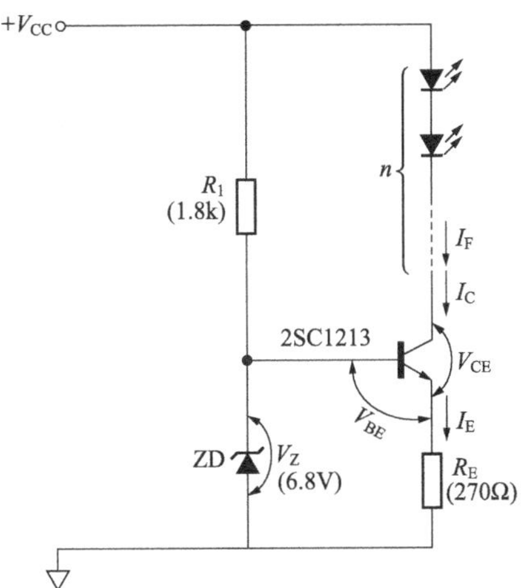

图 2.14 基于 Tr 的恒流源驱动 n 个发光二极管的电路

图 2.15 是用两个硅二极管置换前面的齐纳二极管的情况。这时齐纳二极管的 V_Z 变为硅二极管的两个上升电压，即 $V_{F(Si)}\times 2=1.2V$。而

$$I_F=I_C\approx I_E$$

的关系不变。所以 I_F 为

$$I_F=\frac{2V_{F(Si)}-V_{BE}}{R_E}=\frac{1.2V-0.7V}{50\Omega}=10mA$$

如果用这个条件求晶体管不饱和的电源电压的下限，则得到

$$\begin{aligned} V_{CC} &\geqslant V_F+V_{BE}+2\times V_{F(Si)}-V_{BE} \\ &\geqslant 1.2V+0.7V+1.2V-0.7V \\ &\geqslant 2.4V \end{aligned}$$

与用齐纳二极管偏置晶体管的场合相比，稳定性稍差些，但是可以使用很低的电源电压。

图 2.16 示出了使用 2 个晶体管的恒流驱动例。晶体管 Tr_1 通过发射极电阻 R_E 上的电压降控制晶体管 Tr_2 的驱动。另一方面，Tr_1 还具有作为基准电压使用的功能。流过发光二极管的电流 I_F 由发射极电阻 R_E 决定，由下式给出：

$$I_F=I_{E2}=\frac{V_{BE1}}{R_E}=\frac{0.7V}{24\Omega}=29mA$$

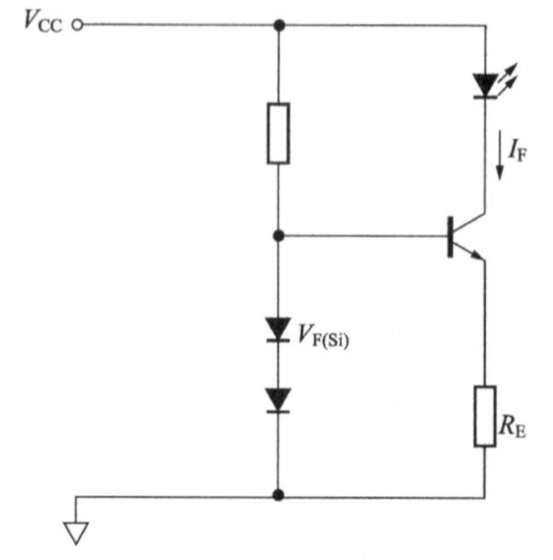

图 2.15　用硅二极管替代齐纳二极管的例子

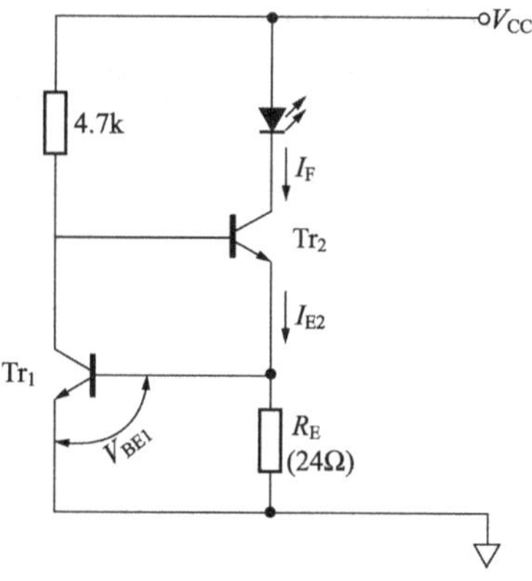

图 2.16　使用 2 个晶体管的恒流驱动

2.4.3　由逻辑 IC 驱动

下面介绍由 TTL、CMOS 等构成的数字系统的控制信号来驱动红外发光二极管的电路例。

图 2.17 是 TTL 电路能够直接驱动的电路。为了能够在 TTL 的输出电平下使一定的电流流过发光二极管，将红外发光二极管连接到晶体管的发射极。为了使电流能够流过红外发光二极管，晶体管的基极电压电平必须有

$$V_B = V_F + V_{BE} = 1.2\text{V} + 0.7\text{V} = 1.9\text{V}$$

为此，输入端的二极管 D_1 和 D_2 的输入电压 V_1 应该在

$$V_1 = V_B - V_D = 1.9\text{V} - 0.7\text{V} = 1.2\text{V}$$

以上。由于 TTL 中 $V_{IL(MAX)} < 0.8\text{V}$，$V_{IH(MIN)} > 2.9\text{V}$，所以这个电路可以说是能够与 TTL 连接的电路。

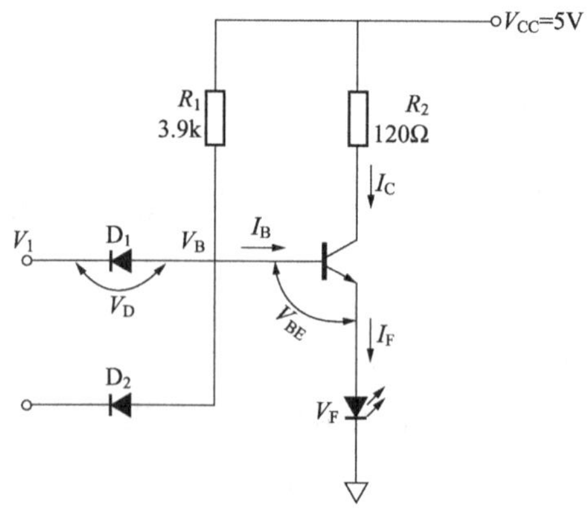

图 2.17　TTL 电路能够直接驱动的电路

流过红外发光二极管的电流 I_F 为

$$I_F = I_C + I_B$$

由于 $I_C \gg I_B$，所以有

$$I_F = \frac{V_{CC} - V_{CE(SAT)} - V_F}{R_E} = \frac{5V - 0.3V - 1.2V}{120\Omega} = 29mA$$

晶体管的 h_{FE} 在 30 以上，如果设驱动时处于饱和状态，那么当 $R_1 = 3.9k\Omega$ 时，输入电流 I_{IL} 在 1mA 以下，相当于输入端数＝1。

图 2.18 示出在 12V 系电源电压（$V_{CC} = 10.5V \sim 16.5V$）的场合，与高电平逻辑电路系列连接、驱动红外发光二极管的电路例。

当工作电压有变动时，为了使流过红外发光二极管的电流恒定，使用与图 2.7 相同的电路。由于输入电路有齐纳二极管 D_3，所以输入的阈值电压 V_{Th} 为

$$\begin{aligned} V_{Th} &= V_{BE1} + V_{BE2} + V_{D3} - V_D \\ &= 0.7V + 0.7V + 6.2V - 0.7V = 6.9V \end{aligned}$$

这个电路中能够流过的电流受到未饱和晶体管 Tr_2 的容许损耗的限制。现在如果使用 0.4W 的晶体管，那么

$$\begin{aligned} I_{F(MAX)} &= \frac{P_{Tr2(MAX)}}{V_{CC(MAX)} - V_{BE} - V_F} \\ &= \frac{0.4W}{16.5V - 0.7V - 1.2V} = \frac{0.4W}{14.6V} = 27.4mA \quad (T_a = 25℃) \end{aligned}$$

$$R_E = \frac{V_{BE1}}{I_F} = \frac{0.7V}{27.4mA} = 25.5\Omega$$

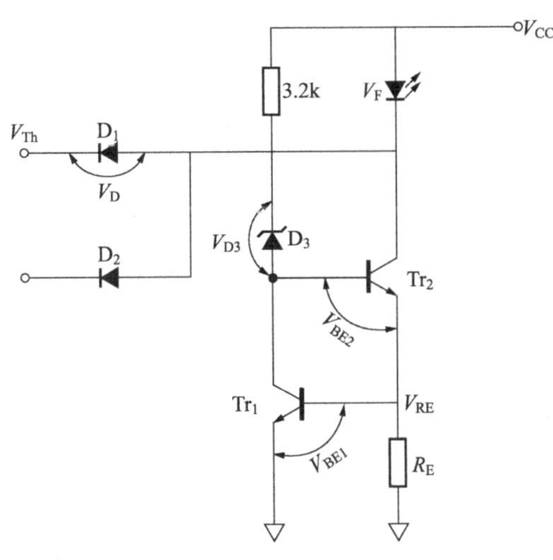

图 2.18 与高电平逻辑电路系列连接驱动发光二极管的电路例

2.4.4 正弦波调制电路

图 2.19 示出用正弦波电流控制红外发光二极管的最简单的调制电路。与红

外发光二极管反向并联的硅二极管并没有把高反压加给红外发光二极管。

控制电流中流过红外发光二极管的只是正向电流，辐射束的变化情况如图 2.20 所示。

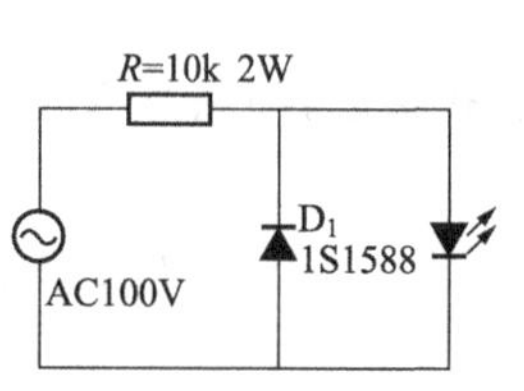

图 2.19　用正弦波控制的最简单的调制电路

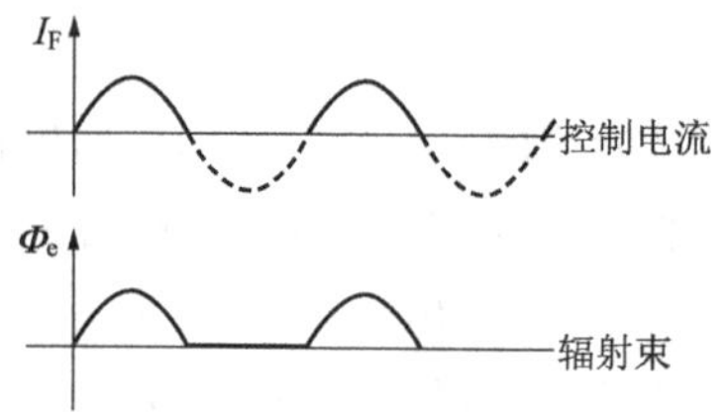

图 2.20　图 2.19 的辐射束特性

往往有这样的情况，要求进行调制的正弦波电流波形原封不动地作为红外发光二极管的辐射束波形。这种情况下可以采用加偏置驱动的方法，使得调制信号电压的上限只加在红外发光二极管的正向、而且只加在变形部分。电路例如图 2.21 所示。将红外发光二极管 D 与调制放大器 Tr 串联起来，使得能够恒流驱动红外发光二极管，并且重复调制信号。这个电路的恒定偏置电流 I_F 由下式给出：

$$I_F = \frac{V_{CC}\left(\frac{R_1}{R_1 + R_2}\right) - V_{BE}}{R_E} = \frac{10V \times \left(\frac{2.2k\Omega}{2.2k\Omega + 2.2k\Omega}\right) - 0.7V}{220\Omega} \approx 20mA$$

调制电压经电容器提供给晶体管的基极。由于加电流反馈，所以晶体管的电流变化与调制电压成比例。

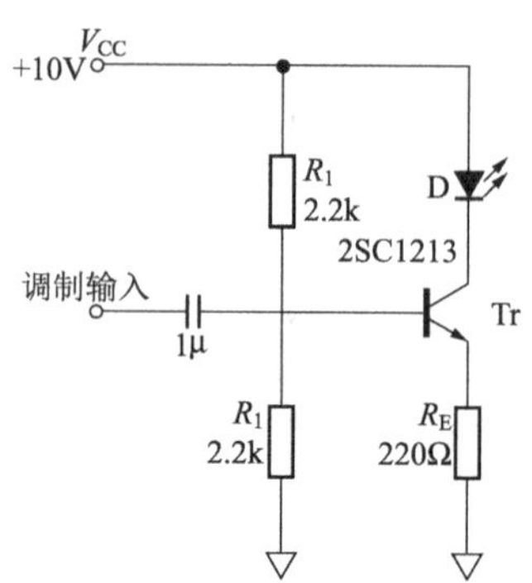

图 2.21　给发光二极管的线性部分加偏置驱动的方法

图 2.22 示出以这个动作为工作点的情况。输入信号作为电压信号方式提供，不过作为加偏置的电压被加高，变为发光二极管的电流信号，这个调整范围是线性范围，所以原封不动地成为辐射束 Φ_e 的调制信号被输出。

如果使用这样的调制方式，即使光调制的受调发光输出电平低、造成直流放大的困难，也能够得到 S/N 大的受调光输出，其结果能够不受外部干扰光影响地稳定工作。

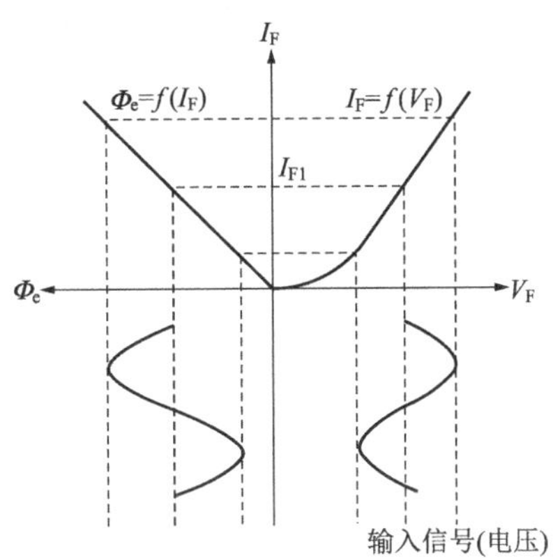

图 2.22 图 2.21 的工作点的状态

2.4.5 脉冲调制电路

1. 脉冲驱动方式的特点

红外发光二极管的驱动方式，有直流驱动、交流驱动以及脉冲驱动方式，其中最常使用的是脉冲驱动方式。

脉冲驱动方式具有以下特点：

(1) 能够获得大的辐射束、辐射强度。

(2) 不易受外部干扰光的影响。

(3) 能够传输信息。

当正向电流变大时，由于红外发光二极管的发热，会导致红外发光二极管的发光效率下降，辐射束达到饱和。而特点(1)正是脉冲驱动的优越之处。

(3) 的理由是在红外发光二极管在室外那样外部的光(干扰光)强的场所使用的情况下，直流驱动方式或者给固定器件叠加交流信号的交流驱动方式的辐射束小，难以对外部干扰光与信号进行区分。就是说，S/N 变小，往往导致无法进行检出。脉冲驱动时，能够获得大的辐射束，利用检出脉冲信号上升时/下降时的信号变化，即使在外部干扰光强的场所也能够比较容易地检出信号。

通过改变脉冲宽度，或者计算对脉冲数，可以将红外发光二极管的光代码化，从而实现特点(3)传输信息。

以下举出用脉冲调制的方式驱动红外发光二极管的电路例。图 2.23 到图 2.26 是典型的脉冲驱动电路，图 2.27 和图 2.28 是用于红外线遥控的脉冲驱动电路。

2. 使用 N 栅可控硅的脉冲驱动电路

图 2.23 的脉冲驱动电路是使用 N 栅可控硅驱动红外发光二极管的电路，使可控硅阳极-阴极间的电压以 CR 决定的时常数振荡，脉冲驱动红外发光二极管的电

路。这个电路中，为了将处于 ON 状态的 N 栅可控硅 OFF，需要设定 R_3（$I_H > V_C C/R_3$），要使 N 栅可控硅的阳极电流处于保持电流以下，就要增大 R_3。其结果，使时常数（$\tau \approx CR_3$）变大，在比较长的周期内产生驱动时间短的振荡。

(a) N栅可控硅脉冲驱动　　(b) 工作波形

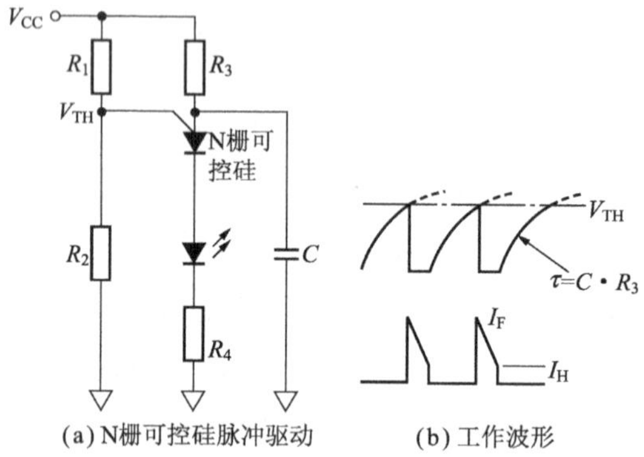

图 2.23　基于可控硅的脉冲驱动电路与工作波形

3. 使用定时器 IC 的脉冲驱动电路

图 2.24 的脉冲驱动电路是由 555 定时器 IC 构成非稳态多谐振荡器、脉冲驱动红外发光二极管的电路。这个电路中，红外发光二极管的 OFF 时间（t_1）、ON 时间（t_2）由下式给出：

$$t_1 = \log_e 2(R_1 + R_2)C_1$$

$$t_2 = \log_e 2C_1$$

这里的 R_1 值设定为 $R_1 > V_{CC}/I_{IN}$，使得 555 型定时器 IC 的 I_{IN} 不超过额定值。作为使用 555 定时器 IC 的脉冲驱动电路，该电路使用的比较多。

(a) 555定时器IC脉冲驱动　　(b) 输出波形

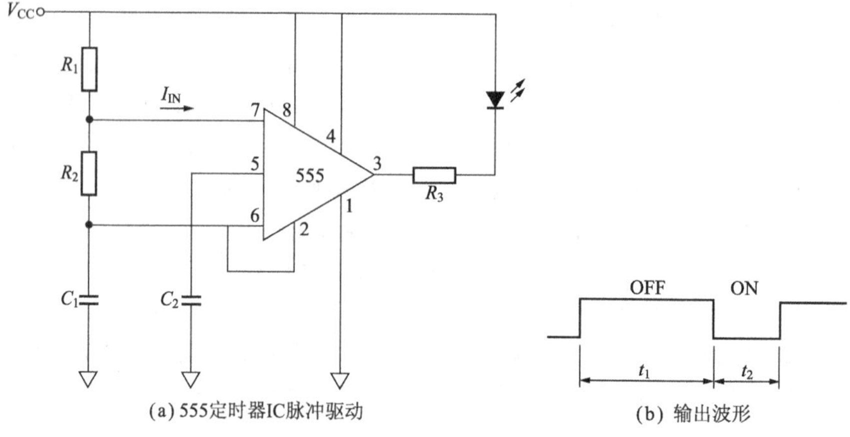

图 2.24　使用 555 定时器 IC 的驱动电路与工作波形

图 2.25(a) 所示的电路，是由晶体管构成非稳态多谐振荡器、脉冲驱动红外发

光二极管的电路。红外发光二极管的 OFF 时间(t_1)由 C_1R_1 决定,ON 时间(t_2)由 C_2R_2 决定。这种电路振荡要求 $R_1:R_3$,$R_2:R_5$ 之比必须大。

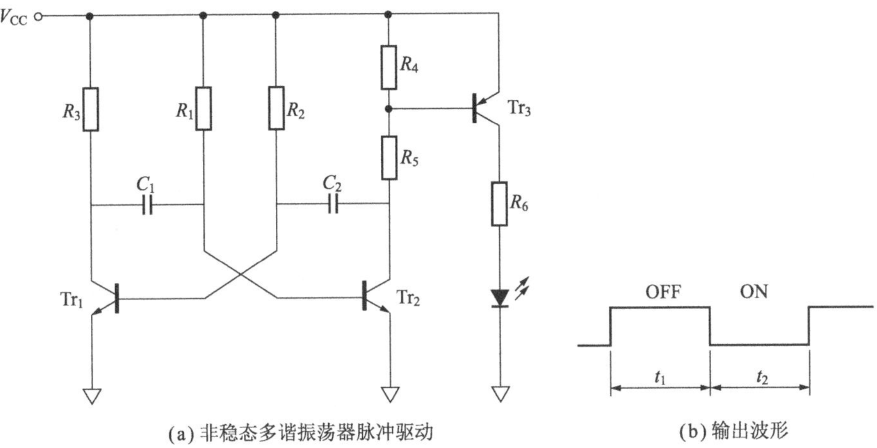

(a) 非稳态多谐振荡器脉冲驱动　　(b) 输出波形

图 2.25　使用非稳态多谐振荡器的脉冲驱动电路与工作波形

4. 使用 CMOS 逻辑 IC 的脉冲驱动电路

图 2.26 所示的电路是用 CMOS 逻辑 IC(反相器)构成振荡电路、脉冲驱动红外发光二极管的电路。逻辑 IC 构成的脉冲驱动电路,占空比为 50%,能够以比较快的周期进行脉冲驱动。

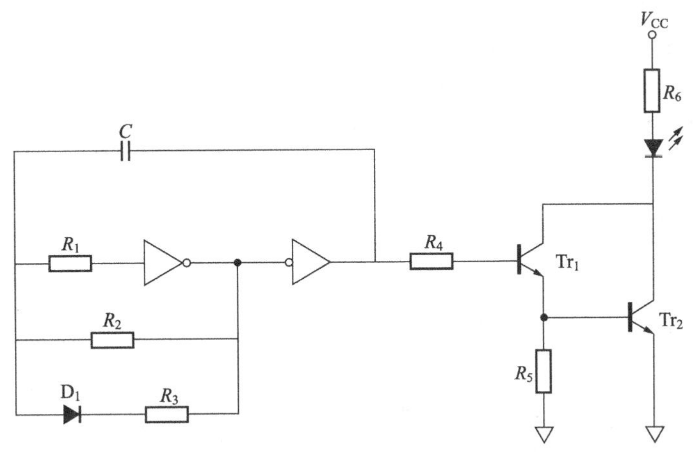

图 2.26　使用 CMOS 逻辑 IC 的脉冲驱动电路

图 2.27(a)是红外线遥控器和光电开关的投光器所使用的脉冲驱动电路。这个脉冲驱动电路由两个以不同周期进行振荡的电路组合构成,如图 2.27(b)所示,短周期的振荡(f_2)脉冲叠加在长周期的振荡(f_1)上。f_1 和 f_2 的周期可以各自独立地设定。

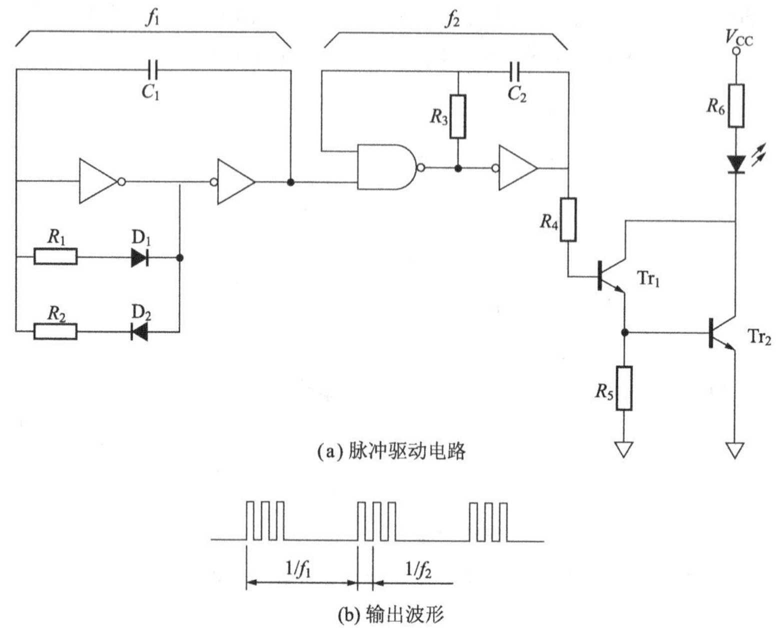

图 2.27　脉冲驱动电路与输出波形

图 2.28 示出在 TV、VTR、音响设备、空调等的红外线遥控器发射机中使用红外发光二极管场合的电路例。根据使用的条件，红外发光二极管需要考虑辐射强度和方向性等要求，从 GL527V/GL528V/GL537/GL538 等型号中选择，与遥控器发信机用 LSI（LS37/5M 等）组合使用。图 2.28 中的陶瓷振子的振动数是 455kHz，经 12 分频作成 38kHz 左右的载波频率。这个载波用 15 位的数据进行 PPM 调制，将其信号从红外发光二极管发送出去。

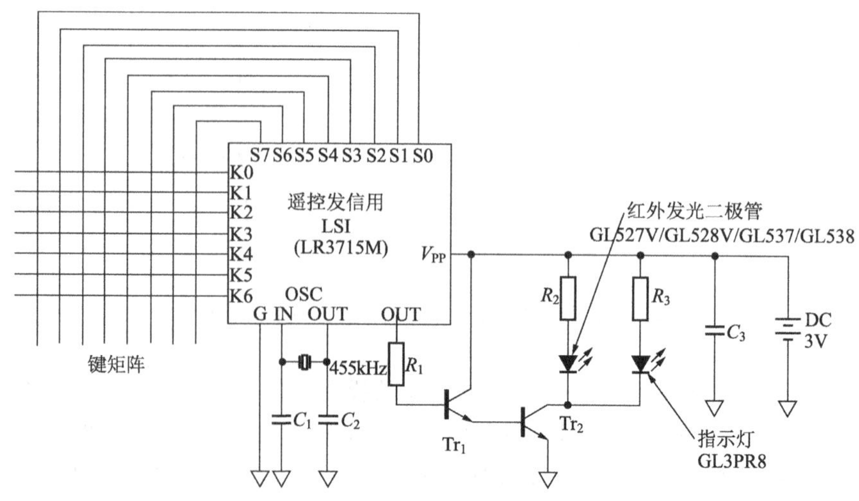

图 2.28　红外线遥控器发信电路

2.4.6 与光敏三极管组合的应用例

1. 在 VTR 中的应用

图 2.29 是使用具有双向指向性的红外发光二极管(GL453E00000F),检测 VTR(Video Tape Recorder,视频磁带录像机)磁带的首部、尾部的电路例。

受光部分使用了两个光敏三极管(PT491FE0000F)。当磁带运行到达尾部未涂有磁粉的透明的、或者半透明的部分时,有光电流流过光敏三极管,光敏三极管的输出变为低电平。使用两个同样的电路,检出磁带的起始位置和结束位置。

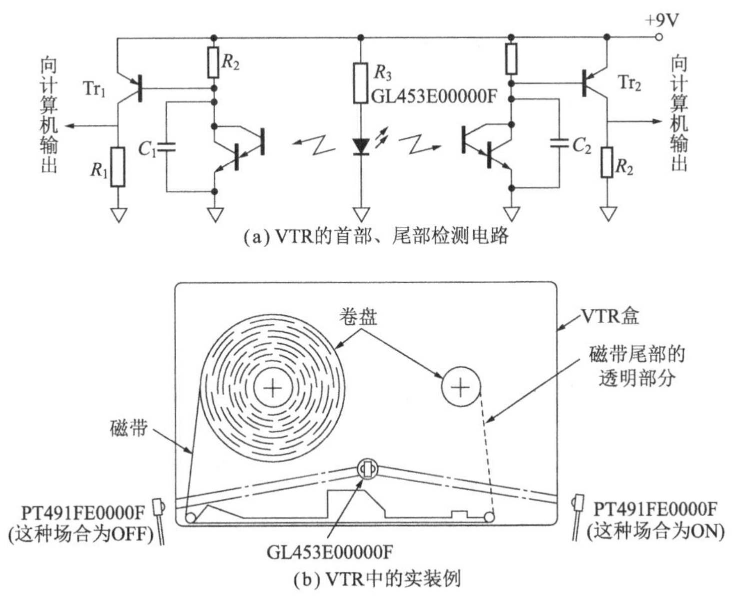

图 2.29 在 VTR 中的应用

2. 在 VTR Camera 中的应用

图 2.30 是 VTR Camera 中检测磁带尾部的电路例。由于是电池驱动,所以以减小功耗为考虑的主要出发点,脉冲驱动红外发光二极管(GL4800)。

与 VTR 的场合一样,是检测磁带尾部光透射率的变化。

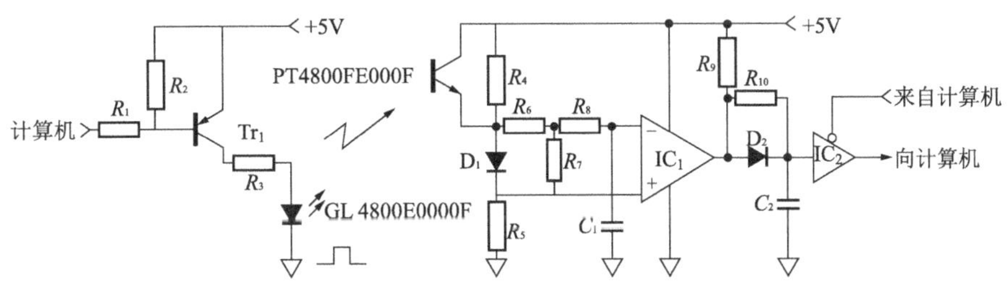

图 2.30 VTR Camera 的磁带尾部检出

3. 在洗衣机中的应用

图 2.31 是通过光透过率的变化读取洗衣槽中水浑浊程度的信息，检测洗净程度的电路。将红外发光二极管与光敏三极管设置在循环配水管路中，相向配置，检测水的透明度。

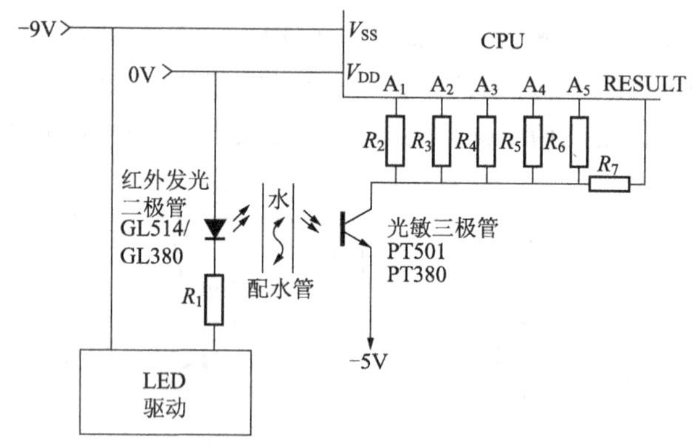

图 2.31　在洗衣机中的应用

4. 在检知磁盘上的应用

图 2.32 是检知 CD 等磁盘的电路。用于检测磁盘盒系统中是否插入了磁盘或有无磁盘。

当磁盘处于发光二极管(GL4800E0000F)与光敏三极管(PT4800FE000F)之间时，光被磁盘遮挡，于是光敏三极管的光电流减少，电路的输出就变为低电平。

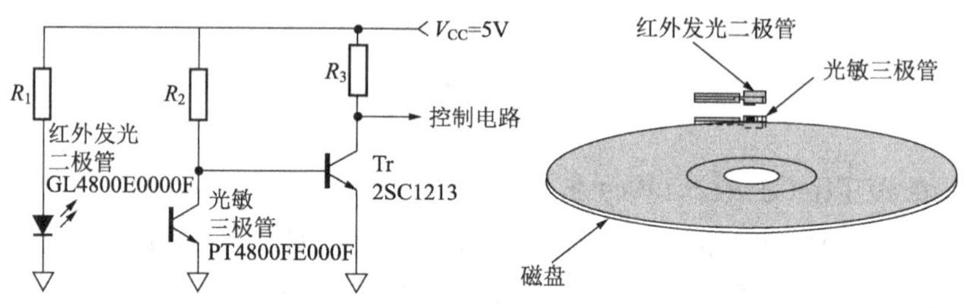

图 2.32　磁盘检测

第3章 半导体激光器

所谓“激光”，是由字头 L(Light，光)、A(Amplification，放大)、S(Stimulated，受激)、E(Emission of，发射)、R(Radiation，电磁波)构成的 LASER，即“辐射受激发射光量子放大”的简称。是一种亮度极高，方向性和单色性很好的相干光辐射。现在，不仅是通信、信息处理，就连医学、能源等可以说所有的领域都在广泛使用激光技术。

除常见的固体激光器(例如红宝石激光器)和气体激光器(例如 He-Ne 激光器)外，还有半导体激光器。从激光技术的整体上看，半导体激光的发展历史尚浅。不过，近年来随着在可见光领域蓝光和红光激光器的实用化，以及激光器自身性能的进步和使用寿命的延长，半导体激光器已经逐渐成为激光器的重要组成部分。

一般来说，半导体激光器具有以下显著的特点：

(1) 体积小，重量轻。

(2) 驱动功率消耗低。

(3) 能够直接进行调制。

(4) 长寿命。

这些优点使得它的需求在不断增大。近年来，由于能够获得低价格的各种半导体激光器，所以应用范围不断拓宽，特别是在光盘装置用拾波器(pickup)光源中的应用。

3.1 半导体激光器的工作原理

3.1.1 自发辐射与受激辐射

光是电磁波的一种。电子在不同的能级间跃迁时产生或者消失。在原子或分子中，如图 3.1(a)所示，其能量具有分立值。在通常的状态(热平衡状态)下，电子存在于低能级(图 3.1(b))，当有适当的光照时会吸收光能而跃迁到高能级上，这叫做吸收(图 3.1(c))。相反，处于高能级上的电子会以光的形式放出能量而跃迁到低能级上，这就是发光。无序状态的发光现象叫做自发辐射。在高能级上的电子数量非常多的情况下，受到入射光的刺激，电子跃迁到低能级的同时释放出与入射光同波长、同相位的光，这种现象叫做受激辐射。由于是同波长、同相位的光，所以可以成为相干性强的激光。

由于光的能量与两个能级间的能量差相当，所以产生的光的波长 λ(单位 μm)为

$$\lambda=\frac{C}{(E_2-E_1)/h}=\frac{1.24}{(E_2-E_1)}$$

式中，C 为光速(3×10^{8} m/sec)；h 为普朗克常数(4.135×10^{-15} eV・sec)；E_1 为低能级能量(eV)；E_2 为高能级能量(eV)。

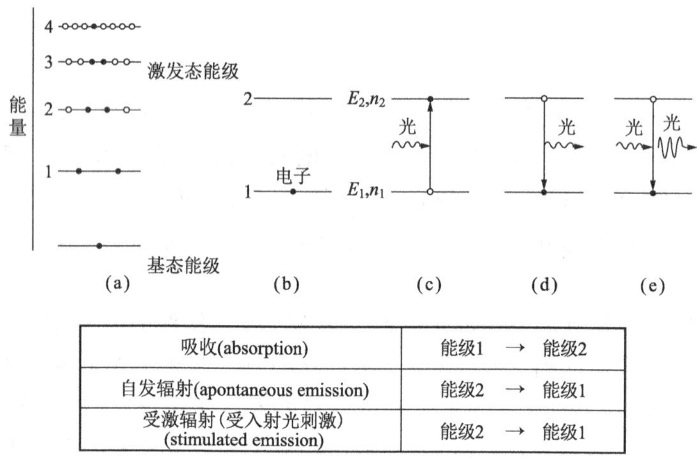

吸收(absorption)	能级1 → 能级2
自发辐射(apontaneous emission)	能级2 → 能级1
受激辐射(受入射光刺激)(stimulated emission)	能级2 → 能级1

图 3.1　孤立原子、分子中的能级与跃迁过程

3.1.2　直接跃迁与间接跃迁

半导体中的原子是密集堆积的。其电子与孤立原子的情况不同，它的能量状态处于带状而非孤立能级。与孤立原子基态能级相当的是价带；与激发态能级相当的是导带。半导体的发光就是通过处于导带的电子与处于价带的空穴的复合而产生的。图 3.2 示出电子与空穴的运动与复合，以及发光状态的模式。

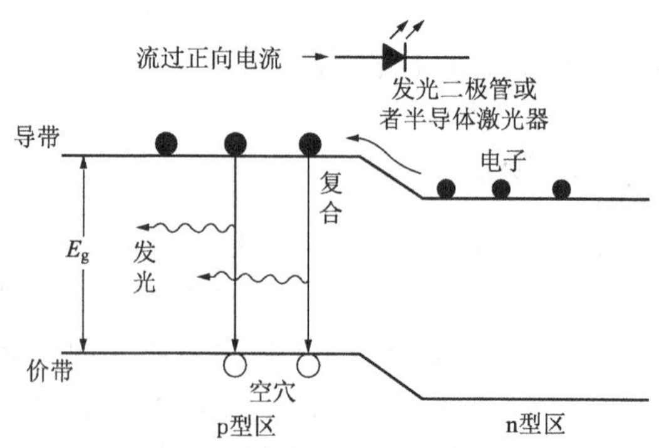

图 3.2　半导体 pn 结的能带模型

发生复合的方式，按晶体材料能带结构的不同，分为直接跃迁型和间接跃迁型两种。图 3.3 示出它们的区别。

如图 3.3(a)所示，当半导体导带中的电子在与价带中的空穴复合时，如果它们所处的能带极大值和极小值的动量是一致的，这种能带结构就是直接跃迁型。在这种情况下，由于电子能够保存所具有的动量进行跃迁，容易发光，所以是发光效率高的材料。

图 3.3(b)所示的间接跃迁型中，在复合时需要伴随着晶格振动(热振动的一种)，参与动量的变化，所以与光相关的跃迁过程难以发生。产生激光振荡的半导体属于直接跃迁型半导体材料。

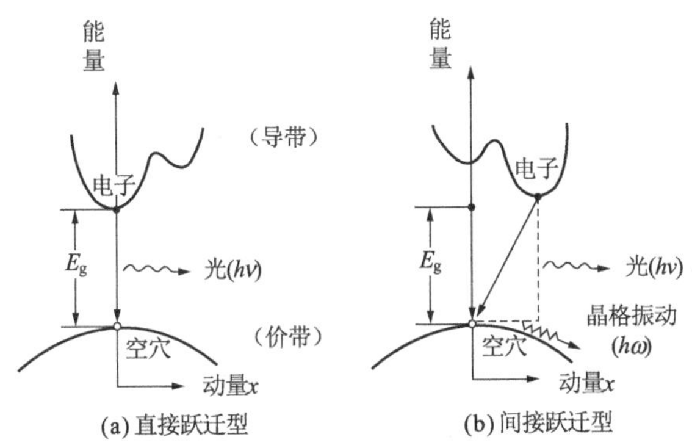

图 3.3 半导体的基本跃迁机构

3.1.3 产生激光的基本条件

为了在半导体中产生激光振荡，必须从外部给半导体以能量，产生战胜吸收的受激辐射。

半导体中，产生受激辐射和吸收的几率，可以表示如下：

r_{st}＝受激辐射发生的几率∝(光的强度)×(导带中的电子密度)×(价带中的空穴密度)

r_{sb}＝吸收发生的几率∝(光的强度)×(导带中未被电子占据的状态密度)×(价带中的电子密度)

产生激光振荡的条件是

$$r_{st}-r_{sb}>0$$

因此，为了产生激光振荡，电子存在于导带中的几率必须大于电子存在于价带中的几率(即分布反转)这是产生激光的第一个基本条件。

进而，为了发生激光振荡还有第二个基本条件，这就是实现光量子放大。这就需要有能够使光反馈的共振腔结构。通常的半导体激光器中，以两个解理面为反射镜，构成法布里-珀罗(Fabry-Perot)共振腔。图 3.4 示出这种基本结构。在媒质的增益为 g、损耗为 b、两个反射镜的反射率分别为 R_1 和 R_2，反射镜之间距离(共振腔长度)为 l 的共振腔中，产生激光振荡的增益条件由下式给出。

$$g=b+(1/2l)\log_e(1/R_1R_2) \tag{3.1}$$

式(3.1)表示图 3.4 所示的媒质中(A)点发生的光，在共振腔内往复一周再次返回到(A)点时得到的增益与该过程中的损耗相等时，发生激光振荡。这些损耗中，b 是在媒质中的损耗，含 R 项是部分光自反射面逸出到共振腔外的反射损耗。所以，第三个基本条件就是提供的能量要达到一定的电流密度(阈值电流密度)，使增益至少等于损耗。

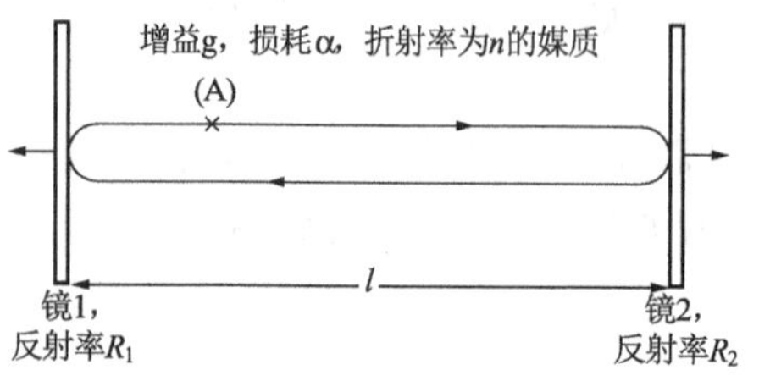

图 3.4　激光器振荡的基本结构

为了产生激光振荡，除了这个增益条件之外，还有一个必须满足的相位条件。所谓相位条件，就是说在图 3.4 中(A)点发生的光，当在共振腔中往复一周再次返回到(A)点时，光的相位必须与出发时同相位，这是一种制约条件。如图 3.5 所示，当折射率为 n 的媒质中存在 m 个光的驻波时，这个相位条件可以用波长 λ_m 与共振腔长度 l 的关系表示为

$$(\lambda_m/2n)\times m=l \qquad m=1,2,3,\cdots \tag{3.2}$$

如果 $\lambda_m\approx0.78\mu m$，$n=3.5$，$l=250\mu m$，那么 $m\approx2240$，可以看出，数目非常多。因为 m 是自然数，所以激光振荡时波长 λ_m 只能是不连续的值。这些 λ_m 不连续的波叫做振荡纵模。从上式可以得到 m 增加 1 时的波长差 $\Delta\lambda(=\lambda_{m+1}-\lambda_m)$ 的表示式。

$$\Delta\lambda=-(\lambda^2/2nl) \tag{3.3}$$

利用上述的数值，得到 $\Delta\lambda$ 为 0.3～0.4nm。

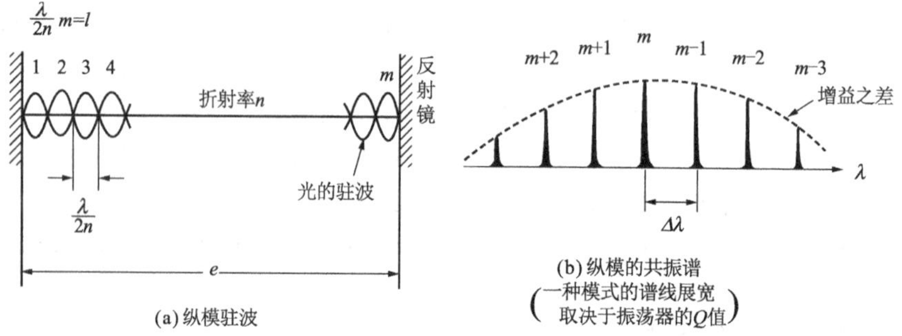

图 3.5　激光器共振腔内的驻波

3.2　半导体激光器的结构

3.2.1　分布反转

给直接跃迁型半导体构成的 pn 结加正向电压使其流过电流时，p 区的电子和

n 区的空穴将分别注入。注入的电子或空穴,分别与各自区域内的多数载流子空穴或电子复合而发光。由于电子和空穴在这里主要以扩散形式运动,所以随着远离 pn 结,各自的密度将减小。当注入的电流减小时,即使 pn 结附近 p 区中的电子密度,或者 n 区中的空穴密度也减小,不会发生分布反转,也就不能发生激光振荡。当增加注入电流时,p 区、n 区的少数载流子密度都增高,电子与空穴的复合增多,发光就增强。不过,由于注入的少数载流子的扩散运动使它的密度下降,所以仍然不能形成分布反转。所以,在通常的 pn 结正向注入电流情况下,由于注入的少数载流子的扩散运动,难以达到反转分布,要在室温下实现激光振荡是困难的。

3.2.2 双异质结构激光器

为了能够解决这个问题,实现室温下的激光振荡,人们提出了图 3.6 所示的双异质结(DH,Double Heterojunction)结构。之所以称为 DH 结构,是因为它是由两种不同材料构成 pn 结。相对应地,由相同材料构成的 pn 结称为同质结。

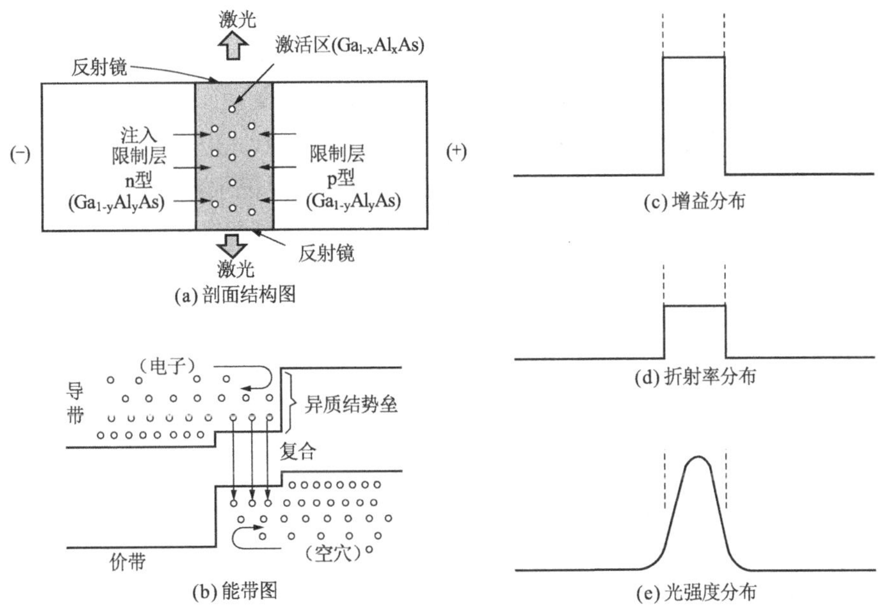

图 3.6 GaAlAs 半导体激光器的工作原理

如图 3.6(a)所示,DH 结构是禁带宽度小的 $Ga_{1-x}Al_xAs$ 晶体被禁带宽度大的 $Ga_{1-y}Al_yAs$ 晶体(y>x)夹在中间的结构。前者叫做激活层,后者叫做限制层。两个限制层,一个 p 型,另一个是 n 型。

当给这个 DH 结构加正向电压使电流注入时,来自 n 型限制层的电子以及来自 p 型限制层的空穴,同时注入中央的激活层。与同质结不同,DH 结构中,在激活层与限制层的界面上,由于激活层与限制层的禁带宽度不相同,存在着异质结势垒。因此注入激活层的电子很难向p型限制层扩散。同样地,空穴也很难向n型限制层扩散。其结果,注入激活层内的多数载流子电子和空穴被有效地关闭起来。这叫做载流子的关闭(图3.6(b))。就是说,DH结构是一种容易实现分布反转的结构。

更巧妙的是,如图3.6(d)所示,由于激活层的折射率比两侧限制层的折射率大,所以利用DH结构也能够将光有效地关闭在激活层中(光的关闭)。由于载流子和光被关闭在激活层内,激活层内能够同时形成载流子的反转分布和强的光,所以DH结构作为半导体激光器最基本的结构,被广泛利用。

3.2.3 双异质结构激光器的实用化

DH结构激光器实用化的激光器,主要有用于通信的波长为1.3μm、1.55μm带的$Ga_xIn_{1-x}As_{1-y}P_y$系激光器、小型激光唱盘(CD)用的780nm～850nm带的$Ga_{1-x}Al_xAs$系激光器,以及630nm～680nm带$(Al_yGa_{1-y})_xIn_{1-x}P$系激光器。另外,GaN系的蓝色激光器也在开发中。它们的基本原理都是相同的,所以这里以$Ga_{1-x}Al_xAs$系激光器为例进行说明。

DVD的记录形式有－R/RW、＋R/RW、－RAM三种。各种形式的特点列于表3.1,有与多种记录形式相对应的驱动器。用途是计算机的大容量记录装置和磁带录像机。记录容量与重放用DVD相同,单面4.7GB,相当于2小时动画录像的容量。2004年有了用DVD＋R的双层记录的商品,使记录容量倍增。

这些记录装置多采用红色高输出激光器,不过随着写入速度的增加,也对激光器的输出提出需求。最初,写入速度的上限是16倍速,激光器的输出只要有240mW就足够了。但是,像上面所说的双层记录就需要过去单层记录的2倍输出,所以要求2层16倍速记录要求有400mW以上的输出。

表3.1 写入速度与激光器输出

单位:mW

	单层	双层	盘面功率	激光器的椭圆率($\theta_{\perp}/\theta_{/\!/}$) 1.4	1.55	1.80
倍速	×2.4		19.4	73	82	96
	×4		25.0	94	106	124
	×8		35.4	132	149	174
	×12	×2.4	43.3	162	183	214
	×16	×4	50.0	187	211	247
	(×32)	×8	71.0	266	300	351
	(×64)	×16	100.0	377	426	498

前提是$\theta_{/\!/}$:9.5～10.5°。

3.2.4 量子阱半导体激光器

近年来,由于半导体结晶技术的发展,已经能够以0.1nm(1A)的精度控制结晶膜厚,所以可以制作出微细的结构。窄带隙材料厚度在几十nm以下的半导体层被挟在宽带隙材料层之间,从而将电子和空穴关闭在带隙窄的层中的结构叫做量子阱(Quantum Well:QW)结构。带隙窄的薄层叫做阱层,挟着它的层叫做势垒层(图 3.7)。阱层内的电子和空穴,在平行于阱面的方向上具有任意动量,因而能够自由运动。而在垂直于阱面的方向上,被阱束缚,不能自由运动,所以具有二维自由度。

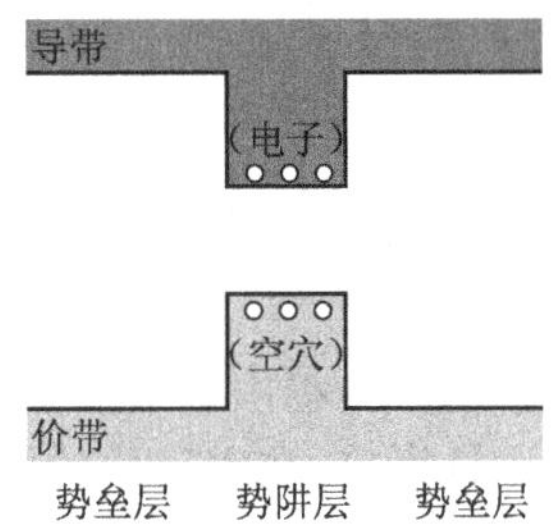

图 3.7 量子阱的结构

利用这种量子阱结构作为半导体激光器媒质的量子阱激光器中,发现了与媒质为通常厚度的半导体层的 DH 激光器不同的特性。在垂直于阱面方向上被关闭的结果,是电子和空穴取得的能量在垂直于阱面的方向上呈离散的分立值(量子化),量子阱结构中电子和空穴取得能量的间隔,只是各能级分立值部分的扩展。其结果,在量子阱激光器中,与阱层材料组成相同的半导体层激光器媒质的 DH 激光器相比较,激光振荡的波长只有与分立值相对应的短的波长。

另外,在量子阱激光器中,基于电流注入密度的振荡波长的变化小,温度变化引起阈值电流的变化也小,与能够增大偏振比的 DH 激光器相比,能够获得更好的激光特性,因而成为半导体激光器的主流。

在量子阱结构适用于半导体激光器激活层的场合,只能单纯减薄激活层的厚度时,但是由于关闭光的激活层太小,因而不能获得激光振荡所需要的足够的增益。因此,主流的结构形式通常是将电子和空穴关闭在单量子阱(Single Quantum Well:SQW)结构或者多个量子阱重叠起来的多量子阱(Multiple Quantum Well:MQW)结构内,在外侧设置关闭光的光导向层,构成所谓的分别限制异质结构(Separate Confinement Hetero:SCH)(图 3.8)。

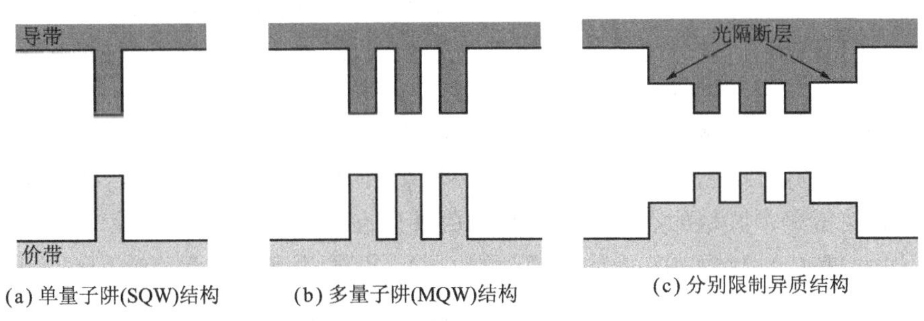

图 3.8 各种量子阱的结构

3.2.5 F-P 腔半导体激光器的基本结构

为了使半导体激光器容易起振,换句话说,为了减小开始振荡的电流,在 DH 结构外面可以做成条形结构。视用途不同,有的半导体激光器也没有这种结构。不过几乎所有实用化的半导体激光器都有这种结构,它的种类也非常多。

F-P(Fabry-Perot,法伯利-珀罗)腔半导体激光器做成条形的理由是,除了限定电流流过的区域、减小起振电流之外,可以将横模(平行于pn结面方向的振荡模式)控制为基本模式。条形结构大致可以分为增益导引型和折射率导引型两种。

1. 增益导引型

图3.9示出一例增益导引型结构,它是氧化物限制条形结构的激光器。这种结构比较简单,在实用化的初期经常采用。由于在平行于pn结的方向上(横向),晶体内部没有特别的构造,所以在横向上不存在折射率分布。由于电流只注入导通的无氧化膜的条形区域,所以激活层中有一定的扩展。不过这仅局限于在条的正下方得到增益。因此,激光沿长条被导向有增益的区域。增益导引型激光器的横模受条的宽度所限制。不过采用10μm以下的窄条可以得到接近基本横模的光。

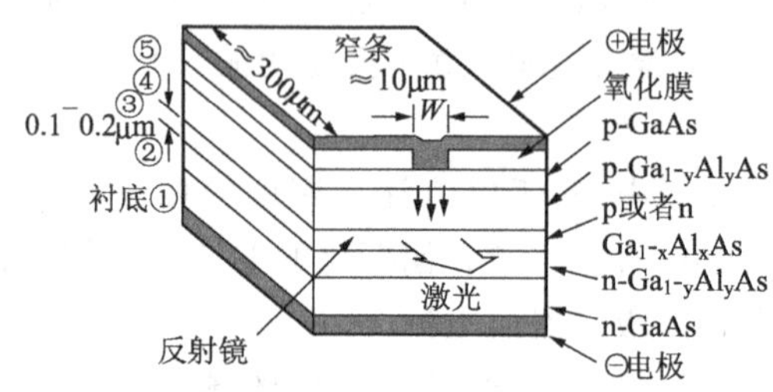

图3.9 实用化初期使用的氧化膜条形结构的激光器

2. 折射率导引型

这种类型的激光器是横向上折射率有变化的激光器。光关闭在条形区内,可以得到稳定的基本横模。图3.10(a)示出折射率导引型激光器的一例。这种结构中,在晶体内部设计有电流关闭层,利用在电流关闭层上形成的条形槽,将导电区域限定在槽的中央,而且使槽的内侧与外侧存在折射率之差,这样也就将光集中在槽的中央,形成导引机构。电流之所以集中在槽的部分,是因为在槽以外形成pnpn 4层结构,电流被屏蔽的缘故。而光之所以集中在槽部,是因为激活层中具有关闭光作用的限制层,它的厚度是槽的外侧薄,而槽的内侧厚,因而光被关闭在激活层内,使得这个区域的有效折射率比槽的外侧高。

但是,在(a)的结构中,光的一部分被GaAs电流关闭层吸收而变为热,由于热损耗,会导致电流变大。图3.10(b)示出改善这个问题的结构。

图3.10(b)的结构,是用折射率比条形部分低的材料(Al的组分比例比条形部分大的AlGaAs)作成条形关闭电流结构的两侧,形成被称为有效导向结构的激光器。由于这种结构利用了将光收集在折射率高的区域的性质,所以在电流关闭层的部分没有光的吸收,因此能够减小激光振荡开始的电流值(阈值电流:I_{th}),而且还能够增大激光振荡开始后电流的光输出增加率(外部微分量子效率)。大多数实用化的折射率导引型半导体激光器,几乎都是采用这种在晶体内部设计有同时具有电流关闭作用和光关闭作用的结构。

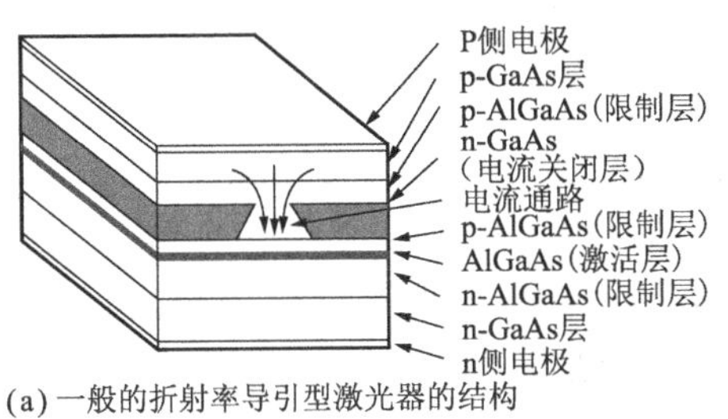

(a) 一般的折射率导引型激光器的结构

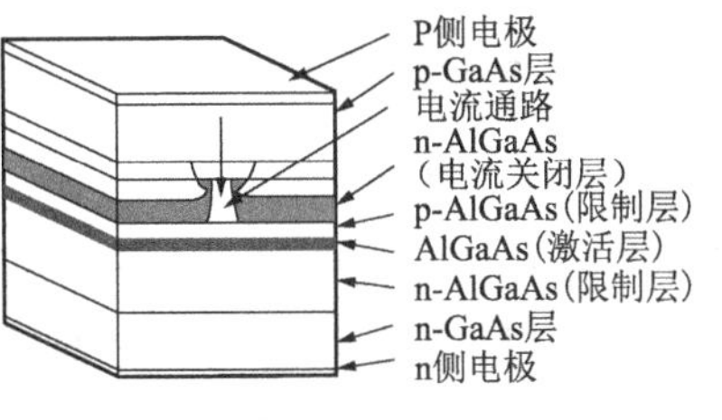

(b) 改良了电流关闭层的有效导向结构

图 3.10 折射率导引型激光器的结构

3.3 半导体激光器的特性

3.3.1 正向电压-正向电流特性

图 3.11 示出一例正向电压-正向电流的特性。DH 结构激光器基本上也是 pn 结二极管，因而它的正向电压-正向电流特性呈现出整流特性。

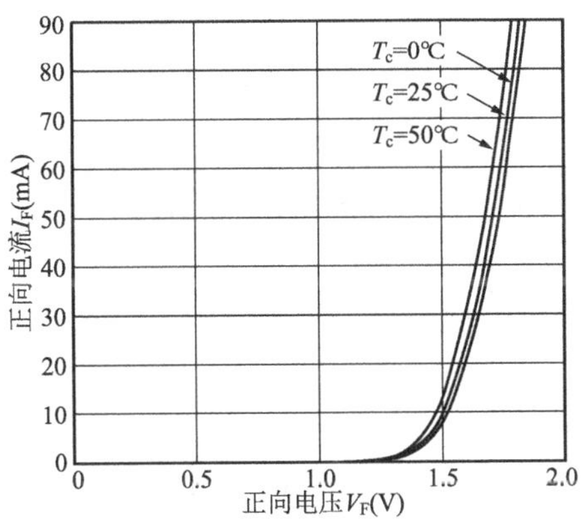

图 3.11 正向电压-正向电流特性

3.3.2 正向电流-光功率特性

这是半导体激光器最重要的特性。图 3.12 示出一例特性。当有电流注入半导体激光器中时，最初发生的是微弱的自发辐射，光功率一点点增大。当超过振荡开始电流(即阈值电流：I_{th})时，激光振荡开始，光功率随注入电流开始剧烈地直线增大。与激光振荡开始后的电流相对应的光功率的增加率($\Delta P/\Delta I$)叫做外部微分量子效率 n_p (单位 mW/mA)。实用上，希望振荡开始的电流越小越好。

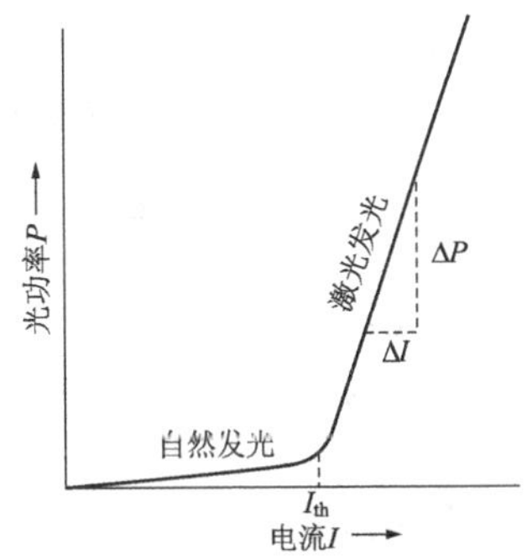

图 3.12 正向电流-光功率特性

3.3.3 振荡波长

在DH结构激光器的场合，半导体激光器的振荡波长由构成激活层的晶体的禁带宽度决定。用 $Ga_{1-x}Al_xAs$ 系激活层可以得到范围在750nm～870nm的波长，最典型的波长是780nm。在 $In_{1-x}Ga_xAs_{1-y}P_y$ 系激活层的场合，1.3μm和1.55μm波长的已经实用化。用InGaP激活层做成了波长在630～680nm范围的可见光激光器。另外，GaN系的蓝紫激光器也已经实用化。

3.3.4 辐射特性

半导体激光器的光束辐射形状，如图3.13所示，通常是椭圆形。因此，半导体激光器的辐射特性可分为平行于pn结方向的特性和垂直于pn结方向的特性，分别用发散角 $\theta_{//}$ 和 $\theta_{\perp}$ 表示。一般情况下，$\theta_{\perp}/\theta_{//}$ 为2～3。辐射束之所以是椭圆形，是因为在平行和垂直于pn结的方向上，与光的关闭相关的折射率分布不相同。由于激光束是椭圆形的，因而应用层面上的光学系统就比较复杂。所以，应该努力使激光束接近圆形。

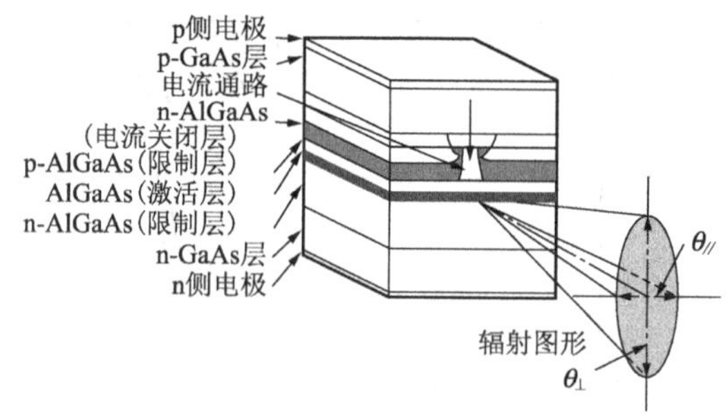

图3.13 半导体激光器的光束辐射图形

3.3.5 散 光

当平行和垂直与pn结面上的折射率分布不同时，如图3.14所示不同方向上看到的焦点位置是不同的。将垂直和平行方向上两个焦点位置间的距离叫做散光。当散光大时，激光的聚焦变得困难。

3.3.6 噪声特性

激光器光功率在时间上的起伏就是噪声。设激光器的平均光功率为 P，光功率的起伏为 ΔP，那么相对噪声强度RIN用下式表示。

$$\mathrm{RIN}=(\Delta P/P)^2 \qquad (\text{单位}: \mathrm{Hz}^{-1})$$

半导体激光器中主要的噪声，在单一纵模激光器中是由于结温度的上升，引起纵模跳跃时发生的跳模噪声(Mode Hopping Noise)，以及激光返回原来发光部分产生的反射光波噪声(Reflected Lightwave Noise)。当激光的干涉性强时后者更显著,所以应该减弱半导体激光器自身的干涉性,或者从外部将高频电流叠加在直流偏置电流上,通过多纵模化使振荡稳定。

另外,在图 3.15 所示的光拾波器中,在激光器与光盘之间的光路长度 L 为

$$L=\frac{m}{2}\cdot n\cdot l\quad (m=1,2,3\cdots)$$

的场合,由光盘返回的光与激光器内部的光的相位一致,使激光振荡状态发生大的变动,也会产生噪声。为了避免这种现象的发生,在设计时必须注意使光拾波器的光路长度不能成为上式 L 所示的值。

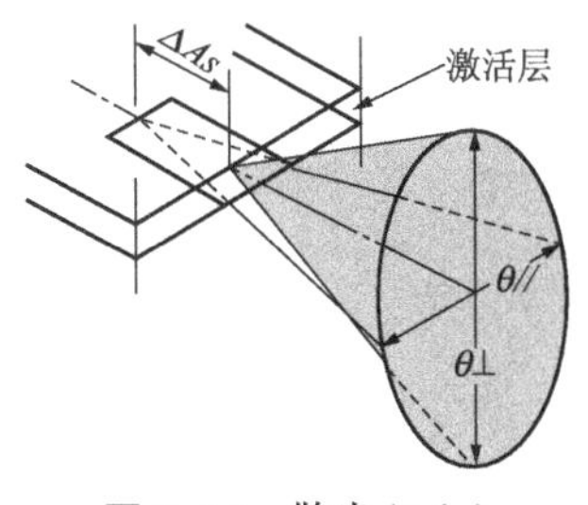

图 3.14 散光(ΔAs)

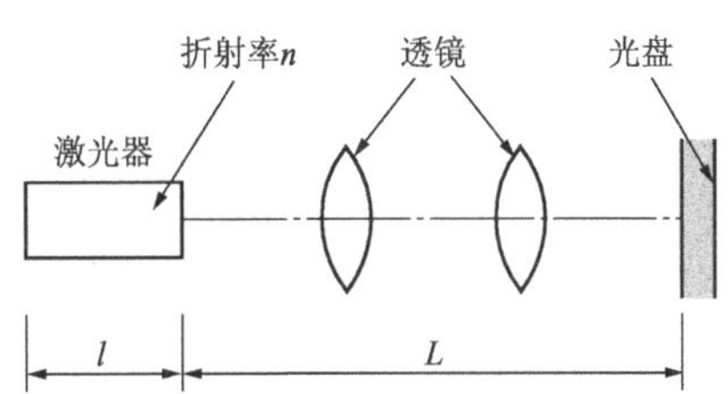

图 3.15 光拾波器的光路长度设计

3.3.7 COD

所谓 COD(Catastrophic Optical Damage,严重光学镜面损伤)是指反射镜芯片端由于光密度的增加而发热,这个热量使端面受到破坏,使激光器瞬间劣化的现象。COD 时的正向电流-光功率特性如图 3.16 所示。图 3.17 是 COD 发生的过程。开始时由于激光振荡,在芯片端面发生光的吸收。然后,由于光的吸收使端面发热,芯片的端面发生带隙缩小。带隙缩小的结果导致光的吸收进一步增大。这种恶性循环的结果,使得激光器在瞬间劣化。

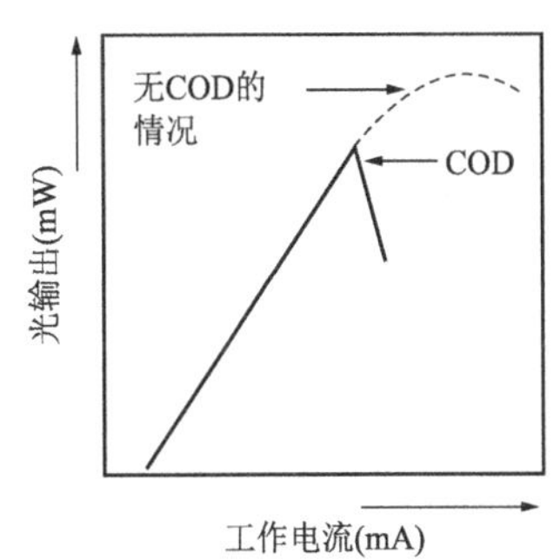

图 3.16 COD 时的正向电流-光功率特性

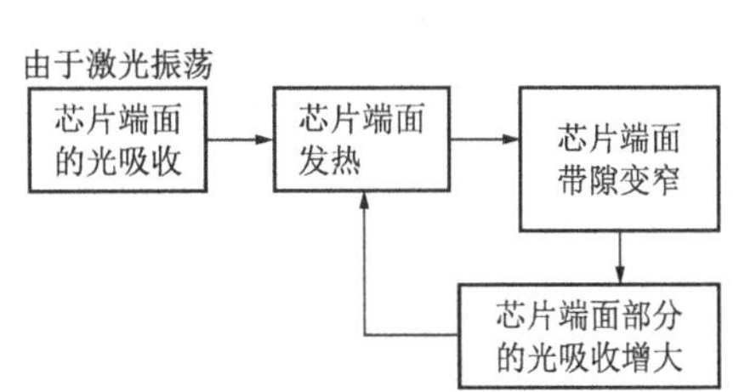

图 3.17 COD 的发生过程

3.3.8　光功率的时间特性

脉冲驱动时，光功率会随时间变化。在半导体激光器应用于激光束打印机的场合，这个特性非常重要。可以按照图 3.18 所示的测定法评价光功率的时间特性。光功率随时间变化的现象起因于激活层温度变化引起光功率的变动，改善半导体激光器的发热、散热是解决问题的关键。

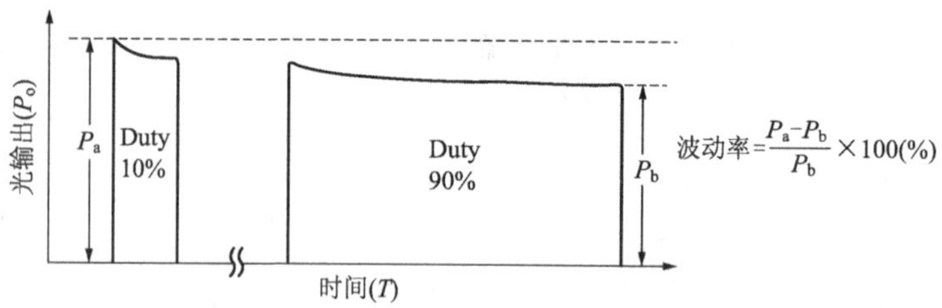

图 3.18　光功率时间特性的评价方法

3.4　半导体激光器的基本使用方法

环境温度或者半导体激光器芯片温度的变化，容易使半导体激光器的光输出功率发生变化。通常使用的驱动电路具有检测监视用光敏二极管的输出、并反馈给驱动电流的 APC(Automatic Power Control，自动功率控制)功能，这样即使发生温度的变化也能够获得稳定的光输出功率。

图 3.19 示出使用 OP 放大器的单一电源型的 APC 驱动电路例。利用附加 100μF 的电解电容器，其具有缓慢启动的效果。

作为驱动半导体激光器的脉冲用的 IC，可以利用激光束打印机(LBP)的 IC。由于用途是针对 LBP，所以使用的频率只有几十兆赫。

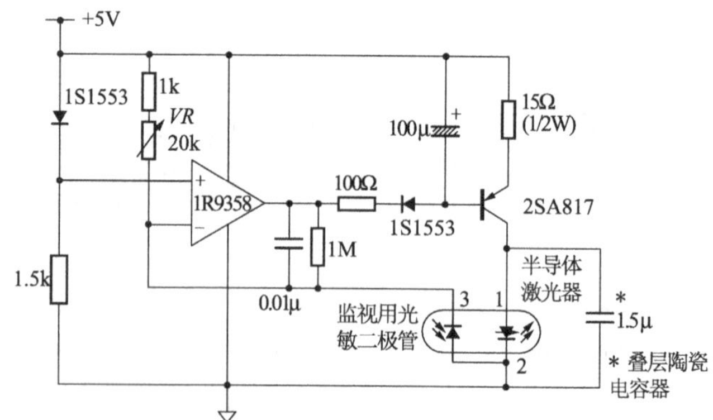

图 3.19　使用 OP 放大器的驱动电路例

3.5 单体激光器与全息照相激光器

表 3.2 按照光盘的种类列举出用于光盘装置的半导体激光器使用的波长和光功率。波长按照 CD、DVD 光盘的规格决定。关于光功率，如果只是读取(ROM)，则是 5～10mW。如果是写入(R/RW 等)，则要用脉冲输出 100～200mW 的高功率。

另外，也可以从封装的角度进行分类。半导体激光器，一般来说是由半导体激光器芯片、检测半导体激光器光功率的监视用光敏二极管，以及管壳构成。这种形式的激光器通常称为单体激光器。

近年来，激光器作为光拾波器使用的光学部件的一部分，与信号处理用的光敏二极管等器件搭载在一起构成的全息照相激光器(hologram laser)也在普及过程中，广泛用于各种拾波器。

表 3.3、表 3.4 和图 3.20、图 3.21 分别列出各种半导体激光器的特性、内部连线以及外部尺寸例。

表 3.2 各种光盘装置中使用的半导体激光器

光盘种类	使用的激光器的基本规格		
	波 长	激光器光功率	
		ROM(读取)	R/RW 等(写入)
CD	780nm 带	CW*1 5～10mW	脉冲约 100～240mW
DVD	650nm 带	CW*1 5～10mW	脉冲约 100～240mW
Blu Ray/HD DVD	405nm 带	CW*1 5～10mW	脉冲约 45mW 以上

* 1：Continuous Wave，连续工作。

表 3.3 单体激光器的特性

用 途	型 号		绝对最大额定值				电学·光学特性(TYP)								
			P_0 光功率(mW)		T_{opr} 工作温度(℃)*2	T_{stg} 保存温度(℃)	I_{th} 阈值电流(mA)	I_{op} 工作电流(mA)	V_{op} 工作电压(V)	λ_p 峰值波长(nm)	$\theta_{\perp}/\theta_{//}$ 光束发散角		I_m 监视电流(mA)	η_d 倾斜效率(W/A)	条件 额定光输出(mW)
			CW	脉冲*1							平行(°)	垂直(°)			
记录型 DVD 用	GH16P20A8C		100	200	−10～+70 −10～+75	−40～+85	60	160	2.5	660	10.0	15.5	—	1.0	90
	GH06P24A2C		100	240	−10～+70 −10～+75	−40～+85	60	160	2.5	660	10.0	15.5	—	1.0	90
DVD 音响用	GH06510B1A		10	—	−10～+70	−40～+85	30	40	2.2	654	8.5	29	0.2	0.7	7
	GH30507T2A 2 波长激光器	红色	5	—	−10～+70	−40～+85	50	55	2.3	657	8.5	35	0.15	0.55	4
		红外	7	—	−10～+70	−40～+85	40	55	1.9	790	10.0	35	0.4	0.55	5
	GH30507T8A 2 波长激光器	红色	5	—	−10～+70	−40～+85	50	55	2.3	657	8.5	35	0.15	0.55	4
		红外	7	—	−10～+70	−40～+85	40	55	1.9	790	10.0	35	0.4	0.55	5

续表 3.3

用途	型号	绝对最大额定值				电学·光学特性(TYP)[*3]								
		P_o 光功率(mW)		T_{opr} 工作温度(℃)[*2]	T_{stg} 保存温度(℃)	I_{th} 阈值电流(mA)	I_{op} 工作电流(mA)	V_{op} 工作电压(V)	λ_p 峰值波长(nm)	$\theta_{\perp}/\theta_{//}$ 光束发散角 平行(°)	垂直(°)	I_m 监视电流(mA)	η_d 倾斜效率(W/A)	条件额定光输出(mW)
		CW	脉冲[*1]											
CD-R/RW 用	GH0780MA2C	100	200	−10～+65 −10～+75	−40～+85	30	120	2.1	784	8.7	16	—	1.0	90
	GH07P22B4C	120	225	−10～+65 −10～+75	−40～+85	30	125	2.1	784	8.7	16	—	1.05	100
	GH07P24C1C	120	240	−10～+65 −10～+75	−40～+85	40	135	2.1	784	8.7	16	—	1.05	100
	GH07P24C4C	120	240	−10～+65 −10～+75	−40～+85	30	135	2.1	784	8.7	16	—	1.05	100
	GH17P24C8C	120	240	−10～+65 −10～+75	−40～+85	30	135	2.1	784	8.7	16	—	1.05	100
CD 音响用	GH17805B2AS	5	—	−10～+75	−40～+85	35	42	1.9	780	11.0	37	0.28	0.35	3

注：表中提供的特性值为参考值。*1：脉冲宽度为 100ns(但是 GH06P24A1C：50ns)，占空比为 50%。*2：2 级的场合，前级为 CW 驱动时、后级为脉冲驱动时的额定值。*3：为 CW 驱动、额定输出时的特性值。

表 3.4　全息照相激光器的特性

用途	型号	绝对最大额定值				电学·光学特性(TYP.)[*3]					
		P_o 光功率(mW)		T_{opr} 工作温度(℃)[*2]	T_{stg} 保存温度(℃)	λ_p 峰值振荡波长(nm)	散焦量(μm)	RF 输出振幅(V)	FES 输出振幅(V)	RES 输出振幅(V)	音响频率 min.(MHz)
		CW	脉冲[*1]								
记录型 DVD 用	GH5VU24A3C	90	216	0～+70	−40～+85	660	9.5[*3]	0.4	0.48	4	90
DVD 音响用	GH5D305B3D	4.5	—	−20～+80	−40～+85	654	−0.5～+0.5	0.55	0.29	—	40
	GH6D410B5A	9	—	−10～+70	−40～+85	660	−0.7～+0.3	1.32	0.83	—	60
CD-R/RW 用	GH5R41KA3C	108	162	0～+70	−40～+85	784	−70～+70	1.0	0.59	0.19	45
	GH6RT20A5C	108	180	0～+70	−40～+85	784	−70～+70	1.0	0.59	0.19	45
	GH5R51RA3C	108	202.5	0～+70	−40～+85	784	−70～+70	1.0	0.59	0.19	45
CD 音响用	GH6CD05B3A	4.3	—	−20～+80	−40～+85	795	−70～+70	2.0	0.70	0.36	12
	GH5CD05B3D	4.3	—	+10～+70	−40～+85	780	−70～+70	1.7	0.70	0.36	12
	GH6CD05E3L	4.3	—	+10～+80	−40～+85	795	−70～+70	2.0	0.70	0.36	12

注：表中提供的特性值为参考值。*1：脉冲宽度为 100ns，占空比为 50%。*2：为 CW 驱动、额定输出时的特性值。*3：单位：%。

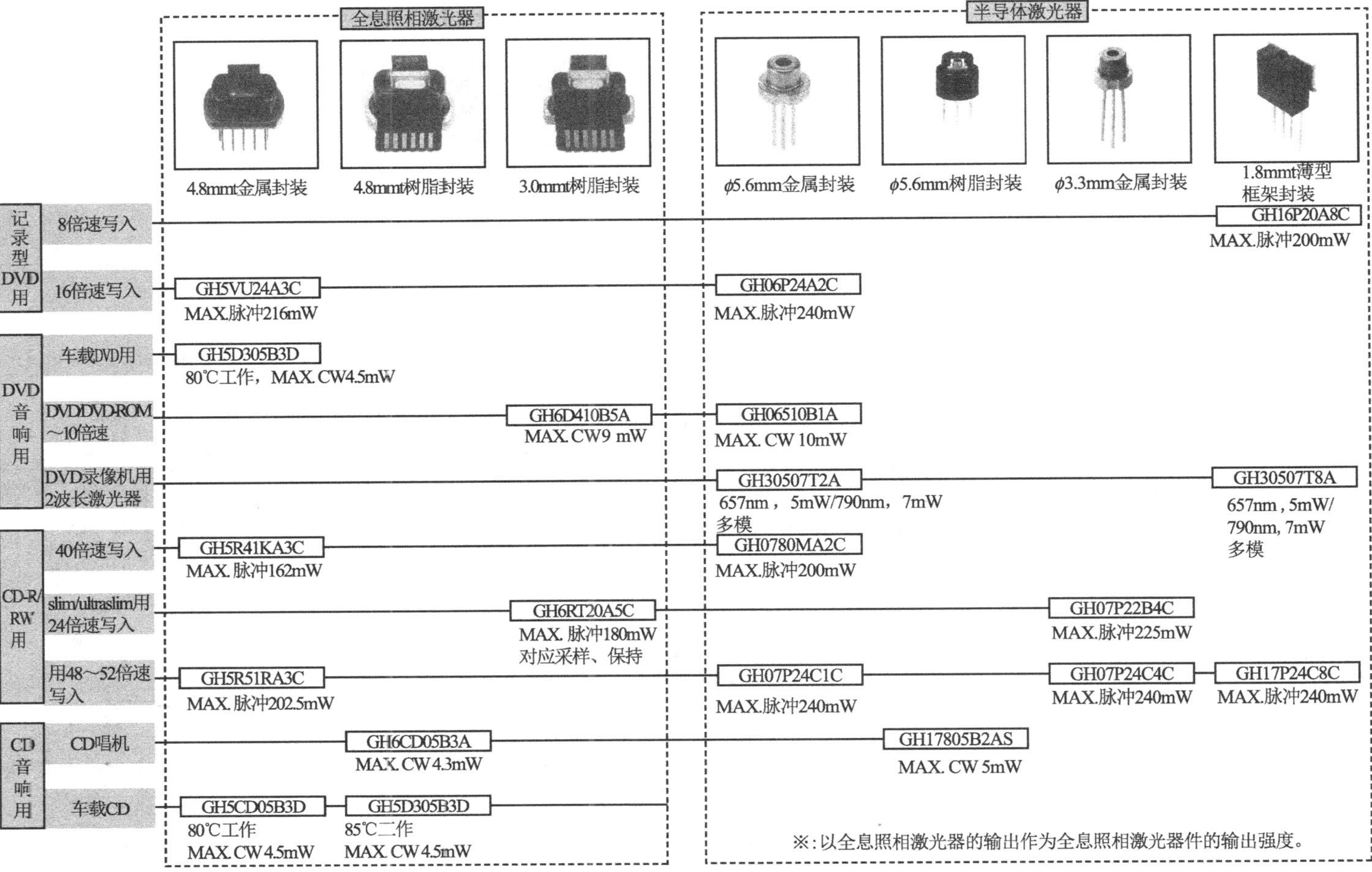

图 3.20 光盘用半导体激光器的序列

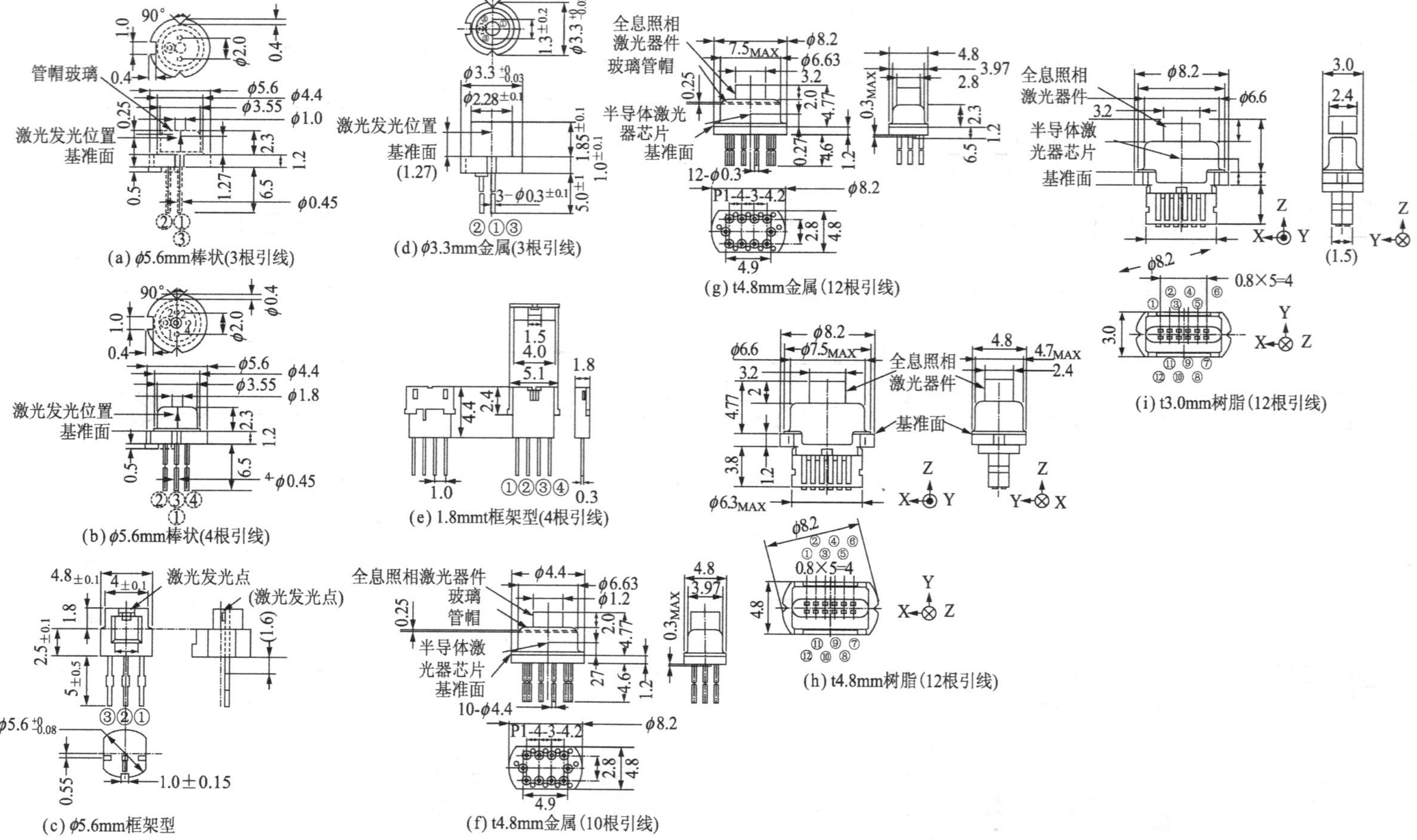

图 3.21　半导体激光器的外形尺寸图（单位mm）

3.6 全息照相激光器的工作原理

全息照相激光器是将半导体激光器、检出信号用的受光器件、衍射光栅及分光镜等拾波器的光学部件集成在一个管壳内的器件，是一种集光盘的信号读出机构简单化、拾波器的小型化、轻量化于一体的产品。

所谓能够集成化的全息照相，就是由许多细槽形成的一种衍射光栅，它能够完成与分光镜等同的任务。

这里就压缩光盘用的全息照相激光器的工作原理作以说明。图 3.22 是使用过去的技术的拾波器(左)与使用全息照相技术的拾波器(右)的比较。

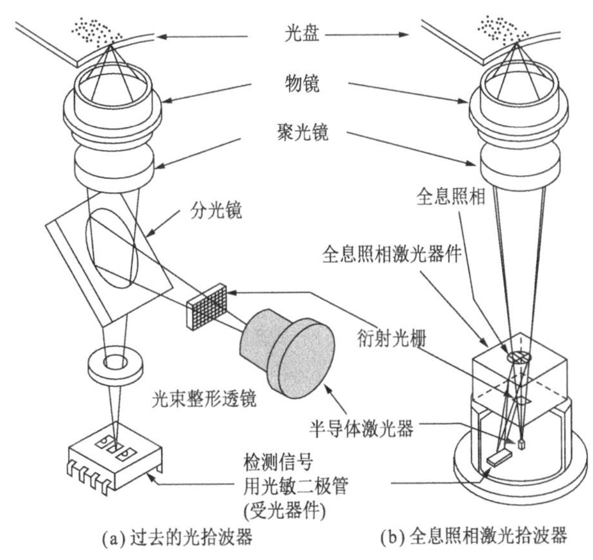

图 3.22 拾波器光学系统的比较

过去的拾波器中，光束分为 3 束：半导体激光器发射出的激光，通过衍射光栅读取压缩光盘的信息的主束，跟踪伺服随动用的次束(3 束方式)。3 束被分光镜反射后，经聚光透镜成为平行束，经物镜在光盘上聚焦为微小的聚光点。

如图 3.23(a)所示，光盘上排列着称为信息坑的含有信息的凹凸槽，当激光照射到信息坑上时，从坑面以及周边面上反射的光之间发生干涉，由于部分发射光折射到棱镜的孔径之外，所以进入透镜的光通量减少。另一方面，在没有信息坑的地方，发射光全部返回到透镜。由这种反射光通量之差就可以检出有无信息坑。

发射光通过物镜、聚光镜、分光镜后，被导入检出信号用的光敏二极管。光敏二极管的作用不仅是检出这种信号，同时也检出跟踪和控制聚焦的信号。

与过去的拾波器相对，使用全息照相激光器的拾波器，从半导体激光器发射出来的激光，通过在全息照相器件下面形成的衍射光栅，被分成主束和次束 3 束光后，通过聚光镜和物镜聚焦在光盘上。从光盘反射的光，被全息照相器件上面形成的全息照相图形衍射，被导入分割成 5 份的信号检出用的受光器件上，读取光盘的信号。

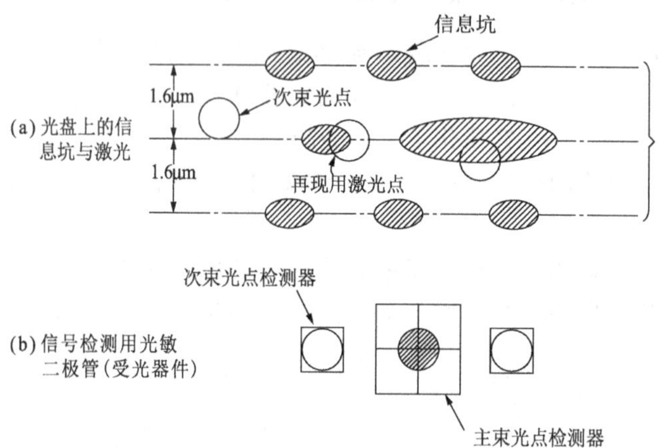

图 3.23 信息坑的配置与激光

全息照相图形由晶格周期不同的两个区组成，如图 3.24 所示，来自光盘的反射主束入射到全息照相图形的一半区域上，聚光到受光部 D_2、D_3 的分割线上，入射到另一区域的光聚光在 D_4 上。这些聚光点与光盘上点的聚束状态相对应，像图 3.25 所示那样变化。设受光器件各部分的输出分别为 S_1、S_2、S_3、S_4、S_5，那么 RF 信号和跟踪信号可分别用下式表示。

RF 信号　　$RF = S_2 + S_3 + S_4$

焦点误差信号　　$FES = S_2 - S_3$

跟踪误差信号　　$RES = S_1 - S_5$

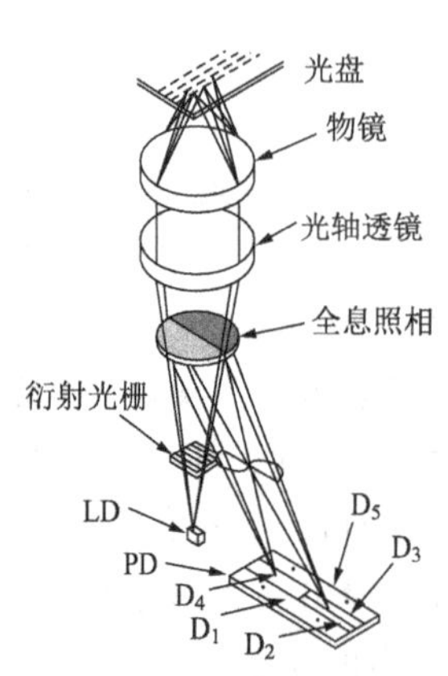

图 3.24 信号检出原理

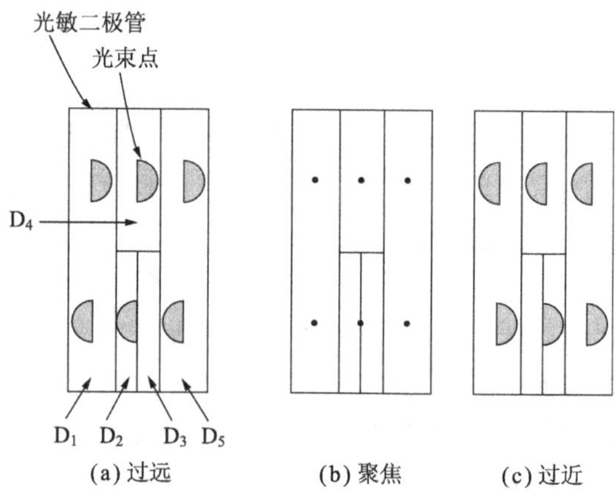

图 3.25 基于光盘变位的光检出用的光敏二极管上的射束形状的变化

由于全息照相激光器由半导体激光器、检出信号用的受光器件、衍射光栅以及分光镜集成在一个管壳内构成，所以具有以下优点：① 拾波器的装配工作简单(部件数目少，组装工序短，要求的组装角度不严等），② 不易受温度、振动等因素的影响，能够获得高可靠性的拾波器。

3.7 半导体激光器光功率的测定方法

3.7.1 利用光敏二极管的简易测定方法

当光功率超过绝对最大额定值时，半导体激光器发光端面容易受到物理损伤而损坏，所以在开始使用半导体激光器时，必须先测定光功率。

在准确的（测定误差在±5％以内）测定光功率的场合，应该使用半导体激光器用光功率计。而在进行简易测定（测定误差±15％）时，一般使用光敏二极管。

使用光敏二极管（灵敏度 0.5mA/mW）的场合，测定光功率的方法如图 3.26 所示。取负载电阻 R_L为 10Ω，那么每 1mW 光功率可以得到 5mV 的输出。负载电阻的值可以与光功率相对应地改变，不过光敏二极管两端的输出电压不得超过 200mV。当输出电压超过 200mV 时，光敏二极管的灵敏度就失去直线性。测定光功率时，必须使半导体激光器紧贴光敏二极管的受光窗。根据负载电阻两端的电压，可以测定光功率。

高功率型半导体激光器一般利用外部受光器件来监测功率。不过在部分高功率半导体激光器（例如 GH06550B2B 等）的管壳中，内藏有监测用光电二极管。这种情况下，为了减小监测电流，在光功率一定的条件下（APC）的工作中，为了不使来自测量用的光电二极管的反射光返回到内藏的监测光电二极管上，如图 3.27 所示，将测量用光电二极管稍微倾斜一定角度进行测量。

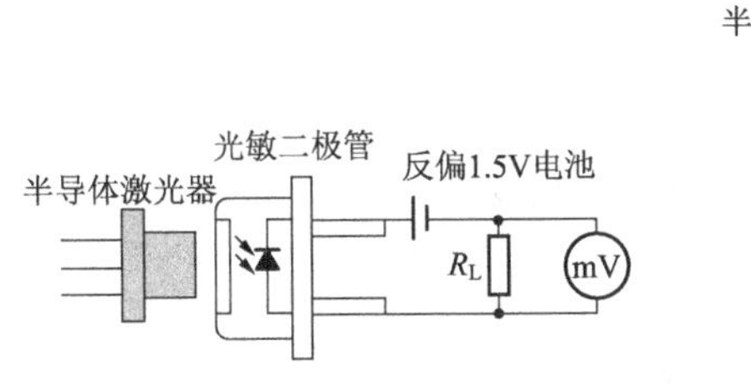

图 3.26 光功率的测定方法(1)

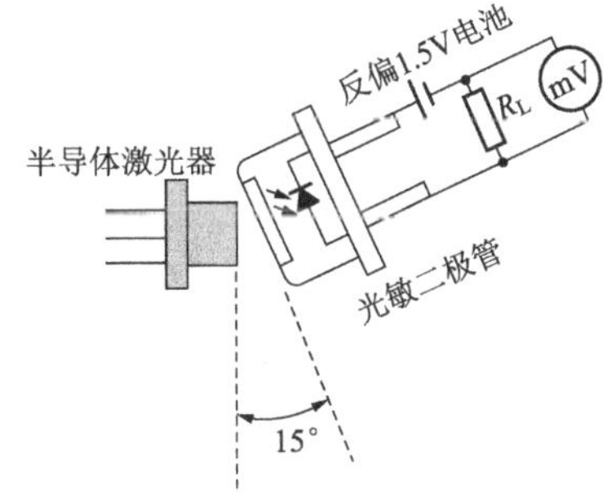

图 3.27 光功率的测定方法(2)

3.7.2 脉冲驱动场合测定光功率的方法

用光敏二极管（扩散 pn 结型）无法直接测定几 μs 的脉冲光功率。这是因为光敏二极管的响应速度慢，如图 3.28(b)所示，光敏二极管的输出比较迟钝。在测定光功率平均值的场合，可以给光敏二极管的负载电阻并联容量大的电容器，如果能把输出看作直流，就可以进行测定。这种由平均光功率推定脉冲光功率并进行调整是可能的，不过会因占空比等的变化而产生误差。所以在希望更准确地测定光功率的场合，推荐使用 PIN 光敏二极管(PIN 光敏二极管是在普通的 pn 结型光敏二极管的 pn 结之间，设置一层比较厚的 i(intrinsic：本征)层，由于 i 层的存在，可以减小结电容，所以能够高速动作)。

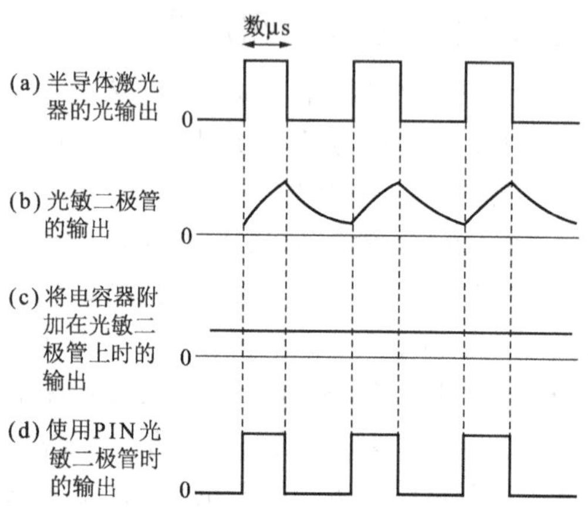

图 3.28　脉冲光输出时受光侧的输出

测定电路如图 3.29 所示。在光敏二极管的灵敏度为 0.5mA/mW 的场合，如果负载电阻是 50Ω，那么测定端子间的输出电压就是 25mV/mW。测量时，应该使 PIN 光敏二极管的受光部分尽量接近半导体激光器。

当测定的半导体激光器的光功率估计会超过 10mW 时，要在 PIN 光敏二极管的受光部前附加中性滤光片(NDF：Neutral Density Filter)，将光功率衰减后进行测定。

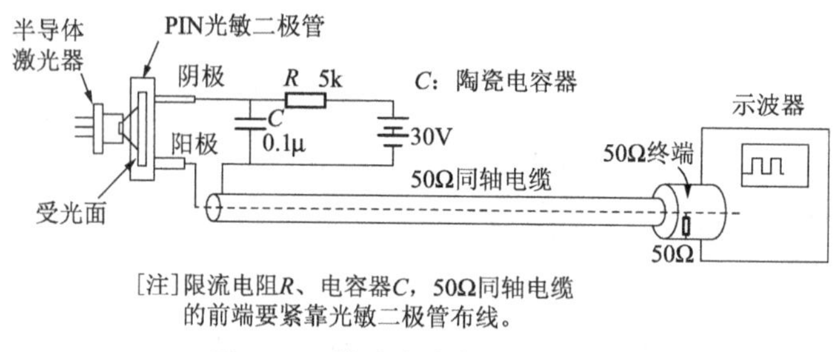

图 3.29　脉冲光功率的测量电路

3.8　半导体激光器的使用方法

3.8.1　电学方面的注意事项

半导体激光器由于具有 1GHz 以上的高速响应特性，而工作电压低达 2V，所以抗浪涌电流的能力非常弱。

即使瞬间流过比规定电流(这个电流值因不同的半导体激光器而异,而且还随温度而变化)大的电流,也会因光功率过大而劣化。例如,在加有静电(电涌)的场合,其 I_F-P_O特性会发生图 3.30 所示那样的变动。可以看出,即使外加约 40V 的瞬间电压,驱动电流也会上升,使半导体激光器劣化。如果用显微镜观察因浪涌电流导致劣化的半导体激光器的发光部分(激光器端面),可以发现部分端面被烧损,因此导致发光图形呈现高斯分布。如照片 3.1 所示,可以看到发光图形呈现出两个峰。特别是在最初使用半导体激光器的场合,必须注意以下两点。

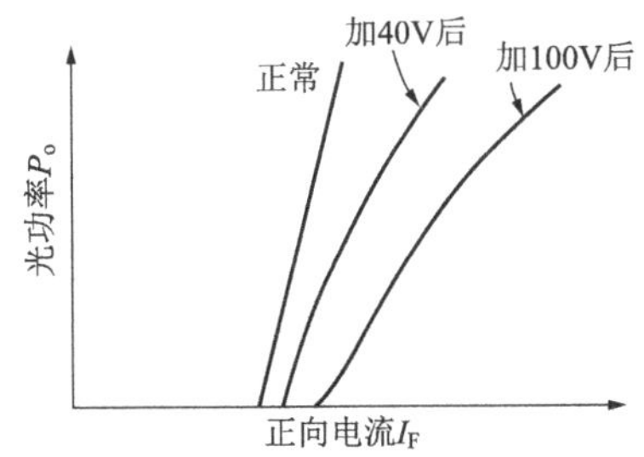

图 3.30 增加电涌时正向电流-光功率特性的变化例

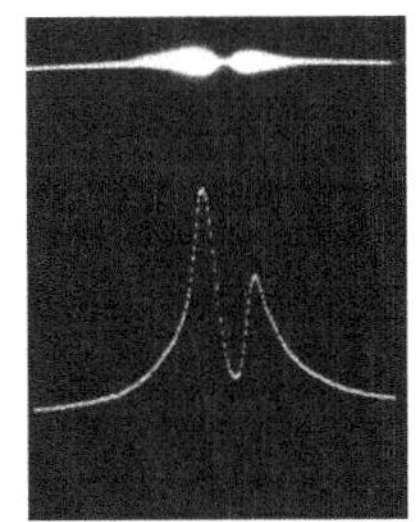

照片 3.1 劣化的半导体激光器的发光图形

1. 防止静电损坏

使用半导体激光器时,应该采取 CMOS IC 以上的防静电措施。图 3.31 示出使用半导体激光器时的一例操作台。另外,在运送半导体激光器的过程中,要使用不带电的静电屏蔽盒。

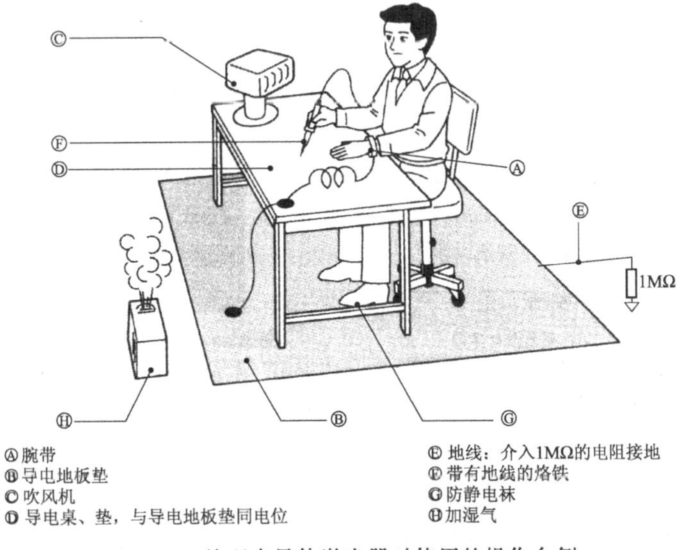

图 3.31 处理半导体激光器时使用的操作台例

2. 电路、基板的使用方法

在半导体激光器工作的情况下，电源开关的ON/OFF，调整输出时发生的浪涌电流，接入外部电路时浪涌电流等，都会使半导体激光器受到损坏。

图3.32示出一例半导体激光器与电路、基板的连接方法。

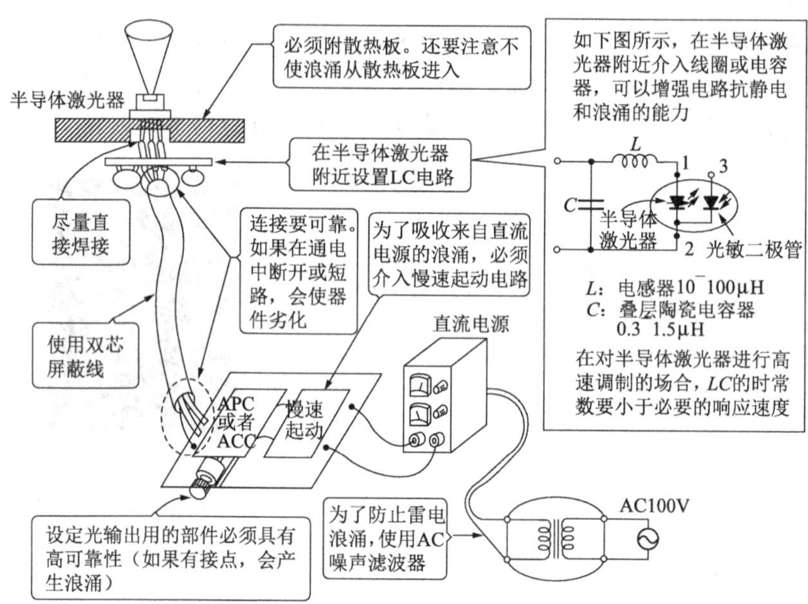

图3.32 半导体激光器与电路、基板的连接方法例

其他注意事项还有：

(1) 在半导体激光器通电状态，不要给电路或半导体激光器的端子上连接示波器或者数字电压表的表笔。

(2) 半导体激光器工作时，如果瞬间出现过大的光输出，就需要注意半导体激光器的发光端面是否被损坏。

驱动电路，不论是自动功率控制电路(APC电路：Auto Power Control电路)还是自动电流控制电路(ACC电路：Auto Current Control电路)，都应该一边监视光功率一边设定光功率。仅靠驱动电流推定光功率是危险的。

3.8.2 光学方面的注意事项

由于激光的相干性强，仅是窗口玻璃上小的灰尘或者指纹，就能够发生光的折射和衍射，使辐射特性产生波动(黑白浓淡的样子)，或者使光功率下降。所以使用半导体激光器时，一定要在不产生灰尘的清洁的屋子里，带工作手套组装光学系统。管壳的窗口玻璃脏时，要用棉棒轻轻擦去。

半导体激光器附有散热板时，如图3.33所示，一定要夹紧底座，并给窗口玻璃留有间隙。还有重要的一点，就是不要直接将管壳与散热板焊接在一起。

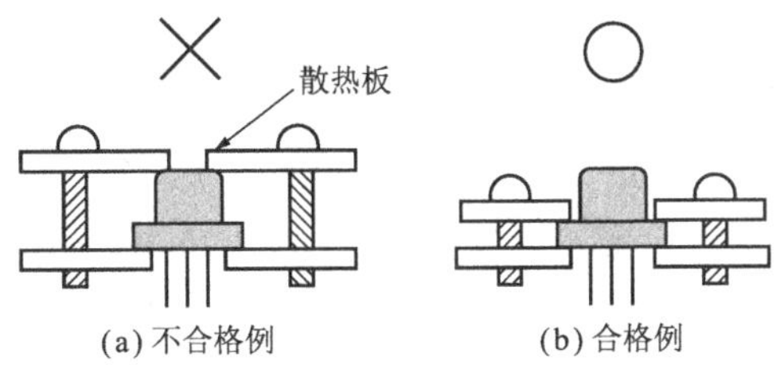

图 3.33 半导体激光器散热板的安装方法

3.8.3 作业中的注意事项

人的眼睛几乎看不见振荡波长在 750nm 以上的激光，但是它对人体有害。因此在半导体激光器工作时，不要直接看发光面，也不要通过透镜或者滤光片看。必须充分注意这一点。

在对激光和外部的光学系统进行调整的时候，最好要用能够检测到红外线的 ITV 摄像机观测激光。

由于半导体激光器的辐射角大，如图 3.34 所示，即使直接看发光面，射入眼球瞳孔中的光也只有整个的百分之几。但是，当振荡波长在 750nm 带以上时，超出了可见光范围，所以使用时必须充分注意。特别是半导体激光器前面装有聚光透镜，形成平行光的场合，要带能够遮蔽红外光的保护眼镜，绝对不能使激光直接射入眼中。

激光用保护眼镜有多种。例如，GPT Glendale 公司生产的保护眼镜有 Nd 系激光用，GaAs 激光用，以及红宝石激光用保护眼镜灯。

在调整激光的光轴时，最好使用 IR 显示器，或者将红外光变换为可见光的荧光板(参看图 3.35)。

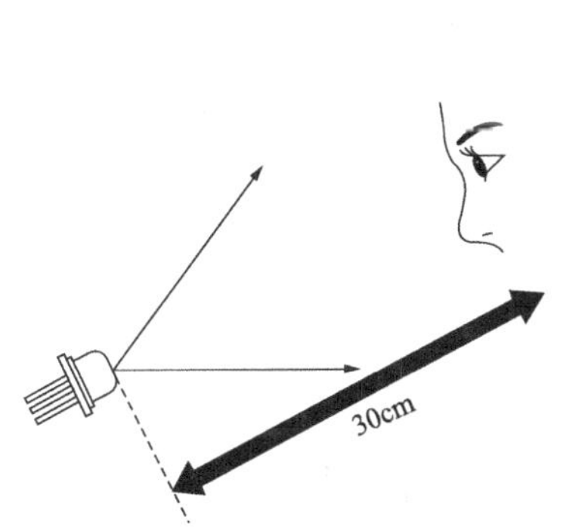

图 3.34 激光的辐射角

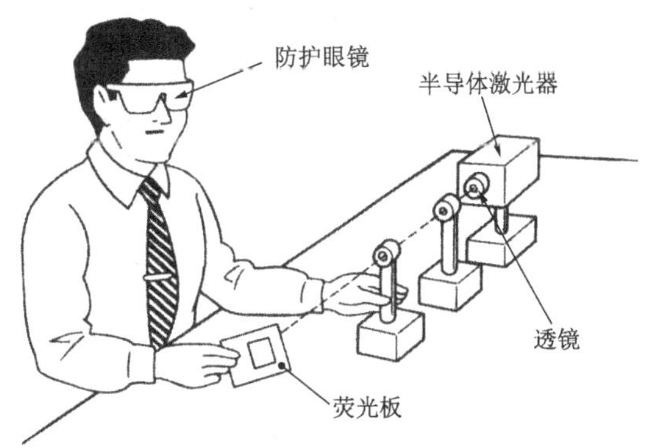

图 3.35 激光光轴的调整方法

3.9 半导体激光器的应用例

下面介绍确保半导体激光器输出一定的 APC 功能以及在光盘和激光打印机领域的应用。

3.9.1 APC 驱动电路

图 3.36(a)、(b)示出使用 IC(IR3C08，IR3C09)场合的电路。这个 IC 具有设定工作电流的功能以及对设定的光功率进行高速 ON/OFF 的功能，以确保半导体激光器光功率的稳定。它内藏有 2 组加减计数器与 D-A 转换器组合而成的控制系统，驱动电流是由控制系统 CONT1(粗调)设定的 I_{F1}、控制系统 CONT2(微调)设定的 I_{F2}，以及补偿电流 I_{OS}之和。开关随 I_{F1} 和 I_{F2} 进行(参看图 3.37)。光功率的设定方法，首先用控制系统 CONT1 进行粗调，然后使用 CONT2 进行微调控制，以减小设定的量子化误差。

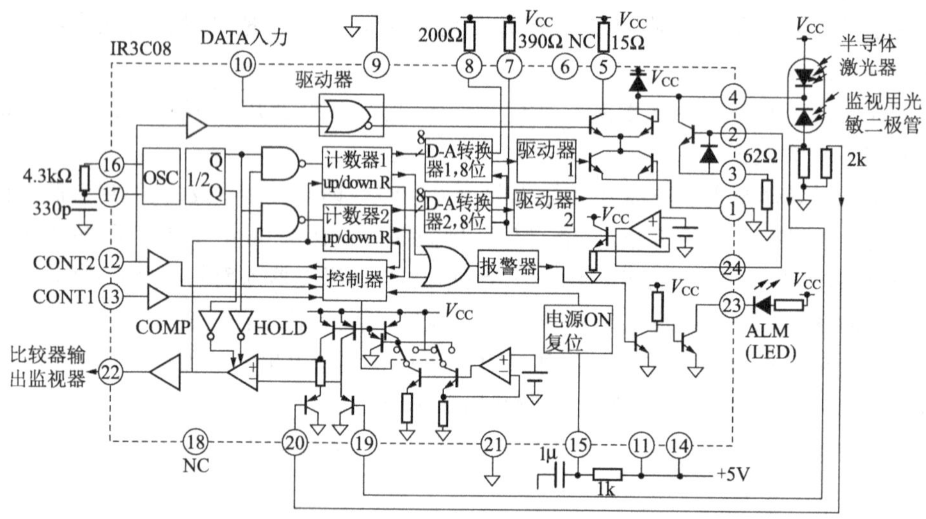

[注] 1. 请注意图中的电阻值、电容值是参考值，会因设定电流值和振荡频率而变化。
2. 共阴极模型激光器管壳接地驱动的场合，请参照IR3C09D的参数。

状态	CONT1	CONT2	计数器1	计数器2	高速开关	工作模式
①	H	L	复位	复位	用DATA进行ON/OFF	复位
②	H	H	计数	复位	通常ON	设定I_{F1}
③	L	H	保持	计数	通常ON	设定I_{F2}
④	L	L	保持	保持	用DATA进行ON/OFF	SWITHING

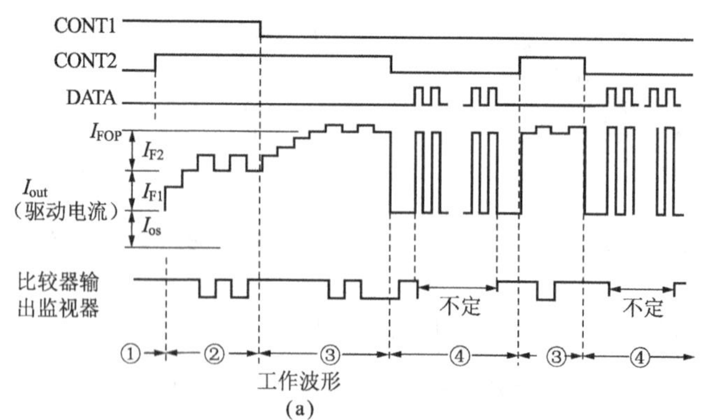

(a)

图 3.36　使用专用 IC 的脉冲驱动电路

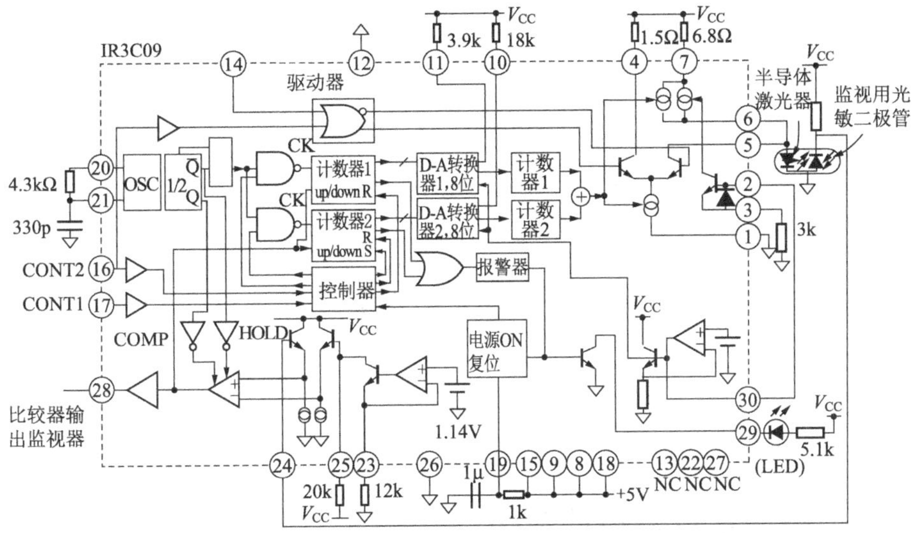

注：请注意图中的电阻值、电容值是参考值，会因设定电流值和振荡频率而变化。

状态	CONT1	CONT2	计数器1	计数器2	高速开关(输出)	工作模式
①	H	L	复位	复位	用DATA进行ON/OFF	复位
②	H	H	计数	设置(10000000)	通常ON	设定I_{F1}
③	L	H	保持	计数	通常ON	设定I_{F2}
④	L	L	保持	保持	用DATA进行ON/OFF	SWITHING

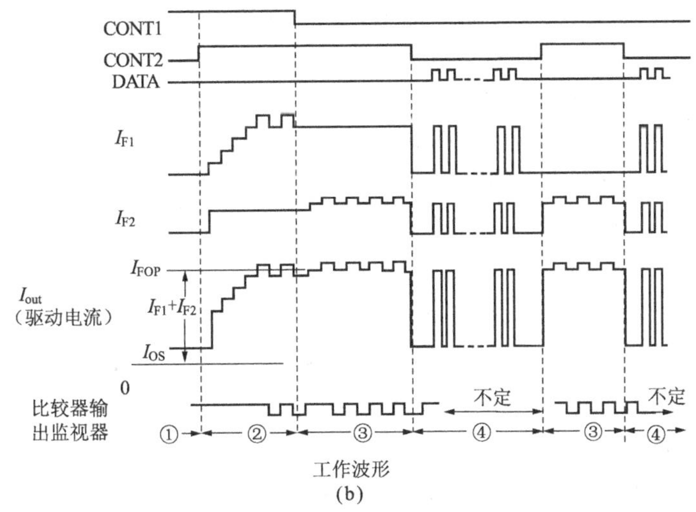

工作波形

(b)

续图 3.36

两个 IC 按照监视用的光敏二极管极性的取向分别使用。在使用 IR3C08 的场合，需要注意这时半导体激光器管壳要浮置。

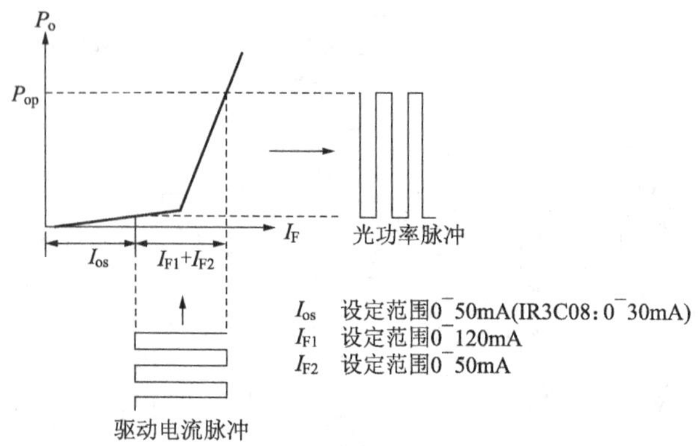

图 3.37　IC 的脉冲驱动方式

3.9.2　在光盘读写中的应用

光盘用透镜对激光进行聚光，读写光盘上的信息。大致可以分类为 CD、CD-ROM、DVD、DVD-ROM 等重放专用型，以及 CD-W/RW、DVD ±R/RW/RAM、MD 等记录重放型两类。

1. CD、CD-ROM

前面图 3.21 示出的是音乐用 CD 光学系统的例子。CD-ROM 的光学系统与音乐用 CD 是等同的。但是，CD-ROM 与 CD 相比较，最大可以进行 40～50 倍速的高速重放，所以它要求受光器件具有高速响应特性。所以，虽然 CD、CD-ROM 中的半导体激光器是共通的，不过 CD 中使用的全息照相激光器内藏具有 3MHz (min)响应速度的受光器件；而在 CD-ROM 中使用的是内藏响应速度为 40MHz (min)的受光器件(例如 GH6CD05B3A，GH6C605B3A)。

另外，作为廉价的半导体激光器，也开发出采用树脂管壳的 frame 激光器(例如 GH17805B2AS)。

2. CD-R/RW

CD-R 与 CD-ROM 相同，是具有 650M 字节记录容量、可以一次写入的光盘。作为记录材料使用色素，利用激光使色素和塑料基板材料反应形成信息坑，利用信息坑进行数据的记录。由于使用的色素具有很强的波长依存性，所以记录重放都使用 780nm 带的激光。

CD-RM 也具有 650M 字节的记录容量，它利用激光使记录材料在晶体-非晶体之间发生相变，利用相变材料间反射率的变化，能够进行数据的改写。

为了进行这种记录，需要高输出功率的激光器。在 48 倍速写入的场合，脉冲最大输出功率约需 240mW。但是，高输出型的半导体激光器在读取信号时(低输出工作时，1～3mW)，由于来自光盘的反射光会使光功率发生摆动，从而产生噪声。为了降低这种反射光噪声，有效的方法是将半导体激光器的纵模多模化，扩展激光振荡的频谱宽度，降低激光的干涉性。

作为高输出激光器的例子，有 GH07P24C1C(脉冲 240mW)等。

下面就 CD-R/RW 用全息照相激光器作以说明。全息照相器件是信号偏转用全息照相与生成 3 束用的衍射光栅形成于两面，激光器辐射出的光通过衍射光栅变成 3 束，通过透镜聚光在光盘上。光盘的反射光被全息照相衍射，导入受光器件。通过对这个输出进行运算，可以求得 RF 信号和跟踪信号。特别是借助设计技巧，使得不仅用推挽方式，而且用差动推挽(DPP)方式也能够检出轨道误差信号(例如 GH5R41RA3C，GH6RT20A5C)。

图 3.38 示出全息照相和受光器件的分配形状，以及信号检出原理。

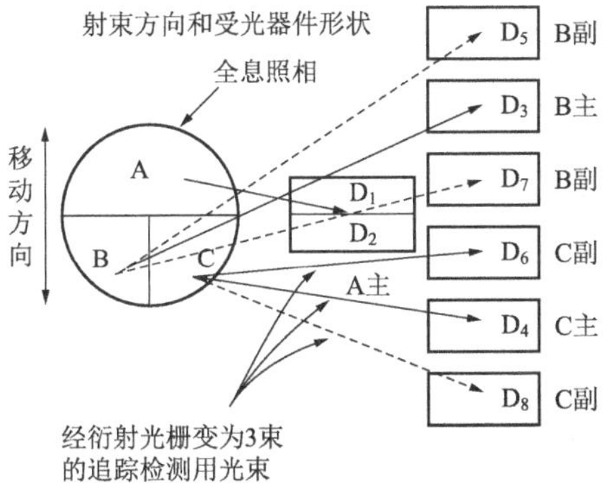

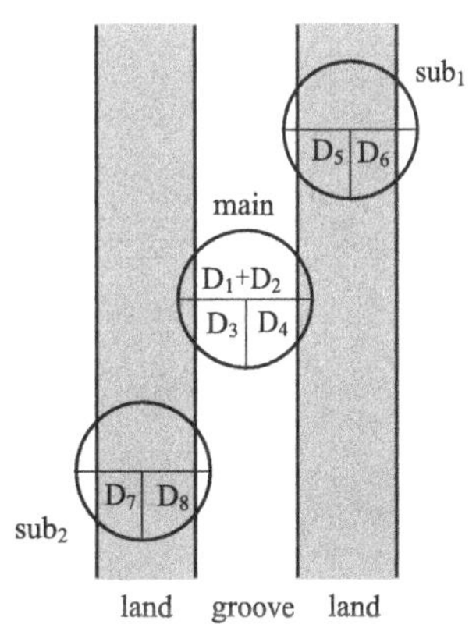

CD-R中，由于需要对没有写入任何信号的光盘进行追踪，所以在推挽（PP：Push Pull）方式或者差动推挽（DPP：Differential Push Pull）方式中，要生成追踪信号。光盘中有叫做land和group的信号写入区域和叫做guide的区域，检测这些区域，建立追踪信号。

$RF=D_1+D_2+D_3+D_4$

$FES=D_2-D_1$

$PP=D_3-D_4$

$DPP=[D_3-D_4]-k_1\cdot[(D_5-D_6)+k_2\cdot(D_7-D_8)]$

设$k_2=1$，在受光器件内部运算D_5+D_7，D_6+D_8

图 3.38 CD-R 用全息照相激光器的信号检出原理

3. 磁光盘，MD

能够擦写的光盘，除了上述的 CD-R/RW 以外，还有利用热磁效应的磁光盘。

图 3.39 示出磁光盘单元的光学系统。图 3.40 示出其记录原理。它利用在光盘垂直方向上能够进行磁记录的垂直磁化膜。记录前，如图 3.40(a)所示，将整个光盘在同一方向(向上)上磁化。如图所示，外加向下的磁场，这时如果进一步将激光聚光在盘片上，将会产生局部温度的上升。当这个温度超过居里点时，这一部分将会沿外加磁场的方向，即向下的方向被磁化。与所记录的数字信号相对应，如果对激光进行 ON/OFF，那么信号就以磁化方向的形式被记录。记录密度由激光的半径决定。由于这个半径小于 1μm，所以能够进行大容量记录。

当遇到磁化直线偏振光时,它的反射光的偏振方向将旋转。利用这种光磁效应(克尔效应和法拉第效应),就可以实现信号的重放。按照磁化方向,这个反射的偏振光的旋转方向为相反方向,所以检测到反射的偏振光方向,就能读出信号。

MD(mini disc,新式小型录放机)是磁光盘的一种,装在 68mm×72mm×5mm 的磁带盒里的磁光盘能够记录 74 分钟的音乐。信号的记录、重放方式与磁光盘相同,记录时需要有输出功率达 35mW 的高功率激光器。不过对于重放专用的 MD 来说,使用 5mW 级的激光器就可以了。

MD 用的全息照相激光器与其他全息照相激光器一样,也是由半导体激光器、受光器件、全息照相器件构成。如果将偏振三棱镜的功能一体化,结构就变得复杂。所以采用全息照相激光器只检出跟踪信号,而光磁信号由外部受光器件检出的方法。

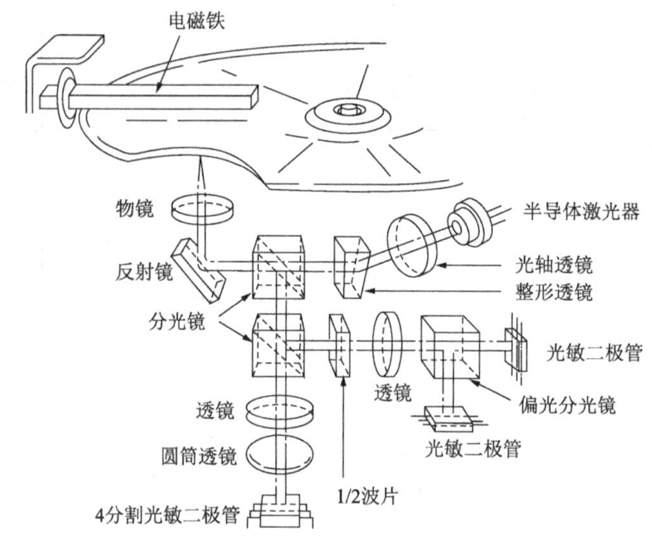

图 3.39　磁光盘的光学系统

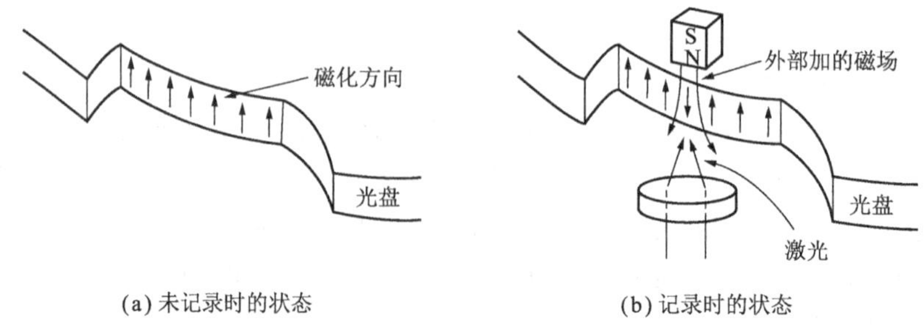

图 3.40　记录的原理

4. DVD

DVD-Video 和 DVD-ROM 光盘，与 CD 直径同为 12cm 的盘片具有 4.7G 字节的容量。光学系统的构成与 CD 基本相同，不过盘片的信息坑最小长为 0.4μm（CD 是 0.9μm），轨道间距为 0.74μm（CD 是 1.6μm），因而提高了记录密度。重放时使用 650nm 带或者 635nm 带的红色半导体激光器（例如：GH06510B1A）。为了能够重放 CD，CD-R 和 DVD 各种盘片，需要使用 650nm 带和 780nm 带两个半导体激光器。已经开发出将这两个半导体激光器装在一个管壳内的 2 波长激光器（例如：GH30507T2A）。一般来说，为了避免红色半导体激光器的反射光噪声，需要与高输出激光相同的高频重叠。不过现在也开发出不需要高频重叠的自激振荡型激光器，上述的 2 波长激光器 GH30507T2A 就使用了这种技术。

图 3.41 示出信号检出原理。为了用 DPD 法检出轨道误差信号，将全息照相分成 3 部分。用傅科（Foucault）法进行焦距误差信号的检出。信号检出用的 2 分割光敏二极管 D_2、D_3 的两侧配置了失调修正用的光敏二极管 D_1、D_4。另外，DVD-RAM 由于规定轨道误差信号采用推挽方式，所以 RAM 读取对应的全息照相激光器采用 3 光束方式，使得能够检出推挽方式和差动推挽方式（DPP）。DVD 用全息照相激光器的例子有 GH6D410B5A、GH5D305B5D 等。

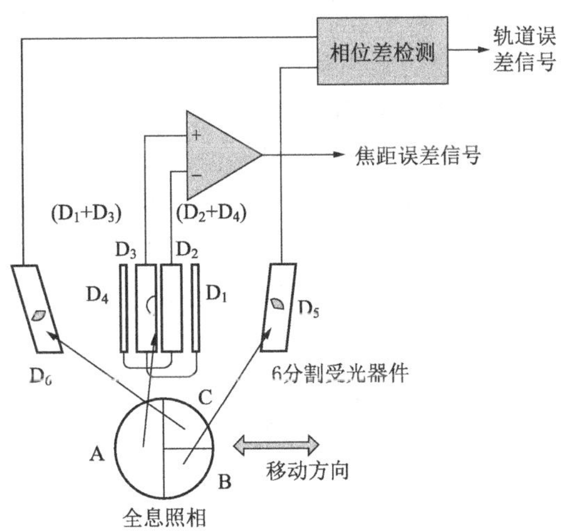

图 3.41 DVD 用全息照相激光器的信号检出原理

5. 记录型 DVD

DVD 中能够写入的有 DVD-R/RW，＋R/RW，－RAM。图 3.42 示出它们共通的基本的拾波器的光学系统例。一般来说为了也能够对 CD 写入，使用了 DVD 用和 CD 用的两个高功率激光器（例如：DVD 用激光器 GH06P24A1C，CD 用 GH07P24C1C）。

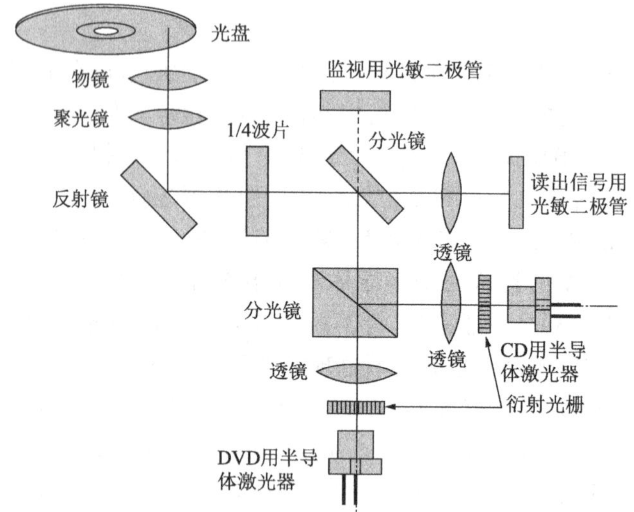

图 3.42 记录型 DVD 用拾波器的光学系统例

3.9.3 在激光打印机上的应用例

在快速发展的 OA 市场中，激光打印机由于具有高速打印、高质量打印、低噪声等特点，已经发展成为重要的输出终端。作为光源，最初使用的是 He-Ne，He-Cd 等气体激光器。半导体激光器，具有体积小、重量轻、价格低、功率消耗低等诸多优点，目前利用半导体激光器的打印机已经商品化。

图 3.43 示出激光打印机的结构例。激光打印机的打印应用了普通纸复印机使用的电子照相技术，用记录的信息直接调制半导体激光器，利用多面旋转镜水平扫描激光。然后将信息作为静电潜像写到以定速旋转的感光鼓上。

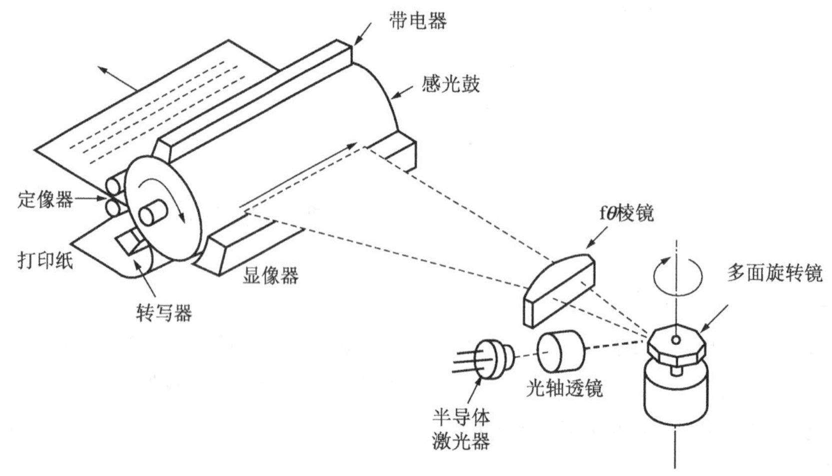

图 3.43 使用多面旋转镜的激光打印机的结构例

打印过程，首先通过带电器使感光鼓均匀带电，然后当激光照射到这里时，被照射部分的电阻降低，电荷被清除(静电潜像)，再通过显像器将叫做调色剂的具有电荷的着色树脂粉末用静电力附着上，使得显像可视化。最后，利用转写器加热加压，将调色剂定像在打印纸上。

3.9.4 其他应用例

半导体激光的特点是单色性、聚光性、方向性和干涉性，加之这种激光器具有体积小、重量轻、功耗低、还能够直接调制等优点，使得半导体激光器的应用领域不断在拓展。

除了以上所介绍的应用例之外，再举出一些正在开发或者实用化的应用例：

(1) YAG(钇铝石榴石)激光器激励(作为固体激光器晶体 Nd^{3+}：YAG 的激发光源)。

(2) 激光罗盘(用于姿态调整)。

(3) 速度计。

(4) 微位移计。

(5) 测距计。

(6) 激光针(金属针，使用激光替代灸)。

(7) 照明(基于 LED 的各种照明装置已经进入实用化阶段，正在探讨功率比 LED 高的高效率半导体激光照明装置)。

可以说，半导体激光器在民生、OA、通信、测量、医疗等各种领域的应用，或者以应用为前提的研究/开发正在蓬蓬勃勃地进行之中。

第4章 受光器件

受光器件广义上也包括光生电动势器件(太阳电池、硒光电池)、光电导器件(CdS 器件)在内。本章仅介绍 pn 结光敏二极管、npn 结光敏三极管、含有光敏二极管双极 IC 的 OPIC(Optical IC 的简写)等三种受光器件。

受光器件通过与发光二极管的组合可以对目的物进行检知,也可应用于接收数据等用途,还可以单独使用测定周围的发光体。作为进行检知的例子,如在液晶触摸面板上的触摸点检出以及 DVD 记录设备中媒体检出方面的使用。

在数据交换的应用方面,例如液晶电视、DVD 记录设备、遥控器等设备本体一侧的接收。单独使用时,例如可以作为银盐照相机的自动曝光(AE)电路以及液晶电视机画面辉度调整电路中的照度传感器使用。

4.1 受光器件的工作原理

4.1.1 光敏二极管

图 4.1 是硅光敏二极管的能带图,图 4.2 是它的工作原理。

当光子能量大于硅的带隙(E_g)的光照射到 pn 结上时,如图 4.1 所示,光在硅晶体中可以产生光生电子-空穴对。这些电子和空穴由于 pn 结区存在的浓度梯

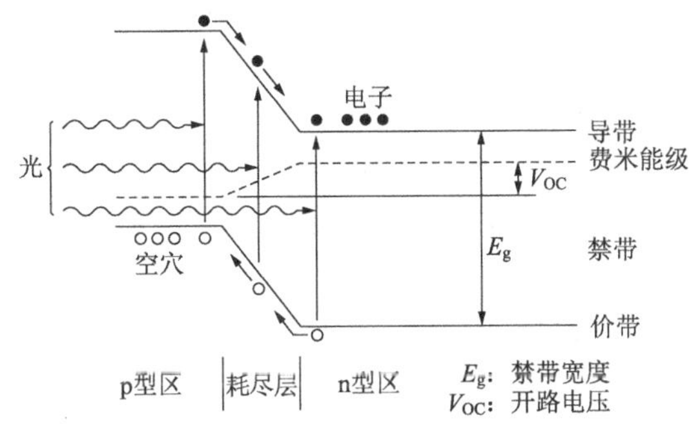

图 4.1 光敏二极管的能带图

度而扩散，到达耗尽层后被电场加速，电子向n型区移动，而空穴向p型区移动。其结果，当pn结的两端开路时，会产生n型侧为负，p型侧为正的开路电压V_{OC}；如果pn结两端连接负载，则有电流流过。这个电流是由pn结的光生电动势产生的。光之所以能有效地变换为电流是因为pn结的界面附近产生的电子和空穴。远离pn结处产生的光生电子和空穴，在扩散到耗尽层之前因复合而消失，它们对于电流的产生没有贡献。p型层生成的电子和n型层生成的空穴，在因复合而消失之前所能够移动的距离，叫做少数载流子的扩散长度。一般来说，p型区和n型区的杂质浓度越低，少数载流子的扩散长度就越长。

如图4.2所示，光敏二极管的灵敏度因光的波长而异，波长越短，越容易在距表面近的地方（浅的区域）被有效吸收。因此对于长波长的光来说，为了提高它的灵敏度，应该将pn结形成在距表面远的地方（深的区域）。而为了提高短波长的光的灵敏度，pn结应该形成在硅表面附近。

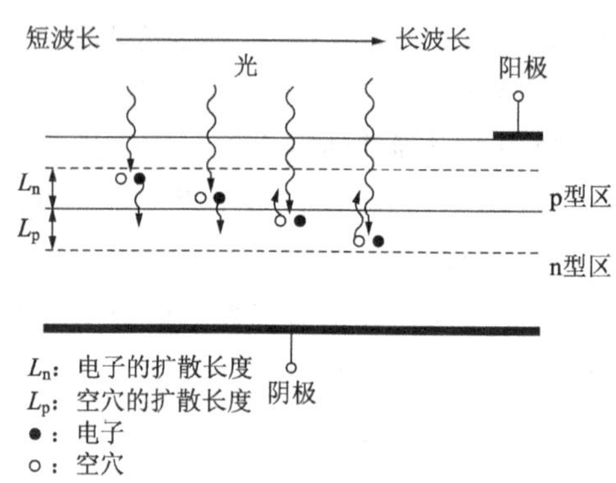

图4.2　光敏二极管的工作原理

硅光敏二极管的光吸收中长波长一侧的临界波长由硅的带隙E_g（即禁带宽度：1.12eV）决定。即

$$\lambda = hc/E_g = 1.24/E_g = 1100\text{nm}$$

式中，h为普朗克常数；c为真空中的光速；E_g为硅的禁带宽度。因此，波长大于1100nm的光在硅中不被吸收，对于电流的产生也就几乎没有贡献。但是在短波长一侧，由于硅表面的复合速度大，所以在表面附近生成的电子-空穴对被表面复合了。一般来说，硅光敏二极管对于400nm～1100nm波长范围的光具有灵敏度。

图4.3示出理想的光敏二极管的等效电路。就是说，可以把入射光产生的电流看作恒定电流，与理想的二极管的结电容C_j并联。因此，在光敏二极管的电流与电压之间，下面的关系式成立：

$$I = I_D - I_P$$

$$I_D = I_S[\exp(qV/kT) - 1]$$

式中，I为输出电流；I_P为光电流；I_S为二极管的饱和电流；q为电子电荷；k为波尔兹曼常数；T 为绝对温度。

这里，$I=0$ 时的电压就是开路电压 V_{OC}。即

$$V_{OC}=(kT/q)\log_e(I_P/I_S+1)$$

另外，$V=0$ 时的电流就是短路电流 I_{SC}，$I_{SC}=I_P$。一般来说，这个短路电流 I_{SC} 与入射光的照度 E_V 成比例。如图 4.4 所示，光敏二极管的电压-电流特性，随着照度的增加，其特性向下平行移动。

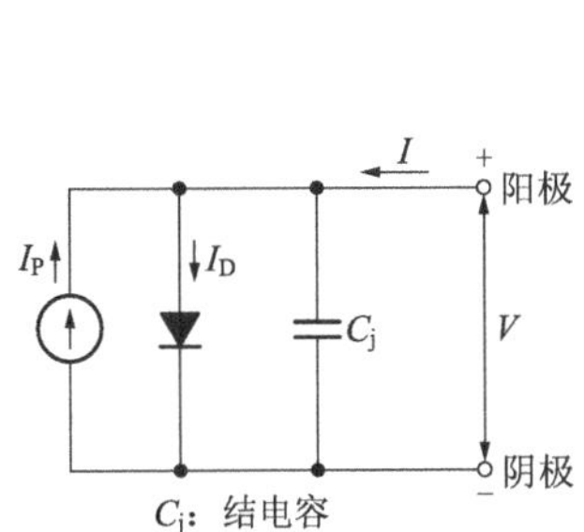

图 4.3 光敏二极管的等效电路

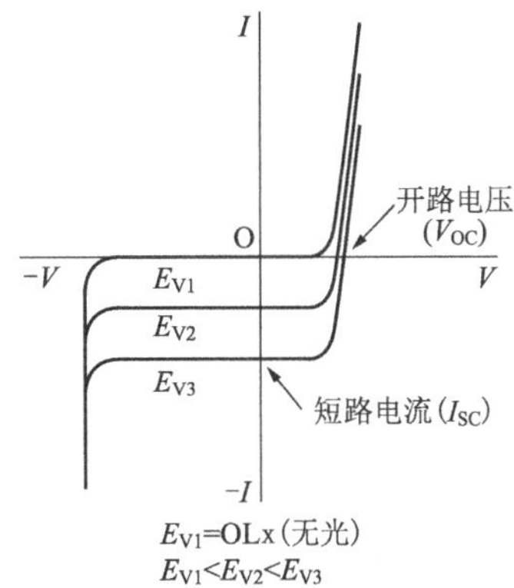

图 4.4 光敏二极管的电压-电流特性

在光空间传送和光纤通信等信息通信设备中，光敏二极管经常作为光传感器使用。近年来，信息通信设备的发展出现了信息的多量处理化以及光速处理化的趋势，因而要求使用的光敏二极管的响应高速化。

光敏二极管的响应速度往往用上升时间 t_r 和下降时间 t_f，或者截止频率 f_c 表征。这些参数之间具有如下关系：

$$t_r, t_f=0.35/f_c$$

另外，截止频率 f_c 可以近似用下式表示：

$$f_c\approx 1/2\pi[C_j(R_S+R_L)+\tau_d+\tau_r]$$

式中，C_j 为结电容；R_S 为光敏二极管的内阻；R_L 为外部负载电阻；τ_d 为在耗尽层以外产生的电子或空穴，通过扩散运动到达耗尽层的寿命时间；τ_r 为电子或空穴在耗尽层内被电场加速作漂移运动到达 pn 结的渡越时间。

由该式可以看出，为了提高响应速度，必须尽量减小上述参数 C_j，R_S，τ_d，τ_r。

结电容 C_j 用下式表示：

$$C_j=A\times\sqrt{q\varepsilon N/2(V_R+\Phi_B)}$$

式中，A 为结面积(阳极面积)；q 为电子电荷；ε 为硅的介电常数；N 为阴极层的杂质浓度；V_R 为光敏二极管外加的反向电压；Φ_B 为 pn 结的扩散电势。

该式表明，为了减小 C_j，应该在能够获得必要的光电流的范围内，尽量减小结面积；尽量降低阴极层的杂质浓度，也就是说尽量提高电阻率。

但是另一方面，为了减小内阻 R_S，要求尽量减小阴极层产生的串联电阻。

渡越时间的时常数 τ_d 和 τ_r 之间具有 $\tau_d > \tau_r$ 的关系，所以应该在耗尽层内进行有效的光吸收。因此，高速响应的光敏二极管的结构如图 4.5 所示，使用高电阻率的外延片。即在低电阻率的 n^+ 衬底上形成低电阻率的 n^{++} 层，然后再形成高电阻率的 n^- 层。

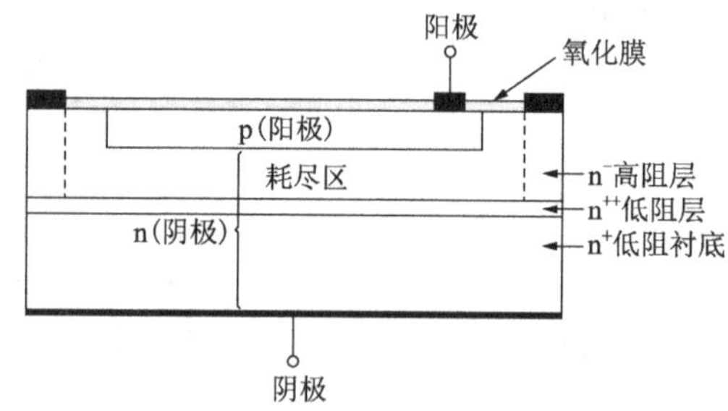

图 4.5　使用高电阻率外延片的高速光敏二极管的结构

就是说，利用高电阻率的 n^- 层减小结电容 C_j，通过采用 n^+ 低电阻率衬底减小内阻 R_S。另外，在 n^+ 衬底中产生的空穴，由于不能越过 n^+ 衬底和 n^{++} 低电阻率层所形成的势垒，所以被 n^+ 衬底吸收的光是无效的，只有被 n^- 高电阻率层吸收的光才是有效的。不过由于 n^- 高电阻率层被耗尽化，所以只是在耗尽层区域内进行有效的光吸收。因此，渡越时间的时常数变小了。

通过以上分析，说明了光敏二极管的高速动作原理。

4.1.2　光敏三极管

光敏三极管与一般的 npn 晶体管结构基本相同。不过如图 4.6 所示，p 型基区的面积大。这是为了利用这个基区-集电区结来增大光电流。

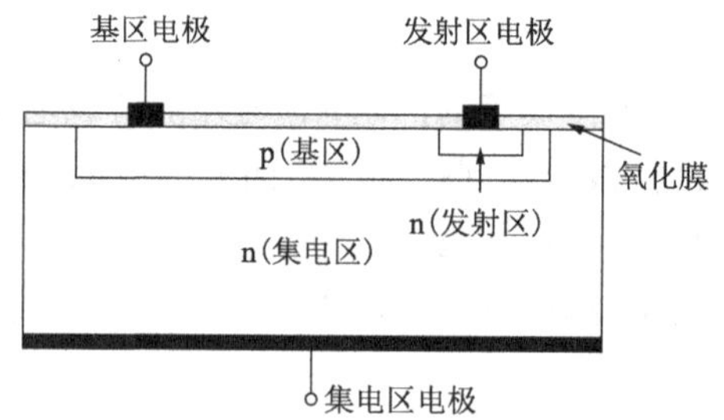

图 4.6　npn 光敏三极管的管芯结构

图 4.7 是光敏三极管在工作状态下的能带图。当光照射到光敏三极管上时，与光敏二极管一样，可以产生光生电子-空穴对。在基区-集电区 pn 结面附近生成的电子-空穴对中，电子向 n 型的集电区移动，在基区-发射区 pn 结电位作用下空穴

被 p 型基区捕获，使基区-发射区 pn 结的势垒高度降低。其结果，电子从发射区流入。这时流入电子的数目比入射光激发产生电子-空穴对所形成的载流子多。

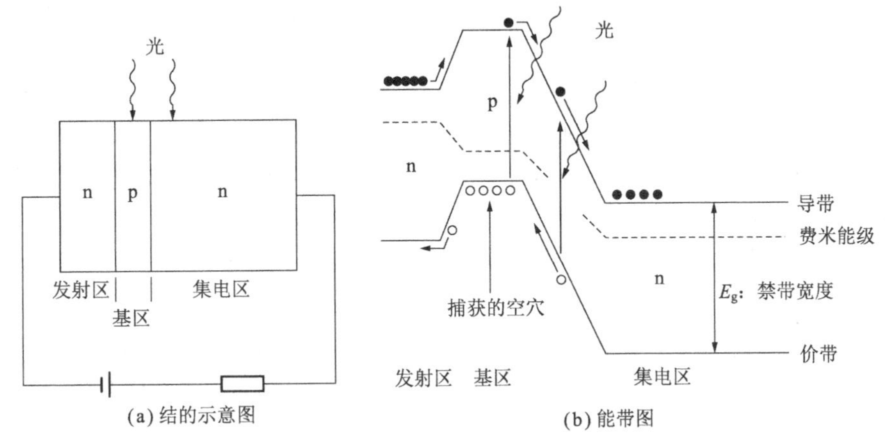

(a) 结的示意图　　(b) 能带图

图 4.7 npn 光敏三极管的能带图

图 4.8 示出光敏三极管的等效电路。可以认为基于基极-集电极间的光敏二极管的光电流与 npn 晶体管放大的构成是等价的。因此，光敏三极管的光电流 I_C 为

$$I_C = I_P(h_{FE}+1) = h_{FE} \cdot I_P$$

式中，I_P 为光敏二极管的光电流；h_{FE} 为晶体管的直流电流放大倍数。

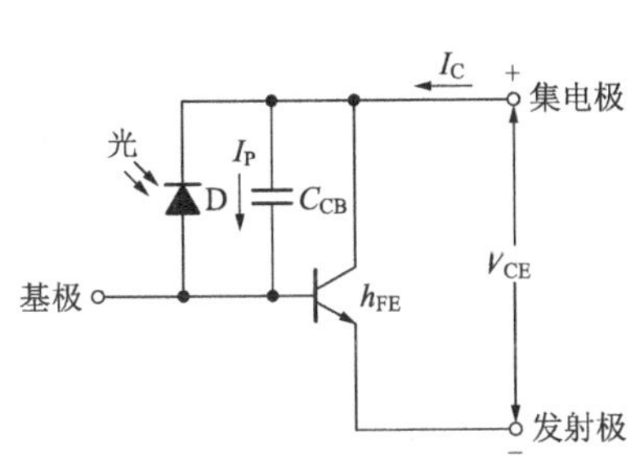

图 4.8 npn 光敏三极管的等效电路

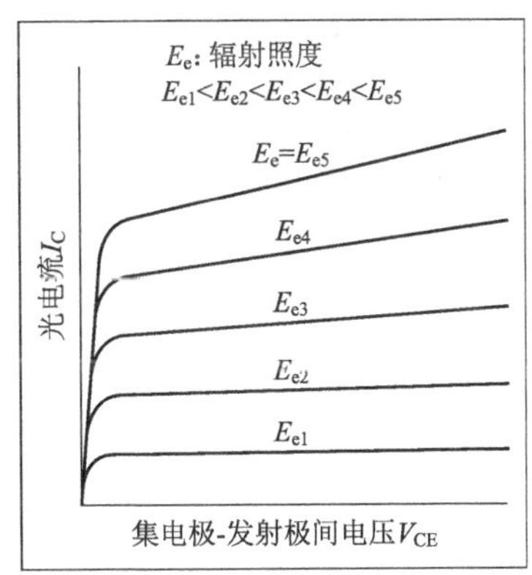

图 4.9 光敏三极管的光电流与集电极-发射极间电压的关系

图 4.9 示出光敏三极管的光电流与集电极-发射极间电压的关系。参变量由普通晶体管的基极电流换为辐射照度 E_e。

4.1.3 OPIC

近年来，对于光集成电路(光 IC)展开了大量的研究开发工作，其方法大致可以分为三类：

(1) 光器件的高性能化：通过光电器件周边电子电路的集成化，提高它的性能。

(2) 电子器件的高性能化：主要是用光布线置换高速电子器件间的布线，提高其速度。

(3) 光功能器件：用光进行信号处理和逻辑运算。

其中，以(1)和(2)为目的的光电子集成电路(OEIC：Optoelectronic IC，将光电器件、电子器件集成在同一半导体衬底上)的试制工作相继展开。已经提出了许多方案，将使用 GaAs 系、InP 系材料制作的半导体激光器，发光二极管、PIN 光敏二极管等光电器件，以及 FET、双极异质结晶体管(HBT)等电子器件组合起来形成 OEIC。

但是，这些试制工作的大多数目前还处于可行性研究阶段。现阶段已经产品化并得到广泛应用的是以 Si 为半导体材料的 Si-OEIC，其中以 OPIC 为中心。

OPIC 的工作原理基本上与光敏二极管相同。当光入射到设置在芯片内的光敏二极管上时，基于光电转换效应而变换为电流，通过金属布线，输入到同一芯片上形成的电流-电压转换放大器电路。这个入射信号被放大器放大，再经运算后输出。

4.2　受光器件的结构

4.2.1　光敏二极管

如前所述光敏二极管基本上与普通的 pn 结二极管相同。如图 4.10 中的例子那样，与阳极电极的面积相比，阳极-阴极间的结面积(pn 结面积)要大。这是为了扩大受光面，增大光电流。

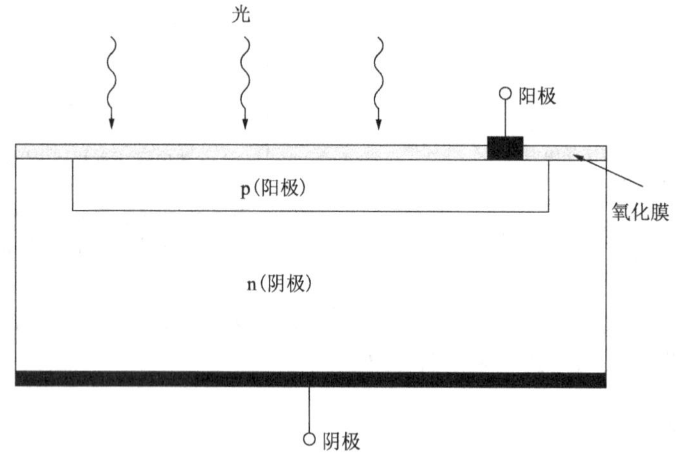

图 4.10　光敏二极管芯片的结构

4.2.2 光敏三极管

光敏三极管基本上也与一般的npn晶体管的结构相同。不过如图4.11所示，p型基区的面积增大了。这是为了利用基区-集电区结获取大的光电流。

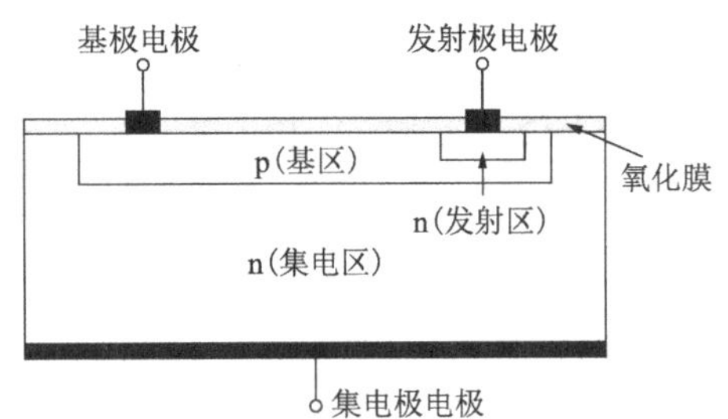

图4.11 光敏三极管芯片的结构

光敏三极管可以认为是在光敏二极管的基础上又增加了一个三极管，成为一种电流比光敏二极管增大了电流放大倍数h_{FE}倍的光敏传感器。如果将集电极与基极间构成的光敏二极管的光电流取为I_P，而把输出电流（即集电极电流）取为I_C，则有关系式

$$I_C = h_{FE} I_P$$

从这里可以看出，光敏三极管的特点是其灵敏度比光敏二极管提高了h_{FE}倍，即光敏二极管的几百甚至上千倍。因此光敏三极管的输出电流要比光敏二极管的输出电流值大的多。但是，由此也带来了一些缺点。由于h_{FE}受温度变化的影响比较大，所以光敏三极管的灵敏度对温度的变化比较敏感。而且，作为代价，在频率特性方面也有所牺牲。

4.2.3 OPIC

在要求将光敏二极管或者光敏三极管的输出接到微机等的输入端的场合，通常需要在输出部分附加放大电路、整形电路、运算电路等信号处理电路。这时设计者往往要考虑如何不使系统过于复杂，如何减小实装面积。因此，在增加微机的搭载器件的同时，还希望受光器件能够直接与微机连接。针对这种需求，开发出了将光敏二极管与信号处理电路集成在一个芯片上的OPIC受光器件。

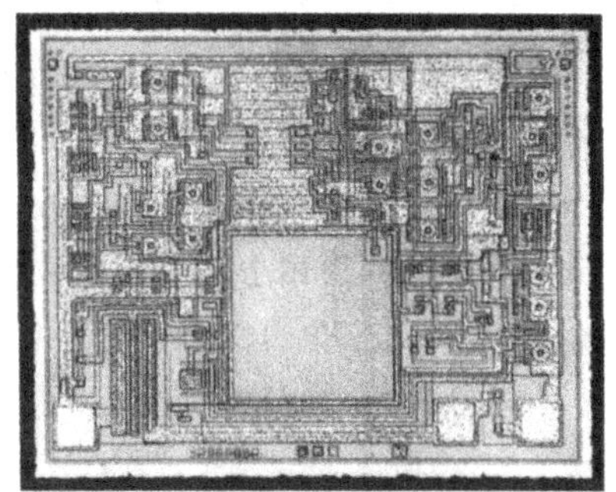

照片4.1 OPIC芯片(IS486E)

照片4.1是一例OPIC芯片。位于中央下部的正方形区域就是光敏二极管，它的周边配

置有信号处理电路。图 4.12 示出 OPIC 芯片的电路框图。这个芯片是由光敏二极管、放大器、整形电路、稳压电路等构成。

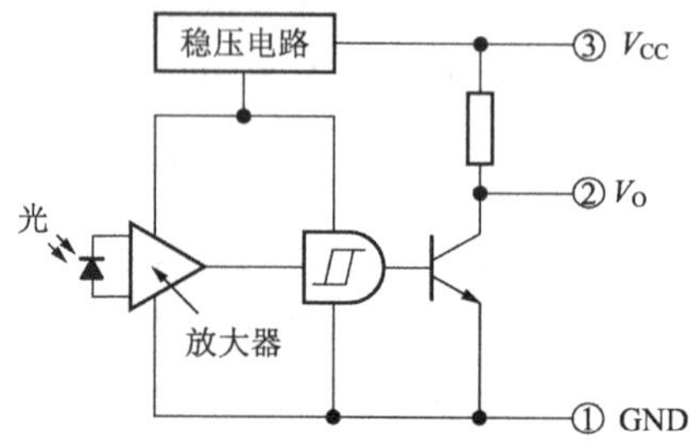

图 4.12　OPIC 的框图(IS486E)

OPIC 芯片主要是用硅材料按照 IC 工艺制造而成。图 4.13 示出一例 OPIC 芯片的剖面结构图。这里,p 型衬底与 npn 晶体管集电区的 n 型外延生长层所构成的 pn 结用作光敏二极管。当然其他 pn 结也可以作为光敏二极管使用,不过后面将会讲到,作为光敏二极管特性中最重要的是灵敏度和响应速度,符合这些特性要求的结构才是最佳的结构。

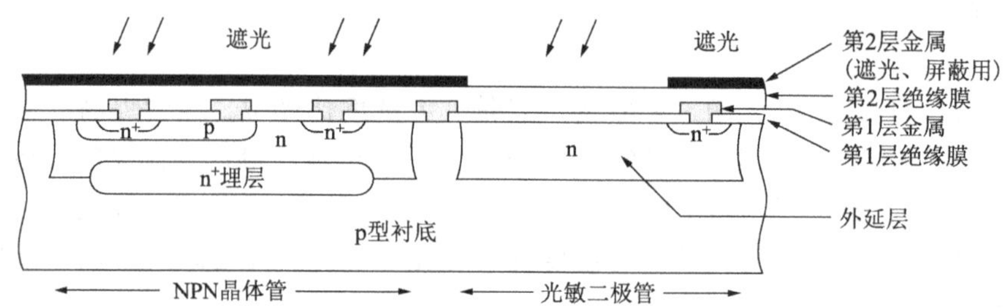

图 4.13　OPIC 芯片的剖面结构图例

例如,入射光的波长比较长时,光透入硅衬底的深度大。这种情况下,为了提高灵敏度,就应该使 pn 结尽量位于硅衬底比较深的位置。相反,如果入射光波长比较短,利用表面附近的 pn 结效率会更高。当然,在光敏二极管的受光面上形成一层防反射膜也是有效的手段之一。

所谓防反射膜就是在硅表面上形成一层氧化膜或者氮化膜,通过调整薄膜的厚度使得在各界面上的多次反射光相互抵消,从而降低反射率。OPIC 中的防反射膜,不是针对整个可见光,而是对特定波长的激光,降低其反射率。

另外,为了提高响应速度,重要的一点是采用寄生电容和串联电阻小的 pn 结。

图 4.14 和图 4.15 示出 OPIC 受光器件管壳的典型结构。图 4.14 是一种平面引线封装,是 OPIC 受光器件广泛采用的封装形式。由于 OPIC 的多功能化,端子的数目也不断增加。

图 4.15 是基板型的 COB 封装,特别适用于光盘・拾波器用 OPIC 受光器件。

它内藏有旁路电容器，是一种在 CD 记录、DVD 记录用 OPIC 受光器件中广泛使用的封装结构。

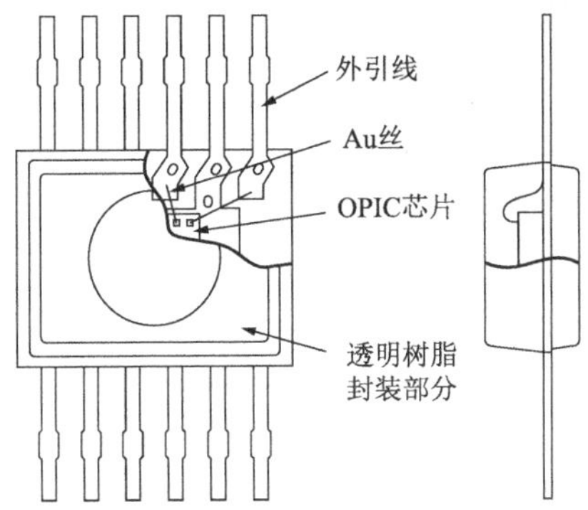

图 4.14 平面引线封装

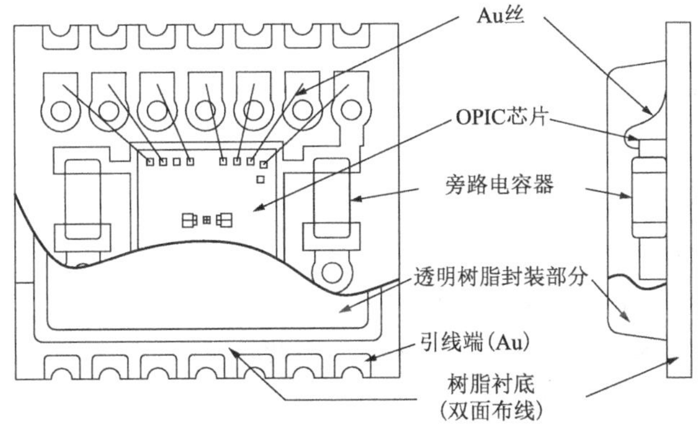

图 4.15 COB 封装

4.3 受光器件的特性

4.3.1 分光灵敏度特性与方向性

1. 分光灵敏度特性

前面曾经讲过利用硅材料制造的 pn 结受光器件，一般来说对于波长在400～1100nm 范围的光具有敏感性，其峰值在 800～900nm。因此，作为光源，发射光的波长也必须在这个范围内。例如，GaAs 红外发光二极管、钨灯、太阳光等都是有效的。

图 4.16 示出硅受光器件的分光灵敏度特性。另外，根据用途，往往也会利用光学滤光片改变受光器件的分光灵敏度，提高 S/N。

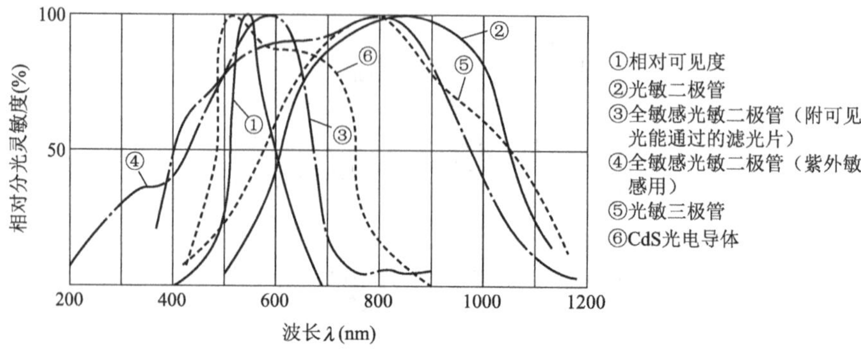

图 4.16　受光器件的分光灵敏度特性

GaAsP 的禁带宽度比硅的禁带宽度大，因而 GaAsP 光敏二极管的分光灵敏度会向可见光方向移动。而且通过改变 GaAsP 中 GaAs 与 GaP 的混晶比，还可以改变其禁带宽度。因此，它具有以下特点：

(1) 因其峰值波长位于可见光范围内，所以在检测可见光时不需要红外光滤光器。

(2) 暗电流小。

(3) 开路电压大等。

砷化镓(GaAs)光敏二极管具有测量范围可达紫外领域的灵敏度，利用它的这种特性，可以将其制作成紫外光敏二极管。用紫外(UV)选透滤光片与 GaAs 光敏二极管配合使用，可以使其仅在 260～400nm 的波长范围内响应，而对于波长在 400nm 以上的可见光以及红外线都没有响应。这种组合可以用于测量太阳光的紫外线。

以下介绍具体的例子。

【例 1】遥控器/光电开关

一般使用 GaAs 系红外发光二极管作为光源。但是，由于它们都是在人们居住的空间中使用，所以会受到荧光灯之类可见光成分的干扰。有效的办法就是切断对可见光的敏感性。可以采用以下方法：

(1) 使用能够切断可见光的树脂塑模封装的受光器件(例如：PD410PI2E00F，PT480FE0000F，PT491FE0000F)。

(2) 受光器件配置可见光滤光片等。

【例 2】照相机

这种场合，用于测定可见光范围的光通量，因而要求切断受光器件对于红外光的敏感性。所以应该使用配置有红外滤光片的专用受光器件(例如：BS520E0F)。

2. 方向性

受光器件的方向性,主要由管壳透镜的形状决定。图 4.17 示出典型的管壳的截面构造,图 4.18 示出它的方向性。

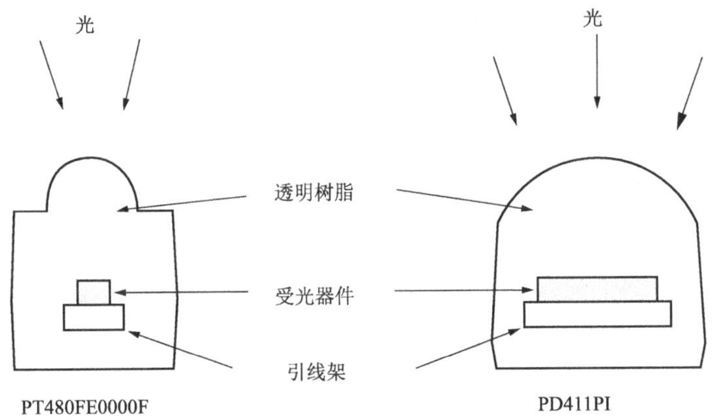

图 4.17 受光器件封装的剖面结构

不同的用途对器件的方向性有不同的要求。例如,红外线遥控器中,要求受光器件对于来自各个方向的光都敏感。因此,这种场合使用图 4.18(b)所示的方向角宽的器件。而对于光断续器(photo interrupter)等用途,则使用图 4.18(a)那样方向角窄的器件,只检测来自范围很狭窄的角度上入射信号光,从而降低了来自该角度以外的干扰光影响,达到提高 S/N 的目的。表 4.1 所列出了各种器件的半角值$\Delta\theta$ 等参数。

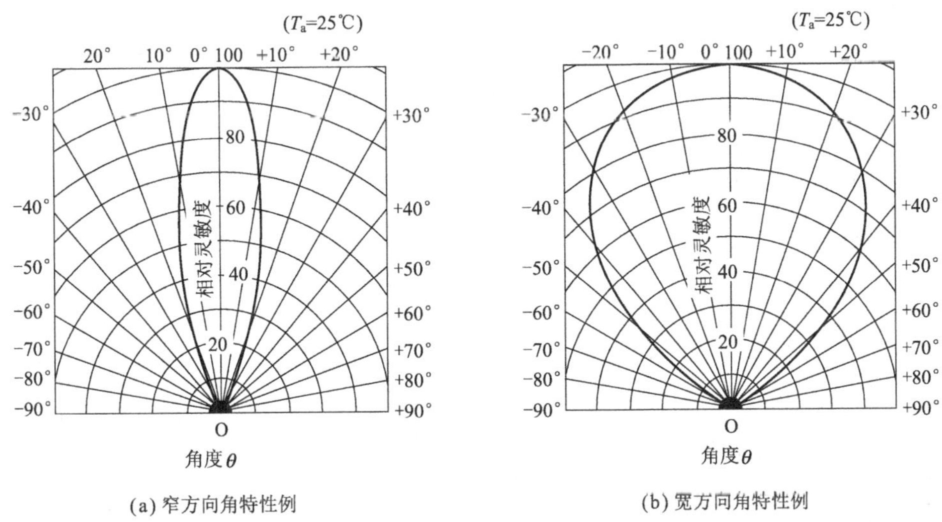

(a) 窄方向角特性例　　(b) 宽方向角特性例

图 4.18 受光器件的方向性

表 4.1　各种受光器件一览表

■光敏三极管

类型	型号	封装特征	绝对最大额定值			I_C(mA)		V_{CE} (V)	E_e (mW/cm²)	I_{CEO}(A)		$\Delta\theta$ (deg.) TYP.	λ_p (nm) TYP.
			V_{CEO} (V)	P_C (mW)	T_{opr} (℃)	MIN.	MAX.			MAX.	V_{CE} (V)		
单体	PT380	ϕ3 树脂	35	50	−25～+85	0.16	1.17	5	100 lx	1×10^{-7}	20	±20	800
	PT380F*1		35	50	−25～+85	0.095	0.9	5	100 lx	1×10^{-7}	20	±20	860
	PT600T	无引线芯片型	35	50	−25～+85	0.7	typ. 3.5	5	5	1×10^{-7}	20	±60	880
	PT100 MC0MP		35	75	-30～+85	1.7	5.1	5	1	1×10^{-7}	20	±15	900
	PT100 MF0MP		35	75	-30～+85	1.15	3.45	5	1	1×10^{-7}	20	±15	910
	PT480 E00000F	附透镜的树脂	35	75	−25～+85	0.4	typ. 1.7	5	1	1×10^{-7}	20	±13	800
	PT480 FE0000F*1		35	75	-25～+85	0.25	typ. 0.8	5	1	1×10^{-7}	20	±13	860
	PT4800 FE000F		35	75	-25～+85	0.12	typ. 0.4	5	1	1×10^{-7}	20	±35	800
	PT4800 FE000F*1		35	75	-25～+85	0.08	typ. 2.5	5	1	1×10^{-7}	20	±35	860
	TP4850 FE000F*1		35	75	-25～+85	0.12	0.56	5	1	1×10^{-7}	20	±35	860
	PT501	TO -18	45	75	-25～+125	2.5	typ. 10	5	10	1×10^{-7}	30	±6	800
	PT510		35	75	-25～+125	2.5	typ. 20.0	5	10	1×10^{-7}	30	±6	800
达林顿	PT381	ϕ3 树脂	35	50	-25～+85	0.12	1.5	10	2 lx	1×10^{-6}	10	±20	800
	PT381F*1		35	50	-25～+85	0.07	1.08	10	2 lx	1×10^{-6}	10	±20	860
	PT481 E00000F	附透镜的树脂	35	75	-25～+85	1.5	25	2	0.1	1×10^{-6}	10	±13	800
	PT481 FE0000F*1		35	75	-25～+85	0.9	27	2	0.1	1×10^{-6}	10	±13	860
	PT4810 E0000F		35	75	-25～+85	0.45	7.0	2	0.1	1×10^{-6}	10	±35	800
	PT4810 FE000F*1		35	75	-25～+85	0.27	6.0	2	0.1	1×10^{-6}	10	±35	860
	PT483 F1E000F*1		35	75	-25～+85	1.5	4.0	2	0.1	1×10^{-6}	10	±13	860
	PT491 FE0000F*1		35	75	-25～+85	0.2	0.8	2	2lx	1×10^{-6}	10	±40	860
	PT493 FE0000F*1		35	75	-25～+85	0.2	0.8	2	2lx	1×10^{-6}	10	±40	860
	PT550	TO-18	35	150	-25～+125	3	typ. 20.0	5	0.1	1×10^{-6}	10	±6	800
	PT550F		35	150	-25～+125	3	typ. 20.0	5	1.0	1×10^{-6}	10	±50	800
	PT601T	无引线芯片型	35	50	-25～+85	0.03	typ. (0.07)	10	0.01	1×10^{-6}	10	±30	880

*1:隔断可见光型。

■PIN 光敏二极管

($T_a=25℃$)

型号	特征	封装(材质)	有效受光面积(mm^2)	T_{opr}(℃)	I_{SC}(μA) MAX.	E_V(lx)	I_d(A) MAX.	V_R(V)	t_r,t_f(μs) TYP.	V_R(V)	R_L(kΩ)	λ_p(nm) TYP.
PD49 PIE0000F*1	PIN 型	隔可见光树脂	7.73	−25～+85	2.4	100	3×10^{-8}	10	0.2	10	1	1000
PD410 PI2E00F*1		附聚光镜 隔可见光树脂	3.31	−25～+85	2.5	100	1×10^{-8}	10	0.0	10	1	1000
PD411 PI2E00F		附透明聚光镜	3.31	−25～+85	5	100	1×10^{-8}	10	0.2	10	1	960
PD412 PI2E00F*2		附透明聚光镜	3.31	−25～+85	3.5	100	1×10^{-8}	10	0.25	10	1	800
PD413 PI2E00F*1	PIN 型对应 IrDA1.0	附聚光镜 隔可见光树脂	3.31	−25～+85	typ.(4.0)	100	1×10^{-8}	10	0.2	10	1	(820～1040)
PD481 PIE000F*1	PIN 型	隔可见光树脂	7.73	−25～+85	3.5	100	3×10^{-8}	10	1	3	0.2	960
PD60T	芯片部件型	透明树脂	—	−25～+85	typ.4	1000	1×10^{-8}	10	0.1	10	1	960
PD100 MC0MP	无引线芯片型	透明树脂	—	−30～+85	0.6	100	1×10^{-8}	10	0.1	15	0.18	820
PD100 MF0MP	无引线芯片型	隔可见光树脂	—	−30～+85	0.4	100	1×10^{-8}	10	0.1	15	0.18	850

*1:内藏隔断可见光的滤光片。

■全敏感光敏二极管

($T_a=25℃$)

型号	特征	封装(材质)	有效受光面积(mm^2)	T_{opr}(℃)	I_{SC}(μA) MIN.	E_V(lx)	I_d(A) MAX.	V_R(V)	λ_p(nm) TYP.
BS520	平面型	树脂(黑)	5.34	−20～+60	0.4	100	1×10^{-11}	1	560

■PSD(Position Sensitive Detector:位置检测传感器)

($T_a=25℃$)

型号	特征	封装(材质)	有效受光面积(mm^2)	T_{opr}(℃)	I_L(μA) MIN.	E_V(lx)	极间电阻(kΩ) TYP.	V_R(V)	t_r,t_f(μs) TYP.	V_R(V)	R_L(kΩ)	位置检测误差 MAX.(μm)
PD3122 FE000F	位置检测传感器 附安装位置孔	隔可见光树脂	1.2 (1.0×1.2mm)	−25～+85	6.4	1000	110～170	1	5	1	1	±25

■OPIC 受光器件

($T_a=25℃$)

型号	类型	封装	绝对最大额定值				电学、光学特性							
			V_{CEO}(V)	P(mW)	I_C(mA)	T_{opr}(℃)	E_{VLH}(lx) MAX.	E_{VHL}(lx) MAX.	V_{CC}(V)	t_{PLH}(μs) TYP.	t_{PHL}(μs) TYP.	V_{CC}(A)	E_V(lx)	R_L(Ω)
IS485E	内藏施密特触发电路,放大电路、稳压电路型	附有透镜的树脂	−0.5～+17	175	50	−25～+85	-	35	5	5	3	5	50	280
IS486E			−0.5～+17	175	50	−25～+85	35	-	5	3	5	5	50	280

*1:$R_L=280\Omega$。

■低压驱动型

（T_a＝25℃）

型号	类型	封装	绝对最大额定值			电学、光学特性									
			P (mW)	I_C (mA)	T_{opr} (℃)	工作电源电压(V)	E_{VLH} (lx) MAX.	E_{VHL} (lx) MAX.	V_{CC} (V)	t_{PHL} (μs) TYP.	t_{PLH} (μs) TYP.	V_{CC} (V)	E_V (lx)	R_L (Ω)
IS489E	内藏施密特触发电路放大电路	附有透镜的树脂	80	2	－25～＋85	1.4～7.0	-	15	3	1.3	8.5	3	125	3000

■光调制方式采用品

（T_a＝25℃）

型号	类型	封装	绝对最大额定值				电学、光学特性[*2]						容许外部干扰光照度 E_{VDX} (lx) TYP.
			V_{CC} (V)	P (mW)	I_C (mA)	T_{opr} (℃)	E_{OL} (lx) MAX.	E_{OH} (lx) MIN.	t_{PLH} (μs) TYP.	t_{PHL} (μs) TYP.	V_{CC} (V)	R_L (Ω)	
IS471FE[*1][*3]	内藏发光一侧脉冲驱动电路同步检测电路放大电路解调电路等	隔可见光环氧树脂	－1.5～＋16	250	50	－25～＋60	0.35	4.97	400	400	5	280	4500

＊1：由于采用光调制方式，所以 IS471FE 不易受外部干扰光的影响。

＊2：V_{CC}＝5V。

＊3：IS471FS 也是这种结构。

■激光打印机用

（T_a＝25℃）

型号	类型	封装	绝对最大额定值			电学、光学特性						
								H→L 入射光强度阈值		H→L 延迟时间		
			V_{CC} (V)	I_{OL} (mA)	T_{opr} (℃)	V_{OH} (V) MIN.	V_{OL} (V) MAX.	入射光强度 (μW) TYP.	R_O (kΩ)	Δt_{PHL} (ns) MAX.	C_L (pF)	R_L (Ω)
GA220T2L1IZ	内藏放大电路受光部分尺寸：3.0×1.0mm	微平面封装	0～＋7	20	－25～＋80	4.9	0.6	V_{ext}＝L时55 V_{ext}＝L时35	5.1	±8.5	15	510

4.3.2　光敏二极管的电学特性

光敏二极管与光敏三极管比较，它的缺点是光灵敏度较低。但是它具有以下优点：

(1) 入射光通量与输出电流之间具有良好的直线性。

(2) 响应速度快。

(3) 输出的分散性小。

(4) 环境温度变化引起的输出变动小。

光敏二极管中，还有对短波长也具有敏感性、与人类的视感度曲线一致的全敏感光敏二极管。此外还有以高速响应为目的的高速光敏二极管(也叫做 PIN 光敏二极管)。

PIN 型光敏二极管是在 p 区与 n 区之间插入了一层比较宽的本征层(I),它是高电阻率材料,因而工作时耗尽层扩展的非常宽,光生载流子在其中作漂移运动,所以器件的响应速度比普通的平面型光敏二极管快 10～100 倍。最新的 PIN 型光敏二极管在较小的反向电压(几伏至几十伏)下就可以工作,使用起来非常方便,通频带宽度也超过了 1GHz。为了发挥 PIN 型光敏二极管的高速响应特性,通常将其在反向偏置下使用。通过施加反向偏置电压,可以减小极间分布电容,提高响应速度。至于暗电流,反向偏置电压越高,暗电流就越大。

在将其作为遥控器使用的情况下,由于发光器件使用的是红外发光器件,为了避免杂散光的干扰,需要带有能够滤除可见光的滤光片。

关于这些特性,请参看前面表 4.1。下面介绍光敏二极管的电学参数:

(1) 短路电流。短路电流 I_{SC} 与照度 E_v 成比例,表示为 $I_{SC}=\alpha \cdot E_V$。

(2) 开路电压。开路电压 V_{OC} 可表示为 $V_{OC}=(kT/q)\log_e(\alpha \cdot E_V/I_O)$。

(3) 暗电流。暗电流随着反向电压和环境温度的上升而增加。

(4) 响应速度。响应速度由结电容 C_j(极间电容)和负载电阻 R_L 决定。令上升时间和下降时间分别为 t_r 和 t_f,那么将有如下的关系:

$$t_r, t_f \approx 2.2C_f \cdot R_L$$

由于加反向电压时,pn 结的厚度就会变薄,其结电容将会减少,所以在要求高速响应的应用中,加反向偏压是有利的。当然,施加反向电压的结果会使暗电流增大。这一点也需要注意。

平面扩散型光敏二极管是最常见的光敏二极管。它的响应特性较差。例如 BS120 光敏二极管的感光有效面积虽然只有 1.55mm^2,但是在反向电压为 10V 时,其极间分布电容量最大竟达到 500pF。由于这种极间分布电容量较大,因而不适合高速运行的场合。但是,它的暗电流小,所以容易获得大的动态范围。综合考虑其优缺点,它大量应用在照度计和曝光表内。

在 PIN 型光敏二极管中,例如,PH302B 光敏二极管。这种光敏二极管在 5V 的反向电压下极间分布电容量仅为 14pF,因而能够高速响应。作为代价,光敏二极管的暗电流变大了。在 10V 反向电压下,最大暗电流值高达 30nA。而上述平面扩散型光敏二极管 BS120 的最大暗电流值仅为 10pA。因此,PIN 型光敏二极管更适合应用于电视机、摄像机等日用电器的红外遥控器。

4.3.3 光敏三极管

光敏三极管与光敏二极管相比,由于具有更高的光灵敏度,而且使用方便,所以得到广泛应用。

光敏三极管大致可以分为单管型和与放大用晶体管达林顿连接的达林顿型。另外,它们都有附设外接基极端的类型。图 4.19 示出了各种类型。

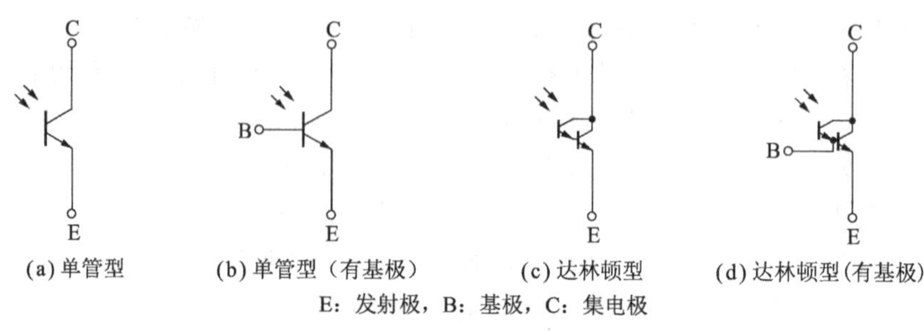

图 4.19　光敏三极管的种类

光敏三极管在原理上可以认为是光敏二极管与放大用的 npn 晶体管的结合。

（1）光电流：光敏三极管的光电流 I_C 表示为

$$I_C = I_P \times h_{FE}$$

式中，I_P 为光敏二极管的光电流；h_{FE} 为晶体管的直流电流放大倍数，约为 200～1000。

图 4.20 示出光敏三极管的光电流与集电极-发射极间电压之间的关系。这里需要注意的是，特性曲线中的参变量用辐射照度 E_e（mW/cm^2）替代了普通晶体管的基极电流。

（2）响应速度：在光敏三极管以开关使用的场合，由于基极-集电极间光敏二极管结电容 C_{CB} 的米勒效应，它的响应时间（上升时间：t_r，下降时间：t_f）增大了 h_{FE} 倍，用下式表示

$$t_r, t_f \approx 2.2 \times C_{CB} \times h_{FE} \times R_L$$

式中，R_L 为光敏三极管的负载电阻。

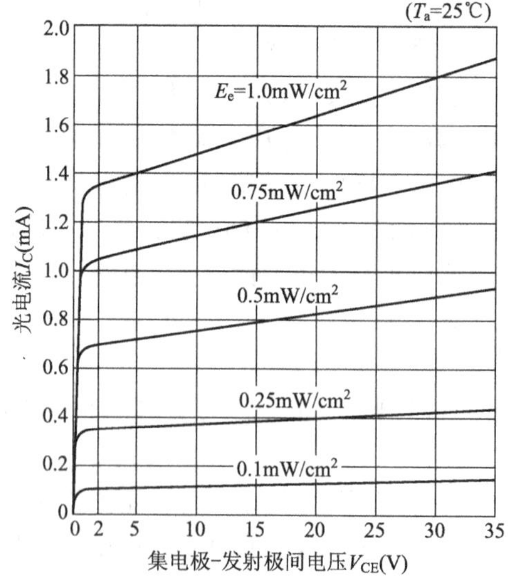

图 4.20　光敏三极管的光电流与集电极-发射极间电压的关系

由此可以看出，与光敏二极管比较，光敏三极管的响应速度慢得多。这一点需要注意。图 4.21 示出响应时间与负载电阻之间的关系。

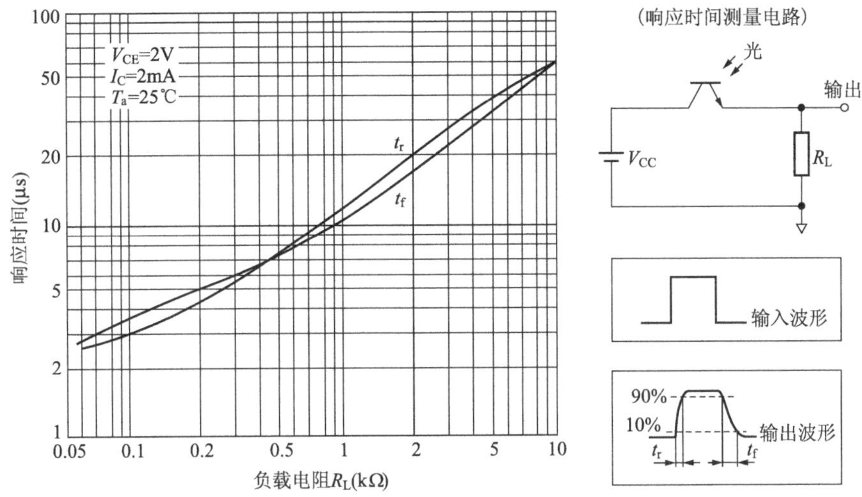

图 4.21 光敏三极管的响应时间与负载电阻的关系

光敏三极管比光敏二极管的面积大，而且 h_{FE} 高。这就是说，灵敏度高而响应速度慢。典型的是达林顿型光敏三极管，其 h_{FE} 高达 10000～40000，灵敏度很高，但是响应很慢。

(3) 其他：在电路设计上另一个重要的电学特性就是暗电流 I_{CBO}。光敏三极管在使用时往往基极开路，这时暗电流不是 I_{CBO}，而是 I_{CEO}（$\approx h_{FE} \times I_{CBO}$）。另外，它的温度特性是上升 25℃增大约 10 倍。

还需要注意一点，达林顿型光敏三极管的集电极饱和电压高，约为 0.9V，所以不能直接连接到 TTL 电路上。

4.3.4 OPIC

1. 灵敏度

光敏二极管中，把入射的光通量(W)与取出的光电流(A)之比叫做灵敏度(A/W)。光通量由光子的能量与强度之积决定。而光子的能量是由它的波长所决定，其关系是 $E=hc/\lambda$。就是说，波长越短能量越高。所谓光的强度，就是单位时间内入射的光子数目，需要注意，它与光子的能量是没有关系的。因此，即使相同的入射光通量，如果波长不同，那么光子的数量也不同。所以，波长变短灵敏度会降低。理想的场合，灵敏度为 $\lambda/1.24$(A/W)。

对于 OPIC 来说，光敏二极管的输出电流通常是被芯片内部的放大器变换为电压并放大后输出的，所以它的灵敏度用(V/W)表示。

硅的带隙能量是 1.12eV，所以能量比它低的光子不能产生电子-空穴对。将这个能量换算成波长就是 1100nm。这表明使用硅材料时，无法用电流检测出波长达数微米的远红外光。为了检出这种波长的光，要使用带隙窄的化合物半导体材料。

前面讲过，在短波长一侧，几乎所有的光子是在表面附近产生电子-空穴对的。但是通常由于硅表面的复合速度非常大，产生的这些电子-空穴对会迅速被复合。基于这些性质，一般来说，硅 OPIC 用于 400～1100nm 波长的光检测。

高的灵敏度，或者说高的光电转换效率与器件的高性能相联系。但是还需要确定以下问题。其中之一就是在光敏二极管表面上形成一层防反射膜。硅的折射率大约是 3.5，这就意味着空气中入射光的大约 30%被反射掉。这样一来，即使提高光在硅晶体中的转换效率，最多也只能利用总光通量的 70%。因此，在制造 OPIC 时，要在光敏二极管的受光表面形成一层氧化硅膜或者氮化硅膜，以降低反射率。针对特定波长，对防反射膜的膜厚进行优化，可以使反射率降低到 5%以下。

2. 响应速度

图 4.22 示出理想的光敏二极管的等效电路。该等效电路中，与二极管相对应有表示入射光产生电流的恒流源，以及寄生元件结电容 C_j 和外加串联电阻 R_S。因此，光敏二极管的电流-电压关系可由下式给出：

$$I=I_S\left[\exp\left(\frac{qT}{kT}\right)-1\right]-I_P$$

式中，I 为输出电流；I_S 为二极管的饱和电流；I_P 为光电流；q 为电子电荷；k 为波尔兹曼常数；T 为绝对温度。

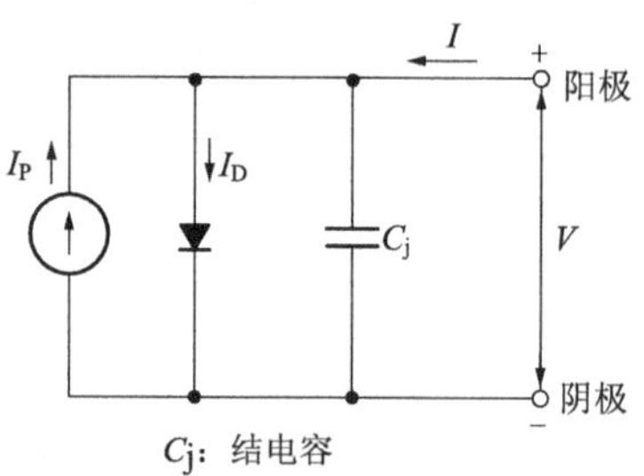

图 4.22　光敏二极管的等效电路

OPIC 的响应速度由光敏二极管和电路的响应速度决定。电路的响应速度通过使用截止频率（f_T）高的晶体管来提高，为了适应高速化的需要，现在使用的晶体管的 f_T 已经超过 10GHz。在放大器的晶体管速度足够高的情况下，OPIC 的响应速度取决于光敏二极管的响应速度。光敏二极管的响应速度由以下两种效应所决定：

(1) 扩散时间。如前所述,耗尽层中产生的光生载流子能够高速移动(漂移运动)。但是在耗尽层以外产生的光生载流子,在电中性区域只能作扩散运动。如果大量的光生载流子都产生在电中性区,那么响应速度就会变慢。因此重要的措施就是通过加反向电压以及优化结的掺杂浓度来扩展耗尽层,使更多的载流子产生在耗尽层内。另外,也有利用使耗尽层外的光生载流子对光电流无贡献的结构的情况。

(2) RC 时常数。前面已经介绍过,光敏二极管具有寄生串联电阻和结电容,这个 RC 时常数会使响应特性下降。因此,通过扩展耗尽层、减小结电容,可以提高响应特性。不过这种情况下的必要条件是不能增大寄生串联电阻。当然,在结电容一定的情况下,设法降低阳极和阴极的电极电阻也是有效的。

4.4 受光器件的基本使用方法

4.4.1 光敏二极管

在介绍应用电路时,作为基础知识首先了解图 4.23 示出的照度与输出电流的关系,这个关系曲线图中,参变量是负载电阻与有效受光面积之积。

图 4.24(a)示出了基本的放大电路。图中虚线表示的电阻 R_{BE} 的作用是抑制暗电流的影响。电阻 R_{BE} 越小,这种效果越显著。不过同时它也降低了对光的灵敏度。因此,R_{BE} 通常使用的阻值在 1MΩ以上。

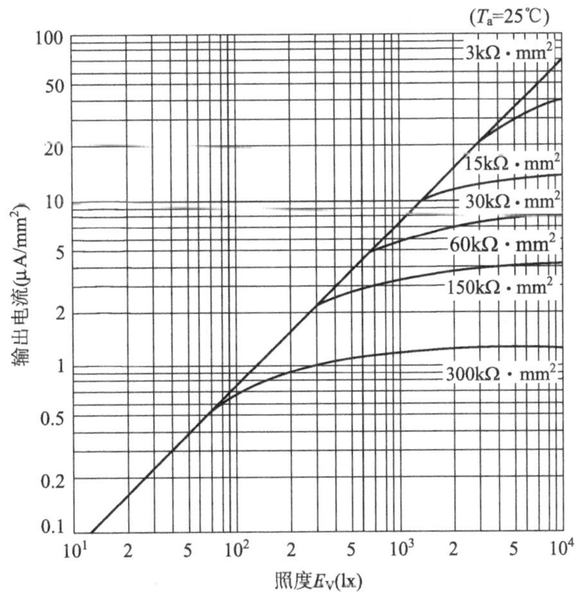

图 4.23 光敏二极管的负载特性

图 4.24(b)示出的"不合理的电路例"与图 4.24(a)的基本放大电路相比，响应速度慢，所以通常不使用它。因为这个电路中，随着输出电压的变动，加在光敏二极管上的电压发生变化，使结电容的充放电通过光电流 I_P 进行。而图 4.24(a)的基本放大电路中，光敏二极管两端的电压不发生变化，所以响应速度快。

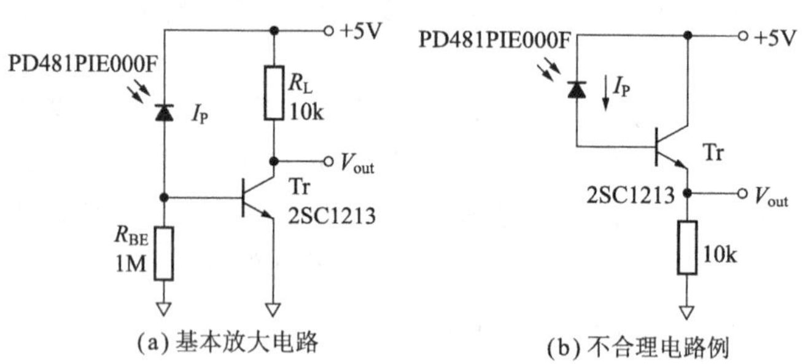

图 4.24　基本放大电路

4.4.2　光敏三极管

光敏三极管的基本电路示于图 4.25。图 4.25(a)和图 4.25(b)中电路的输出极性是反转的。在后级接续 TTL 电路的场合，由于需要吸收 TTL 的低电平输入电流，所以一般多采用图 4.25(a)的电路。

图 4.25(a)电路的工作点如图 4.26 所示，由负载线与光敏三极管的光电流与集电极-发射极间电压关系曲线的交点决定。

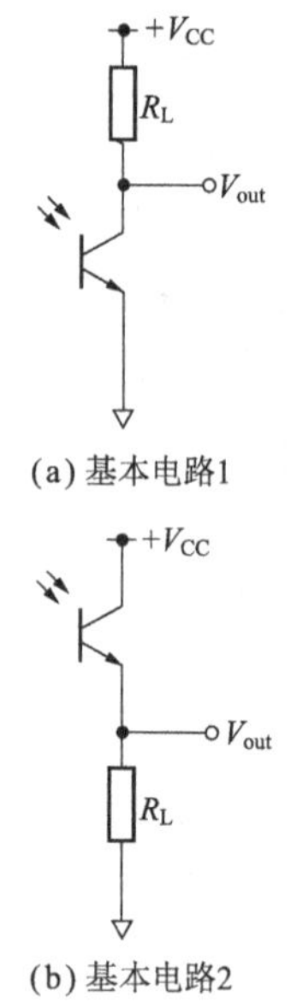

图 4.25　基本电路

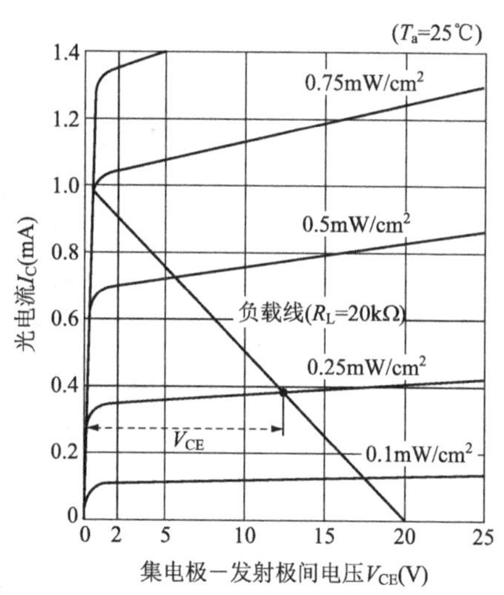

图 4.26　光敏三极管的工作点

关于响应速度，乍一看会产生图 4.25(b)的电路快的错觉，实际上图 4.25(a)与图 4.25(b)没有变化。图 4.25(b)的电路中基极电位完全浮置，不是射极跟随器的工作状态。

4.4.3 OPIC

OPIC 经常用于光空间传送和光纤通信等信息通信设备的光传感器部分。近年来，信息通信设备出现了信息量增加和高速处理化的趋势，因而对于其中使用的 OPIC 也提出高性能化的要求。下面就不同用途的 OPIC 内藏的光敏二极管的特点作以说明。

1. 光耦合器/光断续器/传感器用光敏二极管

这些器件中，用图 4.27 所示的两种 pn 结作为光敏二极管。图 4.27(a)在侧重于响应速度的场合使用，图 4.27(b)则使用在更关注灵敏度的场合。

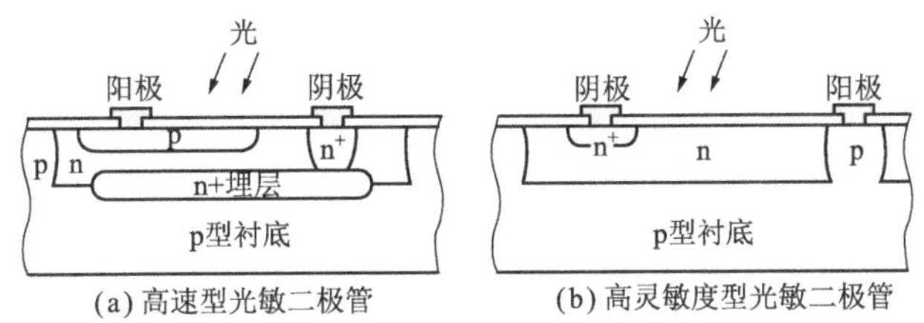

(a) 高速型光敏二极管　(b) 高灵敏度型光敏二极管

图 4.27　OPIC 光敏二极管的结构

1) 高速型光敏二极管

这种类型的光敏二极管，利用形成双极晶体管基区的 p 型扩散层和形成集电区的 n 型外延生长层所构成的 pn 结。这种情况下，灵敏度受到外延生长层厚度的限制。基于提高晶体管速度性能的需要，n 型外延生长层不能太厚，所以不能提高灵敏度。但是，由于 p 型衬底中产生的慢的光生载流子成分被切断，使得光生载流子的扩散时常数的影响变小，所以能够提高响应速度。

2) 高灵敏度型光敏二极管

这种类型的光敏二极管，利用形成双极晶体管集电区的 n 型外延生长层和 p 型衬底间所构成的 pn 结。这种类型的器件，即使在使用长波长的红外光源(峰值发光波长～950nm)的情况下，也能够获得高灵敏度。但是，由于 p 型衬底深处产生的光生载流子的贡献大，所以不利于高速响应。最近，通过利用高电阻率材料作为 p 型衬底，开发出了能够兼顾灵敏度与响应特性的器件。

表 4.2 列举出上述两种类型的光敏二极管的灵敏度和响应速度例，图 4.28 示出分光灵敏度例。

3) 光拾波器用光敏二极管

光拾波设备中，使用表 4.3 中所示的 2 等份光敏二极管。照射到光盘上并被记录面反射的光，通过光学系统入射到 2 等份光敏二极管的分割中心。在入射光完全入射到分割部中心的情况下，从被 2 等份的左右光敏二极管输出相同的电流

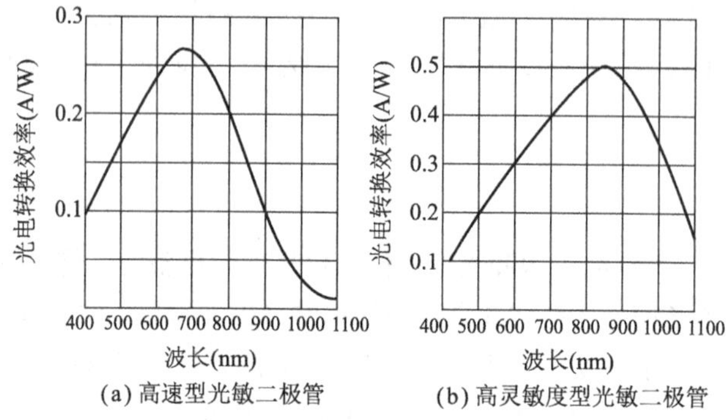

(a) 高速型光敏二极管　　(b) 高灵敏度型光敏二极管

图 4.28　OPIC 中光敏二极管的分光灵敏度例

值。但是，当入射光向某个方向偏离时，输出值就会出现差别。根据这个差值，就能够判断出拾波器与光盘的位置关系。

CD-ROM 中使用波长为 780nm 的激光。不过为了降低光生载流子的扩散时常数，在分割部位附近形成 n 型埋入层，这样就能大幅度地提高响应速度，有利于实现高速重放。

如果使用高电阻率衬底，或者 p 型衬底上加 p^+ 层再加高电阻率外延生长层的结构，可进一步提高拾波器的速度。

表 4.2　OPIC 中光敏二极管的特性例

			高速型	高灵敏度型
光电转换效率		λ=950nm	0.05A/W	0.40A/W
		λ=720nm	0.25A/W	0.40A/W
响　应　速　度			0.04μs	4μs
	测定条件	R_L	50 Ω	50 Ω
		λ	720nm	720nm

4.5　受光器件的应用例

受光器件与发光器件通常结合为一体使用。在考虑光器件的应用之前，首先应该充分理解它们的基本特性。

4.5.1　光敏二极管

1. 基本放大电路

前面的图 4.24(a)曾示出一例基本的放大电路。图 4.29 示出简单的利用负反馈的基本放大电路。图 4.29(a)的电路的输出可由下式表示：

$$V_O = R_f(I_P + I_C/h_{FE}) + V_{BE}$$

式中，$V_{BE} \approx 0.65V$。

给图 4.29(a)的电路追加射极跟随器，就成为能够提高输出功率的电路，即图 4.29(b)。如图 4.29(c)电路所示，如果在晶体管的基极-发射极间追加一个电阻 R_{BE}，就能够调整输出的直流电平。它的输出电压 V_O 为

$$V_O = R_f(I_P + I_C/h_{FE}) + (R_f/R_{BE} + 1)V_{BE}$$

由于这些电路的增益依赖于 1 个晶体管的 h_{FE}（大约几百），输入偏置电流（I_C/h_{FE}）也大，其值具有分散性，因此不能期待输出的直流电平有多么稳定。在要求良好的特性的情况下，应该使用后面将要介绍的 OP 放大器。

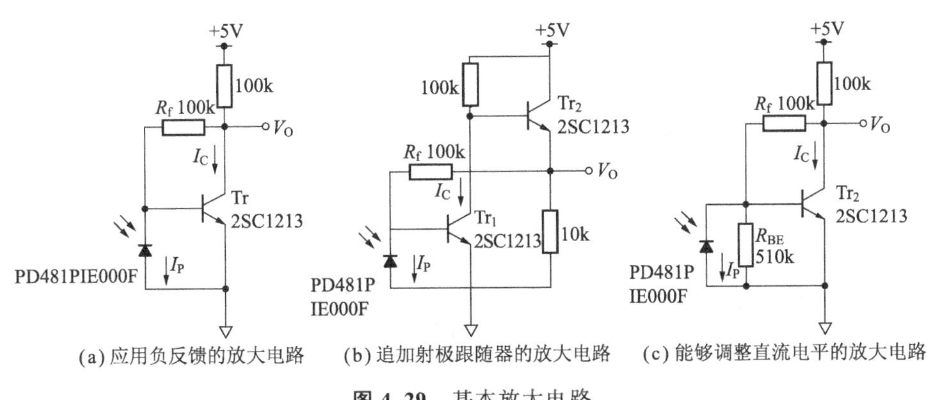

(a) 应用负反馈的放大电路　(b) 追加射极跟随器的放大电路　(c) 能够调整直流电平的放大电路

图 4.29　基本放大电路

另外，这个电路的光敏二极管的阳极电压不管是否有光照，其 V_{BE} 基本上是一定的。因此，可以期待它具有低的输入阻抗和高速的响应特性。

2. 使用 OP 放大器的放大电路

图 4.30 示出使用 OP 放大器的线性放大电路。

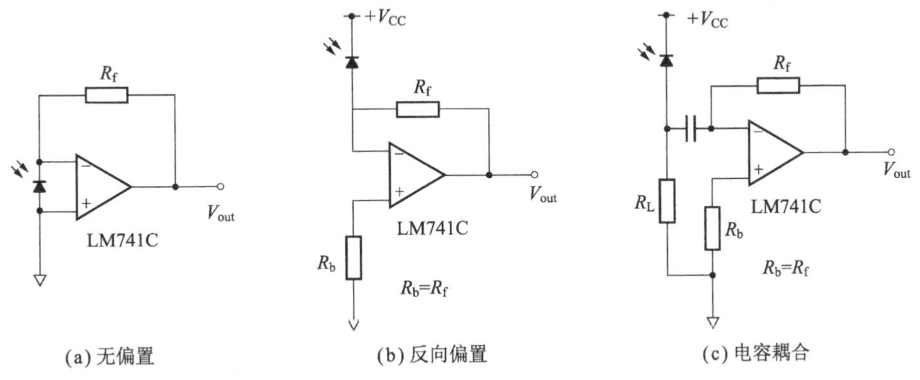

(a) 无偏置　(b) 反向偏置　(c) 电容耦合

图 4.30　使用 OP 放大器的放大电路(1)

表 4.3 光拾波器用 OPIC

用　途	4 倍速写入 CD-R/RW 用 OPIC	32 倍速以上 CD-ROM 用 OPIC 4～6 倍速 DVD-ROM 用 OPIC	16 倍速以上 DVD-ROM 用 OPIC DVD-R/RW 用 OPIC 12 倍速以上写入 CD-R/RW 用 OPIC
结　构	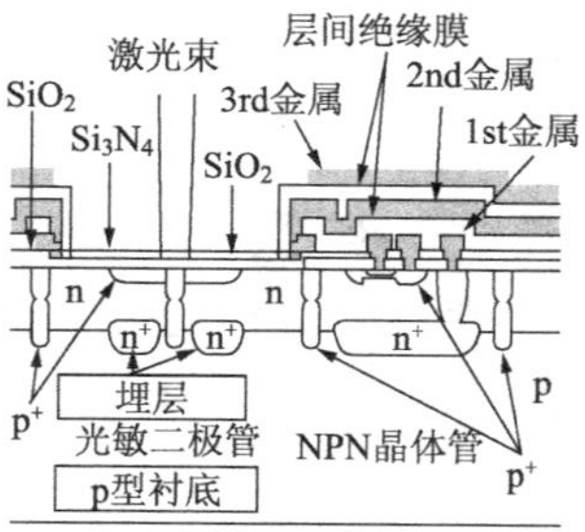 激光束、层间绝缘膜、SiO_2、3rd金属、2nd金属、Si_3N_4、1st金属、SiO_2、n、n、n^+、n^+、n^+、p、p^+、埋层、光敏二极管、NPN晶体管、p^+、p型衬底	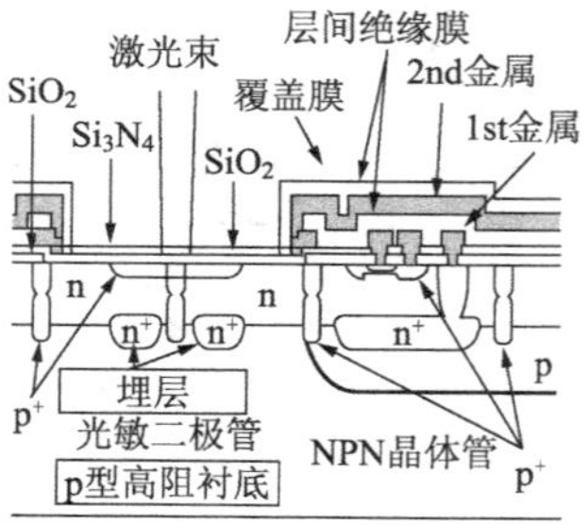 激光束、层间绝缘膜、SiO_2、覆盖膜、2nd金属、Si_3N_4、1st金属、SiO_2、n、n、n^+、n^+、n^+、p、p^+、埋层、光敏二极管、NPN晶体管、p^+、p型高阻衬底	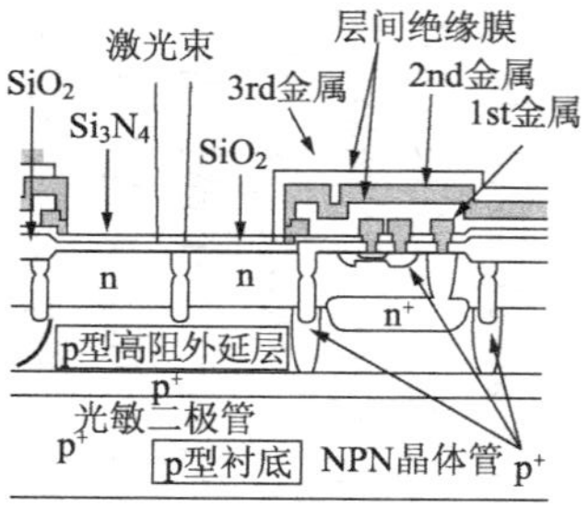 激光束、层间绝缘膜、SiO_2、3rd金属、2nd金属、Si_3N_4、1st金属、SiO_2、n、n、n^+、p型高阻外延层、p^+、光敏二极管、p^+、p型衬底、NPN晶体管、p^+
PDf_C　(λ=780nm) (−3dB)　(λ=650nm) (V_R=1.4V,R_L=380Ω)	30MHz	50MHz 100MHz	200MHz 350MHz
PD 灵敏度　(λ=780nm) (λ=650nm)	0.49A/W 0.45A/W	0.49A/W 0.45A/W	0.40A/W 0.40A/W

图 4.30(a)的电路中,使用时没有给光敏二极管加偏压,因而没有暗电流的影响,以至于在微弱的照度下,都能够保持照度与输出的比例关系。

图 4.30(b)的电路中,光敏二极管加有反偏压。由于减小了结电容,所以速度高。但是,高温时暗电流会增加,所以在光电流小的场合不可忽视。

图 4.30(c)的电路是为了除去图 4.30(b)电路中暗电流的影响,采用电容耦合的交流放大电流例。它不能对直流成分进行放大。

下面说明使用 OP 放大器电路时的注意事项。一般来说,光敏二极管的光电流 I_P 比较小,1μA 以下的情况并不少见。因此,反馈电阻也大,往往使用 1MΩ量级的电阻。在这种场合,OP 放大器输入偏置电流的影响就不可忽视。

因此,在光电流小的情况下,可以用输入偏置电流小的 FET 输入型 OP 放大器替代双极型 OP 放大器。FET 输入型 OP 放大器有 MOSFET 输入(CA3130 等)和 J-FET 输入(TL061,TL084 等)。不过 J-FET 输入型 OP 放大器在高温时输入偏置电流的增加很严重,使用时应该注意这个问题。

在入射光照度范围非常宽的场合,在图 4.30(a)、(b)的电路中,如果不与入射光通量相对应地切换反馈电阻 R_f,那么输出将会出现饱和。在这种(照相机的曝光计等)应用中,作为不切换阻值范围又能覆盖大范围照度的方法之一,就是利用二极管的电流-电压特性,将光电流经对数变换后输出电压。图 4.31 示出的 OP 放大器的放大电路就是一个使用对数二极管的例子。

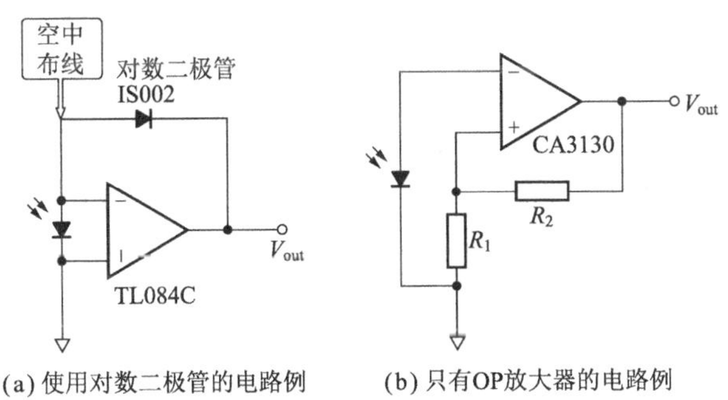

(a) 使用对数二极管的电路例　　(b) 只有OP放大器的电路例

图 4.31 使用 OP 放大器的放大电路(2)

还需要指出在读取微弱光时的注意之点。在上述照相机曝光计之类的应用中,有时光敏二极管的光电流值甚至微弱到 pA(10^{-12}A)数量级。在这种情况下,流过基板材料上布线的漏电流就成为不可忽视的问题。因此,应该采用空中布线的方法。图 4.31(a)的电路中,光敏二极管阳极到 OP 放大器的输入部分,还有向对数二极管的阳极的布线,希望都采用空中布线的方法。

3. 调制光检出电路

使用受光器件时,太阳光或荧光灯之类的外部干扰光的影响往往是不可忽视的。这种情况下,为了传输信号,经常采用正弦波和脉冲调制的调制光。调制频率应该比外部干扰光的频率高。这种情况下，受光电路采用交流放大电路，设定频带，就能够放大调制光而切断外部干扰光。

图4.32(a)示出采用频率为38kHz、占空比为1/2脉冲驱动，检出GaAs红外发光二极管的光的电路。这个电路使用在红外线遥控器的初级放大电路中。

检出电路是电容耦合的交流放大电路。由于信号电流很微弱，所以使用FET。另外电源线上追加了R_1和C_1，以防止光敏二极管反向电压下噪声的侵入。

光学方面，在光敏二极管前面设置有可见光滤光片，以防止可见光范围的外部干扰光的入射。

图4.32(b)是利用OP放大器的调制光检出电路。这个电路与400Hz脉冲驱动GaAs红外发光二极管成对使用，用于检测发光-受光器件之间有无物体。

这个电路抑制直流光的增益，而提高对调制光的增益。就是说，对于光信号的直流成分的反馈电阻是100kΩ+10kΩ，而对于调制成分的反馈电阻是3MΩ。因此，对于约10μA的直流成分，不会造成输出饱和，而对于调制光取高增益。

另外，OP放大器的输入偏置电流也是直流成分，这个电路中即使偏置电流达到1μA也不碍事。因此，可以使用双极OP放大器。

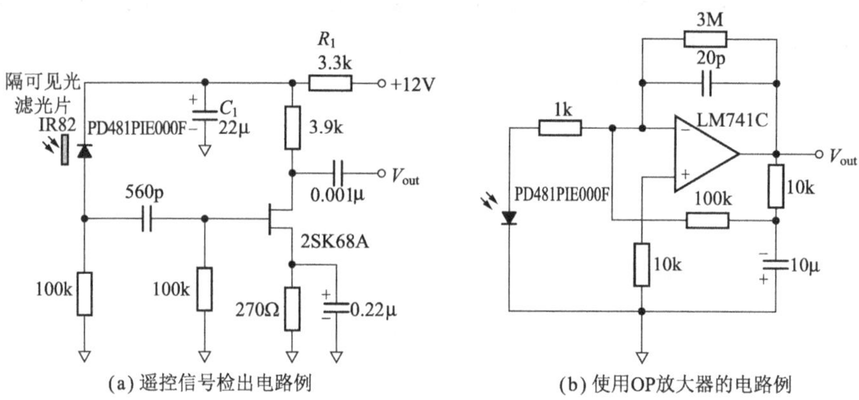

图4.32　调制光检出电路

4.5.2　光敏三极管

1. 基本电路

前面的图4.25就是一个光敏三极管的基本电路。这个基本电路中，当入射光弱时，需要增大负载电阻R_L。其结果，由于光敏三极管暗电流I_{CEO}的影响，导致S/N变坏。所以，这里设有除去暗电流I_{CEO}影响的电路。

图4.33示出另一个基本电路。图4.33(a)的电路中，使用附有基极端的光敏三极管，通过电阻R_{BE}旁路I_{CEO}，使暗电流I_{CEO}减少。与前面光敏二极管部分的“基本放大电路(2)”的说明相同，为了防止光敏三极管灵敏度的下降，一般来说，R_{BE}使

用阻值大于 1MΩ的电阻。

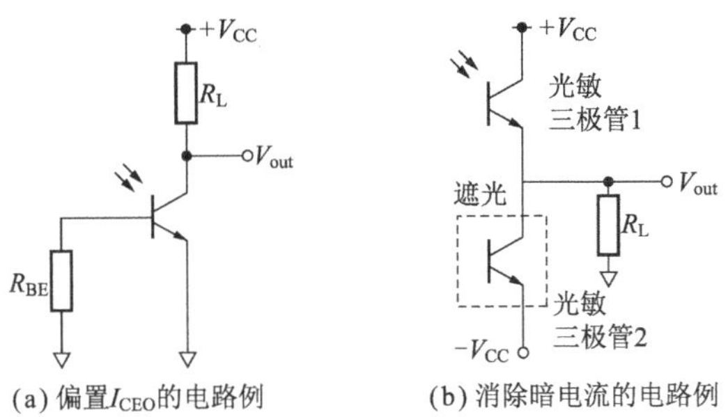

(a) 偏置I_{CEO}的电路例　(b) 消除暗电流的电路例

图 4.33　基本电路[2]

图 4.33(b)的电路使用了 2 个光敏三极管，是防止暗电流对输出造成影响的电路。光敏三极管 2 是遮光使用。当两个光敏三极管的特性匹配时，与光敏三极管 1 的暗电流相等的电流，作为光敏三极管 2 的暗电流在流动。因此，输出端就没有暗电流的影响。这个电路的要点是必须使用特性一致的光敏三极管。

2. 基本放大电路

图 4.34 示出使用 1 个晶体管的最基本的放大电路。图 4.34(a)的电路中，有入射光照时，输出由“High”电平变向“Low”电平。图 4.34(b)的电路是图 4.34(a)的反转型，有入射光照时，输出是由“Low”电平变向“High”电平。

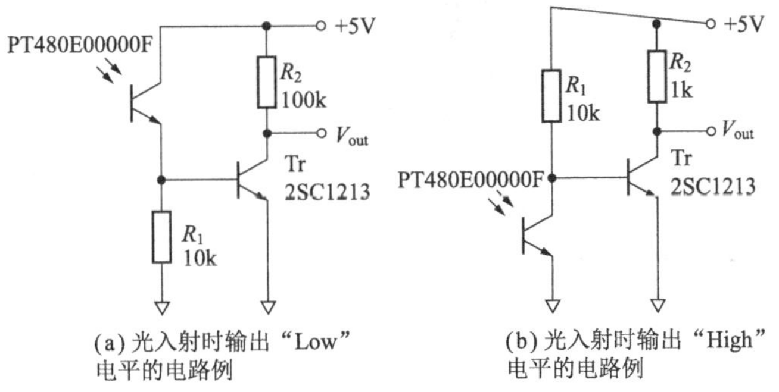

(a) 光入射时输出“Low”电平的电路例　(b) 光入射时输出“High”电平的电路例

图 4.34　基本放大电路(1)

电路中 R_1 的值，在考虑到照度、环境温度、响应速度等因素的情况下，必须设定在由下式确定的范围内：

$$R_1 < V_{BE}/I_{CEO},\quad R_1 > V_{BE}/I_C$$

式中，I_{CEO}为光敏三极管的暗电流；I_C为光电流。

如果在这两个电路的晶体管基极-发射极之间都接入电容器，就可以防止噪声。

图 4.35 示出另一个基本的放大电路，它通过追加一个晶体管串级连接，改善

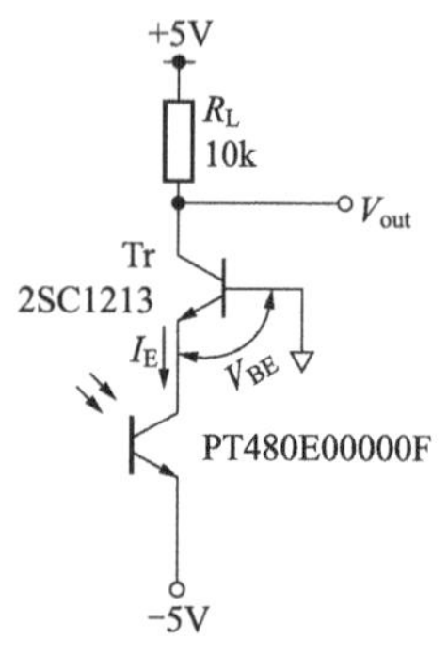

图 4.35　基本放大电路(2)

电路的响应特性。该电路中，光敏三极管的负载电阻 R_L 为

$$R_L = \delta V_{BE} / \delta I_E = kT / qI_E$$

因此，不论晶体管负载电阻 R_L 的值是多少，光敏三极管的负载电阻都小，从而改善了响应特性。

4.5.3　OPIC

1. OPIC 的结构与特点

为了将光敏二极管或光敏三极管的输出加到微机的输入端，需要给这些受光器件附加放大电路、整形电路等信号处理电路。这样就会使设计变得繁杂，也难免增加实装面积。在微机搭载设备延伸的同时，还要求受光器件能够直接与微机连接。基于这种要求，相应开发出了将光敏二极管与信号处理电路集成起来的 OPIC(Optical IC 的简写)受光器件。

照片 4.2 示出一例 OPIC 芯片。中央下部的正方形是光敏二极管，其他地方构成信号处理电路。图 4.36 示出照片 4.2 中 OPIC 芯片的框图。内藏有光敏二极管、放大器、整形电路，以及稳压电路等。

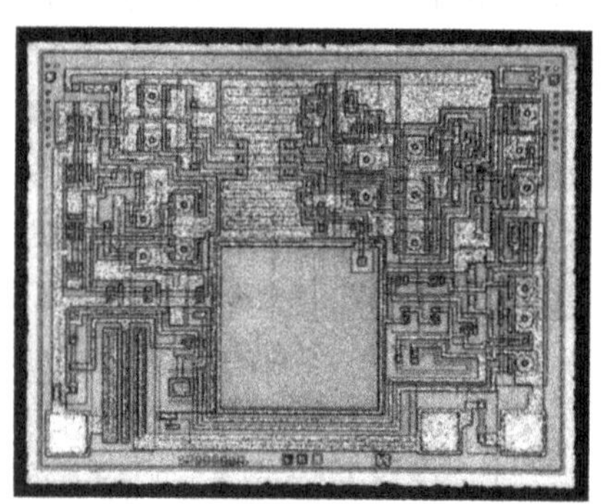

照片 4.2　OPIC 芯片(IS486E)

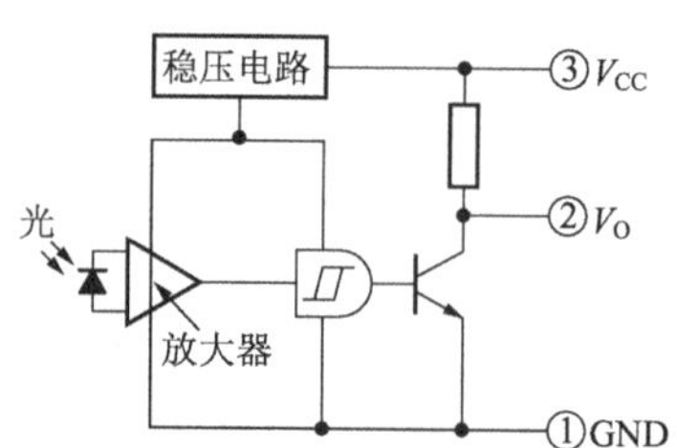

图 4.36　OPIC 的框图(IS486E)

以能够直接连接微机为特点所开发的 OPIC，后来还延伸到光耦合器、光断续器等光电器件。近年来，在个人计算机及周边设备、便携式电话等便携式设备迅速发展的同时，光遥控器、IrDA 特性器件、光纤环，以及光盘驱动的拾波器用受光器件与 OPIC 正在向新的领域拓展。在用途不断拓展的同时，还在不断提高和改进光敏二极管、光敏三极管的性能，使得能够满足各种应用所需要的功能。在光拾波器方面，正在开发的全息图激光器，它能将激光器芯片、OPIC 芯片以及光学部件全息玻璃一体化。

OPIC 的特点可以归纳如下：

(1) 电路设计容易。过去使用光电器件时，不仅要进行放大电路等电路设计，还需要在光灵敏度、温度补偿等方面进行设计，需要有丰富的经验和技术技巧。但是采用 OPIC 光电器件，可以使这些设计业务大幅度简化。

(2) 能够直接连接微机。如果使用内藏信号处理电路的 OPIC，如图 4.37 所示，就能够直接输出到微机，还能够直接用微机驱动光电器件。

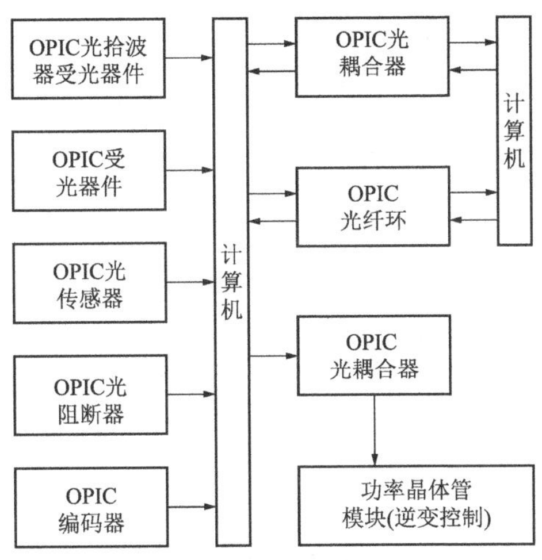

图 4.37 OPIC 光电器件的使用例

(3) 不易受电磁噪声、电源线等噪声的影响。通过采用 OPIC 芯片，可以大大缩短容易受电磁噪声入侵的光敏二极管和放大电路的布线长度。另外，通过采用的对称电路方式的信号处理电路，能够防止电源线・噪声引起的误动作。提高抗噪声能力，对于高速器件来说特别重要。

(4) 实现性能的高速化、高灵敏度化和低电压化。OPIC 从大电流放大器、波形整形开始，在应用领域不断拓展的同时，实现了高功能化、高性能化。今后还会按照不同用途，内藏所选择的功能，进一步提高性能。

OPIC 的性能包括高速性能、高灵敏度性能、低电压化、低消耗电流化、高输出驱动能力等。

2. 光对电子器件特性的影响及其措施

OPIC 中，1 个芯片上的光敏二极管与电子器件是相邻的。因此，照射到光敏二极管上的部分光会照射到电子器件上，对它的性能带来影响。

图 4.38、图 4.39 示出了 OPIC 中的基本电子器件 npn 晶体管和 pnp 晶体管的结构，以及考虑到光的影响后的等效电路。

图 4.38 中，寄生的光敏二极管 PD_1 是 n 型外延生长层与 p 型扩散层(基区)之间的 pn 结，PD_2 是 p 型扩散层与 n^+ 扩散层(发射区)之间的 pn 结。n 型外延生长层与 p 型衬底间的 pn 结构成了 PD_3。

PD_1 和 PD_2 中产生的光电流成为晶体管的基极电流，经放大后成为集电极电流。而 PD_3 产生的光电流从晶体管的集电极端子流向GND电位。这些起因于光电流的电流对于电路的工作有时会带来影响。图4.39中的pnp晶体管中也会产生同样的现象。因此,OPIC中采取了以下必要的措施。

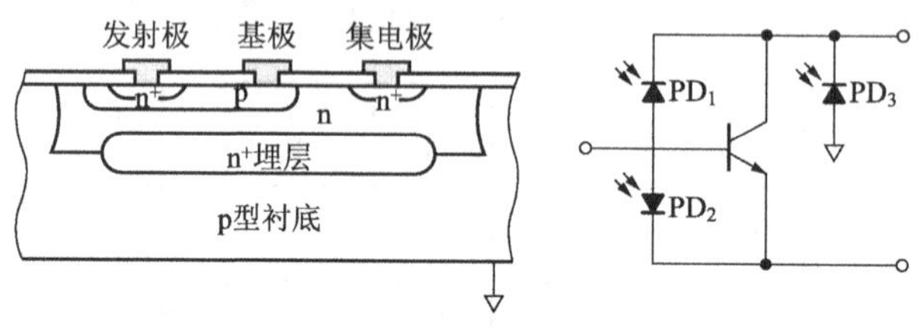

图4.38 npn晶体管

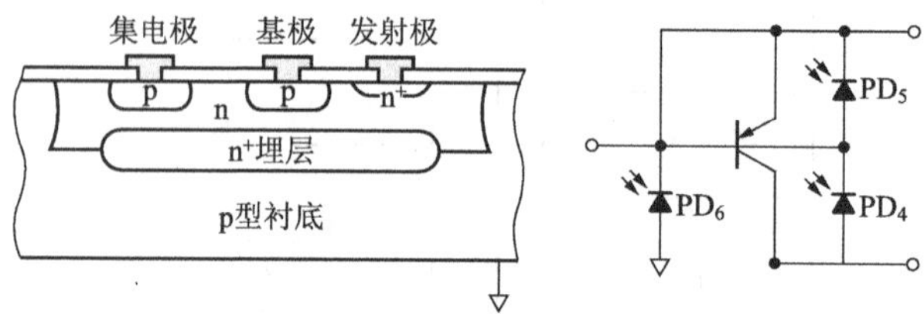

图4.39 pnp晶体管

1) 芯片版图及制造工艺方面的措施

采用2层布线工艺对电子器件遮光。可参看图4.40的剖面结构。但是,即使采取了这种措施,从芯片侧面侵入的光的一部分仍然会到达电子器件。作为OPIC的光源大多使用GaAs红外发光二极管,当这种光(峰值波长约950nm)照射到芯片的侧面时,距侧面0.1mm的芯片内光的强度(P)可由下式给出:

$$P=P_0e^{-\alpha x}=0.018\times P_0$$

式中,P_0 为芯片侧面上光的强度;α 为光的吸收系数(400cm^{-1});x 为距芯片侧面的距离。

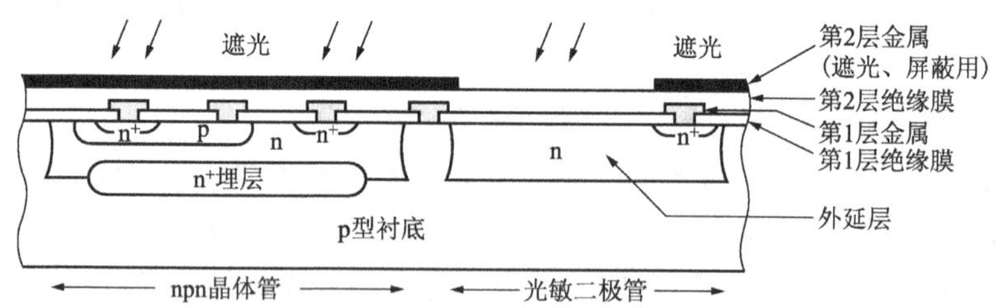

图4.40 OPIC芯片结构的剖面图例

残存的光通量很微弱。但是当这部分的电子器件工作在微小电流下的时候,光电流就变得不可忽略。所以工作在微小电流下的电路,应该配置在芯片的中央部分。

2）电路上采取的措施

光敏二极管的分光灵敏度特性，随着该 pn 结距离芯片表面的深度而变化。图 4.38、图 4.39 示出的寄生光敏二极管中，对于峰值波长在 950nm 附近的 GaAs 红外发光二极管来说，灵敏度最高的是由深结构成的 PD_3 和 PD_6。如果对两者进行比较，PD_3 的光电流没有被 npn 晶体管所放大，而 PD_6 的光电流被 pnp 晶体管放大。

图 4.41 示出使用 pnp 晶体管的电流反射镜电路中针对光电流的措施。图(a)的电路中，光电流被放大 h_{FE} 倍后输出；而图(b)的电路中，由于光电流被电阻 R 旁路，因而能够减小出现在输出电流中的光电流的影响。

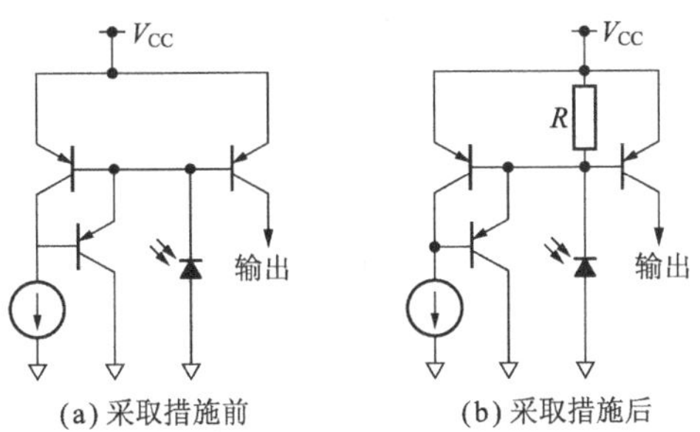

图 4.41 电路上的遮光措施（电流反射镜电路）

3. 提高抗噪声的能力

随着微机性能的不断提高，对于光电器件的灵敏度和速度也提高了要求。但是，在这些性能提高的同时，也意味着更容易受到噪声（电磁噪声，电源线・噪声）的影响。因此，为了使光电器件的性能真正得到提高，改善抗噪声的能力是不可或缺的。

OPIC 中，由于流过的信号电流很微弱，因而容易受噪声影响的光敏二极管与放大器之间的布线比由分立器件构成的电路短。所以 OPIC 基本上是一种具有良好抗噪声能力的器件。为了进一步提高性能，还应采用以下办法。

1）利用双层金属对电子电路进行屏蔽

通过将前面所述遮光用的双层金属的电位降落到 GND，能够防止电磁噪声进入电子器件。另外，在光耦合器用 OPIC 中，当初级一侧（发光二极管一侧）与次级一侧（OPIC 一侧）之间加高电压（几百伏）时，由于积存在 OPIC 芯片表面上的电荷，在扩散层会产生反型沟道，从而导致发生误动作。而光耦合器中的这个双层金属能够起到阻止这种特有现象发生的效果，所以光耦合器用 OPIC 芯片都采用了双层金属。

2）基于扩散层的光敏二极管的屏蔽

光敏二极管中光入射的部位是不能用双层金属覆盖的。因此，如图 4.42 所示，高灵敏度型的光敏二极管中，在光敏二极管的表面制作一层 p 型扩散层（基区),它的电位取衬底电位,从而起到防止电磁噪声的作用。同样,高速型的光敏二极管中,也在表面制作一层 n 型扩散层(扩散发射区),把它的电位取为光敏二极管的偏置电位,也能够防止电磁噪声。但是,采用这种方法时由于增加了光敏二极管的结电容量,所以响应速度降低了。

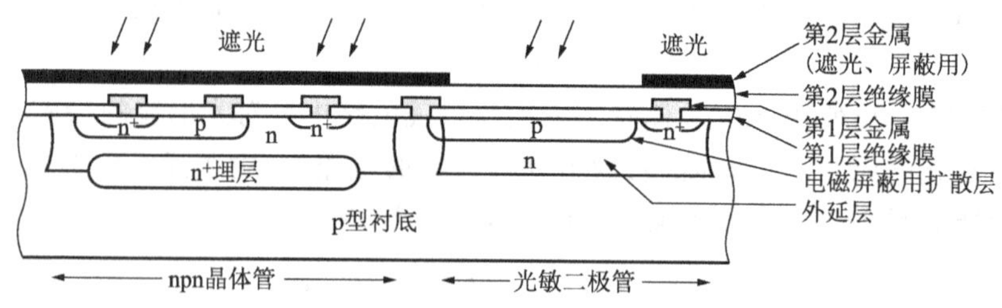

图 4.42　光敏二极管的屏蔽结构

3) 采用对称电路

将光敏二极管与放大电路的结构作成对称的,是提高抗噪声能力的一种方法。图 4.43 示出使用高速型光敏二极管场合的电路与结构。

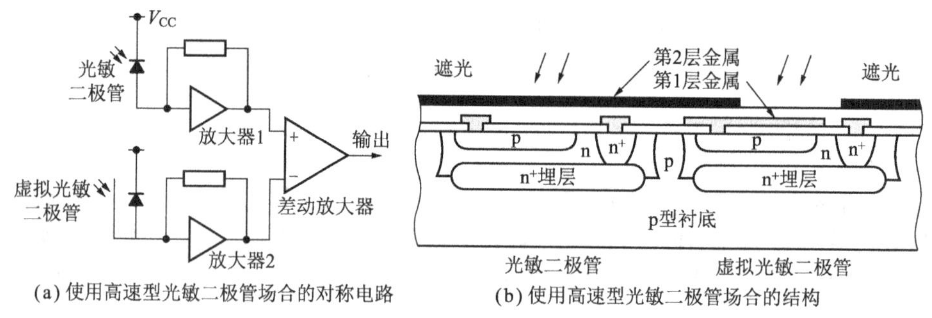

(a) 使用高速型光敏二极管场合的对称电路　　(b) 使用高速型光敏二极管场合的结构

图 4.43　对称电路及结构

电源线的高频噪声,主要是通过光敏二极管的结电容而侵入放大器的。电磁噪声通过光敏二极管的 p 型扩散层(基区)侵入放大器 1,通过虚拟(dummy)的光敏二极管上的金属而侵入放大器 2。如果将光敏二极管与虚拟光敏二极管的结构和尺寸设计成完全相同的,那么侵入放大器 1 和放大器 2 的噪声就相等。这些噪声被结构完全相同的放大器 1 和放大器 2 等量放大,作为振幅、相位都相同的噪声(共模噪声)输入到后级的差动放大器的±输入端。这个噪声在放大±输入端之间差电压的差动放大器中被抵消,因而不会出现在输出端。

照片 4.3 所示的 OPIC 芯片是光耦合器用的,它采用了双层金属屏蔽和对称电路。但是由于要求具有高速响应(传输延迟时间 40ns),所以不能采用扩散层屏蔽的方法。取而代之的是通过将光敏二极管与虚拟光敏二极管各自 2 等份,形成田字形配置,从光耦合器的初级一侧介入初级-次级间的微小浮游电容,使侵入次级一侧(OPIC 一侧)的电磁噪声均匀地进入光敏二极管和虚拟光敏二极管,从而实现了高 CMR(共模噪声抑制)。

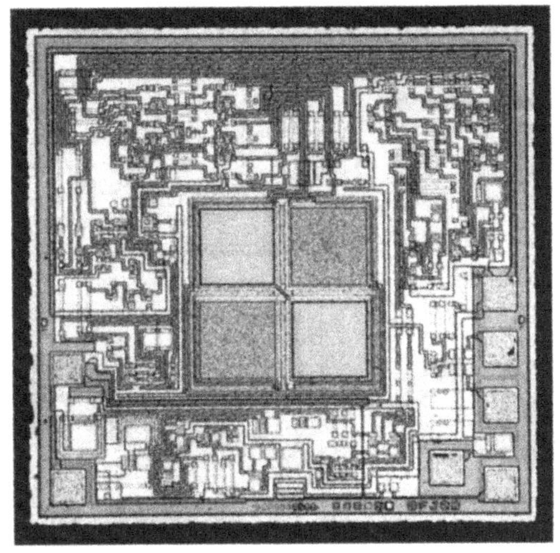

照片 4.3 OPIC 芯片

4. 不同用途 OPIC 的内部电路框图

图 4.44(a)~(c)示出不同用途 OPIC 的内部电路框图。

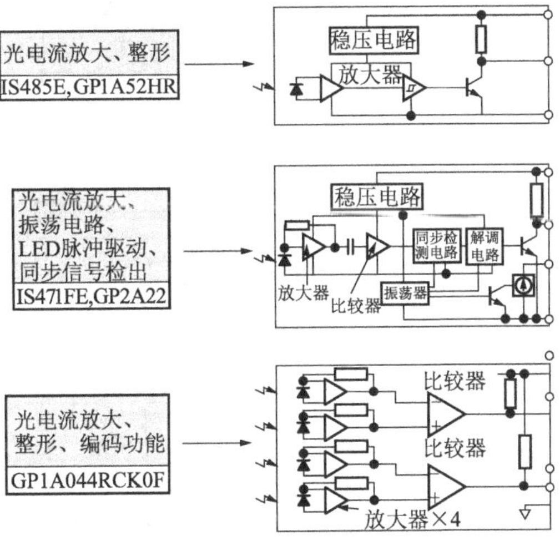

(a) OPIC受光器件, OPIC断续器

图 4.44

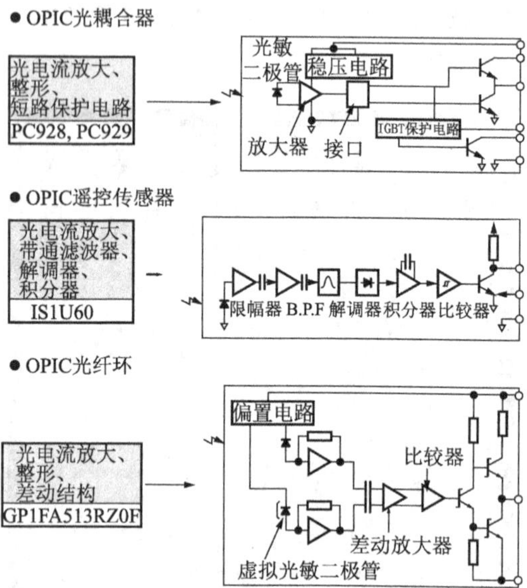

(b) OPIC光耦合器/ OPIC遥控/传感器/OPIC光纤环

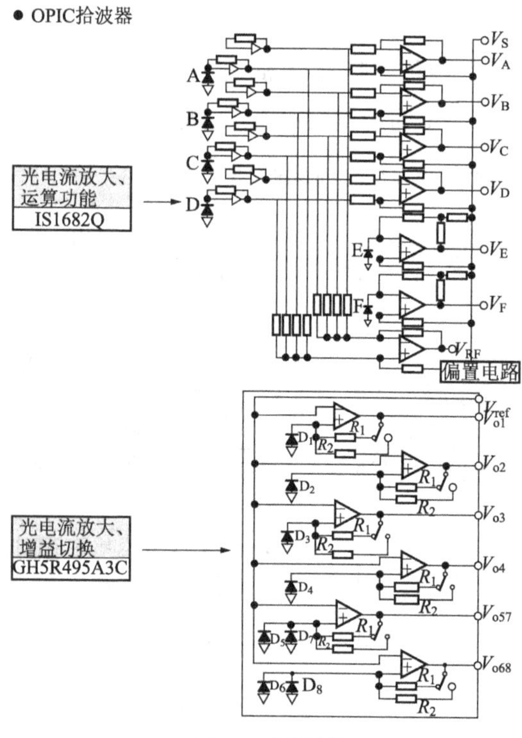

(c) OPIC光拾波器

续图 4.44

1) 受光器件、光断续器、光耦合器

从光电流放大器、整形电路开始，又出现了内藏有振荡器、LED 驱动电路、周期检测电路的光调制型光断续器，以及将光敏二极管多等份、使之具有编码功能的光断续器。36LPI(线/英寸)是最初的编码光断续器，现在的分辨率是 180LPI，进一步迈向 360LPI。

最初，光耦合器的传送速度只有 300kbps，而现在 25Mbps 的产品已经商品化，而且速度还在继续提高。能够直接驱动功率晶体管和 IGBT 的输出电流驱动能力强的光耦合器，以及有内藏振荡电路和脉冲计数功能的、具有延迟响应功能的光耦合器等产品也在开发中。

2) 光遥控器、IrDA 通信器件、光纤环

内藏带通滤光片的光遥控器的传送速度是 1～2kbps。而在 IrDA 通信器件中是 115kbps，现在正在进入高速化的 16Mbps。

光纤环中，数字音响用器件的主流是倍速的 13.2Mbps。近年来，不仅在声音传送中应用，而且也应用在图像传送产品中，特别是 IEEE1394 中的速度已经达到 400Mbps。

3) 光盘驱动中拾波器用受光器件

光盘驱动中拾波器用受光器件中，基本结构是内藏等份了的光敏二极管以及相对应的放大器。音乐用 CD 中是在 2 倍速下能放大约 1.4MHz 信号频率的放大器，而在 CD-ROM 中已经能够在 40～52 倍速重放时放大约 36MHz 的信号频率。在 DVD-ROM 中，对于激光波长从 780nm 到 650nm 的短波长 16 倍速重放时，能够放大约 72MHz 的信号频率。而且，与波长更短的 400～410nm 蓝光激光器相对应的光盘驱动已在开发中，Blu-ray 和 HD-DVD 两种规格已经进入商品化。

这些光拾波器用 OPIC 受光器件中，在提高光放大器频带的同时，重要的是确保 S/N。为了减小外来干扰光的影响，内藏有 RF 信号的加法运算放大器功能。或者将它的输出作成(+)、(−)的非反转输出和反转输出两种，利用差动放大器，作为共模噪声来降低。

光盘驱动中，要求能够同时实现以 CD-R/RW 为代表的记录/重放功能。要求在大光通量下的记录/消除与普通光通量(小光通量)下的重放能够各自实现高速性能。

从记录切换到重放时的响应也很重要。正在开发具有按照记录/重放的状态切换多个放大器的增益的功能；以及与此相反可以根据记录/消去时的信号，对于某电平以上的光通量，通过给复位电路加定位以防止光敏二极管发生饱和的功能。

无疑，记录/重放中激光器的短波长化问题，对于重放用设备也是同样的。

5. 典型的 OPIC 受光器件的使用例

1) 数字输出型

内藏有光敏二极管和稳压电路、放大电路、施密特触发电路。通过将入射光通量与某确定电平进行比较，输出与入射光通量相对应的 High 或者 Low 电平。

作为一例,图 4.45 示出 IS486E 的内部连线图。内藏有光敏二极管、放大电路、施密特触发电路。通过外接可变电阻,能够调整入射光通量,使输出变化为 High/Low。

图 4.46 示出一例入射光通量调整型的内部连线图和使用电路图。

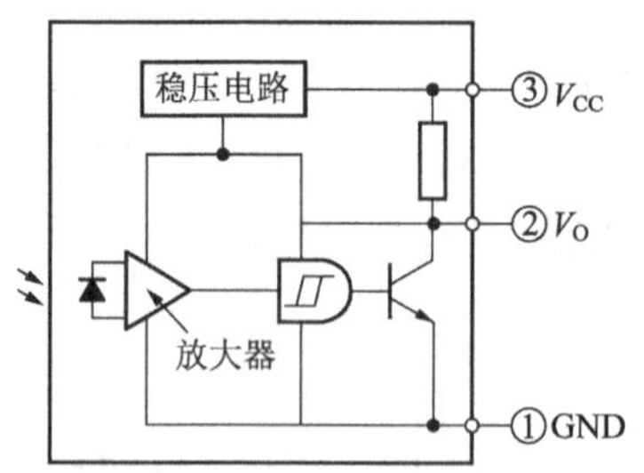

图 4.45　IS486E 的内部连线图

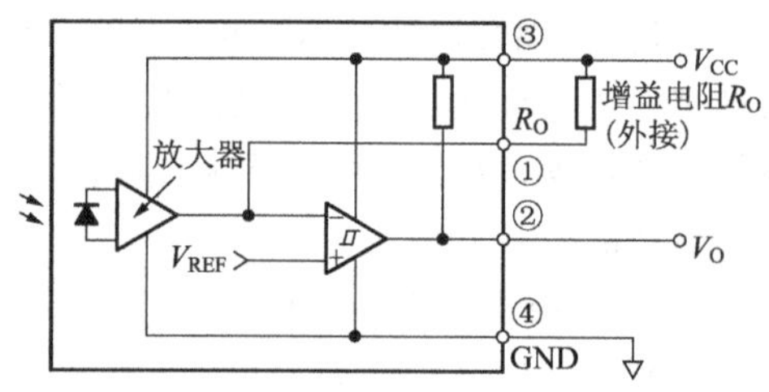

图 4.46　入射光通量调整型的内部连线图与使用电路图

2) 线性输出型

内藏有光敏二极管、稳压电路、放大电路,可以得到与入射光通量成比例的输出电流。

图 4.47 是一例内部连线图和使用电路图,通过外接电阻,能够调整输出电压电平。

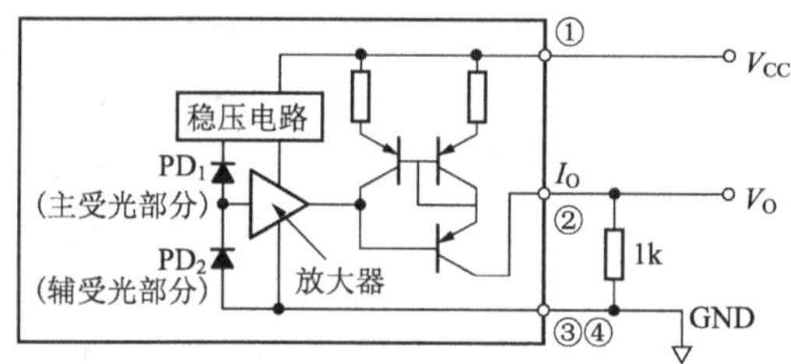

图 4.47　线性输出 OPIC 受光器件的内部连线图和使用电路图

3) 光调制型

内藏有光敏二极管、发光一侧的脉冲驱动电路,同步检测电路等,这种机型不容易受外部干扰光的影响。图 4.48 示出 IS471F 的内部连线图和使用电路图。

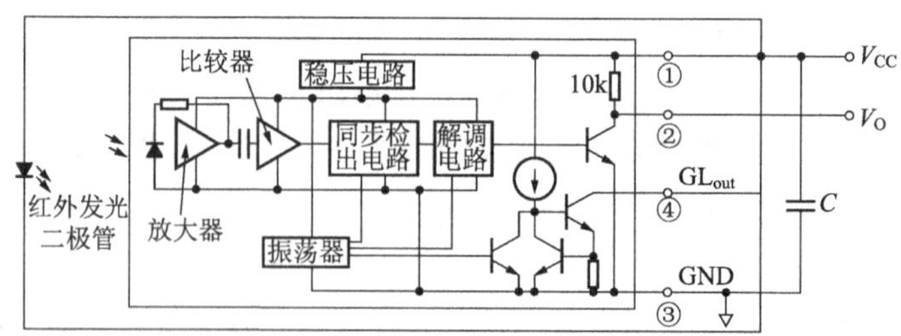

图 4.48　IS471FE 的内部连线图和使用电路图

4）在 CD 唱机中的应用

图 4.49(a)～(c)是将 6 等份的 PIN 光敏二极管用于 CD 唱机的例子。图(a)示出半导体激光束的光路，图(b)是拾波器部分的电路框图，图(c)示出束点在光盘表面与 PIN 光敏二极管受光面的对应情况。

由于光束照射到 6 等份的 A～F 区而得到的 PIN 光敏二极管的输出电压，被放大器放大并相加，就能够得到数据信号、焦距·误差信号、跟踪·误差信号等。

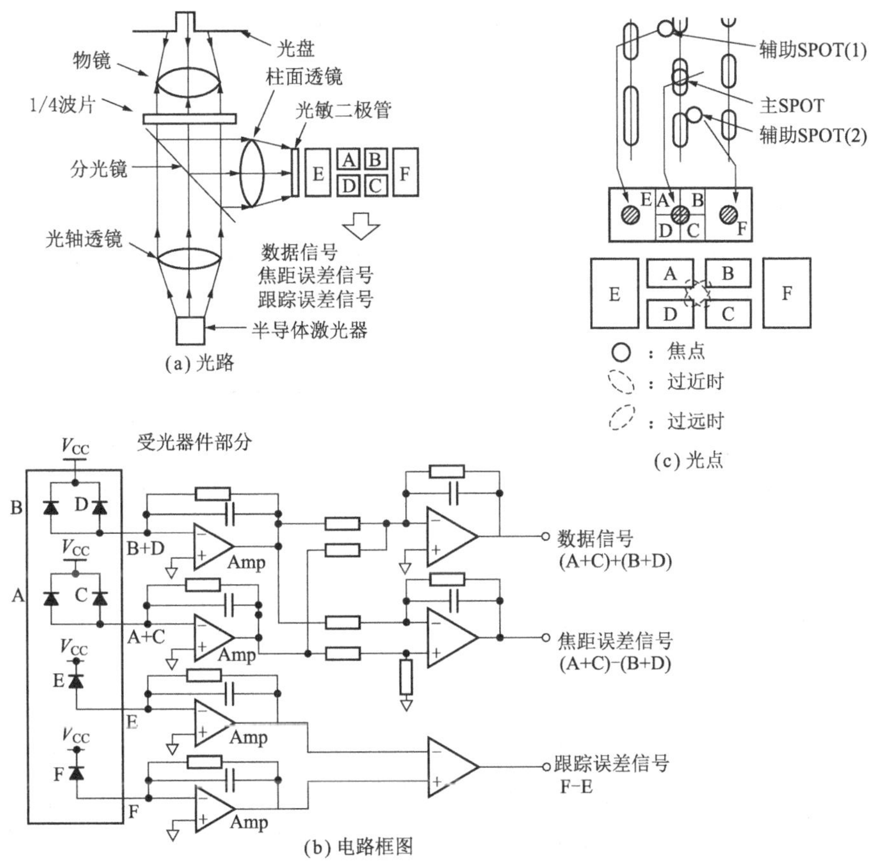

图 4.49　在 CD 唱机中的应用

5）在 DVD 唱机中的应用

最近，将双波长激光(780nm，650nm)组合使用已经成为 DVD 唱机用拾波器的标准。有等份成 10 个区的 PIN 光敏二极管的 OPIC 受光器件。CD 使用 3 束方式(PD_6 分割的)，DVD 用 1 束方式(PD_4 分割的)，利用开关进行切换。

图 4.50(a)示出过去用双激光器的磁盘结构的拾波器，图 4.50(b)示出双波长激光器结构的拾波器。

通过对这两个图的比较可以清楚地看出，双波长结构方式的光学部件少。就是说，它具有成本优势，因而双波长激光器结构已经成为拾波器的标准。

另外，在记录系统拾波器的结构中，也在开发高输出的双波长激光器（780nm，650nm）。与此相对应，在与 OPIC 受光器件（16 分割或者 20 分割的 PD）的组合中，双波长激光器结构有可能成为标准。

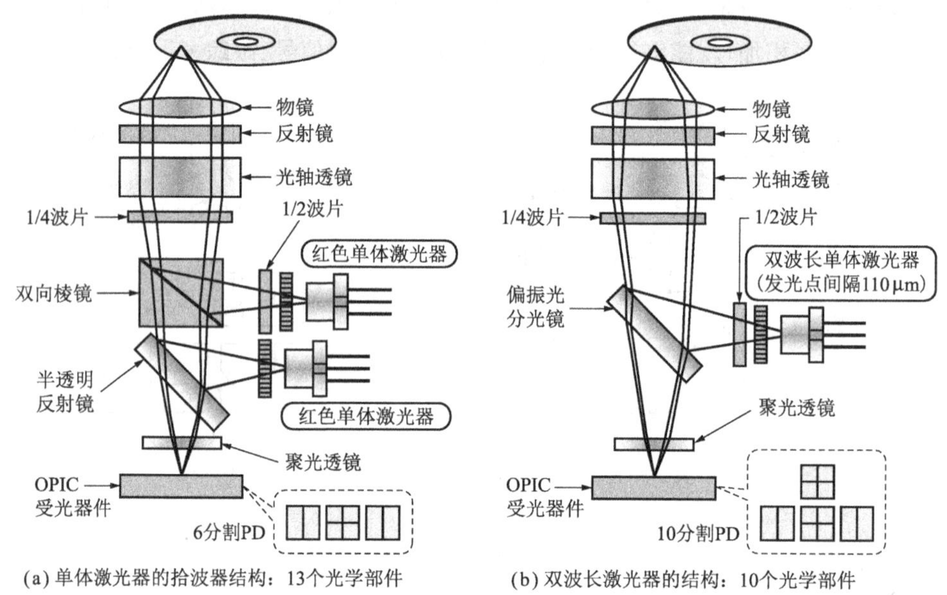

(a) 单体激光器的拾波器结构：13个光学部件　(b) 双波长激光器的结构：10个光学部件

图 4.50　DVD 唱机用拾波器中两种结构的比较

6. 使用 OPIC 时注意之点

1）附加旁路电容器

OPIC 受光器件，要对内藏的光敏二极管输出的几 nA 到几十μA 的微弱光电流进行放大。因此，内藏的放大电路具有高增益，这种情况下需要注意电源线噪声。OPIC 芯片中已经采取了多种措施，不过仅有这些还不充分。与使用通常的模拟集成电路相同，在尽量采用噪声小的电源的同时，在 OPIC 受光器件的电源端子与 GND 端子之间，应该加旁路电容器。

特别是在高速记录系统（CD-R，DVD±RW 等）光盘拾波器用 OPIC 受光器件中，将旁路电容器封装在管壳内部的 COB 型封装已经成为主流。

2）注意静电

OPIC 芯片是用双极 IC 工艺制造的。与通常的双极 IC 相同，在保管和使用时，为了防止器件被损坏，需要针对静电损坏采取措施。

第5章 红外传感器

5.1 热释电型红外传感器

人们肉眼可以看得见的光线叫做可见光。可见光的波长范围是380～750nm。可见光的波长从短到长，依次排列次序是紫光→蓝光→绿光→黄光→橙光→红光。波长比红光更长的光，叫做红外光，或者红外线、红外。红外线是人们无法用肉眼看得见的光线。

物体辐射出的红外线如图5.1所示，其波长随着温度的不同而不同。温度越高，辐射出的光的波长越短。根据这一点，可以利用红外传感器进行非接触式温度测量。

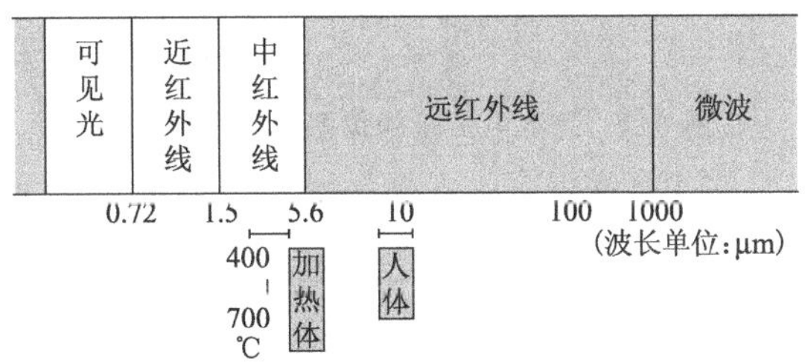

图5.1 不同温度下的红外线辐射波长

红外传感器的工作原理有以下两种：

(1)利用因由入射光能量激发的电子而产生的电导率变化或者电动势的量子型红外传感器，包括光敏二极管和光敏电阻等。

(2)利用基于黑体辐射的红外能量的吸收而产生的温度变化的加热型红外传感器，包括热释电型红外传感器和热电堆等。

其中，量子型红外传感器的灵敏度和响应速度都比较好。但是它的灵敏度和响应速度都会受光波波长的影响，而且有时还需要对传感器进行冷却。加热型红外传感器与量子型红外传感器正好相反，优点是不受波长的影响，而缺点是灵敏度低、响应速度慢。

红外传感器是一种应用特点非常鲜明的器件。利用热释电效应的红外传感器就是一个例子。所谓热释电效应，就是由于温度的变化而产生电荷的一种现象。近年来，热释电型红外传感器在家庭自动化、保安系统以及节能领域的需求大幅度增加。相信今后会有更多的需求。在厕所里，人们离开时的自动冲水系统就是红外传感器应用的一个例子。

5.1.1　热释电型红外传感器的工作原理

热释电型红外传感器在温度变化时会产生电荷，它是利用所谓的热释电效应的传感器。由于在温度不变化时不会产生信号，因此又被称为微分型红外传感器。

图5.2所示的热释电型红外传感器，需要预先施加高电压进行极化后方可使用。经过极化后的传感器表面积聚的正负电荷(这种现象叫做自发极化)，就会俘获空气中的游离离子，变为图5.3中①的状态。这时传感器的表面处于中和状态，其输出信号为零。

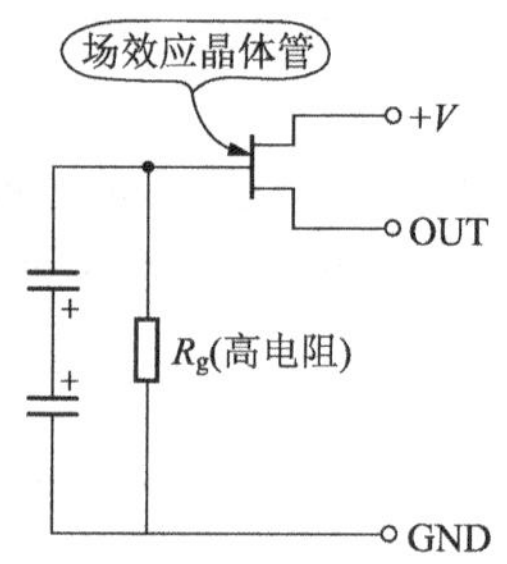

图5.2　热释电型红外传感器的内部电路

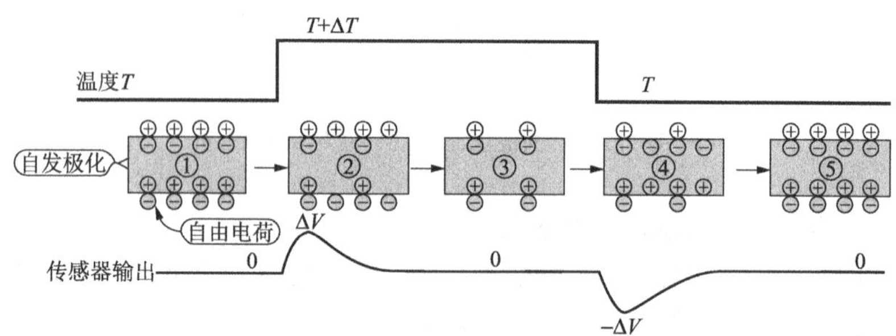

图5.3　热释电型红外传感器的输出

在红外线的照射下，如果热释电型红外传感器的温度上升了ΔT，那么如图5.3中②所示，传感器表面的极化程度就会发生与温度升高量ΔT相对应的变化。热释电型红外传感器由此而产生信号电压ΔV。但是，随着时间的延长，传感器表面会重新吸附空气中的离子并相互抵消，由此而达到图 5.3 中③所示的中和状态。

当温度下降时，其自发极化如图 5.3 中④所示，将会出现与上述相反的过程。于是传感器的信号就变成了$-\Delta V$。同样的道理，随着时间的延长，传感器的表面会重新吸附空气中的离子，使输出信号再次变为零。

最近，除了改进热释电型红外传感器用的材料($LiTaO_3$、PZT、$PbTiO_3$等)和结构之外，还为其配置了滤光片、菲涅耳透镜、多重反射镜等外围配件，使其能够实现更高信噪比的检测。

自然界中所有物体辐射的热能都与自身的温度成正比。物体的温度越高，其辐射热能的峰值波长就越短。温度为 36～37℃的人体辐射出来的热能是峰值为 9～10μm的红外线，因此可以用热释电型红外传感器检测人体的存在。

为了避免在检测人体存在的过程中受到太阳光和照明灯光等光线的影响，热释电型红外传感器需要附加滤光片。同时，用于人体的移动比较缓慢，因此还需要配置高效率、能够聚焦的菲涅耳透镜等。这些配件有时会全部组装在微型组件的内部。

决定传感器输出电压大小的是表 5.1 所列的电压灵敏度。电压灵敏度指的是传感器输出的电压(V)除以入射的红外线功率(W)所得到的数值。它的单位是 V/W。

电压灵敏度具有图 5.4 所示的频率特性，具有一定的黑体炉和间断的频率是测量电压灵敏度的必备条件。

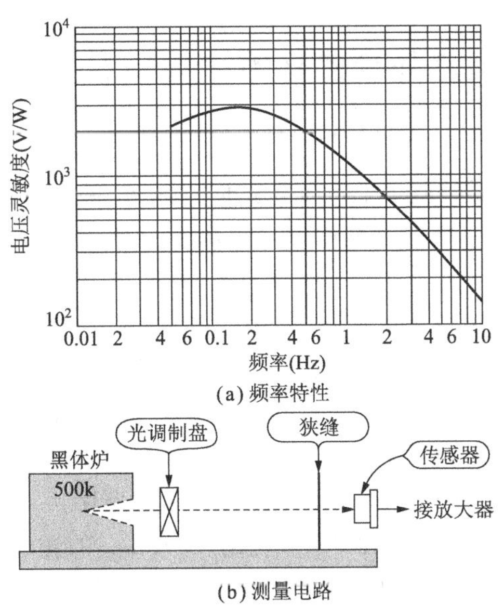

图 5.4 电压灵敏度的测量方法

表 5.1 热释电型红外传感器的技术指标

型号	受光面积 (mm^2)	电压灵敏度 (V/W)	响应波长 (μm)	电源电压 (V)	工作温度 (℃)	备注
IRA-E100SZ1 SV1 S1	2×1 （两只）	1150 1860 1470	7～14 1～20 1～20	3～15	−25～ +55	
IRA-009S×1	1.75×1 （四芯线组）	1080	7～14			
P2288 —02 —03 —04	2×1 （两只）	1300 1500 1500 1800	7～20 5～20 2～20 2～20	3～15	−20～ +60	
P3514—01	2×1（两只）	450	7～20			带透镜，检测距离大约 3m
P3782 −01 −05 −06	$\phi 2$	1500 1300 1500 1800	2～20 7～20 5～20 2～20			视野较窄
IP220	2×1（两只）	2200 (1700min)	7～14	3～15	−20～ +60	
IP222						滤除可见光
IP240						
IP242						滤除可见光
IP260	特殊形状 （两只）					全方位检测型

5.1.2 热释电型红外传感器的结构特点

1. 决定传感器用途的窗口材料

热释电型红外传感器基本上不受光波长的影响，因此当检测对象被限定时，就需要安装滤光片。这种滤光片被称作窗口材料。窗口材料还具有保护传感器的作用。

图 5.5 给出了各种窗口材料的波长透射性，图 5.6 给出了红外辐射的强度特性。

从图 5.6 可以看到，由人体（体温 37℃）辐射出的红外能量在波长 10μm 附近为最大值。由于来自太阳光和白炽灯等光源的杂散光波长在 4μm 以下，所以如果具有 6～15μm 的带通滤光片，就可以获得良好的信噪比特性。作为检测人体的窗口材料，一般来说最常用的就是 7μm 以上的带通滤光片。

以 Si 作为窗口材料的传感器，可以透射 1～20μm 的光线，可见光会被遮挡住，这些光线与 1μm 以上的杂散光相比将会被减弱。因此，由于杂散光具体情况的不同，有时候还需要在外部增加滤光片。

聚乙烯制作的窗口材料，就滤光而言几乎不起什么作用，连可见光都可以轻易地透射过去。因此，与其说它是滤光片，还不如说它是防护材料。当需要避免刮风等外界因素的影响时，也可以使用容易买到的高透射率聚乙烯薄膜。

当传感器用于检测火焰时，可以使用4.4μm的带通滤光片。这是因为在有机物燃烧时，二氧化碳(CO_2)会产生以4.4μm为中心的共振辐射。

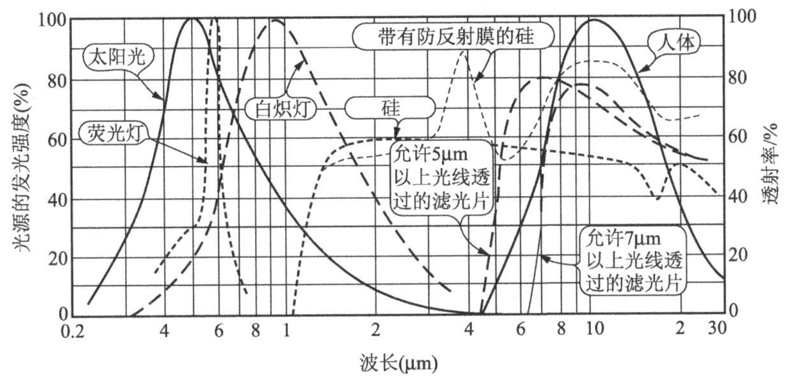

图5.5 各种窗口材料的波长投射特性

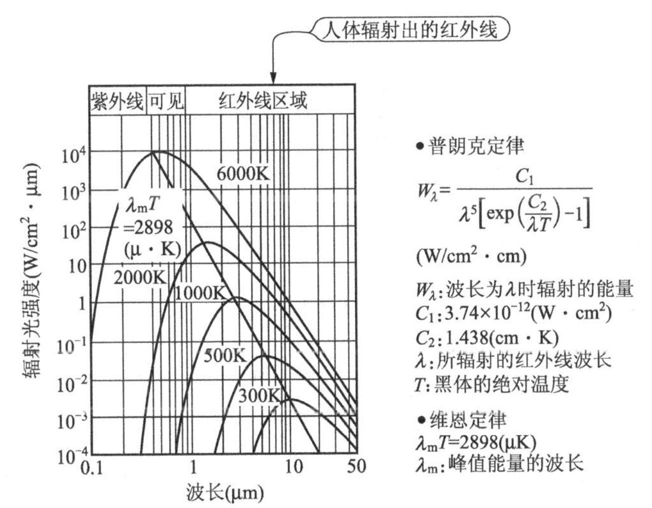

图5.6 由普朗克公式求得的红外辐射强度

2. 透镜和反射镜

在使用热释电型红外传感器检测人体辐射的红外线的应用中，聚焦用的透镜和反射镜等是重要的光学部件。利用这些光学部件，可以提高收集红外线的效率，使检测距离大幅度地增加。

透镜和反射镜在以前都必须由自己制作。现在传感器制造商已经预先准备好了标准件，使用起来非常方便。在制作透镜的时候，可以使用红外线透射率高的材料，如聚乙烯等材料。制作反射镜时，可以利用真空蒸发的方法，在反射镜的凹面蒸镀高反射率的金和铝。

表5.2是菲涅耳透镜的例子。由于用途不同，它有从通用型到远距离使用、走廊里使用以及天花板使用等多种类型。一般情况下，菲涅耳透镜都是用聚乙烯制作成的。人体发射出来的红外线，穿过透镜断断续续地入射到传感器的感光面上。透镜的面分割数，如表5.2中所列，从10到几十不等。通过使用聚焦透镜，可以将没有透镜时1～2m的检测距离延伸到几十米以外。

为了使人体检测装置的制作更加简便，市面上已经出现了传感器与透镜一体化的热释电型红外传感器组件。表5.3给出了这种传感器组件的技术指标，它们的检测距离大多在5m左右。

表5.2 菲涅耳透镜例(Hamamatsu Photonics K. K.)

型 号	用 途	面分割数	检测距离(m)	尺寸(mm)	光学部分尺寸(mm)
E4116-01	通用	24	12	64×52	52×40
E4116-02	长距离用	11	40	64×52	52×40
E4116-03	走廊用	11	12	64×52	52×40
E4116-04	天花板用	31	7(高度为2.4m时)	64×52	ϕ37

表5.3 内部有菲涅耳透镜的人体检测传感器组件

型 号	检测距离(m)	检测范围(度)	电源电压(V)	输 出
IM系例	5	90×52.5	3～5	集电极开路
IM02	5	80×30	4.5～7	集电极开路

5.1.3 热释电型红外传感电路的特点

1. 用场效应晶体管实现热释电型红外传感器的输出缓冲

热释电型红外传感器使用的材料是陶瓷，也就是绝缘材料。直接使用时，由于电阻值太高，不便使用。所以通常都内藏有场效应晶体管构成的缓冲器。

图5.7是将热释电型红外传感器与场效应晶体管连接起来构成的电路。假设热释电型红外传感器产生的电荷为Q_S，器件的分布电容为C_S，那么输出电压V_{OUT}就可以用公式(5.1)表示，这时电荷就被变换成了电压。Q_S和C_S的值都是由热释电器件的材料所决定的，所以输出电压自然也就由热释电器件的材料所决定了。

$$V_{OVT}=\frac{Q_S}{C_S} \tag{5.1}$$

这里需要注意与热释电器件相并联的电阻器R_g的大小。这个电阻器与器件的分布电容C_S构成了一个旁路滤波器，如图5.7(b)所示。该旁路滤波器的截止频

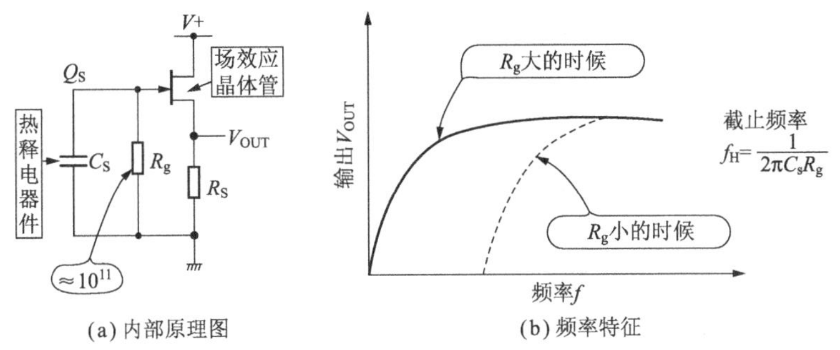

(a) 内部原理图　　(b) 频率特征

图 5.7　热释电型红外传感器中需要由场效应晶体管缓冲器

率 f_H可以由下式给出：

$$f_H = \frac{1}{2\pi C_S R_g} \tag{5.2}$$

在检测人体的情况下，人的移动频率为 0.1～10Hz，所以 f_H 至少应该在 0.1Hz 以下。由于传感器的分布电容 C_S的容量比较小，因此电阻器 R_g无论如何都必须达到 10～100GΩ的高阻值。

对于如此高的阻值，似乎完全可以不需要电阻器 R_g。但是，如果真的不用电阻器 R_g，那么可以发现场效应晶体管的电位将会变得不稳定，输出特性将会变差，输出的大小变得飘忽不定，而且还有造成电路输出达到饱和的危险。一旦出现饱和现象，电路就无法工作了。因此，电阻器 R_g是不可缺少的。

场效应晶体管的源极电阻器 R_S有时候被封装在传感器的管壳内部，有时候则必须置于管壳之外。在场效应晶体管源极电阻器 R_S置于管壳外部的情况下，通常为几千欧至 100 千欧，只要选择生产厂家在数据手册中推荐的值就没有问题。

2. 可减少误动作的双器件型传感器

从热释电型传感器的应用过程中，从前都是使用一个传感器。最近，为了减少杂散光等因素的影响，普遍采用图 5.8 所示的双器件型传感器。这种传感器具有以下优点：

(1) 具有两倍的灵敏度。

(2) 两个器件是反向连接的，因此入射的红外线会相互抵消而没有信号输出。因此增加了它抗外部杂散光、环境温度变化以及外部振动的能力。

如前面介绍过的那样，由于热释电型红外传感器的输入阻抗极高，非常容易引入噪声。因此最好能够对它进行电学屏蔽。在采用金属封装的情况下，由于外壳接地，本身就可以作为屏蔽罩使用。在塑料封装的情况下，则需要有另外的屏蔽方法。

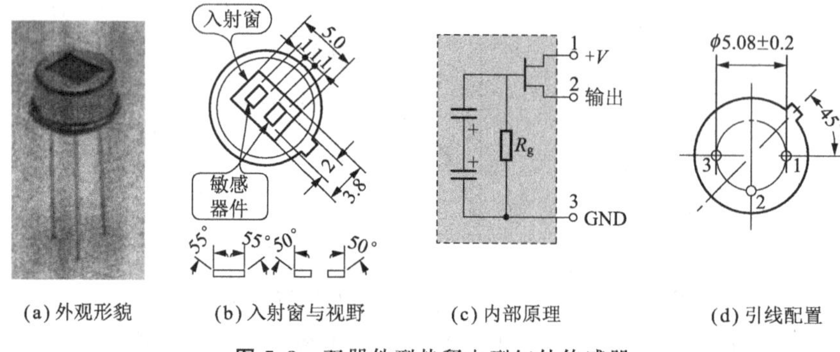

(a) 外观形貌　(b) 入射窗与视野　(c) 内部原理　(d) 引线配置

图 5.8 双器件型热释电型红外传感器

5.2 热电堆红外传感器

热释电型红外传感器是一种微分型温度传感器,所以不适于测量静止的物体。热电堆接受物体辐射来的能量时,被照射部分的周围形成了热电动势,就可以检测出感光部位的温度。热电堆能够检测出处于静止状态的物体的温度,其热电动势与热电偶一样,也与温差成正比,而且必须进行冷端温度的补偿。

5.2.1 热电堆的原理

自然界里的所有物体都在或多或少地辐射着红外线。根据著名的斯忒藩－波尔兹曼定律,绝对温度为 T 的黑体辐射的能量 P 可以表示为

$$P=\eta\sigma T^4(\mathrm{W/m^2}) \tag{5.3}$$

式中:σ 是斯忒藩-波尔兹曼常数,其大小为 $5.673\times10^{-12}\ \mathrm{W/cm^2\cdot K^{-4}}$;$\eta$ 是物质的能量辐射率。

由上式可以看出,热电堆的输出电压与绝对温度的 4 次方成正比。因此通过适当的运算,也就是取其 4 次方根,就可以知道物体的热力学温度了。

当然,这里面还必须进行基准接点温度补偿。如果基准接点的温度为 T_0,那么上式就变成了

$$P=\eta\sigma T^4-\sigma \mathrm{T}_0^4(\mathrm{W/m^2}) \tag{5.4}$$

热电堆的输出电压与温度的关系示于图 5.9。

热电堆的器件可以用来测量红外线。热电堆是将热电偶堆积起来的温度传感器。它将接收到的红外线能量产生的温度变化用热电偶检测出来,以热电动势的形式输出。因为用热电偶直接检测温度时的输出电压太小,所以将多个热电偶相互串联起来以增高输出电压。热电堆名字的由来,就是说它是由多个热电偶堆积而成。

热电堆的精度虽然超不过普通的热电偶,但是却具有一个最大的优点,那就是能够进行非接触式温度测量。

5.2.2 热电堆非接触式温度计电路

1. 使用热电堆专用集成电路 MAC4050

在图 5.9 中可以看到，热电堆的输出电压与热力学温度的 4 次方成正比，由于太过非线性，因而难以直接使用。当然，图 5.9 的虚线部分可以近似地看作直线。

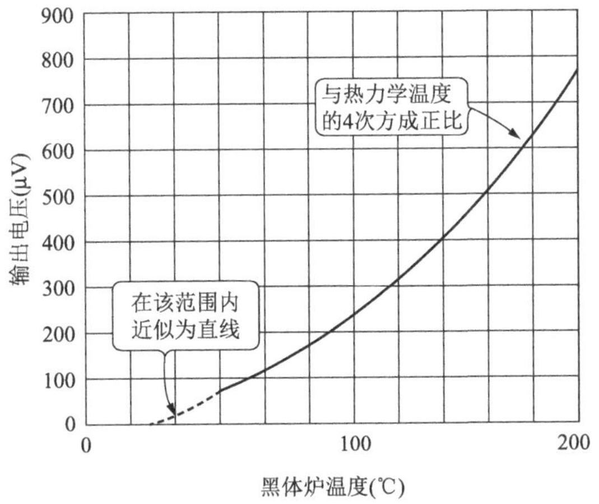

图 5.9 热电堆在没有滤光片时的温度特性

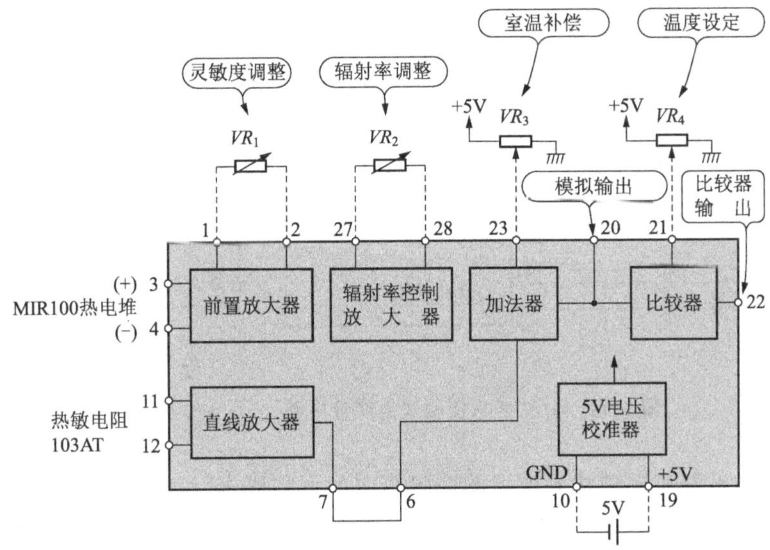

图 5.10 热电堆专用集成电路 MAC4050 的内部方框图

使用 MAC050 热电堆专用集成电路可以略去线性化电路，但是测量温度仅限于－20～＋50℃范围内，尽管在该范围内的理论测量精度可以达到±0.4℃。

图 5.10是 MAC4050 的内部方框图，表 5.4 示出了它的电学特性。

表 5.4　热电堆专用集成电路 MAC4050 的技术指标

电源电压	5V/1.6mA
测温范围	−20～+50℃
输出电压	2.0V～3.75V（0℃时为 2.5V）
灵敏度	25mV/℃
精度	±0.4℃（理论设计值）

实验用的配套器件是 MEX100。

2. 用 MIR100 作光敏传感器

图 5.11 是一个简易型非接触式温度计的电路图。热电堆使用 MIR100。表 5.5 是 MIR100 的技术指标。基准接点的温度补偿使用 103AT 型热敏电阻。在组装时应当使热电堆与热敏电阻尽量靠近。

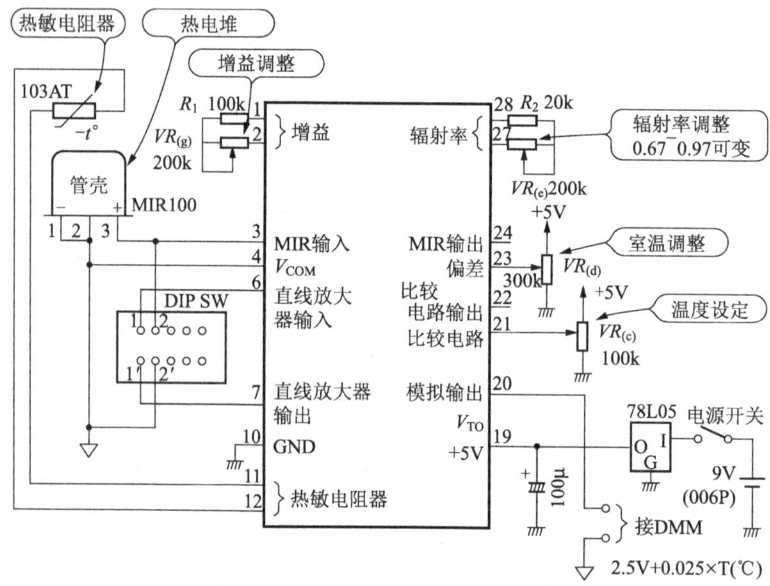

图 5.11　简易型非接触式温度计电路(−20～+50℃)

这个简易型非接触式温度计的调整按照如下顺序进行：

(1) 零点调整。将双列直插开关 DIP 的 $SW_{1-1'}$ 和 $SW_{2-2'}$ 置于导通，这时 MAC4050 的输入端短路，即 3 号管脚与 4 号管脚被连接了起来，其输入电压为 0。通过调整电位器 $VR_{(d)}$，使这时的输出电压 V_{OUT} 表示为室温。例如，当室温为 20℃时，应当为 $V_{OUT}=25mV/℃\times20℃=500mV$。

(2) 增益调整。将双列直插开关 DIP 的 $SW_{2-2'}$ 置于关断，这时热电堆的输出电压直接输入到集成电路 MAC4050 的输入端。将辐射率调整用的电位器 $VR_{(e)}$

置于最大，然后进行增益调整。

(3) 辐射率调整。最后经辐射率调整后就可以进行温度测量了。表 5.6 是各种物质的辐射率数值。

表 5.5 热电堆 MIR100 的特性

性能	测量条件	最小值	典型值	最大值	单位
灵敏度	无敏感材料 6μ滤波器	20.1 5.2	25.5 6.6	30.9 8.1	V/W
电阻		8	11	14	kΩ
噪声电压		11.5	13.4	15.2	$nV/\sqrt{H_z}$
时间常数			100		ms
方向性			52		度

表 5.6 各种物质的辐射率

沥青	0.90～0.98	灰泥	0.89～0.91	氧化铝	0.76
混凝土	0.94	红砖	0.93～0.95	氧化铬	0.81
水泥	0.96	纤维	0.90	氧化铜	0.78
砂	0.90	黑布	0.98	氧化铁	0.78～0.82
土	0.92～0.96	人皮肤	0.98	氧化镍	0.90
水	0.92～0.96	皮革	0.75～0.80	二氧化钛	0.40～0.60
冰	0.96～0.98	木炭粉	0.96	氧化锡	0.11～0.28
雪	0.83	漆皮	0.80～0.95	黄铜锈	0.56～0.64
玻璃	0.90～0.95	消光漆皮	0.97	青铜的凹凸面	0.55
陶瓷	0.90～0.94	黑橡胶	0.94	压延不锈钢	0.45
大理石	0.94	塑料	0.85	红铜锈	0.69
萤石	0.30～0.40	木材	0.90		
石膏	0.80～0.90	纸	0.70～0.94		

5.2.3 4 次方根运算电路的制作方法

由式(5.3)可知，热电堆的输出电压与热力学温度的 4 次方成正比。因此，利用热电堆的输出电压测量热力学温度时，需要有 4 次方根电路。使用模拟乘法器虽然可以构成 4 次方根电路，但是使用传统的集成电路是无法满足其精度要求的。

1. 利用乘法器集成电路 AD538

在这里我们可以利用在热电偶线性化过程中曾经使用的 AD538。事实上，AD538 具有多种功能，在热电偶线性化过程中只是利用了是乘方功能。AD538 的

输出电压可以表示为

$$V_{OUT}=V_Y(V_Z/V_X)^M \tag{5.5}$$

由该式可以看出，只要改变 M 的数值，AD538 就可以具有以下功能：

(1)乘法运算。

(2)除法运算。

(3)对数运算。

(4)次数为 0.2～5 的幂运算。

在这里将要利用的是第(4)种功能，即幂运算功能。

2. 简单制作 4 次方根运算电路

图 5.12 给出的是用 AD538 制作的 4 次方根运算电路。在电路中只需要外接两个决定幂指数的电阻器 R_1 和 R_2 即可。在 4 次方根的情况下，选取

$R_1=150\Omega$

$R_2=49.9\Omega$

将 $V_X=V_Y=10V(V_{REF})$ 代入式(5.5)中得到

$$V_{OUT}=10(V_{IN}/10)^{0.25}(V) \tag{5.6}$$

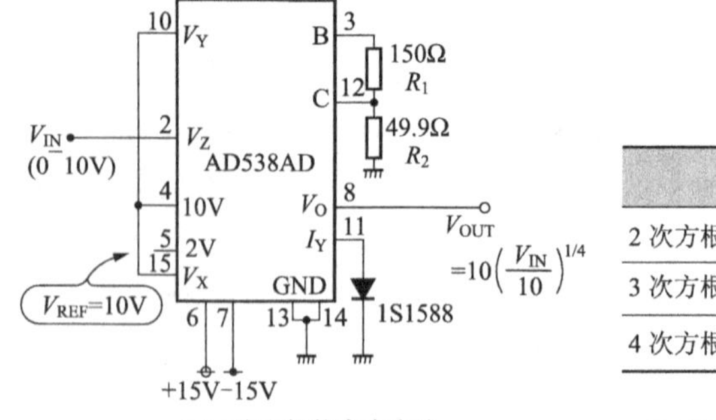

(a) 4次方根的本本电路

	R_1	R_2
2 次方根	100Ω	100Ω
3 次方根	100Ω	49.9Ω
4 次方根	162Ω	40.2Ω

(b) 其他次方根时的数据

图 5.12　4 次方根电路(±15V 电源电压驱动)

顺便指出，当需要 2 次方根(平方根)、3 次方根、5 次方根时，只需按照图 5.12(b)中的数据重新选取 R_1 和 R_2 即可。

R_1 和 R_2 必须是高精度的金属膜电阻。当然，在改用电位器的情况下也可以调整幂指数。在图 5.12 的场合，需要从 2%精度、50ppm/℃温度系数的金属膜电阻器中挑选出 0.1%精度的电阻器。

对图 5.12 所示的电路输入直流电压，测量其输出特性，得到的是表 5.7 的结果。可以看出，在 10mV～10V 的 80dB 动态范围内，偏离理论值仅约 10mV，相当于 1%的误差。

图 5.12 的电路使用的电源电压是±15V。如果改用±5V，则电路图应当改为如图 5.13 那样。这时，将 AD538 的 2V 引出端(5 号管脚)与 10V 引出端(4 号管脚)

短路连接。这样做的结果是基准电压不再是 10V，而变成了 2V。于是输出电压 V_{OUT} 就变为

$$V_{OUT}=2(V_{IN}/2)^{0.25}(V) \tag{5.7}$$

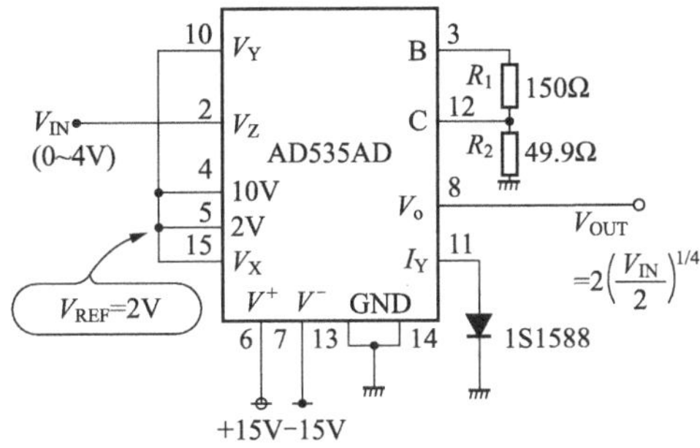

图 5.13 4 次方根电路(±5V 电源电压驱动)

图 5.13 所示电路的特性示于表 5.8。与±15V 的电压相比较，输入电压减小时误差变大。这是因为当基准电压由 10V 减小到 2V 时，影响到了 AD538 的补偿电压。尽管如此，在输入电压为 1mV 时的误差也只有理论值的大约 4%。不过，由此可以看出，在高精度应用的情况下，还是采用±15V 的电源电压为好。

3. 用 AD538 作 2 次方根～5 次方根的运算电路

最后，简单介绍用 AD538 制作 2 次方根电路、3 次方根电路、4 次方根电路、5 次方根电路的方法。采用图 5.14 的电路，只需改变 R_3 的值，即可制作成 2～5 次方根电路。

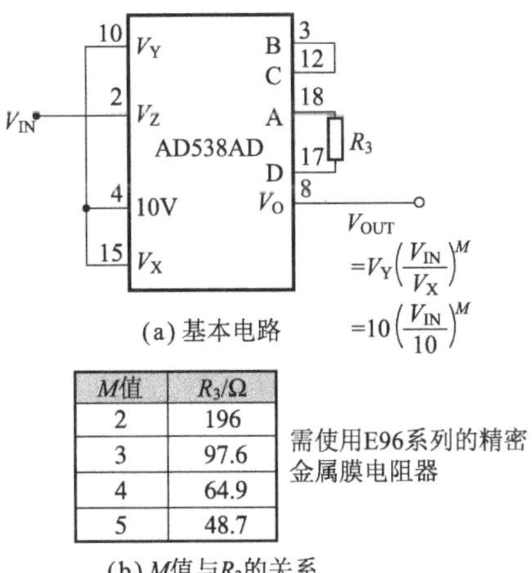

(a) 基本电路

M值	R_3/Ω
2	196
3	97.6
4	64.9
5	48.7

(b) M值与R_3的关系

图 5.14 使用 AD538 的 2～5 次方根电路

表 5.7　图 5.12 电路的直流特性

V_{IN}(V)	V_{OUT}(V)	理论值(V)	偏离理论值的误差(mV)
10	9.989	10.000	−11
5	8.402	8.409	−7
1	5.623	5.623	0
0.5	4.729	4.729	0
0.1	3.164	3.162	2
0.05	2.661	2.659	2
0.01	1.7779	1.7783	−0.4
0.005	1.4920	1.4954	−3.4
0.001	0.9906	1.000	−9.4
0	0.4907	0	0.4907

注：1mV～10V 的范围内可以使用。

表 5.8　图 5.13 电路的直流特性

V_{IN}(V)	V_{OUT}(V)	理论值(V)	偏离理论值的误差(mV)
4	2.375	2.3784	−3.4
2	1.9987	2.000	−1.3
1	1.6816	1.6818	−0.2
0.5	1.4149	1.4142	0.7
0.2	1.1259	1.1247	1.2
0.1	0.9472	0.9457	1.5
0.02	0.6321	0.6325	−0.4
0.01	0.5303	0.5318	−1.5
0.002	0.3483	0.3557	−7.4
0.001	0.2873	0.2991	−11.8
0	0.075	0	75

第6章 光敏器件的应用

6.1 基本应用电路

6.1.1 光敏二极管的基本应用是照度测量

光敏二极管的输出电流与照度成正比。所谓照度，就是单位感光面积上光通量的大小，单位是 lm/m^2，其单位是 lx(勒[克斯])。因此，照度计是光敏二极管的基本电路。测光方法虽然有很多种，但都是首先将它们变换成感光面的照度进行测量的。

作为照度计使用的光敏二极管必须具备如下条件：

(1) 分光灵敏度必须符合标准的相对可见度曲线。

(2) 角度特性必须符合照度的余弦法则。

(3) 与入射光相对应的输出电流必须具有良好的直线性和稳定性等。

所谓照度的余弦法则，就是当光源与感光面相连接的直线与感光面法线之间构成 θ 角时，照度减少到入射光垂直照射时照度的 $\cos\theta$ 倍。

6.1.2 分光灵敏度与比视觉灵敏度

测量光强度的方法，有辐射测量法和测光法两种。辐射测量法是指对于光谱范围内的整个波长。包括紫外光、可见光、红外光在内，全部进行测量。而测光法所测量的仅仅是可见光。

将物理辐射量转换为表示人的眼睛所感知的明暗程度的测光量时，需要引入一个比视觉灵敏度的概念。所谓比视觉灵敏度，就是表征人类眼睛的分光灵敏度特性。在图 6.1 中，用虚线补充的就是光敏二极管 BS120 的标准比视觉灵敏度特性。

例如，在测量照度的时候，可以将照度转换为人们感觉到了多大程度的明亮感的数值，因此被纳入了比视觉灵敏度之中。为此，就像图 6.1 所示那样，用于照度测量的光敏二极管 BS120，其分光灵敏度特性就尽量制作得与比视觉灵敏度相吻合。

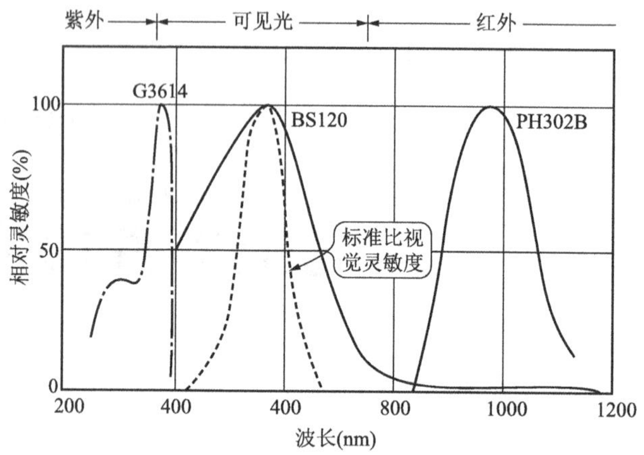

图 6.1　光敏二极管的比视觉灵敏度特性

在用于照度计的情况下，光敏传感器的分光灵敏度必须与人眼的分光灵敏度一致。为了满足这种要求，在使用硅(Si)光敏二极管的时候，必须有比视觉灵敏度校正滤光片。而在使用砷化镓(GaAs)光敏二极管的场合，由于其分光灵敏度与人眼的分光灵敏度相接近，因此有时也可以不使用比视觉灵敏度校正滤光片。

但是，用于紫外线检测的光敏二极管 G3614 可以检测出人眼看不见的光线，无法用比视觉灵敏度表示，因此用辐射强度表示。

6.1.3　简单的照度计电路及使用器件

市面上有出售符合上述条件的光敏二极管，而且作为照度计使用在光传感器或者照相机用的自动曝光计上，还带有修正相对可见度的滤光片。这里介绍使用 BS500B 型光敏二极管的照度计，其特性示于图 6.2。

图 6.3 是一个照度计实验电路。它用普通的运算放大器构成电流-电压转换电路。

由表 6.1 可知，BS500B 的输出电流是每一百勒[克斯]为 0.55μA，也就是说，每勒[克斯]为 5.5nA。因此，如果运算放大器的反馈电阻 R_F 取为 180kΩ，那么就可以得到 1mV/lx 的灵敏度。对于灵敏度的分散性问题，可以利用电位器 VR_1 进行调整。

BS500B 的低照度特性由暗电流决定。由表 6.1 可知，暗电流的最大值为 10pA。这个数值会给低照度的测量带来麻烦。因此，BS500B 的低照度测量只可以从 0.0025lx 开始，不过其动态范围可高达 112dB 以上。

为了实现范围如此宽的测量，通常利用对数放大器。使用对数放大器的电路示于图 6.4。图中使用的对数放大器型号为 ICL8048。就对数放大器而言，电流输入型电路与电压输入型电路相比，具有不容易受到动态电流影响的优点。因此使用的是光敏二极管的短路电流。

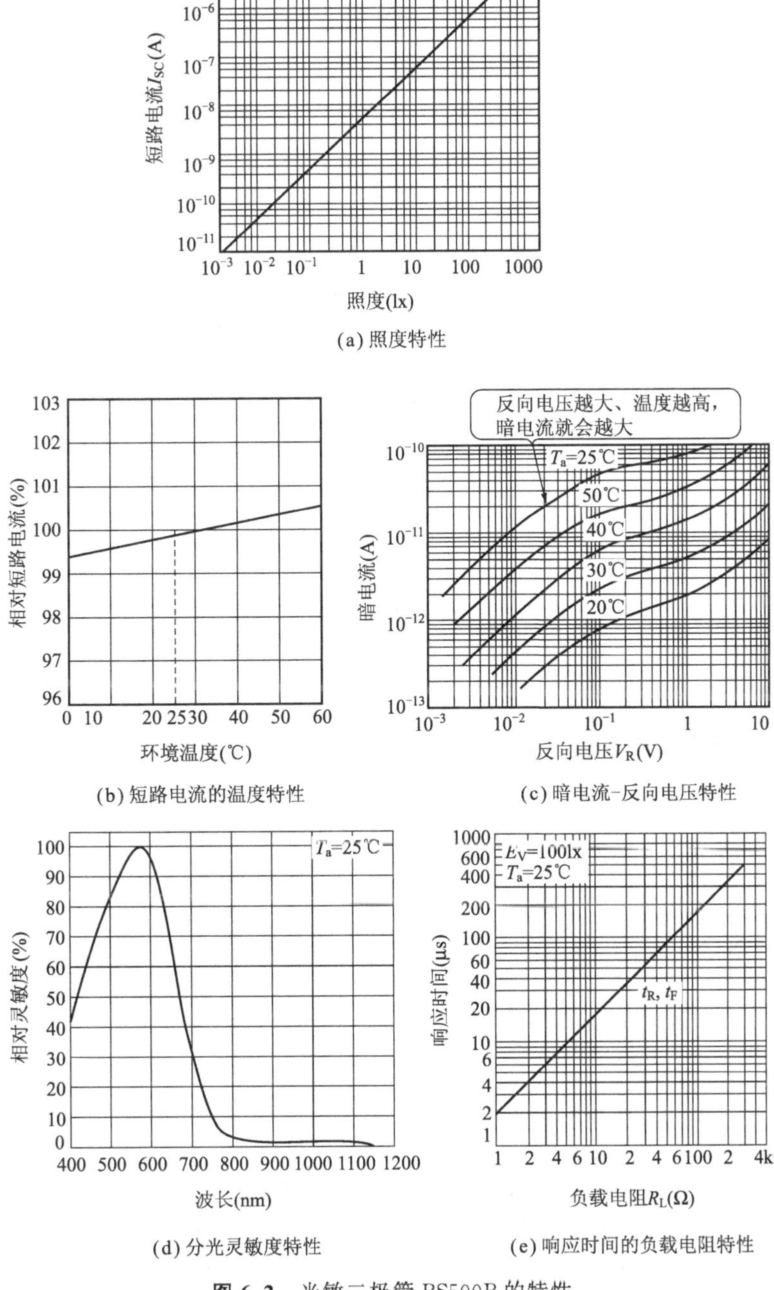

(a) 照度特性

(b) 短路电流的温度特性

(c) 暗电流-反向电压特性

(d) 分光灵敏度特性

(e) 响应时间的负载电阻特性

图 6.2　光敏二极管 BS500B 的特性

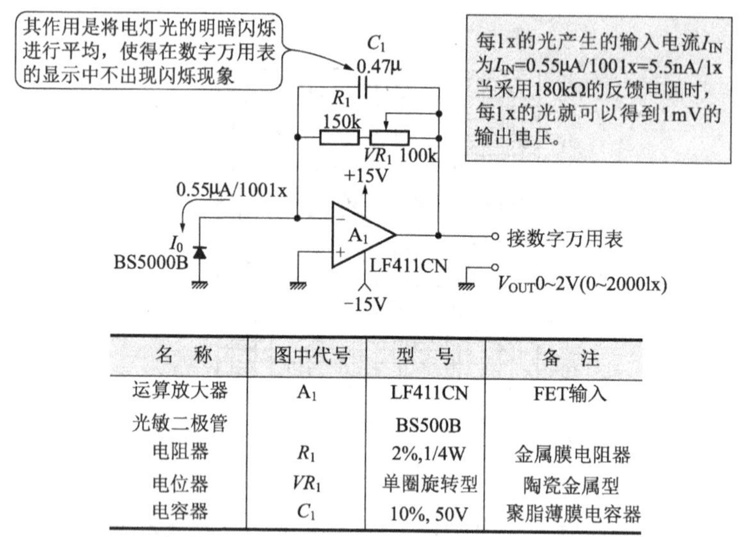

名　称	图中代号	型　号	备　注
运算放大器	A_1	LF411CN	FET输入
光敏二极管		BS500B	
电阻器	R_1	2%,1/4W	金属膜电阻器
电位器	VR_1	单圈旋转型	陶瓷金属型
电容器	C_1	10%, 50V	聚脂薄膜电容器

图 6.3　照度计的实验电路

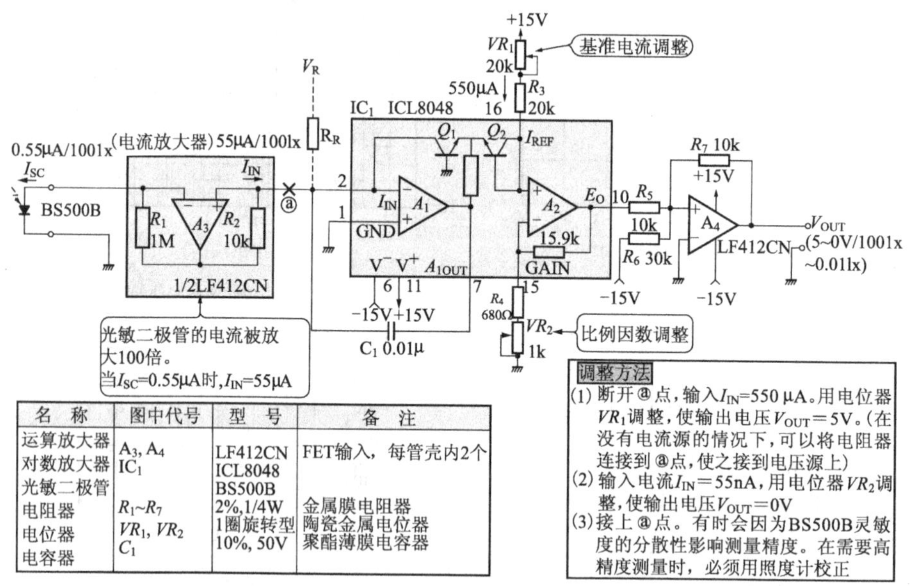

名　称	图中代号	型　号	备　注
运算放大器	A_3, A_4	LF412CN	FET输入，每管壳内2个
对数放大器	IC_1	ICL8048	
光敏二极管		BS500B	
电阻器	R_1~R_7	2%,1/4W	金属膜电阻器
电位器	VR_1, VR_2	1圈旋转型	陶瓷金属电位器
电容器	C_1	10%, 50V	聚脂薄膜电容器

图 6.4　用对数放大器扩大动态范围的实验电路

不过，ICL8048 的输入电流为 1nA～1mA。如果直接将光电流与之相连接，光电流有点太小了，影响性能。所以就像图 6.4 那样，用运算放大器 A_2 将光敏二极管的输出电流放大 100 倍后，再输入给 ICL8048。这时，ICL8048 的输入电流 I_{IN} 可以表示为

$$I_{IN}=(R_1/R_2)I_{SC}$$

在图 6.4 中,由于 $R_1=1\text{M}\Omega$,$R_2=10\text{k}\Omega$,因此 $I_{\text{IN}}=100I_{\text{SC}}$。

ICL8048 的输出特性如图 6.5 所示,具有负的斜率。运算放大器 A_4 的作用是使原来的负值输出发生反转,同时也使得输出电压的大小变得合适。

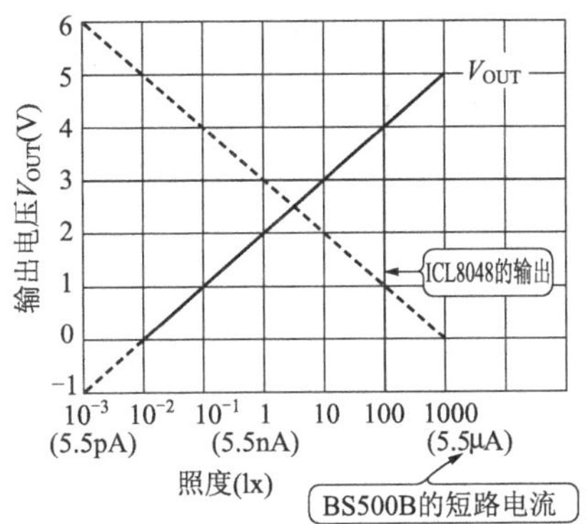

图 6.5 输出电压与照度的关系

表 6.1 BS500B 的特性

结构	有效面积 (mm^2)	峰值波长 (nm)	短路电流 (μA)	暗电流 (pA)	极间电容 V_R(pF)	备注
Si 平面型	5.34	$560\pm^{40}_{60}$	0.55/100lx	10(max) (1V)	600/1000 (max) (0V)	带视角灵敏度校正滤光片

6.1.4 用光敏传感器制作便携式照度计

前面已经介绍过照度计的原理。用于照度计的集成电路在市面上可以直接买到,因此我们在制作便携式照度计时可以直接使用这些集成电路。

1. 用 TFA1001W 作光敏传感器

TFA1001W(西门子公司生产)是内含光敏二极管和放大器的集成电路。

由于具有 5μA/lx 的灵敏度,因此利用连接 200Ω负载电阻的方法,可以得到 5μA×200Ω=1mV/lx 的输出电压。于是,在 5000lx 时可以得到 500mV 的输出电压。

图 6.6 是照度计的电路图。TFA1001W 的驱动电压为 2.5~15V,可以用干电池作为电源进行工作。

2. 为了拓宽动态范围而采用对数输出型

TFA1001W 的输出是线性的,其测量范围(动态范围)可达 1~5000lx。如前所述,光敏二极管的动态范围非常宽,可以很轻松地达到 100dB 以上。然而进行范围这么宽的线性测量未必是一件方便的事情。最好的办法是将其变为对数输出。

实际上这样做是非常容易的,只需要使用一块内部带有对数放大器的光电转换混合集成电路即可。图 6.7 示出了市面上出售的 MHA200 和 PH401(日本电气

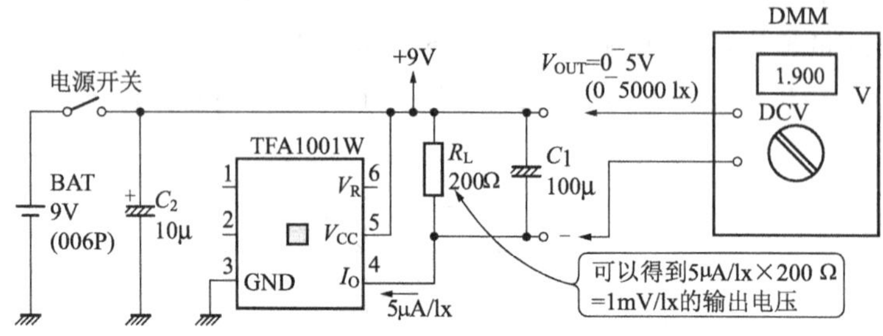

名 称	图中代号	型 号	备 注
光敏传感器		TFA1001W	
电阻器	R_L	2%,1/4W	金属膜电阻器
电容器	C_1,C_2	20%,50V	电解电容器
干电池	BAT	9V	006P

图 6.6　照度计电路图

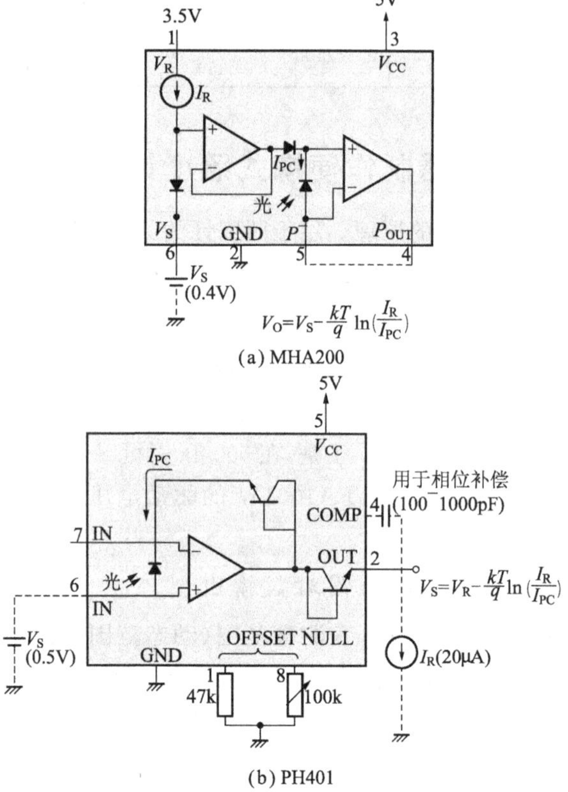

(a) MHA200

(b) PH401

图 6.7　光电转换混合集成电路的内部电路图

生产)混合集成电路的内部电路图,表 6.2 是它们的技术指标。这两种混合集成电路的输出电压 V_O 都可以表示为

$$V_O = V_S - (kT/q)\ln(I_R/I_{PC}) \tag{6.1}$$

根据式(6.1),V_{OUT} 成为光电流 I_{PC} 的对数。由于式中有温度 T 项,因此需要像对待普通对数放大器那样进行温度补偿。

表 6.2 光电转换混合集成电路的技术指标

(a)MHA200 的电特性

参数	测试条件	最小值	典型值	最大值	单位
测光范围		0.005		5000	lx
输出电压	1lx	560	640	720	mV
线性度	0.05～500lx	210	240	264	mV
色温特性	A 光源/B 光源			±15	%
工作电压		3.5	4.5	6.5	V
消耗电流			1		mA

注:$V_R = 3.5V$,$V_s = 400mV$,$R_1 = 1k\Omega$。

(b)PH401 的电特性

参数	测试条件	最小值	典型值	最大值	单位
电压容许偏差			5	50	mV
输出电压误差	0.02～10000lx	−12		+12	mV
输出阶跃电压	照度增加到 2 倍时的输出变化量	17	18	19	mV
光敏二极管输出电流	A 光源,100lx	90		180	nA
电源电压		2.0		6.5	V
电路电流			0.4	2.0	mA

注:$V_{CC} = 2.5V$,$V_R = 0.5V$。

6.2 转换电路与保护电路

6.2.1 使用电阻器的电流-电压变换电路

将光敏二极管输出的电流变换为电压的电路叫做电流-电压变换电路。图 6.8 给出了使用电阻器的电流-电压变换电路。

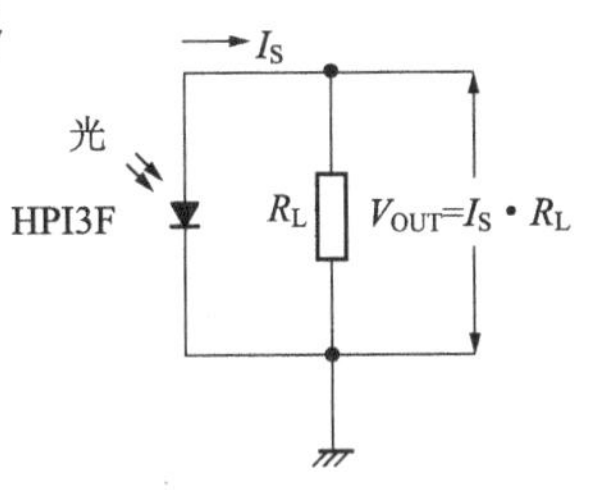

图 6.8 使用电阻器的电流-电压变换电路

当光敏传感器的输出电流为 I_S,负载电阻为 R_L 时,输出电压 V_{OUT} 可表示为

$$V_{OUT} = I_S \cdot R_L \tag{6.2}$$

这种电路的优点在于结构简单，缺点是不能获得大的动态范围。

图6.9示出光敏二极管的负载特性。当 $R_L=1k\Omega$ 时，具有高达1000lx的动态范围；而当 $R_L=10k\Omega$ 时，动态范围就变得仅有400lx。这是由于在光电流的作用下，光敏二极管的偏置电压有可能由负变为正。如前所述，光敏二极管的结构实质上就是一个PN结二极管，因此当偏置电压处于正偏压时，其输出电压就完全被该正向电压所左右(在图6.9中为0.3～0.4V)，而不能准确地反映光的特征了。

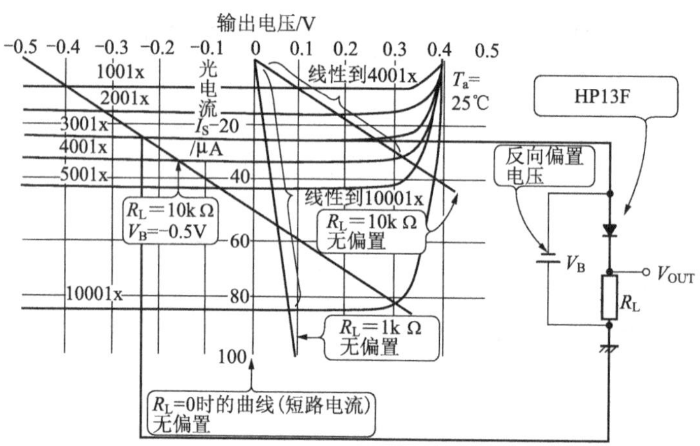

图6.9 光敏二极管HP13F的负载特性与动态范围

可以看出，如果增大 R_L 负载电阻值，输出电压就会增大。然而这时候即使较小的光电流都会使输出电压达到饱和。如果需要大的输出电压和宽的动态范围，可以采用对光敏二极管加反向偏置电压的方法解决。从图6.9可以看到，利用加反向偏置电压的方法，尽管只有−0.5V，动态范围却可以得到明显的扩展。而且，在加反向偏置电压时，PN结的结电容也会减小，因而更有利于高速响应。通常，光敏二极管的响应时间 t 可以表示为

$$t=2.2C_T\cdot R_L \tag{6.3}$$

在使用PIN型光敏二极管的高速响应电路中，如图6.10所示，需要采用50Ω的负载电阻，以实现信号与传输电缆之间的阻抗匹配。

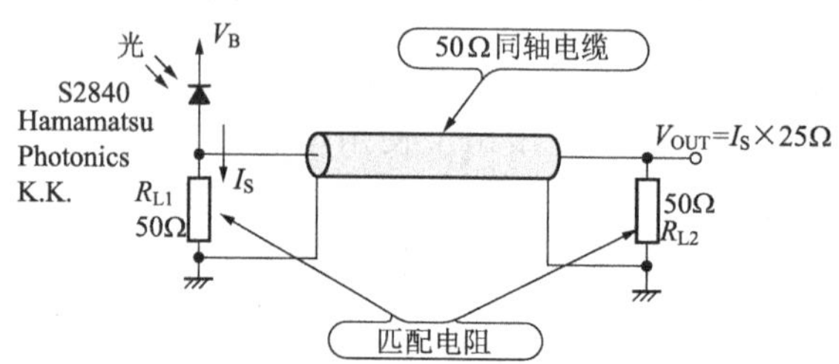

图6.10 使用高速PIN型光敏二极管的测量电路

6.2.2 使用运算放大器的电流-电压变换电路

图 6.11 示出使用运算放大器的电流-电压变换电路。这种电路有时也叫做跨阻抗电路。在这种电路中，由于运算放大器的输入电压为 0V，因此，光敏二极管是在引出线间电压为 0V 的条件下工作的。这时候，光敏传感器中流过的是短路电流(即图 6.9 中的 $R_L=0$ 的一条直线)，在短路电流与入射光强度之间可以获得非常好的直线关系。

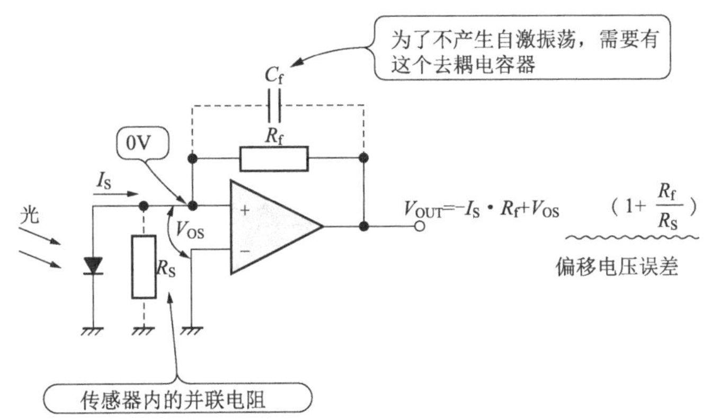

图 6.11 使用运算放大器的电流-电压变换电路

该电路的输出电压 V_{OUT} 为

$$V_{OUT}=-I_S \cdot R_f \tag{6.4}$$

这种电路中，通常反馈电阻 R_f 都选取相当高的数值，所以如果光敏二极管的极间分布电容 C_S 比较大，运算放大器就非常容易产生自激振荡。在这种情况下，为了避免发生自激振荡，必须连接一个去耦电容 C_f。C_f 的大小因极间分布电容 C_S、反馈电阻 R_f 以及运算放大器的不同而不同，但是大致上都选用与 C_S 大小相同的数值。

图 6.12 示出一个用运算放大器制作的电流-电压变换电路用于照度计的例子。该例中所使用的就是前面已经介绍过的型号为 BS500B 的光敏二极管。

该光敏二极管的输出电流高达 5.5nA/lx，因此作为运算放大器，可以选用通用的场效应晶体管输入型运算放大器。另外，为了避免电灯光闪烁效应的影响，接入了一个 $C_1=0.47\mu F$ 的电容器。而且，由于电容器 C_1 的接入，即使光敏二极管的极间电容量高达 1000pF，也大可不必顾虑会发生自激振荡。

在反向电压为 1V 时，它的暗电流最大值仅为 10pA，这显然不会产生任何问题。

在暗电流比较大的光敏二极管的场合下，如图 6.13 所示，由于其内部并联电

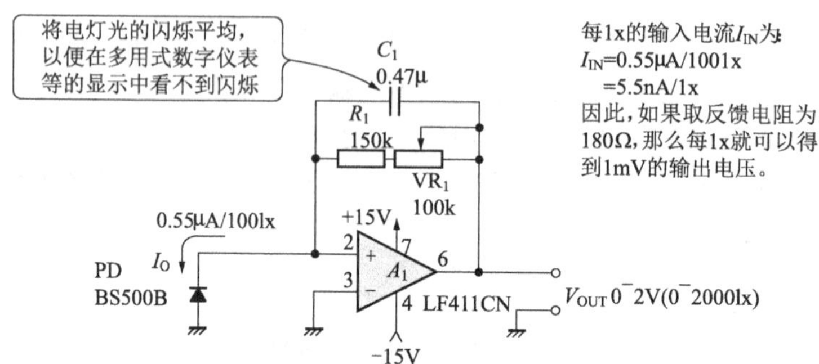

图 6.12 用于光敏二极管的放大器的设计

阻小，如果反馈电阻值比较大，失调电压就会被放大。所以，选择运算放大器的时候，应该选用那些失调电压小、失调电压温度漂移小的运算放大器。要想获得100pA的分辨率，最好选用表6.3所列的低偏置电流的高精度运算放大器(不过这时的频率特性会下降)。

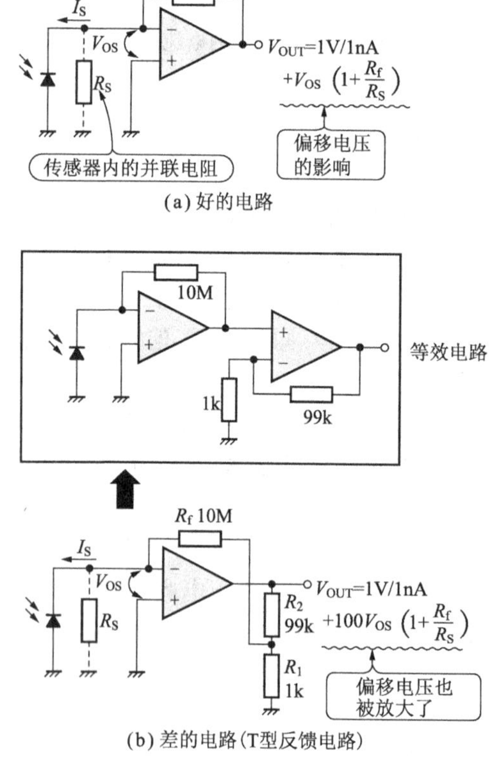

图 6.13 在不需要高速的场合不要使用T型反馈电路

在电流-电压变换电路中，如图 6.11 所示，需要有高阻值的反馈电阻器。然而高阻值电阻器的价格比较贵。为了避免使用高价的高阻值电阻器，有时使用图 6.13 所示的 T 型反馈电路。但是，在传感器电路的场合，最好不要使用 T 型反馈电路。因为在 T 型反馈电路中，为了将所使用的低阻值变换为高阻值，具有较高的电压放大倍数。例如，将图 6.13(a)与(b)比较，它们的电流灵敏度都是 1V/1nA，但是图 6.13(b)的电路就好像在后级增加了一个 100 倍的放大器，这样一来，运算放大器的失调电压就被放大了 100 倍。因此，最好还是使用图 6.13(a)那样的高阻值的反馈电阻器进行放大。

如果要将分辨率提高到 1pA 以下，运算放大器的价格就会急剧升高。这时候，如果使用 CMOS 型通用运算放大器，就可以使成本降下来。表 6.4 给出了 CMOS 型通用运算放大器的技术指标。由于是通用运算放大器，失调电压就可能比较大。所以失调电压的温度漂移最好限制在 1 μV/℃以下。而且，由于是 CMOS 结构，因此输入偏置电流非常小，作为 LPC662II 的标称值竟然小到惊人的 40fA。

表 6.3 低输入偏置电流高精度运算放大器的技术指标

型号	电路数	输入偏移电压(mV)		温度漂移(μV/℃)		低输入偏置电流(nA)		开环增益(dB)		工作电压	工作电流	0.1Hz 噪声($\mu V_{p\text{-}p}$)
		典型	最大	典型	最大	典型	最大	典型	最大	V	mA	
AD705J	1	0.03	0.09	0.2	1.2	0.06	0.15	110	126	±2～18	0.38	0.5
OP97F	2	0.03	0.075	0.3	2	0.03	0.15	106	120	±2～20	0.4	0.5
LT1012D	1	0.012	0.06	0.3	1.7	0.08	0.3	106	126	±1.2～20	0.4	0.5
LT1112C	2	0.025	0.075	0.2	0.75	0.08	0.28	118	134	±1～20	0.7	0.3
LT1881	2	0.03	0.08	0.3	0.8	0.15	0.5	114	124	2.7～36	1.3	0.5
LT1884	2	0.03	0.08	0.3	0.8	0.15	0.9	114	124	2.7～36	1.3	0.4

表 6.4 可用作电流-电压变换电路的 CMOS 运算放大器的技术指标(双放大器型)

型号	偏移电压(mV)	偏移电压温漂(μV/℃)	输入偏置电流(pA)	开环增益(dB)	转换速率(V/μs)	GB 乘积(kHz)
TLC27L2	10(max)	1.1	0.6	106	0.04	85
LPC6621I	6(max)	1.3	0.04	114	0.11	350

6.2.3 电流-电压变换电路的保护电路

在使用运算放大器的电流-电压变换电路时，由于与运算放大器串联的是输入阻抗很高的传感器，所以为了不损害运算放大器，必须设置保护电路。

当信号大的时候，可以像图 6.14(a)所示那样，使用由二极管构成的保护电路。有时候还接入一个保护电阻 R_p。这种方法简单易行，但是由于二极管的内阻非常小，几乎可以近似为 0，因此失调电压也一起被放大了。

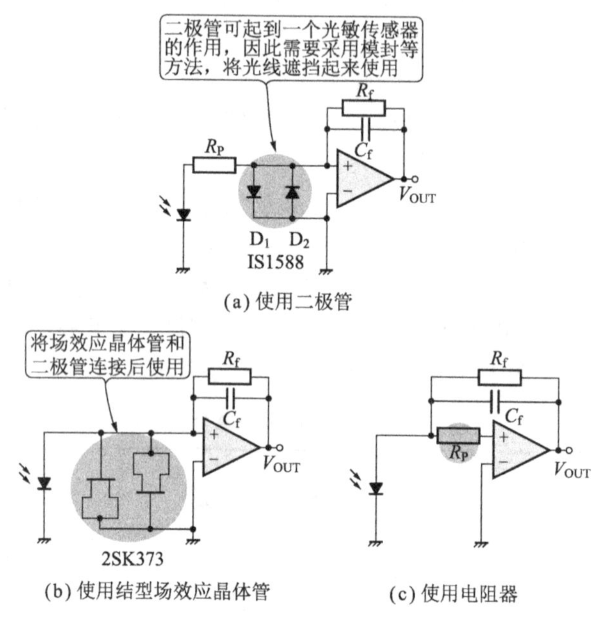

图 6.14　电流放大器的保护电路

图 6.15 是关于通用型二极管 IS1588 的内阻在偏置电压影响下如何变化的实验结果。当偏置电压在 1V 以上时，大小为 1GΩ的内阻，在 0V 附近就变成了仅有 40MΩ。这时，假如反馈电阻 R_f=1GΩ，那么电压的放大倍数就是 1GΩ/40 MΩ=250 倍。这就是说，运算放大器的失调电压也被放大了 250 倍，并且出现在输出信号中。

IS1588 的技术指标示于表 6.5。由于 30V 时的最大漏电流为 0.5μA，这时的内阻仅为 30V/0.5μA=60MΩ，所以可以使用电阻值比较低的反馈电阻，如选用 10～100MΩ以下的反馈电阻。

表 6.5　小信号二极管 IS1588 的技术指标

反向耐压	30V(max)
反向电流	0.5 μ(max)(V_R=30V)
极间电容	3pF(max)(V_R=0)
正向电压	1.3V(max)(IF=100mA)
平均整流电流	120mA(max)

另外，由于普通二极管也对光线敏感，因此在某些场合，需要将光线遮挡住。

在信号比较小的情况下，可以像图 6.14(b)那样，将结型场效应晶体管二极管连接起来(两个结型场效应晶体管的源与漏相互连接起来)使用。表 6.6 是结型场效应晶体管 2SK373GR 的特性数据。当外加电压为 80V 时,漏电流最大值有 1nA,所以这时候的内阻为 80V/1nA=80GΩ。这个数值比 IS1588 大 1000 倍以上,而且由于处于塑模之中,因此与普通二极管相比,对光的反应相当迟钝。不过,它并非对光线毫无反应,所以在某些使用场合下,仍然需要遮挡住光线。

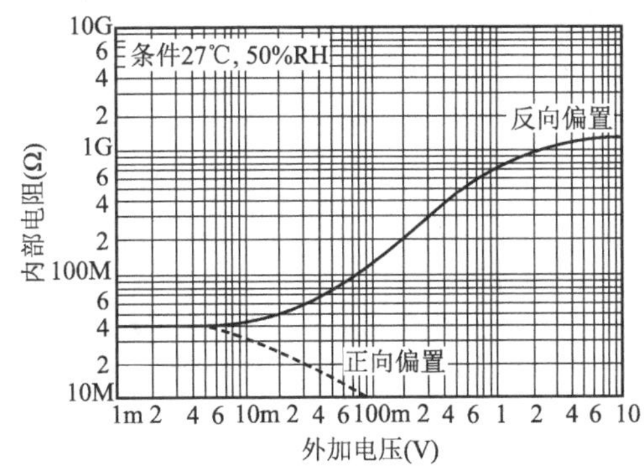

图 6.15 二极管 IS1588 的内阻随偏置电压而变化的实验结果

如果信号进一步减小,对于针对漏电流进行分选的场效应晶体管,可以使用微微安级二极管。

当频带的带域比较低或者信号电平比较大的时候,可以像图 6.14(c)那样,在对电流-电压变换电路进行保护时,只要接上一个电阻器 R_p 就行了。R_p 的电阻值选为 100kΩ,就可以满足几乎是任何场合的要求。

表 6.6 结型场效应晶体管 2SK373GR 的特性

栅极短路电流	10nA(V_R=80V)
栅-漏间击穿电压	−100V(min)
正向导纳	4.6mS
输入电容	13pF
反馈电容	3pF

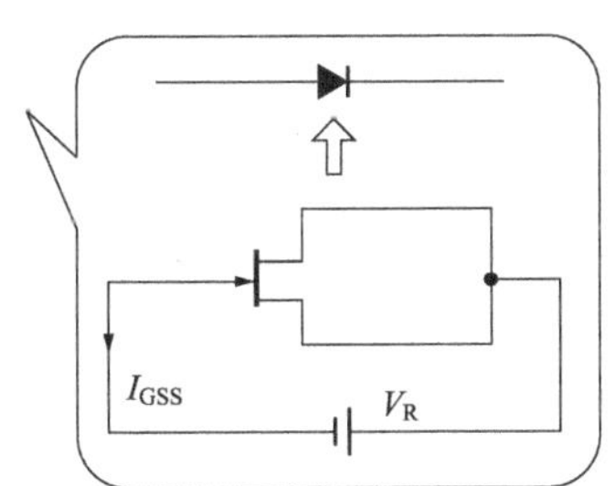

6.2.4 低噪声的电荷-电压变换电路

电荷-电压变换电路,又称为电荷放大器,或者充电放大器,其输出是与传感器产生的电荷成比例的电压。图 6.16(a)示出电荷放大器的基本电路。

假设传感器产生的电荷为 Q_SC,那么该电路输出的电压 V_{OUT} 可以表示为

$$V_{OUT}=\frac{Q_S}{C_f} \tag{6.5}$$

由于传感器产生的电荷数量与入射光的能量成正比，因此也可以用充电放大器进行入射光的能量分析。

图 6.16(b)示出一例充电放大器电路。反馈电阻器 R_f 用于稳定直流成分。如果没有这个电阻器，整个电路就变成了积分电路，输出就会饱和。运算放大器必须选用低噪声的放大器，可以使用 OP27 型运算放大器。这时候，由于采用的是双极型输入，因此反馈电阻器 R_f 的阻值不能太大。

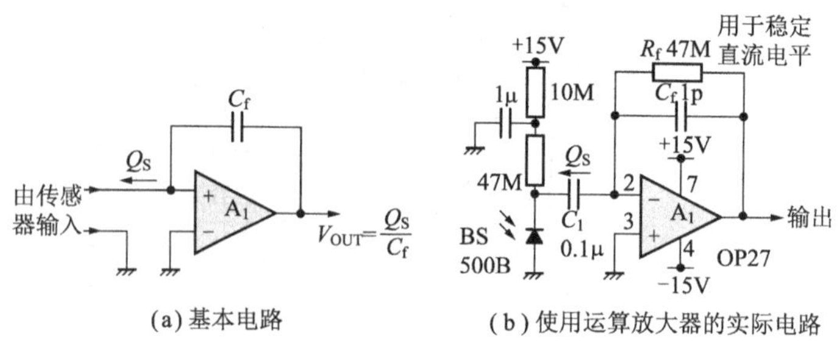

(a) 基本电路　　(b) 使用运算放大器的实际电路

图 6.16　电荷放大器电路

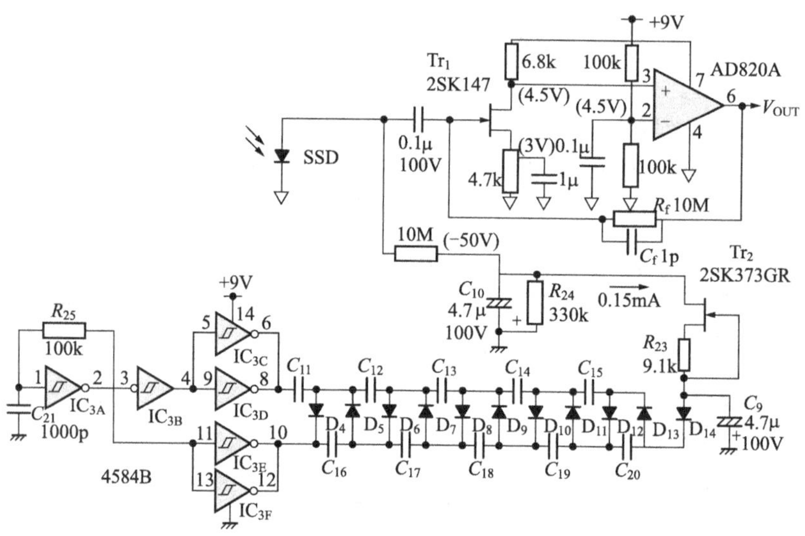

图 6.17　使用 SSD 的射线检测电路

一般情况下，放大器的初级采用低噪声的场效应晶体管。图 6.17 示出使用低噪声场效应晶体管 2SK147 的充电放大器。由于运算放大器的反向输出端被设定为＋4.5V，运算放大器如果能够正常工作，则其正输入端(也就是场效应晶体管的漏极)电压也为＋4.5V。

2SK147 的输入噪声为 $0.7\text{nV}/\sqrt{\text{Hz}}$ ($I_{DSS}=10\text{mA}$)，这种噪声对于正常的信号

来说是无益的。所以将漏极电流设定为(9V−4.5V)/6.8kΩ=0.7mA。

由于这时场效应晶体管的跨导 g_m 约为 10mS(西[门子]),场效应晶体管的放大倍数为 6.8kΩ×10mS=68 倍。这样在场效应晶体管的第一级就获得了 68 倍的放大,所以第二级的运算放大器就不要求必须是低噪声了。

从公式(6.5)可以看出,用作反馈的电容器 C_f 是一个决定着传感器灵敏度的重要元件,这个元件必须很稳定。通常使用温度稳定性很好的温度补偿型陶瓷电容器或者云母电容器。

从图 6.18 的光敏传感器等效电路可以看出,光敏二极管必然存在着结电容(极间分布电容)。为了减小这种分布电容,通常都对光敏二极管施加反向偏置电压。在这里,反向偏置电压的大小为−50V,它是由+9V 的电源电压经过倍压整流(科克罗夫特-沃尔顿)电路提供的。

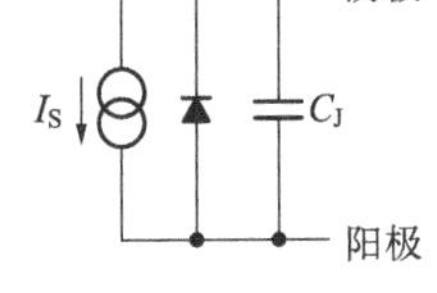

图 6.18 光敏传感器的等效电路

6.3 偏置电压电路

6.3.1 偏置电压电路的制作方法

光敏传感器需要有几十到几百伏的直流偏置电压。这是因为更高的反向偏置电压,有利于减小光敏器件的极间电容,从而有利于提高传感器的响应速度和改善传感器的信噪比。传感器的偏置电压虽然可以由专门的供电器提供,但是如果可能的话,还是由运算放大器的电源提供效果更好。

值得庆幸的是,传感器的内阻都比较高,几乎没有电流从中流过,这就为一套运算放大器使用的电源同时兼顾给光敏传感器提供偏置电压成为可能。一般情况下,只要给它提供 0.1mA 的电流也就够了。

图 6.19 示出了提供偏置电压的电路。这是一个利用科克罗夫特-沃尔顿电路(Cock-croft Walton circuit)制作的直流-直流变换电路,它是由电容器 C_1～C_{10} 以及二极管 D_1～D_{10} 构成。利用这个电路可以得到 5 倍于输入电压的电压。从±12V 的电压很容易得到 100V 左右的电压。

科克罗夫特-沃尔顿电路的输入电压由运算放大器 TL071 构成的振荡电路(10kHz)提供。在电源电压为±12V 的条件下,运算放大器的输出电压大约为 $20V_{P\text{-}P}$。其结果输出电压变成了 5×20V=100V。为了能够获得满足需要的电压,使用了恒流二极管。图 6.20 给出了恒流二极管的电压-电流特性。

E501 是一个 500 μA 的恒流二极管,利用一个 200kΩ的可变电阻器 VR_1,可以使电压在 0～100V 之间变化(为了在使用时留有余地,实际上选取的范围只是 0～80V)。接入电容器 C_{P1} 和 C_{P2} 的目的是为了消除开关噪声。

6.3.2 偏置电压的稳压电路

前面所介绍的提供偏置电压的电路,在输出电压的精度上还需要进一步提高。

在某些场合，要求的偏置电压的精度相当高。一般情况下，由于三端式稳压集成电路的耐压不高，因而不能使用。因为输出电流比较小，所以稳压电路的消耗电流也必须比较小。

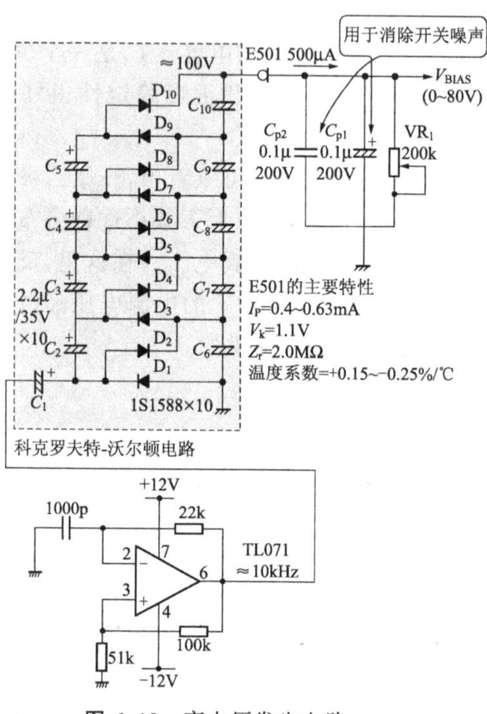

图 6.19 高电压发生电路

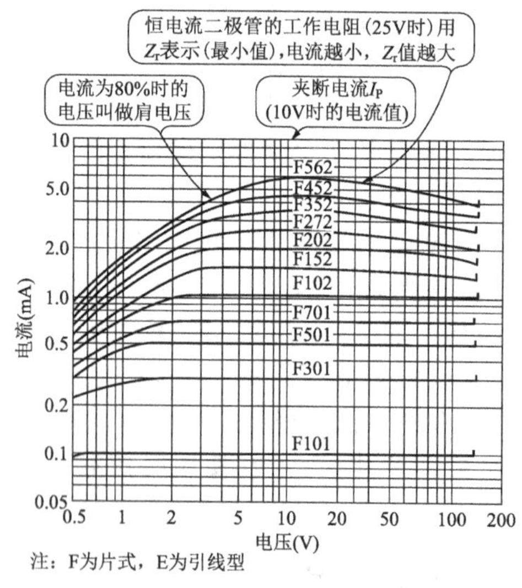

图 6.20 恒流二极管的电流-电压特性例

图 6.21 是一个由 50μA 电流驱动的高电压稳压电路。如果已经有一个非稳定的高压电源，那么利用这个电路就可以将其稳压。

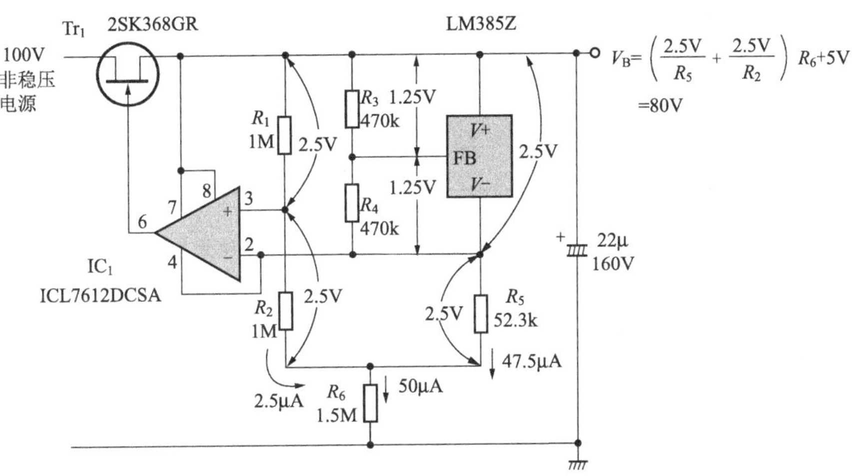

图 6.21 偏置电压的稳压电路

首先，可以使用低功率的 LM385Z 作为基准电源集成电路。LM385Z 的技术指标列于表 6.7。它的特点是最小工作电流仅有7μA。该数值是输出电压为 1.24V 时的电流值。像图 6.21 所示那样输出电压为 2.5V 时，工作电流大约是 20μA 左右。

R_1和 R_2上的电压降都是 1.25V，R_3和 R_4上的电压降均为 2.5V（运算放大器以这些数值来驱动晶体管 Tr_1）。其结果是 R_5上的电压降也变成了 2.5V。

于是，就有$(2.5V/R_2)+(2.5V/R_5)$的电流流过 R_6。所以输出电压 V_B为

$$V_B=\left(\frac{2.5V}{R_2}+\frac{2.5V}{R_5}\right)R_6+5V \tag{6.6}$$

在图 6.21 中所示元器件参数的条件下，$V_B=80V$。

图 6.21 中，Tr_1使用的是高耐压的 2SK368GR。如果可能的话最好选用耐压更高些的器件。表 6.8 列出了 2SK368GR 的技术指标。

该电路的要点是如何实现其低功率的目标。为此目的，运算放大器采用了 CMOS 型的 ICL7612D。ICL7612D 的技术指标列于表 6.9。这种运算放大器的电源电流是可以设定的。在该电路中，电源电流设定为 10μA。

当然，流过 R_5的电流就是 ICL7612D 和 LM385Z 的电路电流（30μA）。因此 R_5的功率应当设计为允许超过该电流值的电流流过（设计值为 47.5μA）。这样设计的结果，使得整个电路都在 50μA 的小电流条件下运行。

不过，现在又使用了低功率运算放大器和基准电源集成电路，所以电路能够在更小的电流下运行。

表 6.7　基准电源集成电路 LM385Z 的技术指标

基准电压	温度系数	电压可变范围	最小工作电流	反馈电流
1.24V	150ppm/℃(max)	1.24～30V	7μA(V_R=1.24V)	16nA

表 6.8　高耐压场效应晶体管 2SK368GR 的技术指标

栅-漏间电压	I_{DSS}	正向导纳	输入电容	反馈电容
－100V	2.6～6.5mA	4.6mS	13pF	3pF

表 6.9　CMOS 运算放大器 ICL7612D 的技术指标

输入偏移电压	偏移电压温漂	输入漂移电流	同向输入电压范围	电源电流
15mV(max)	25(μV/℃)	1.0pA	±5.3V(V_S=±5)	10 μA

6.4　微弱信号的电路技巧

6.4.1　利用屏蔽技术或者特氟隆绝缘端子

当光敏传感器的电流为皮安(pA)数量级时，应该采用屏蔽技术。图 6.22 是一个电流-电压变换电路。如果在运算放大器的负输入端附近有一条＋15V 的导线通过，由于这条导线而带来的漏电流 I_{LEAK} 将会流过反馈电阻 R_f，由此将会产生误差。图 6.22 的电路中采用了屏蔽的方式将运算放大器的输入端保护起来。这样做的结果，使得 I_{LEAK} 不能流过运算放大器的输入端，而经由屏蔽外层流到了接地端。在印制电路板上设置屏蔽的方法，可以如图 6.22(b)所示，就是说用接地的图形将运算放大器的输入端包围起来。

还可以采用比屏蔽更为稳妥的方法，那就是采用特氟隆绝缘导线。特氟隆是一种绝缘性能非常优良的绝缘材料。如图 6.23 所示，特氟隆绝缘引出端有两种不同的结构，它们分别是苜蓿叶形和针状绝缘子型。苜蓿叶形与针状绝缘子型相比，前者的引出端需要在印制电路板上开出一个稍大一些的洞。而后者的引出端则需要专用工具将其压入印制电路板。另外，由于印制电路板上有引出端焊接点，因此针状绝缘子型引出端可以利用焊接的方法固定在印制电路板上。因此，在将其安装到万能接线板上的情况下，选用针状绝缘子型会更方便些。

6.4.2　使用低噪声电缆

对传感器输出的微弱信号进行放大时，通常都是采用电流-电压变换电路。在传感器与放大器之间，应该以最短的距离进行连接。但是，这种距离因应用场合的不同，长短也不一样。有时两者之间的距离可达几米以上。在这种场合下，甚

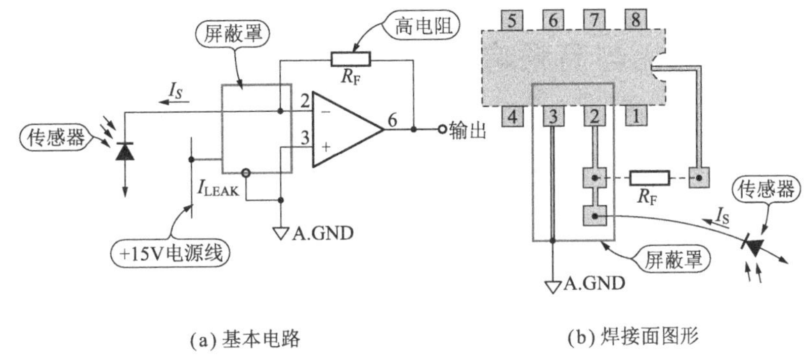

(a) 基本电路　　(b) 焊接面图形

图 6.22　屏蔽的作用

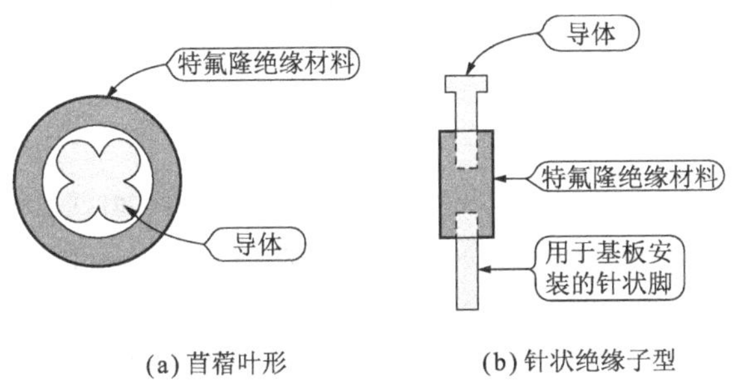

(a) 苜蓿叶形　　(b) 针状绝缘子型

图 6.23　各种特氟隆引出端

至周围环境中如汽车之类也会对测量产生干扰，比较容易产生误动作。振动会造成电缆的摇晃，摩擦会产生电荷，频谱很宽的汽车发电机电火花也会对电缆产生感应，这些都会形成噪声电流。

减小这种噪声电流的有效方法就是使用低噪声电缆。这种低噪声电缆的特点是在外绝缘层与内绝缘层之间有一层半导体夹层。图 6.24 示出了低噪声电缆的内部结构。与普通的同轴电缆相比，它引入的噪声只有普通同轴电缆的 1/10～1/100。

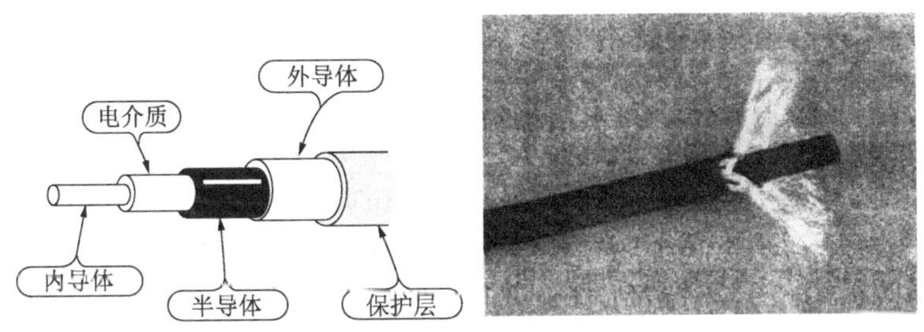

图 6.24　低噪声同轴电缆的内部结构

6.5 跨阻抗电路

6.5.1 信噪比与高频响应

光敏器件在现代通信系统中的应用越来越广泛。高速通信对于发光器件响应速度的要求不断提高。在此，我们来讨论光敏器件电流-电压变换电路的高速化问题。

图 6.25 是一个普通的电流-电压变换电路。其中，图 6.25(a)是使用电阻器的电流-电压变换电路，图 6.25(b)是使用运算放大器的电流-电压变换电路。使用运算放大器的电流-电压变换电路又叫做跨阻抗电路。

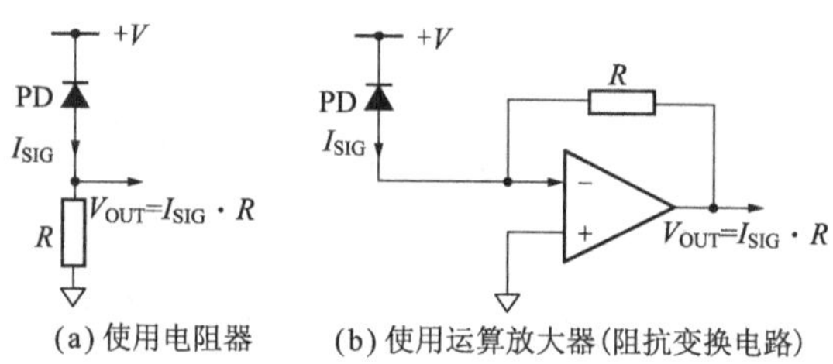

图 6.25 用于光敏二极管的电流-电压变化电路

先来考察图 6.25(a)电路的频率特性。该电路的输出电压可用式(6.8)表示：

$$V_{OUT}=I_{SIG}\cdot R \tag{6.8}$$

接下来，分析该电路的频率特性。图 6.26 表明，光敏二极管中存在着极间分布电容 C_{PD}(该电容的容量通常为几皮法)。光敏二极管上所加的反向电压越大，C_{PD}越小。由于在光敏二极管的后面还连接有电路，因此电源一般都是兼供两者使用。而且，电阻器 R 也存在引线间的电容和导线分布电容，这些电容的大小约有几皮法。

如果用 C_S表示这些电容的总电容，那么－3dB 的频带宽度 f_C可以表示为

$$f_C=\frac{I}{2\pi C_S R} \tag{6.9}$$

假如 $R=50\Omega$，$C_S=5$pF，那么可以得到 $f_C=640$MHz。但是，千万不要说“就算这个数值吧！”。也许这个数值仅适合于信号电流比较大的情况。如果仍然取$R=50\Omega$，当 $I_{SIG}=1$mA 时，就会得到 $V_{OUT}=50$mV 的信号输出。现在就来看一看，信号电流小的时候又会有什么问题。譬如说，我们考虑 $I_{SIG}=10\mu$A 时的情况。在 $R=50\Omega$的时候，仅有 $V_{OUT}=500\mu$V 的信号输出。这时候，如果仍然期望很高的信噪比将是不现实的。因此，要想改善信噪比，必

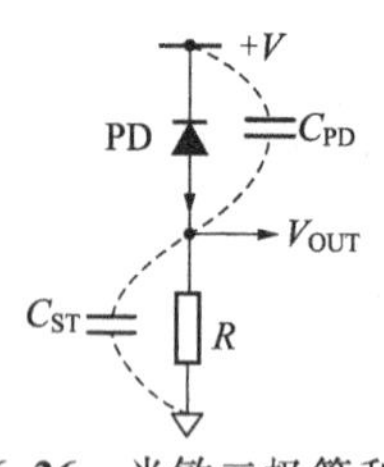

图 6.26 光敏二极管和电路中存在的分布电容

须增大 R。

如果 R 增大为 $R=100\Omega$，则 $V_{OUT}=1V$，得到了比原来高出 2000 倍输出电压。作为交换条件，频带宽度 f_C 也下降到原来的 1/2000，变成了 320kHz(这样大小的频带宽度其实也不是没有用途)。

图 6.27 给出的是脉冲响应特性的测量结果(脉冲的重复频率是 30kHz)。图 6.27(b)是使用通用型运算放大器 MC34081 时的情况，图 6.27(c)是使用高速运算放大器 AD843 时的情况。从图中可以看出，使用这两种运算放大器的脉冲响应速度没有什么差别。这是因为如公式(6.8)所示，运算放大器的频率特性取决于它的输入信号。

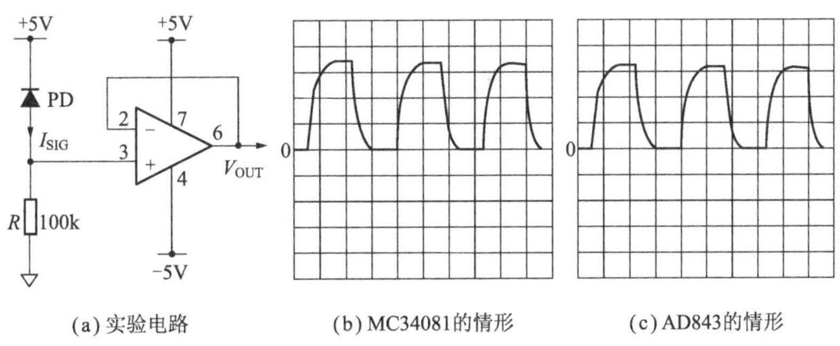

图 6.27 使用电阻器的电流-电压变化电路的脉冲响应特性

在表 6.10 中给出了 MC34081 和 AD843 的技术指标。MC34081 是单位增益频率(开路放大倍数为 1 时的频率)为 8MHz 的运算放大器，AD843 是单位增益频率为 34MHz 的运算放大器。

表 6.10 MC34081 与 AD843 的技术指标

	输入偏移电压(mV)	温漂(μV/℃)	输入偏置电流(pA)	噪声电压密度(nV/$\sqrt{Hz}$)	f_T(MHz)	转换速率(V/μs)	工作电压(V)	工作电流(mA)
MC34081	0.5(1.0max)	10	20	30(1kHz)	8	25	±5～±22	±2.5
AD843J	1.0(2.0max)	12	50	19(10kHz)	34	250	±4.5～±18	±12

6.5.2 跨阻抗电路

从前面的讨论可以看到，对于使用电阻器的电流-电压变换电路而言，要获得良好的信噪比，就得牺牲频率特性。然而，现在已经有了令人满意的电路，这就是使用运算放大器的电流-电压变换电路，它们统称为跨阻抗电路。

图 6.28 是一例跨阻抗电路。C_{IN}是光敏二极管的极间分布电容与运算放大器的极间分布电容的总和。与反馈电阻 R 并联的电容器 C_F是一个去耦合电容。运

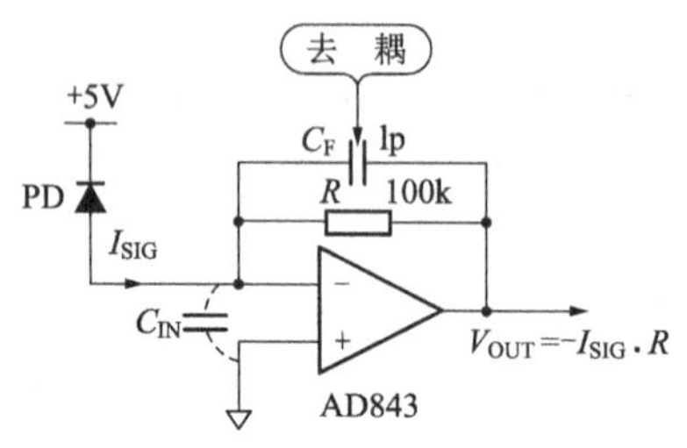

图 6.28　阻抗变换电路

算放大器如果有输入电容，就容易产生自激振荡。利用 C_F 进行相位补偿，就可以使运算放大器的这种自激振荡特性得到改善。

如果运算放大器的单位增益频率为 f_T，那么该电路的 -3dB 频带宽度（即信号通频带宽度）F 可以表示为

$$F\approx\frac{1}{2}\sqrt{f_T/2\pi RC_{IN}} \tag{6.9}$$

为了确保这时候能够有 60°的相位余量，必须具有的去耦合电容器 C_F 则为

$$C_F\approx2\sqrt{C_{IN}/2\pi Rf_T} \tag{6.10}$$

由式(6.9)可知，在跨阻抗电路中，即使 R 和 C_{IN} 的数值比较大，只要使用 f_T 大的高速运算放大器，就有可能实现高速化。换句话说，在跨阻抗电路中，运算放大器的选择是非常重要的。在这一点上，与使用电阻器的电流-电压变换电路中运算放大器的选择无关紧要的情况相比，有很大的差异。

图 6.29(a)示出了使用 AD843 时的脉冲响应特性（脉冲重复频率为 500kHz）。AD843 的 f_T 为 34MHz，假设取 $C_{IN}=6$pF，$R=100$kΩ。根据式(6.9)，$F\approx3.7$MHz。根据式(6.10)，这时候的 C_F 值大约为 1pF。这只是一个大致的数值。只要进一步减小通频带的宽度，即使增大 C_F 的数值也无关紧要。在某种程度上，自激振荡变得困难了。反过来，如果 C_F 比较小，通频带就会变宽。但是，这时候需要特别注意的是容易发生自激振荡。

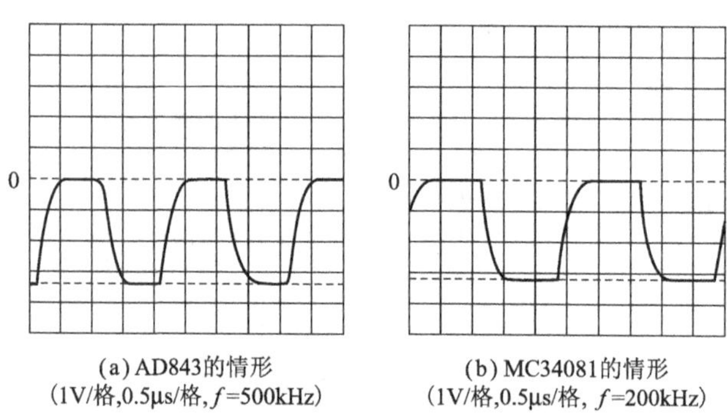

图 6.29　图 6.28 电路的脉冲响应特性（$I_{SIG}=31.6\mu$A）

图 6.29(b)是使用 MC34081 时的特性。其速度虽然赶不上使用 AD843 时的程度，但是与使用电阻器时的电流-电压变换电路相比，响应速度已经足够快了。当然，如果使用速度更高的运算放大器，其速度还会更快。

6.5.3 跨阻抗电路专用集成电路

信号的通频带宽度如果超过了几十兆赫，这时与使用分立元器件组装跨阻抗电路相比，使用专用电路制作跨阻抗电路更为简单。尽管使用专用电路后仍然存在着自激振荡问题，然而对于初学者而言，当然是操作步骤越少越好。

表 6.11 给出了 AD8015AR 的技术指标。通频带宽度达 240MHz。在通常应用的情况下，这大概要算是比较理想的性能了。

图 6.30 示出了它的脉冲响应特性，脉冲重复频率为 15MHz。这确实是一个高速型电路。这个集成电路的输出是发射极耦合逻辑电平，再加上在图 6.30 电路中具有共用模式的电压，因此可以在交流模式(隔直流状态)下进行测量。图 6.31 是它的噪声特性。由于它具有宽达 240MHz 的通频带，所以增加了一个前述的性能中都用不着的低通滤波器，其目的是改善信噪比。

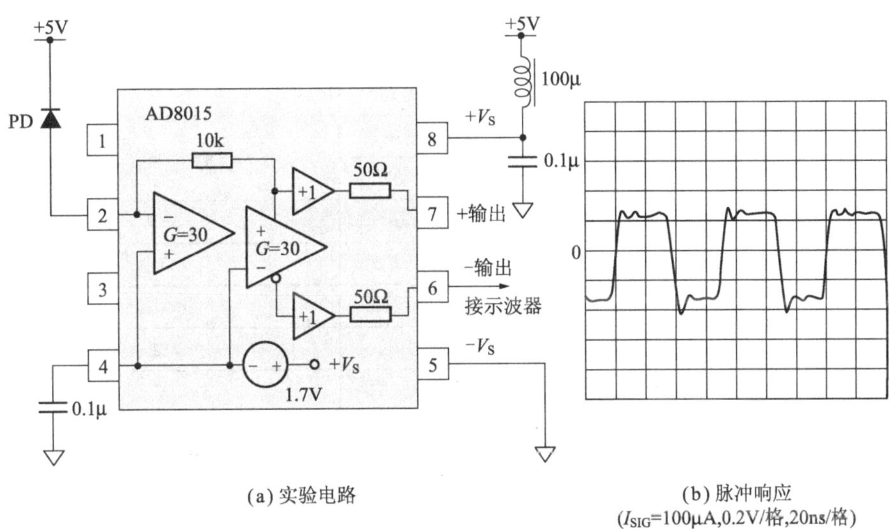

(a) 实验电路

(b) 脉冲响应
(I_{SIG}=100μA,0.2V/格,20ns/格)

图 6.30 AD8015 的脉冲响应特性(脉冲重复频率 f=15MHz)

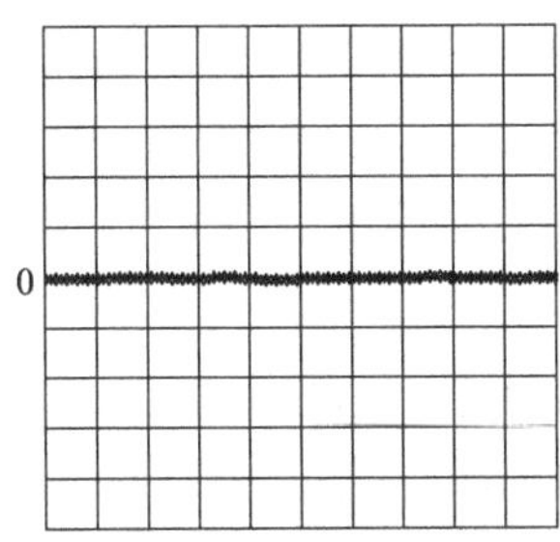

图 6.31 AD8015 的噪声特性
(BW=240MHz,5mV/格,1ms/格)

从表 6.11 可知，AD8015AR 的电流噪声在宽达 100MHz 的通频带范围内为 26.5nA$_{RMS}$，因此它输出的噪声电压就是 26.5nA×10kΩ=0.265mV$_{RMS}$。

表 6.11　专用集成电路 AD8015AR 的技术指标

动态特性	频带宽度	240(180min)	MHz
	上升/下降时间	500	Ps
	稳定时间	3	Ps
输入特性	线性输入电流范围	±30	μA
	最大输入电流范围	±350(±200min)	μA
	光灵敏度(155Mbps 时)	−36	dBm
	输入分布电容	0.4	Pf
	输入偏置电压	1.8 ±0.2	V
噪声特性	输入电流噪声(f=100MHz)	3.0	pA$\sqrt{H_z}$
	输入全噪声(直流～100MHz)	26.5	Na
传输特性	传输阻抗	10 ±2(单端)	k Ω
		20 ±4(差动)	
	PSRR	37.0(单端)	Db
		40(差动)	
	差动偏移电压	6(20max)	mV
	输出共模电压(与+V 比)	−1.3 ±0.2	V
	峰值电压(差动)	600(RL=50Ω)	mV$_{p\text{-}p}$
	输出阻抗	50 ±10	Ω
电源	工作范围	+4.5～+11	V
	电源	25(max)	mA

6.5.4　跨阻抗电路的噪声

1. 跨阻抗电路噪声的计算

下面计算跨阻抗电路的噪声。计算时仍然选用图 6.28 的电路。电路中的各种参数分别设定为 R=100kΩ，C_{IN}=10pF，C_F=1pF。

首先计算阻值为 R=100kΩ的反馈电阻上的噪声电动势 E_{NR}。由于电阻器的噪声大体上可以表示为

$$E_{NR} \approx 4\sqrt{R(\mathrm{k\Omega})}\ (\text{单位 } \mathrm{nV}/\sqrt{\mathrm{Hz}}) \tag{6.11}$$

因此，阻值为 100kΩ时的噪声就是 40nV/$\sqrt{\mathrm{Hz}}$。

其次，计算输入电容 C_{IN}引起的噪声。由图 6.32 可知，AD843 的输入噪声电压密度在频率低于 f_1 时 V_N=19nV/$\sqrt{\mathrm{H_Z}}$，而在从 f_1 到 F 的频率范围内，随着频率的升高

而增加。这是由于输入电容 C_{IN} 引起了运算放大器放大倍数的增加造成的。

由式(6.8)可知,F 的大小为 1.1MHz,f_1 的值可以由下式给出:

$$f_1=\frac{1}{2}\pi R(C_{IN}+C_F) \tag{6.12}$$

式中,$R=100\text{k}\Omega$,$C_{IN}+C_F=11.4\text{pF}$,由此可以计算得 $f_1=140\text{kHz}$。

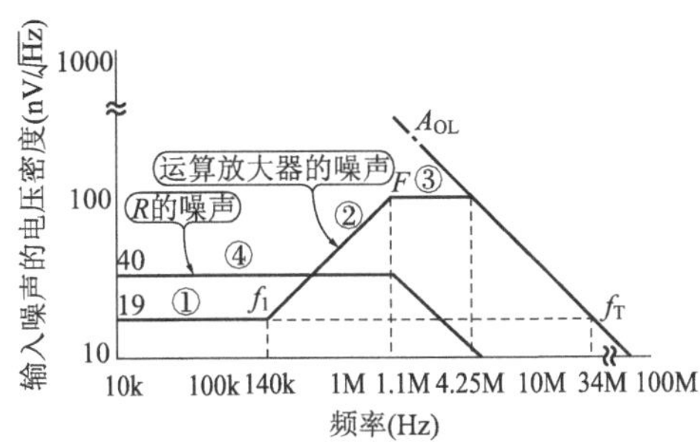

图 6.32 阻抗变换电路产生的噪声
($R=100\text{k}\Omega$,$C_{IN}=10\text{pF}$,$C_F=1\text{pF}$)

上面所介绍的全部电路噪声列于表 6.12。从中可以发现,在所有这些噪声中,最大的是输入电容 C_{IN} 引起的噪声。由此可见,减少该电路噪声的有效方法就是要么减小输入电容 C_{IN},要么使用 V_N 小的运算放大器。要想减小输入电容 C_{IN},则或者是使用极间分布电容小的光敏二极管,或者是使用输入电容小的运算放大器。通常可以将它们控制在几皮法以下。即使将它们降低到了最小,最终对电路噪声发挥作用的仍然有光敏二极管的电流噪声(如何真的能够把噪声减小到如此小的程度,也是非常理想的了)。

反过来讲,在光敏二极管本身的电流噪声比较大的情况下,无论采取什么措施来降低噪声,电路的噪声都是降不下来的。另外,噪声的平衡感也非常重要。

因为信号的通频带宽度 $F=1.1\text{MHz}$,所以在其输出端增加一个截止频率为 2MHz 的低通滤波器,也可以有效地改善电路的信噪比。

在实际组装的时候,需要注意的是使用具有屏蔽作用的管壳。

表 6.12 噪声计算表

	噪声电压(nV/$\sqrt{\text{Hz}}$)	通频带宽度(MHz)	输出噪声(μV_{RMS})
V_N *1	19	0.14	7.1
V_N *2	$19\times\sqrt{1.1/0.14}=54$		54
V_N *3	19×(1+CIN/CF)=152	(4.25−1.1)×1.57=4.95	338
V_N *4	40	1.1×1.57=1.73	53
合计			346

*1:V_N 为直流~140kHz 的噪声电压;*2:V_N 为 140kHz~1.1MHz 的噪声电压;*3:V_N 为 1.1~4.25MHz 的噪声电压;*4:V 为直流~4.25MHz 噪声电压。

2. RC 并联电路的噪声

即是非常相似的电路，由于用途不同，其噪声的分析方法也不完全一样。例如，图 6.33 所示的电路。我们把图 6.33(a)作为电流-电压变换电路来计算噪声，而把图 6.33(b)作为充电放大器电路来计算噪声。其中，为了便于比较，电路参数选用了相同的数值。

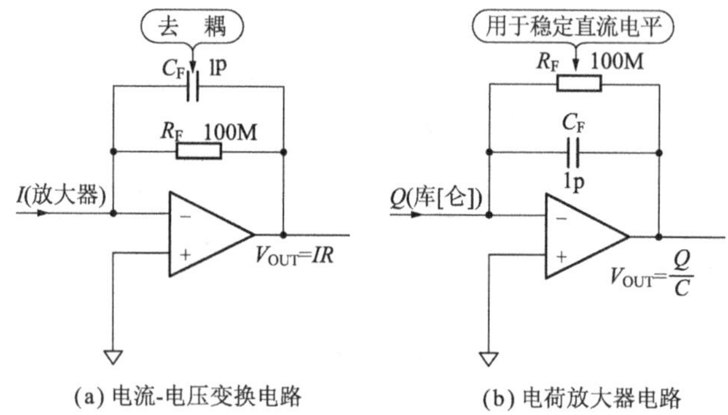

图 6.33 看上去相同但是用途完全不同的两个电路

在计算电容器 C 与电阻器 R 并联电路的噪声时，需要注意的问题是“电容器本身不产生噪声”，噪声都是由电阻器 R 产生的。然而，由于电容器 C 的存在，增加了频率对于噪声的影响。

RC 并联电路的复阻抗 Z 可以表示如下：

$$Z=\frac{1}{\frac{1}{R}+j\omega C}=\frac{R}{1+(\omega RC)^2}-\frac{j\omega CR^2}{1+(\omega CR)^2} \tag{6.13}$$

如上所述，由于电容成分不产生噪声，因此产生噪声的就只有式(6.13)中的电阻成分 R_N。这个 R_N 就是一个角频率为 $\omega(=2\pi f)$ 的噪声电阻。即

$$R_N=\frac{R}{1+(\omega CR)^2} \tag{6.14}$$

将其绘制成曲线，就是图 6.34。图中的曲线①表示的是 $C_F=0$ 的情况。因为这时只有电阻器 $R=100\text{M}\Omega$，因而理所当然地对于频率没有依存性。

曲线②表示的是 $C_F=1\text{pF}$ 时的情形。频率越高，R_X 越小。另外，在电流-电压变换电路中，增大 C_F、压缩通频带宽度，有利于改善电路的信噪比。例如，像曲线③那样，当 $C_F=10\text{pF}$ 时，进一步压缩通频带宽度，信噪比会得到进一步改善。

但是，在充电放大器中，电容器 C 是用于决定电路放大倍数的。电阻器 R_F 的目的仅仅是限制运算放大器的偏置电流，靠它来固定直流电平的大小。另外，在电流-电压变换电路中，主要关注包括直流在内的低频范围。与它形成鲜明对比的是，在充电放大器电路中，由于所处理的是脉冲信号，因而充电放大器更关注高频范围。因此 R_F 越大，噪声就变得越小。

图 6.35 是固定电容的大小所测得的噪声曲线。将 R_F =100MΩ与 1000MΩ相比，在低频下，R_F =100MΩ的电路理所当然的噪声大；而对于 1kHz 以上的频率，噪声反而会小 20dB 左右。为了便于参看，还给出了 R_F =10MΩ的曲线。从中可以看出 R_F 越大，高频下的噪声越小。

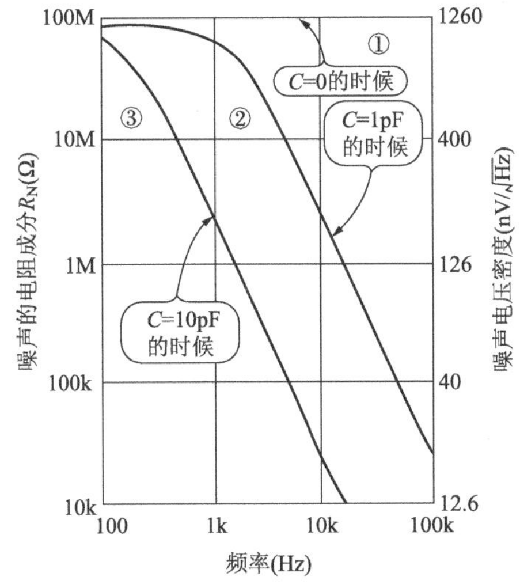

图 6.34 RC 并联电路的噪声曲线
（R=100MΩ 固定，改变 C）

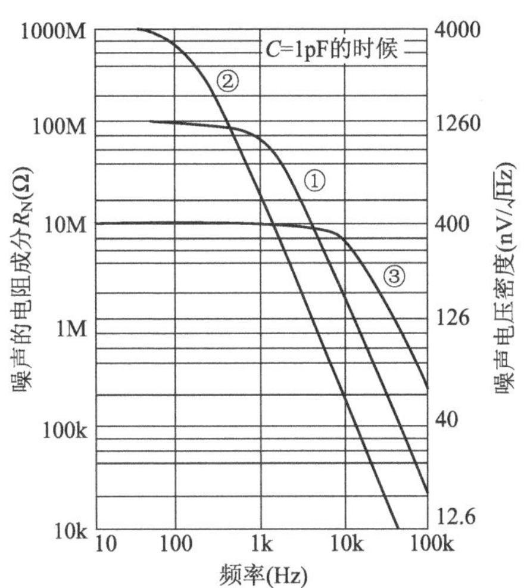

图 6.35 RC 并联电路的噪声
（C=1pF 固定，改变 R）

如果传感器的漏电流比较大，R_F 上的电压降就会变大。但是如果过大，电路就会饱和。因此为了减小噪声，必须选用漏电流小的传感器。

作为特殊的电路，也有不使用反馈电阻 R_F 的充电放大器电路。当然，如果原封不动地使用，会出现饱和。因此应当将它重新调整不至于达到饱和的程度。不过，在重新调整的过程中，不容易测量，从原理上讲，在调整过程中噪声有可能变低。

第7章 应用光电器件的光传感器单元

通过将包含透镜在内的光学系统、光电器件、模拟信号处理电路、微机软件等的组合可以构成有特色的光传感器单元。典型的光传感器单元有：

(1) 测距传感器。测定反射物距离的传感器。

(2) 微尘传感器。测定空气中受粉尘等微粒污染程度的传感器。

(3) 色粉浓度传感器。测定彩色复印机等的色粉浓度的传感器。

这些传感器单元在将各发光器件/受光器件组合使用时业已进行过各种必要的光学设计/电路设计，例如：

- 利用光学模拟技术的光学设计。
- 包括高精度信号处理/灵敏度调整在内的电路设计。
- 以小型化、轻量化为目的的高密度设计等。

能够保证单元的性能。因此，在使用这些光传感器单元时，可以很方便地实现高精度/高灵敏度的传感器系统。

7.1 测距传感器

作为检测有无物体(人体)的传感器来说，过去广泛使用的是利用判断检测反射光通量值是否比设定值大的方式。所以在被检物体的颜色或反射率不确定的情况下，检测反射光通量大小方式的光传感器的检测精度就会变差，甚至发生错误，无法满足市场对高精度检测的需要。

这里介绍的测距传感器，与上述被检物体的颜色或反射率没有依赖关系，是用光学的方法测定物体的距离，得到与距离相对应的检测输出的传感器。

7.1.1 测距传感器的工作原理

测距传感器是应用三角测距原理的光学式传感器。图 7.1 示出三角测距的原理图。发光器件(红外 LED)发出的光通过设计的发光透镜后，变成方向性非常锐敏的 LED 光，照射到被检物体上。被检物体漫反射的反射光中，如果有入射到受光透镜上的光经受光透镜聚光在受光器件上，那么与被检物体距离相对应，受光器件上的入射光光点位置会发生变化。利用电学方式检测这个入射光的光点，就能够求得被检物体的距离。

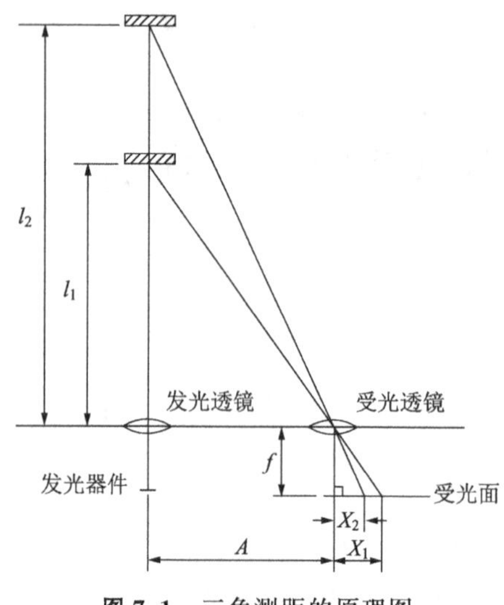

图 7.1　三角测距的原理图

如图 7.1 所示，令发光透镜与受光透镜的中心点距离(基线长度)为 A，受光透镜的焦距为 f，用几何学方法由被检物体的距离 l_1 求入射光光点位置 x_1，即

$$x_1=\frac{A\cdot f}{l_1}$$

在设定可能的测定范围为 l_1 到 l_2 的情况下，入射光点的移动量Δx 可以表示为

$$\Delta x=x_1-x_2=\left(\frac{1}{l_1}-\frac{1}{l_2}\right)\cdot A\cdot f$$

由该式，考虑到可能测定物体的距离范围以及受光面的有效长度，就能够设计 A 和 f 的值。

以电学方法检测入射光点位置的受光器件，采用位置检测器件 PSD(Position Sensitive Detector，位置敏感探测器)。PSD 是应用光敏二极管(PD)检测入射光位置用器件。由于使 PSD 的两个输出电流比与入射光点位置相对应，那么通过对 PSD 两个输出电流比进行运算，就能够知道入射光点的位置，即被检物体的距离。

7.1.2　内部电路构成

图 7.2 示出测距传感器的电路构成。利用 LED 驱动电路使 LED 发出脉冲光。为了使传感器测距实现高精度的输出，设定每一次测距动作中 LED 发光 32 次，与 LED 发光定时同步地读取 32 次 PSD 输出，然后获取平均运算值。

信号处理电路由具有除去环境干扰光引起的 PSD 输出电流的 AC 放大器功

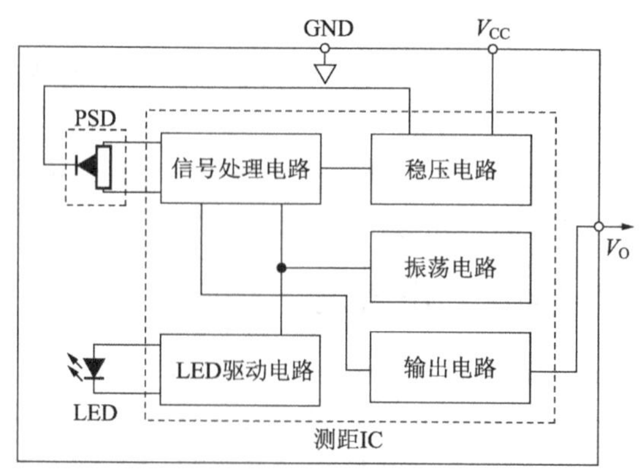

图 7.2　测距传感器的电路构成图

能、将 LED 脉冲发光时的 PSD 输出电流变化部分作为信号进行放大的放大功能、对两个 PSD 信号的电流比进行运算的功能以及可以计算出这个运算值的 32 次平均值的平均运算功能等各功能电路构成。

振荡电路部分控制 LED 驱动和同步获取信号处理电路的动作，就是说控制电路整体的动作。从输出形态的角度看，有与反射物(被测物体)距离相对应的模拟电压输出型，以及判断到反射物的距离是近还是远的 H/L 输出型。

7.1.3 测距传感器的形状与特性

表 7.1 列出测距传感器几种典型的机种。表中，H/L 输出的检测距离表示为检出/未检出的转换距离。可以根据各自的用途和目的，选定适当的测距范围和输出形态。图 7.3 示出 GP2D12J/15J0000F 的外形图，图 7.4 示出 GP2D12J/15J0000F 的特性。如图 7.4 所示，GP2D12J0000F 输出与被检物体距离相对应的模拟电压，而 GP2D15J0000F 的输出是被检物体比所定的距离(24cm)远还是近的 High 或者 Low。

表 7.1 测距传感器几种典型的机种

		输出形态	
		模拟电压输出	H/L 输出(检测距离)
测距范围	4～30cm	GP2D120XJ00F	GP2D150AJ00F(15cm)
	10～80cm	GP2D12J0000F	GP2D15J0000F(24cm)
	20～150cm	GP2Y0A02YK0F	GP2Y0D02YK0F(80cm)

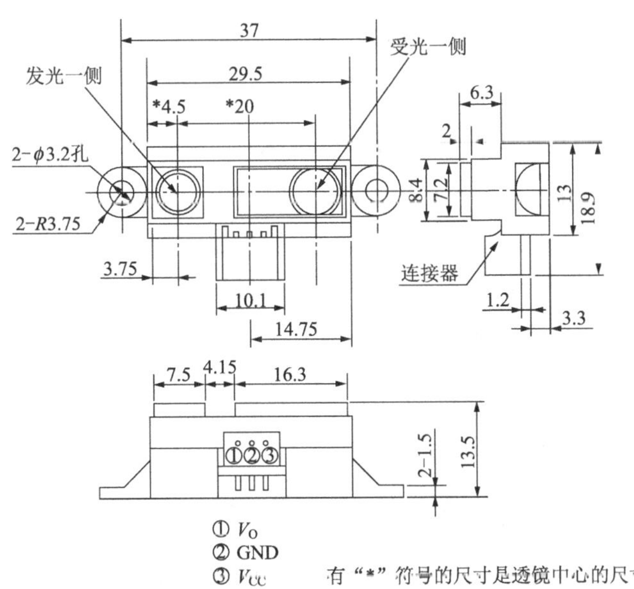

图 7.3 GP2D12J/15J0000F 的外形图

· GP2D12J0000F

项　目	符　号	特性值
工作电源电压	V_{CC}	4.5～5.5V
测距范围	L	10～80cm
消耗电流	I_{OC}	MAX. 50mA
输出	—	模拟输出(见右图)
工作温度	T_{opr}	−10～+60℃

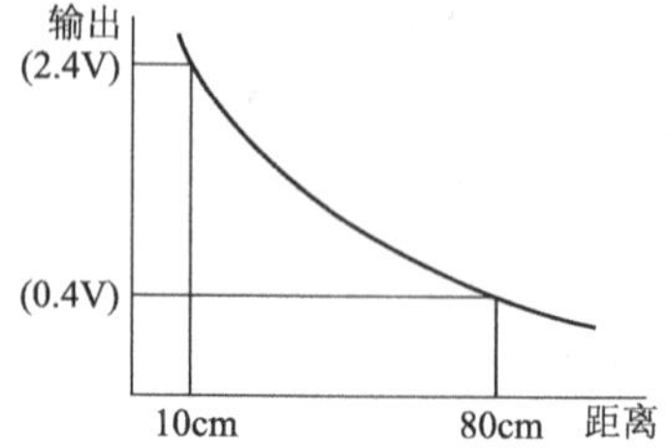

· GP2D15J0000F

项　目	符　号	特性值
工作电源电压	V_{CC}	4.5～5.5V
消耗电流	I_{OC}	MAX. 50mA
判定距离	L	TYP. 24cm
输出	—	数字输出(见右图)
工作温度	T_{opr}	−10～+60℃

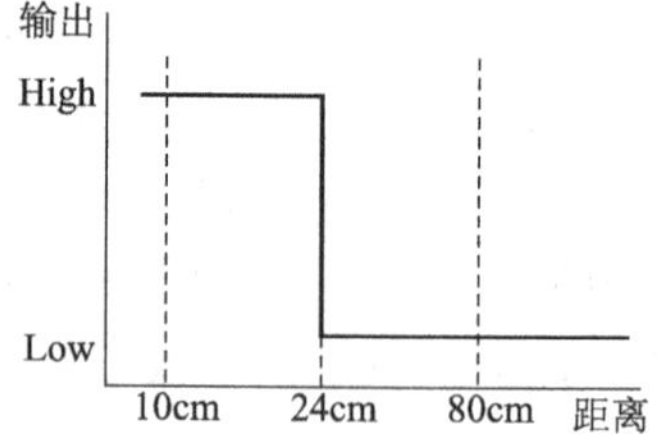

图 7.4　GP2D12J/15J0000F 的特性

如前所述,GP2D12J/15J0000F 的距离特性输出几乎不受被检物体的颜色或反射率的影响。另外,在反射光通量检测方式中,由于:

(1) 在希望检测的物体的距离与不希望检测的物体的距离相差不大的情况下,S/N 比会下降。

(2) LED 发光光通量的长期稳定性对检测距离有影响。

因此,传感器的设计工作很繁杂,或者说设计上必须考虑的问题很多。如果使用测距传感器,就可以避免检测反射光通量方式的这些缺点。

7.1.4　测距传感器的基本使用方法

例如,检测障碍物的距离或者检测复印机的送纸盘内纸张残留量时使用模拟输出型机种,与希望检测的距离范围相对应选用测距范围合适的机种。

在以检测人体/手/物体等的有无为目的时,使用 H/L 输出型的机种。它突出的优点就是不依赖于人体衣服的颜色或物体的颜色,能够在设定的距离范围内进行检测。

测距传感器的连接器只有 V_{CC}(5V)/GND/输出 3 个端子,没有特别的必要由外部进行控制,是一种使用非常方便的传感器。

7.1.5　测距传感器使用上的注意事项

在使用中为了能够最大限度地发挥测距传感器的性能,应该注意以下事项。

1. 在测距传感器前面设置滤光片的场合

测距传感器的 LED 发光波长约为 850 ±70nm。在传感器前面需要设置滤光片的场合,应该选用其分光透射率能够使LED光充分通过的材质。必须避免使用导致光发生散射的材质。

为了避免光在滤光片的表面发生散射,应该将滤光片的内外两面都加工成镜面。如果由于滤光片而导致来自被测物体的反射光发生了散射现象,就不能得到正确的测距输出。

应该尽量缩短测距传感器与滤光片之间的距离(最大约1mm)(图7.5(a))。如果间隔大,LED光的一部分被滤光片正反射而不能入射到传感器的受光窗,也就得不到正确的测距输出。如果间隔距离无法缩短,应该在传感器与滤光片之间设置遮光板,以防止在滤光片上发生正反射现象(图7.5(b))。

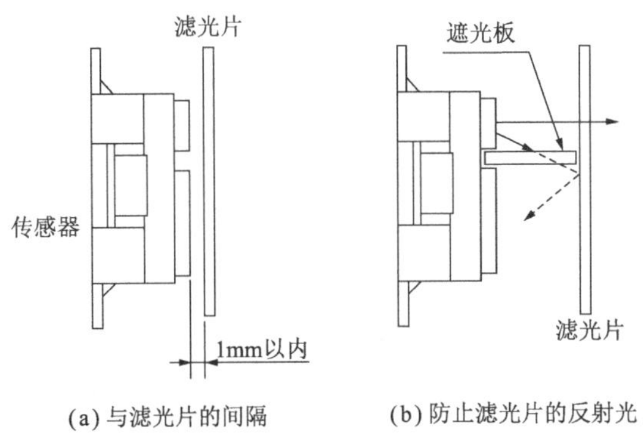

图7.5 在测距传感器前面设置滤光片

2. 传感器相对于移动物体的安装方向

在被检物体在传感器LED光轴的垂直方向上移动的场合,为了减小测距误差,设置传感器时,如图7.6所示,应该使连接传感器的发光/受光透镜的中心点之间的直线与反射物的移动方向是直行的方向。

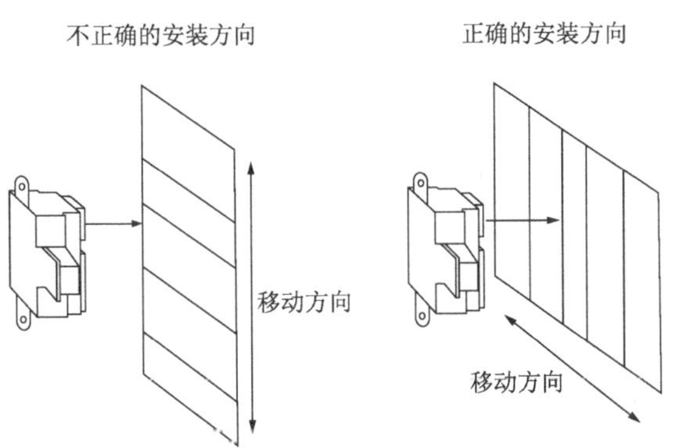

图7.6 对于移动物体传感器的安装方向

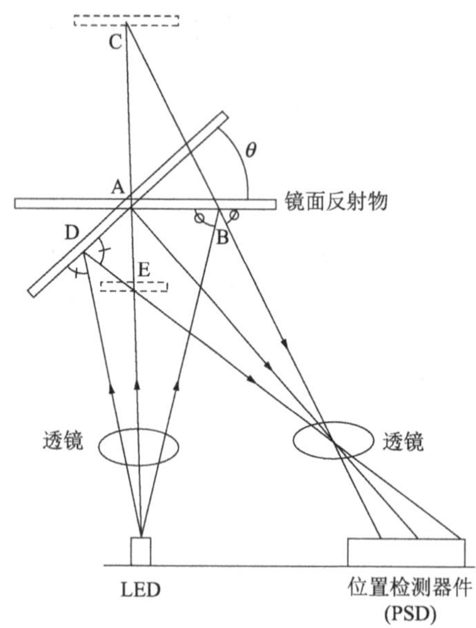

图 7.7 镜面反射物时的发射光光路

3. 镜面反射时的传感器输出

不能对没有漫散射的镜面反射物(镜子的玻璃等)进行测距。图7.7中,在A点的位置上有镜面反射物的情况下,来自B点的镜面反射光入射到受光器件上。不过在这种情况下受光器件上的反射光点位置与C点处存在漫反射物的情况相同,其测距输出也与C点处有漫反射物的测距输出相同。另外,在镜面反射物以A点为中心的倾斜角为θ的情况下,来自D点的镜面反射光入射到受光器件上,与E点处存在漫反射物情况下的测距输出也是相同的。

4. 传感器对于有漫反射成分的光亮反射物的输出

在对有漫反射成分的光亮反射物(如油漆金属、树脂成型品、彩色塑料等)进行测距的场合,来自反射物光泽(镜面反射)的反射光往往会对测距输出造成影响。这种情况下,如图7.8所示,通过使传感器的光轴相对于光亮反射物有一定的倾斜,就可以使镜面反射成分避向Y方向,而只有漫反射成分入射到受光器件上,从而得到正确的测距输出。

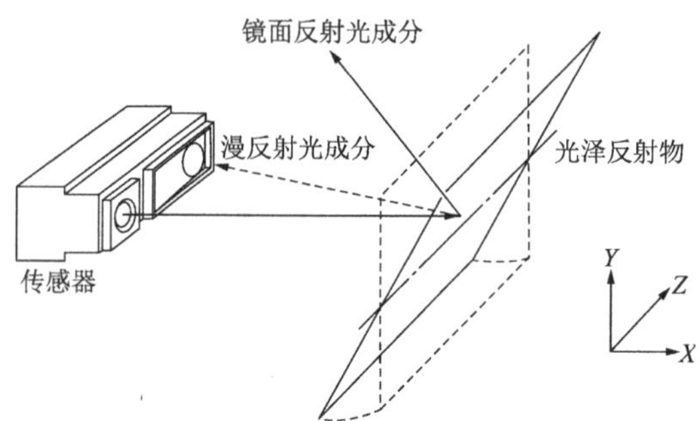

图 7.8 被检物有光泽反射时传感器的安装方向

5. 关于外部干扰光

如果有来自太阳光、钨灯等光源光的直接入射,这时不能得到正确的测距输出,因此需要考虑如何减小这些光的影响。

7.1.6 应用测距传感器的宽角度传感器

为了使测距传感器的LED光具有足够的方向性,在原理上需要对透镜进行设计。如果传感器视角窄，那么进行宽视角的检测时就需要使用多个传感器。不过从设置传感器的空间和成本的角度上看，对于能够以宽视角直接进行测距的传感器的需求更高，因此相应开发出了宽角度传感器(W.A.S)。

W.A.S的电路构成如图7.9所示。内藏有5个LED，根据来自外部的输入来选择使哪几个红外LED发光，测定所选择的红外LED光在照射方向上与反射物的距离，输出与反射物距离相对应的模拟输出电压。

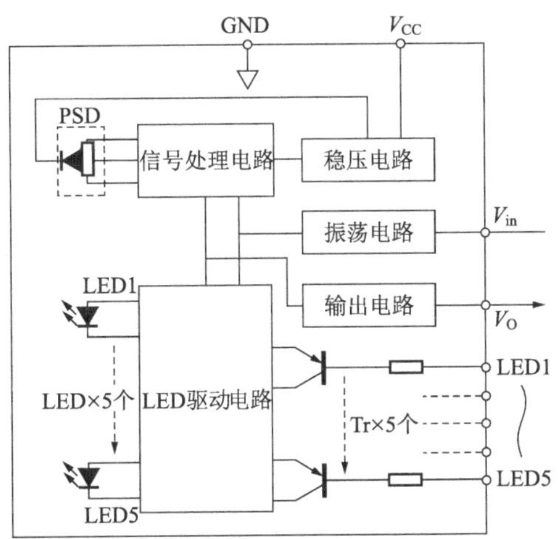

图7.9 宽角度传感器的电路构成图

图7.10示出W.A.S的检测范围的说明。其中，来自5个红外LED的光通过发光部分的透镜辐射出去。各LED的光设计有5°的间隔，共计形成25°的视角。受光部分的透镜设计成环行透镜，使来自25°范围的反射光入射到受光部。

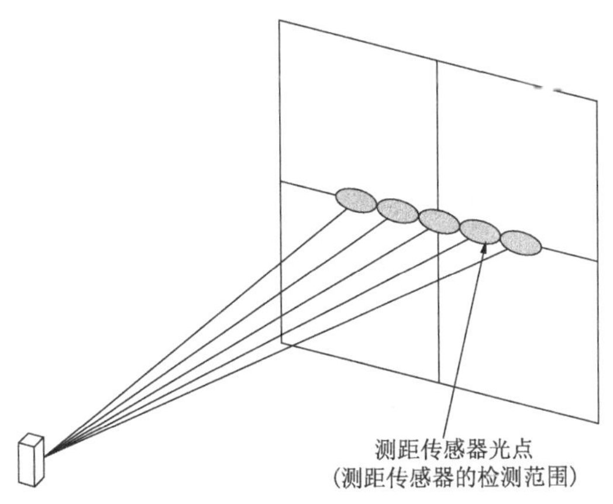

图7.10 宽角度传感器的检测范围

视不同用途，对检测距离范围的要求也有各种各样。现在，距离范围不同的3

种 W. A. S 已经商品化(GP2Y3A001K0F/002K0F/003K0F)。这 3 个机种的特性列于表 7.2,图 7.11 示出其外形图。

表 7.2　W. A. S 的特性

项　目	符　号	GP2Y3A001K0F	GP2Y3A002K0F	GP2Y3A003K0F
测距范围	L	4～30cm	20～150cm	40～300cm
工作电源电压	V_{CC}	4.5～5.5V		
消耗电流	I_{CC}	TYP 33mA		
测距角度	θ	25°		
工作温度	T_{opr}	－10～＋60℃		

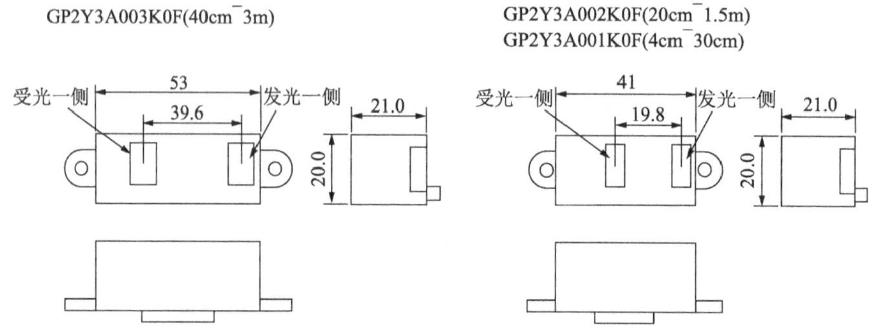

图 7.11　W. A. S 的外形图

7.2　微尘传感器

近年来,能够除去香烟烟雾、室尘、花粉等空气中的污浊粒子的空气清洁器、带有空气清洁功能的空调中都使用了用光学方法检出空气中污浊粒子的微尘传感器。利用微尘传感器,可以自动打开/关闭空气清洁功能的动作,或者调整它的强弱。

7.2.1　微尘传感器的工作及识别原理

微尘传感器是一种检测空气中污浊粒子的反射光光通量的反射型传感器。图 7.12 中示出这种微尘传感器 GP2Y1010AU0F 的内部结构图。来自发光器件(红外发光二极管)的光通过设置在发光器件前面的透镜变为平行光。受光器件前面也设置了透镜,使得只有从正面入射到透镜上的光入射到受光器件上。发光器件(LED)一侧的光轴与受光器件(PD)一侧的光轴相交的地方就是检测区域。在检测区域中有香烟烟雾、室尘、花粉等空气中的污浊粒子的情况下,来自发光器件的光照射到粒子上,其反射光入射到受光器件上。检测区域中的粒子数目越多,入射到受光器件上的光就越强。

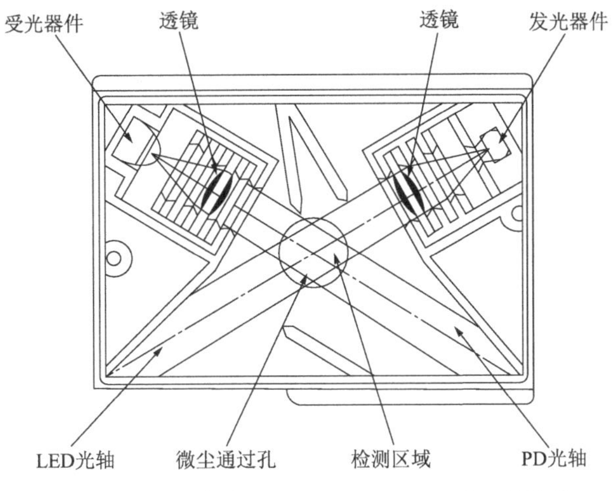

图 7.12 微尘传感器 GP2Y1010AU0F 的内部结构

微尘传感器中受光器件的输出电流被放大后，输出的是与空气中污浊粒子的量(粉尘浓度)相对应的模拟电压。实际上，即使检测区域中没有污浊粒子，其输出电压也不是零。这是因发光器件的光被传感器的内壁反射后，变为散射光入射到受光器件上产生的。

根据 GP2Y1010AU0F 的输出电压，可以识别检测出的空气中的污浊粒子是香烟烟雾还是室尘。图 7.13 示出检出香烟烟雾、室尘时 GP2Y1010AU0F 输出的说明。

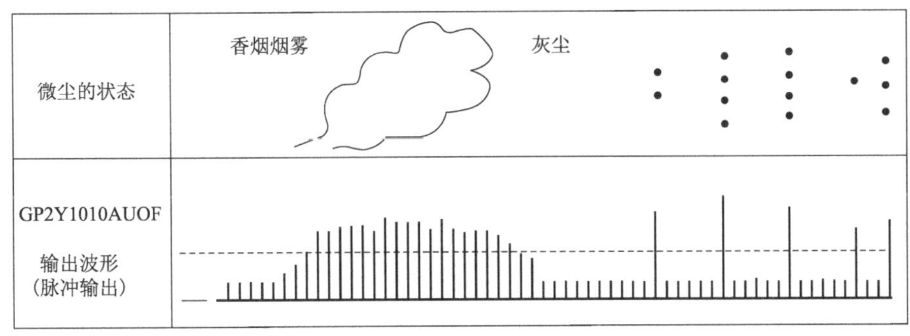

图 7.13 GP2Y1010AU0F 检测香烟烟雾、室尘时的输出

图 7.13 中，首先，如果香烟烟雾在空气中扩散到达 GP2Y1010AU0F 的检测区域，那么传感器的输出电压(脉冲输出电压)会上升。香烟烟雾连续地存在于传感器的检测区域，每当传感器的 LED 发出脉冲光时，输出的脉冲输出电压就与 LED 发光时粉尘浓度(香烟烟雾的浓度)相对应。如果香烟烟雾浓度到达一定的浓度，传感器输出电压也是一定的值。如果因房间里换气扇或者空气清洁器的工作使粉尘浓度降下来了，那么传感器的输出电压也会随之降下来。

但是，来自衣物、坐垫等的室尘、灰尘等粒子并不像香烟烟雾那样经常存在于传感器的检测区域，它是单个地飞入检测区域的。因此，检测到室尘时传感器的输出如图 7.13 所示，传感器检测区域中存在室尘时就高，不存在室尘时就低，传感器的输出电压在短时间内会急剧地反复变动。

由于检出香烟烟雾时与检出室尘时，传感器的输出电压随时间推移有着特征上的差异，利用软件对传感器输出电压的推移进行分析，就可以识别是香烟烟雾还是室尘。

7.2.2　微尘传感器的形状与特性

1. 内部电路构成与连接电路

图 7.14 示出微尘传感器 GP2Y1010AU0F 的内部电路构成与连接电路例。发光器件(LED)需要来自 3 号端子的输入信号确定脉冲发光。图 7.14 中的电阻 R_1、电容器 C_1 是 LED 的脉冲发光所要求的，设计的参数值就是图 7.14 中所标的值。如果改变 R_1、C_1 的值，传感器就不能正常工作，或者说有可能得不到设定的特性。

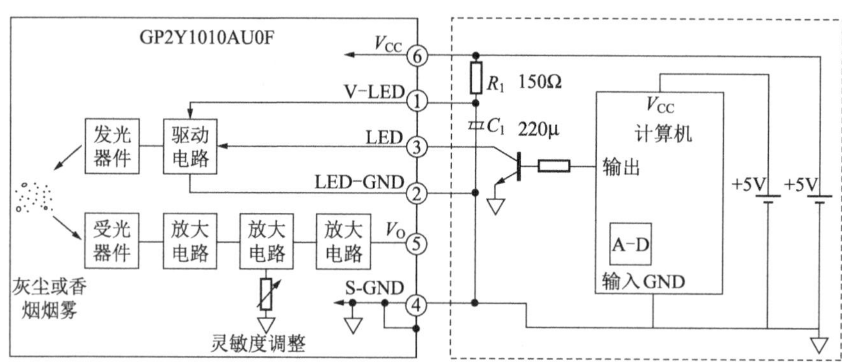

图 7.14　微尘传感器 GP2Y1010AU0F 的电路结构与连接电路例

从受光器件得到与 LED 的脉冲发光同步的脉冲输出电流。受光器件后级的信号处理电路中，首先，只取出受光器件输出电流的脉冲变化成分并进行放大，然后是灵敏度调整电路，它对电路进行调整使得与粉尘浓度变化相对应的传感器输出电压的变化量成为一定的值，末级的放大电路部分，与粉尘浓度相对应，作为模拟变化的脉冲状态的模拟电压值输出。

2. 特性、形状

微尘传感器 GP2Y1010AU0F 的外形图示于图 7.15，其电学/光学特性列于表 7.3。以与空气中粉尘浓度变化相对应的输出电压变化的比率表示检测灵敏度。图 7.16 示出 GP2Y1010AU0F 的粉尘浓度特性例。

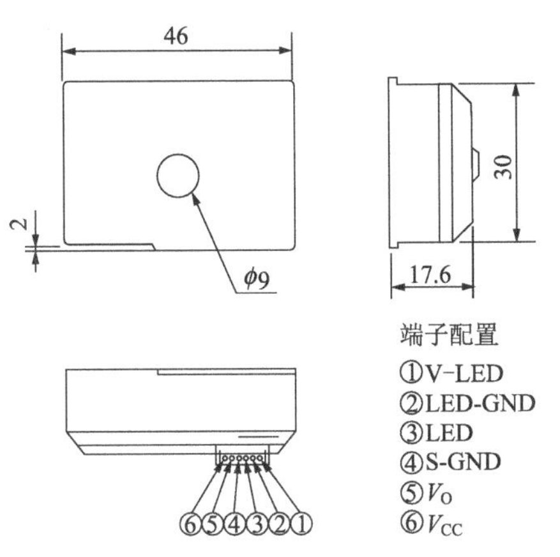

图 7.15 GP2Y1010AU0F 的外形图（单位：mm）

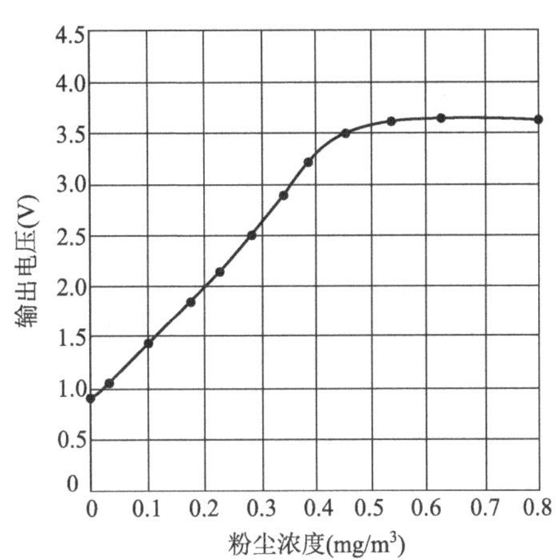

图 7.16 GP2Y1010AU0F 的粉尘浓度特性例

表 7.3 GP2Y1010AU0F 的电学/光学特性

项　目		符　号	特性值
工作电源电压		V_{CC}	5V±0.5V
检测灵敏度		K	0.5V/(0.1mg/m³)±30%
输出端	无尘时的输出端	V_{SO}	MAX1.2V
	输出电压范围	V_{OUT}	MIN3.4V(R_L=4.7kΩ)
LED 端子电流		I_{LED}	MAX.20mA
消耗电流		I_{CC}	MAX.20mA

注：LED 输入端的推荐输入条件。

项　目	符　号	推荐值	单　位
脉冲周期	T	10±1	ms
脉冲宽度	P_W	0.32±0.02	ms

7.2.3 微尘传感器的基本使用方法

如果像前面图 7.14 的连接电路那样布线，并且给端子③输入表 7.3 中推荐的输入条件的信号，那么 LED 将与输入对应地脉冲发光，从输出端得到脉冲输出电压。这个脉冲输出电压值与粉尘浓度成比例。

7.2.4 使用微尘传感器时的注意事项

为了最大限度发挥微尘传感器的性能，在使用时应该注意以下问题。

1. LED 驱动用输入信号

LED 脉冲发光用的输入信号的周期、脉冲宽度应该在表 7.4 中推荐条件的范围之内。如果周期 T 长，会影响 LED 的寿命；如果周期短，像室尘那样的空气中的污浊粒子就可能在 LED 熄灭的时间里通过传感器的检测区域而检测不出来。就是说，脉冲宽度 P_W 长的话会影响到 LED 的寿命；如果短则信号处理电路就可能来不及响应。

表 7.4　GP2TC2J0000F 的特性

V_{O1}：测量色粉量端子的输出　　V_{O2}：测量黑粉量端子的输出

项　目	符　号	特性值	测量条件
输出电压	V_{O1}	TYP 1.17V	反射物*1
	V_{O2}	TYP 2.81V	反射物*1
输出电压变化量	ΔV_{O1}	TYP 1.74V	反射物*1
	ΔV_{O2}	TYP 2.11V	反射物*1
消耗电流	I_{CC}	TYP 4mA	LED 熄灭时*2
工作电压	V_{CC}	4.5～5.5V	
工作温度	T_{opr}	0～60℃	

*1：实际的手册中是标准反射样品下的规定。
*2：LED 大约需要流过 20mA 的电流。

2. 微尘附着在传感器内的问题

当传感器内壁上附着的微尘突出到检测区域时，传感器的输出就会始终处于检出状态。这种情况下，只要用吸尘器之类吸除微尘，传感器的输出就能够恢复正常。

在进行设备设计时，需要在结构上注意使棉絮、棉线之类无法进入传感器内部。

3. 传感器输出的修正

GP2Y1010AU0F 在无尘时的输出电压因产品的分散性而异。所以在批量生产时，如果检出/非检出的阈值电平是固定的，由于无尘时输出电压存在分散性，检出时粉尘的浓度也会有分散性。一般来说，发光二极管在长时间通电后发光光通量会下降，因此 GP2Y1010AU0F 无尘时的输出电压和检出灵敏度都会降低，造成检出的粉尘浓度的值与初期状态相比会有变化。

针对不同传感器间的分散性以及长期稳定性问题，推荐如下利用软件修正的方法。

1）不同传感器间输出电压分散性的问题

为了降低由于不同批次产品在无尘时输出电压的分散性引起的检出粉尘浓度的分散性，应当事先将无尘时输出电压的值记忆在存储器中，当传感器输出电压值变化（上升）到记忆值以上的所定值时，就可以判定为检出。

作为无尘时输出电压的记忆方法，最初是记忆在 E^2PROM 之类的不挥发性存储器中，也有将设定的电源 ON 时传感器输出电压的最小值记忆在 RAM 中的方法。

2）关于长期稳定性问题

上面谈到通过将无尘时输出电压的值记忆在不挥发性存储器中，将设定的电源 ON 时的传感器输出电压最小值与记忆值进行比较，就可以发现发光二极管发光光通量的长期稳定性问题。利用如果发光光通量减少了 2 成，那么有效的方法是也将检出/非检出的阈值电压降低 2 成进行控制。

在不使用不挥发性储存器的场合，尽管在设定的电源 ON 状态，但是如果有长时间，例如连续数十分钟传感器的输出还未进入检出状态，那么可以将阈值电压降低一定量。

4. 关于传感器的安装方向

如果外部干扰光能够从某一方向入射到传感器内部，那么在安装时应该注意将传感器设置在设备的内侧，避开这个方向。

另外，传感器内的透镜面上如果附着有灰尘时也会对性能有影响，因此安装时应使受光器件前面的透镜面朝下，避免附着灰尘。

5. 灵敏度调整

可以使用灵敏度调整 VR（可变电阻器）进行调整。

7.3　色粉浓度传感器

彩色复印机、彩色激光打印机（LBP）等数字化彩色设备中，为了在复印、打印过程中能够忠实地再现原稿的色调，需要将黄色（Y）、深红色（M）、青绿色（C）、黑色（K）四种颜色的色粉以适当的浓度附着在感光鼓上。

这里介绍的色粉浓度传感器是一种反射型光学式传感器，用于检测感光鼓或者转写带之类色粉转写介质上的色粉浓度。

7.3.1　色粉浓度传感器的工作原理

反射型光学式传感器的光学系统大致可以分为镜面反射方式和漫反射方式两种。如图 7.17 所示，镜面反射式传感器是将受光器件配置在能接收到发光器件（LED）的正反射（镜面反射）光的位置上，而漫反射式传感器不需接受 LED 的正反射光，是将受光器件设置在只能接收到漫反射光的位置上。

图 7.18 示出基于这两种方式的光学系统检出色粉浓度时的特性。

在红外光（λ_p＝950nm）范围，Y、M、C 三种色粉有相同的漫反射率，而且感光鼓也表现出高的漫反射率值。

镜面反射方式
感光鼓
色粉
LED
受光器件
漫反射方式
感光鼓
色粉
受光器件
LED

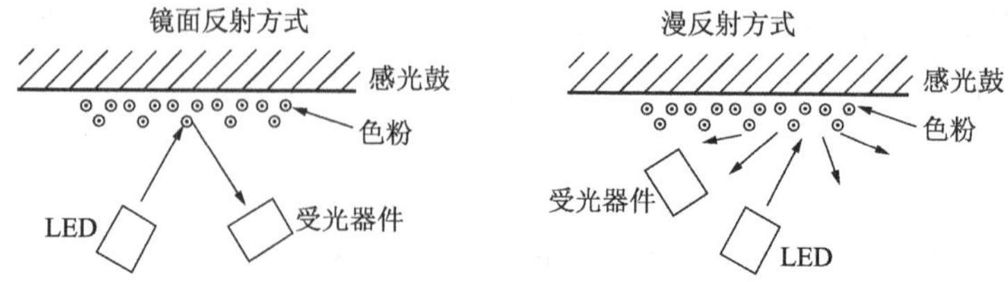

图 7.17　反射型传感器的光学系统

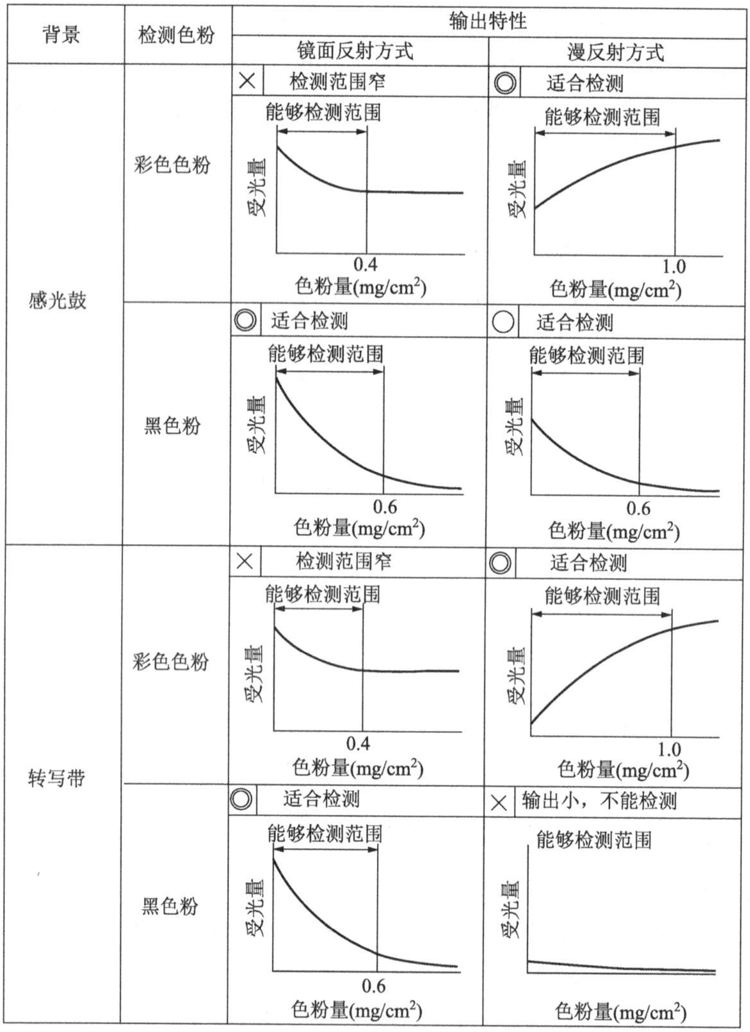

背景
检测色粉
输出特性
镜面反射方式
漫反射方式
感光鼓
彩色色粉
× 检测范围窄
能够检测范围
受光量
0.4
色粉量(mg/cm2)
◎ 适合检测
能够检测范围
受光量
1.0
色粉量(mg/cm2)
黑色粉
◎ 适合检测
能够检测范围
受光量
0.6
色粉量(mg/cm2)
○ 适合检测
能够检测范围
受光量
0.6
色粉量(mg/cm2)
转写带
彩色色粉
× 检测范围窄
能够检测范围
受光量
0.4
色粉量(mg/cm2)
◎ 适合检测
能够检测范围
受光量
1.0
色粉量(mg/cm2)
黑色粉
◎ 适合检测
能够检测范围
受光量
0.6
色粉量(mg/cm2)
× 输出小，不能检测
能够检测范围
受光量
色粉量(mg/cm2)

图 7.18　基于镜面反射方式和漫反射方式的色粉浓度检测特性

在检测感光鼓上色粉的场合，随着色粉量(浓度)的增加，来自感光鼓表面的镜面反射光在减少，由于色粉与感光鼓的漫反射率不同，所以漫反射光增加。因此，与镜面反射方式相比，使用漫反射方式的光学系统可以在更大的浓度范围内检测浓度。

检测感光鼓上的K(黑色)色粉浓度时,随着K色粉量(浓度)的增加,来自感光鼓表面的镜面反射光减少。由于感光鼓与K色粉的漫反射率的不同,漫反射光也减少。所以对于K色粉浓度来说,镜面反射方式的光学系统能够获得更大的反射光通量的变化,而漫反射式的光学系统对于K色粉浓度也能得到充分的反射光通量的变化。

基于以上分析,可以看出使用漫反射方式的光学系统,对于感光鼓上的彩色色粉、K色粉浓度来说,都可以在更大的浓度范围内进行检测。

在4串列感光鼓式彩色复印机、彩色LBP中,为了将附着在各感光鼓上的4色色粉在一次性转写到转写带之后进行复印·打印,需要检测色粉转移到转写带上以后的浓度。

转写带通常是黑色的。在检测转写带上的彩色色粉浓度的场合,与检测感光鼓上的彩色色粉浓度时相同,随着色粉量(浓度)的增加,来自转写带表面的镜面反射光减少,漫反射光增加。因此,与感光鼓的情况一样,对于检测彩色色粉浓度来说,适合采用漫反射方式的光学系统。但是在检测转写带上的K(黑)色粉浓度的场合,采用漫反射方式时,由于转写带(黑色)与K色粉的反射率没有差别,因而无法检测。但是用镜面反射方式可以检测。

所以,为了检测转写带上的彩色色粉、K色粉的浓度,应该并用镜面反射方式和漫反射方式的光学系统。

7.3.2 色粉浓度传感器的形状和特性

作为检测感光鼓上色粉浓度用的传感器,采用漫反射方式的光学系统,受光器件使用了1个光敏二极管(PD)GP2TC1J0000F。用于检测转写带上色粉浓度的传感器,并用漫反射方式和镜面反射方式,受光器件使用了2个GP2TC2J0000F的PD。图7.19示出GP2TC1J0000F和GP2TC2J0000F的外形图,图7.20示出它的电路结构。

GP2TC1J0000F放大PD的输出,输出与感光鼓上Y、M、C色粉浓度相对应的输出电压V_{O1},以及与K色粉浓度相对应的输出电压V_{O2}。GP2TC2J0000F对接收漫反射光的PD_1的输出以及接收镜面发射光的PD_2的输出进行放大,输出与转写带上的Y、M、C色粉浓度以及K色粉浓度相对应的输出电压V_{O1}、V_{O2}。前面表7.4列出典型的GP2TC2J0000F的特性。由电路结构图(图7.20)中的可变电阻VR_1、VR_2对表7.4中列出的特性进行调整,使之符合特性值。

7.3.3 色粉浓度传感器的基本使用方法

该传感器利用传感器内的VR_1和VR_2进行调整,使得传感器输出特性人体上与色粉浓度相对应地为一定值。但是,由于存在设备中接收一侧因安装引起传感

<1PD型GP2TC1J0000F>

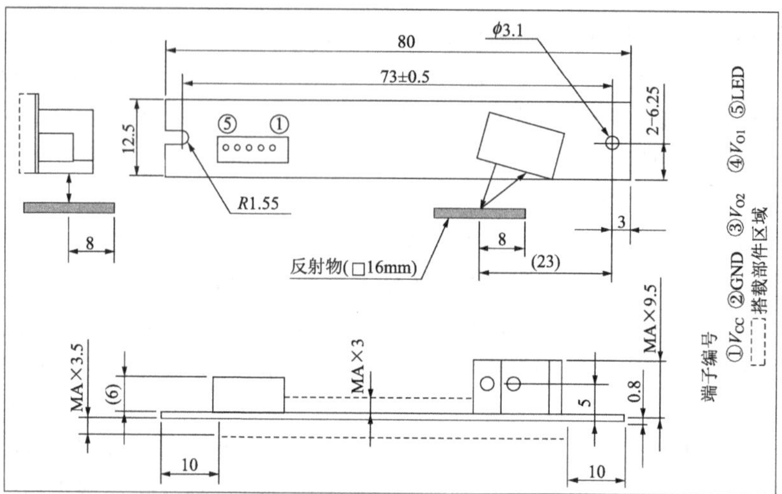

<2PD型GP2TC2J0000F>

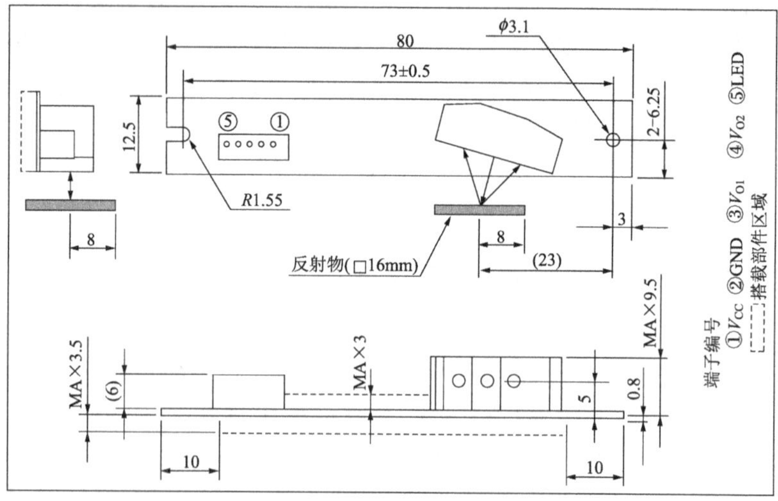

图 7.19　色粉浓度传感器的外形图

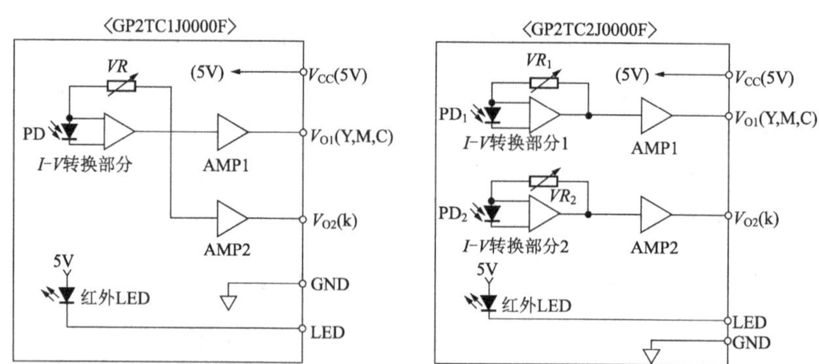

图 7.20　色粉浓度传感器的电路构成

器到色粉附着处距离的分散性、环境温度引起输出特性的变动、长时间通电引起LED发光光通量的下降等因素，往往会导致色粉浓度检测特性发生变化，从而产生浓度检测误差。为了减小这些检测误差，建议调整LED驱动电流使得在无色粉附着时传感器的输出保持一定，在这种状态下对色粉浓度进行检测。

例如，在上述安装引起的分散性、温度变动、LED光通量随时间的变化等因素导致表7.4中的输出电压V_{O1}、V_{O2}值发生变化的情况下，从外部调整LED的驱动电流，使得V_{O1}、V_{O2}的值为设定值。这样就能够对传感器的输出进行调整，然后使用调整后的LED驱动电流，就能够进行准确的色粉浓度检测。

图7.21示出从外部控制LED驱动电流的例子。LED的驱动电流I_f由D-A转换器输出的电压V_D决定，可以用下式表示：

$$I_f=\frac{V_D-V_{BE}}{R}$$

式中，V_{BE}为晶体管基极-发射极间电压；R为电阻。

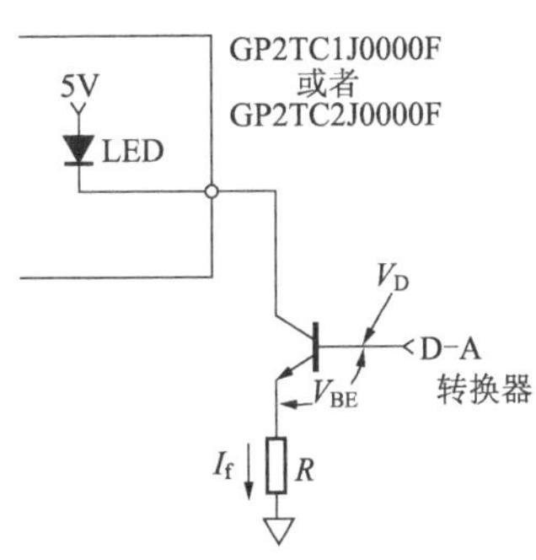

图7.21 控制LED驱动电流的方法

按照上述方法确定了LED驱动电流之后，利用以一定条件涂敷上去的Y色粉片、M色粉片、C色粉片，K色粉片依次从传感器前面移动，读取检测各色粉时的传感器输出电压、测定色粉浓度，再在写入实际复印画像时的色粉浓度测定结果的基础上，进行感光鼓的电位控制，使得4种色粉各自的浓度为最适当的浓度，这样做下来，就能够得到忠实地再现原稿色调的复印、打印画像。

7.3.4 使用色粉浓度传感器时的注意事项

(1) 考虑到LED长期通电引起发光光通量的下降，建议采用平时LED电流为OFF状态，只在检测色粉浓度时脉冲式地ON的状态。

(2) LED驱动电流的最大值应设定为50mA。超过50mA的情况下有时不发光。由于感光体的颜色或反射率而造成LED的光通量不足，或者需要改变放大器增益的场合，也可以使用其电路参数与定制品对应的替换品。

(3) 使用印制电路板上的调整灵敏度用VR(可变电阻)就可以了。为了避免特性变化，请注意在安装到设备上的过程中不要触动VR。

(4) 如果有外来光入射到受光部分，就不能满足特性需要。所以在进行结构设计时注意避免外来光入射。

第8章 光断续器

光断续器是光电子器件的一种，它由将电信号转换为光信号的发光器件以及将光信号转换为电信号的受光器件组合起来构成的以检出物体为目的的器件。光断续器由于内部没有机械开关那样的电气接触端子而具有高可靠性，又因为它是以非接触式进行物体检出因而具有不损伤被检出物体的优点，所以作为以往的开关替代者，其应用不断在扩展。

随着制造方法的不断进步，器件在不断地小型化。过去的主要用途是复印机、打印机之类，现在已经拓展到数字照相机变焦镜头的控制、焦距控制，特别是最近，以具有照相功能的便携式电话的变焦镜头控制等小型移动式机器为中心的需求在不断增加。现在的特点是不只限于检测物体的有无，还开始用于物体状态的判断。例如前一章介绍过的检测光的透射量以判断洗衣机水脏的程度，判定打印机墨盒中墨粉的残留量，利用高精度的检测特性对 DVD 等记录介质的拾波器的位置进行控制等。

8.1 光断续器的工作原理

图 8.1 示出一例透射型光断续器。在检测物体时，首先使红外发光二极管流过一定的电流。这时，一般来说电路中需要连接限流电阻。关于这个电路设计方法将在后面的“使用透射型光断续器的电路例”中作详细说明。在流过正向电流的情况下，发光二极管辐射出与电流量成比例的光，通过管壳上设计的窗口向受光器件辐射。受光器件如果是一般的光敏三极管，当加上电源时，会有与入射光量成比例的集电极电流流过。当这个光断续器接有负载时，就能取出电压的变化。当发光器件与受光器件之间的空隙被检测物体遮挡而没有光(红外光)透过时，受光器件的集电极电流就会减小。读出这种集电极电流的变化，就能够知道是否有物体通过。

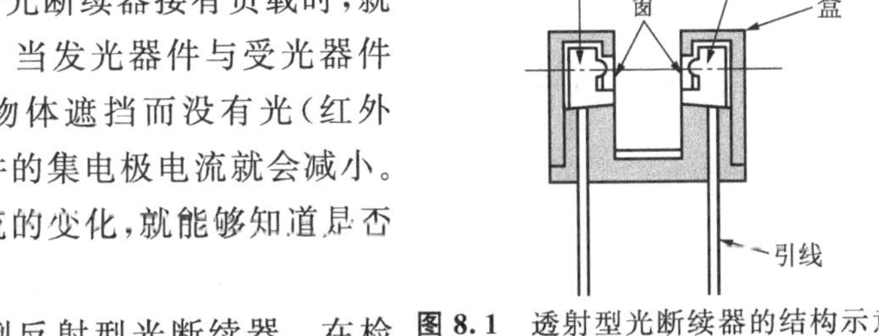

图 8.1 透射型光断续器的结构示意图

图 8.2 示出一例反射型光断续器。在检

测物体时，红外发光二极管辐射出来的光被检测物体反射后，入射到受光器件上。这时有无来自检测物的反射光，是通过集电极电流的变化读出的。对于反射型光断续器来说，由于检测物体反射面的状况不同，集电极电流的变化可能很大，所以与透射型光断续器相比，它的检测精度比较低，不过设备所占的空间比较小。

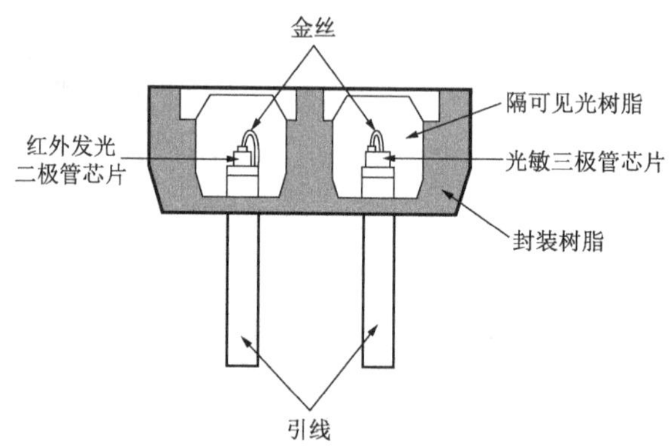

图 8.2　反射型光断续器的结构示意图

8.2　光断续器的结构与特性

8.2.1　光断续器的结构

光断续器可以分为两类，一类如图 8.1 和图 8.3 所示的发光器件与受光器件相向设置、并留有一定间隔，以检测通过这个间隔的物体为目的的透射型光断续器。另一类如图 8.2 所示的反射型光断续器，是在发光器件与受光器件之间设置遮光板、并列在一起，用受光器件检测发光器件发出并被被检物体反射的光。

光断续器使用的发光器件应该是输出功率高、寿命长的高可靠性的红外发光二极管。而受光器件多采用如图 8.4 所示具有良好的响应特性，响应波长与红外发光二极管的发光波长一致的光敏晶体管，或者如图 8.5 所示，利用双极 IC 工艺将光敏二极管与放大电路、信号处理电路集成在 1 个芯片上的受光器件(OPIC 化的受光器件)。

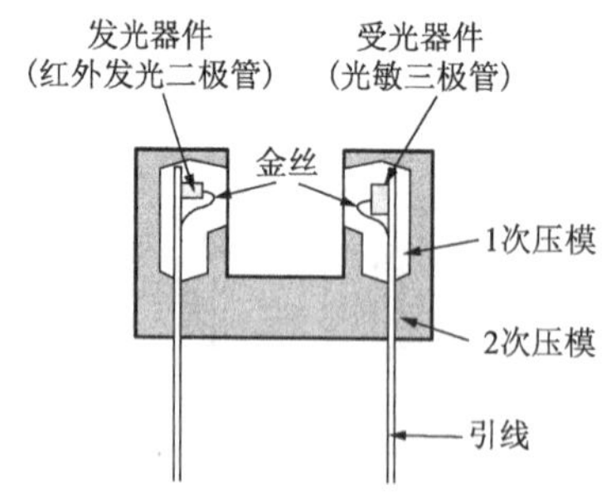

图 8.3　透射型光断续器的结构

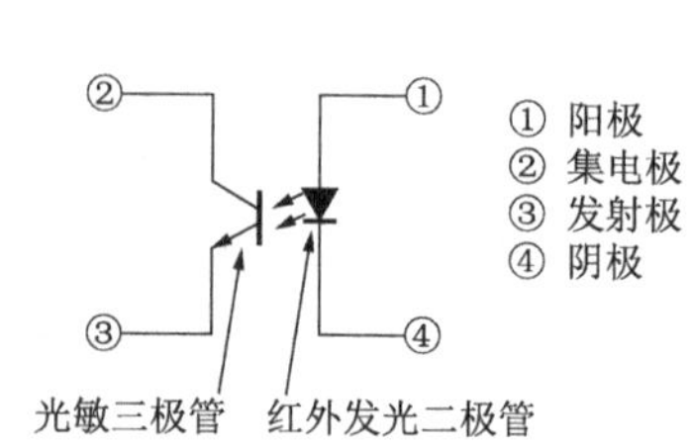

图 8.4　光敏三极管输出的电路结构

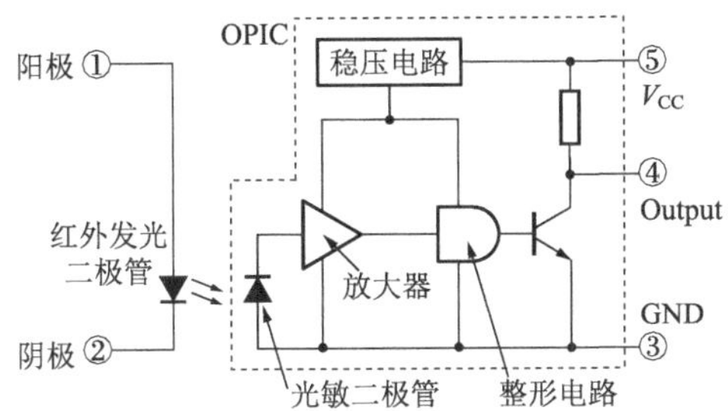

图 8.5 OPIC 输出的电路结构

图 8.6 所示的光断续器的电路结构，是将脉冲发生器内藏于信号处理电路，发光器件辐射出的不是恒定光而是脉冲光，由受光电路判断接收到的是否来自发光器件的光，这个电路的特点是抗干扰光的能力强。

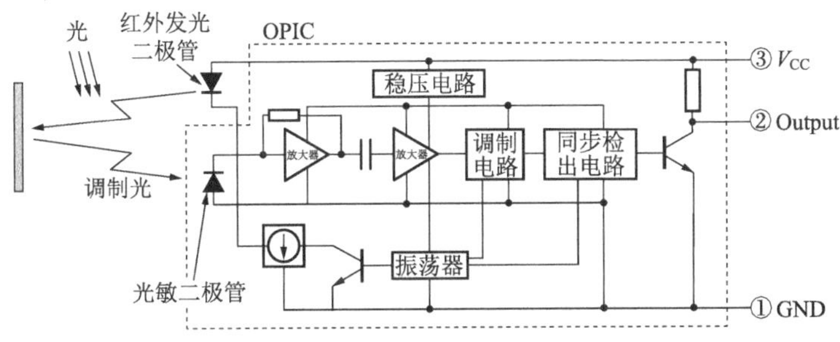

图 8.6 光调制方式的电路结构

此外，还有能够检测旋转数或旋转方向、旋转角度、具备编码功能的光断续器。如图 8.7 所示，这种光断续器已经应用于检测喷墨打印机打印头的左右移动量和送纸控制。

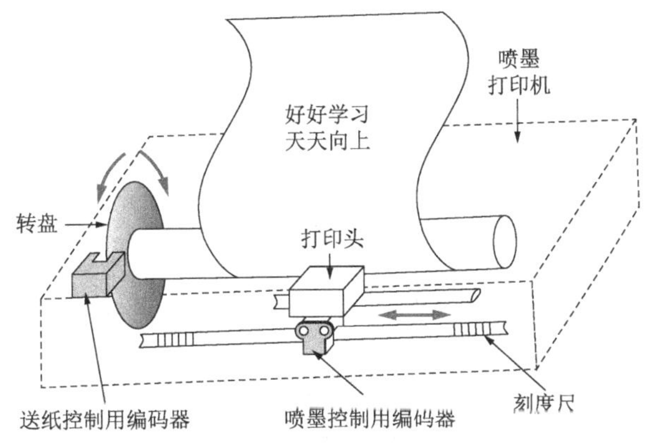

图 8.7 喷墨打印机的结构

图 8.3 所示的透射型是小型的，如图 8.8 所示，可以搭载在照相机或者数码照相机之类的透镜附近，用于调焦控制。

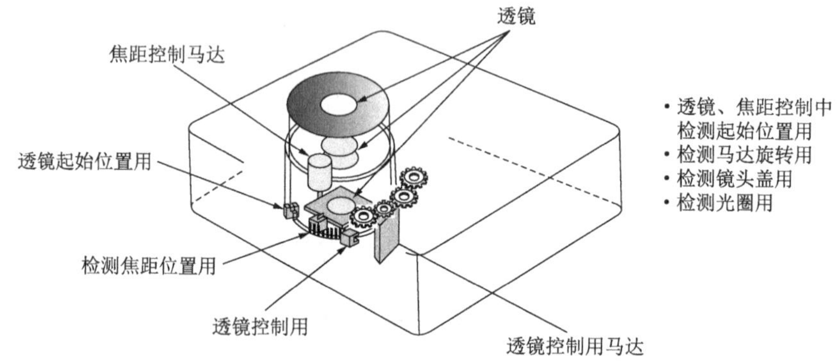

图 8.8　数码照相机内部结构图

光断续器的特点可归纳如下：

(1) 能够非接触性地检测被检物。

(2) 小型化、高可靠，而且长寿命。

(3) 检出精度高。

(4) 响应速度快。

(5) 容易与续级电子电路连接等。

8.2.2　光断续器的特性

光断续器基本的特性是绝对最大额定值。表 8.1 列出一般的光晶体管的输出。表中所列的额定值是在环境温度为 25℃下的值，如果环境温度升高，最大额定

表 8.1　绝对最大额定值　　(T_a=25℃)

项目		符号	额定值	单位
输入	正向电流	I_F	50	mA
	峰值正向电流 *1	I_{FM}	1	A
	反向电流	V_R	6	V
	容许功耗	P	75	mW
输出	集电极-发射极间电压	V_{CEO}	35	V
	发射极-集电极间电压	V_{ECO}	6	V
	集电极电流	I_C	20	mA
	集电极功耗	P_C	75	mW
	工作温度	T_{opr}	−25～+85	℃
保存温度		T_{stg}	−40～+100	℃
焊接温度 *2		T_{sol}	260	℃

*1：脉冲宽度≤100 μs，占空比：0.01。

*2：焊接时间 5s 内。

值会降低。关于这个问题,后面将讨论到。正向电流规定为能够流过发光器件的最大值。峰值正向电流并不是连续发光下的持续电流,它规定为脉冲发光情况下流过的最大电流。这种情况下的脉冲宽度为100μs。如图8.9所示,峰值电流随着占空比的提高而降低。所谓反向电压,是指加在发光二极管上的反向电压值。另外,在没有接限流电阻的情况下,绝对不可以将发光器件直接与电源连接。因为极端情况下,发光二极管会因发热而被烧坏。另外,对于曾经流过极端的大电流的光断续器,不可以再次使用。这是因为在芯片内部产生了异常变化,可能使发光效率降低。

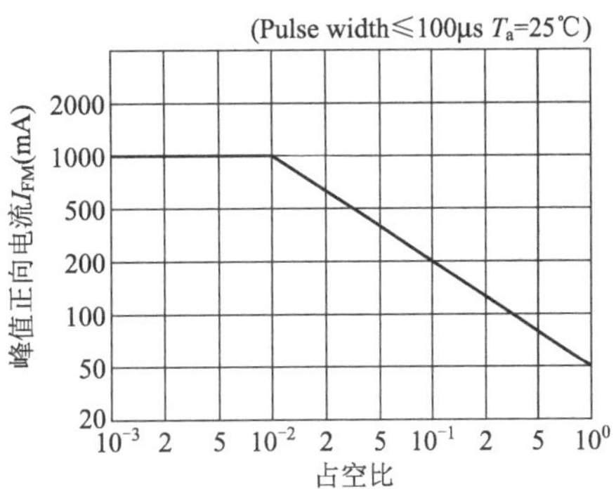

图 8.9 正向峰值电流与占空比的关系

关于容许功耗,对于输入端、输出端都有规定。输入端是由发光侧的正向电流与正向电压之积计算。而输出端则是由集电极电流与集电极-发射极间电压之积计算。

例如,如果正向电流是20mA,由表8.2看到正向最大电压是1.4V,那么容许功耗就是

$$20\text{mA}\times 1.4\text{V}=28\text{mW}$$

在输出端,容许功耗与串联的电阻值有关。例如,在5V电源电压、负载电阻为25kΩ的场合,回路中被限制的电流大约是0.2mA,在受光器件流过足够的集电极设计电流的情况下,由于集电极-发射极间饱和电压最大是0.4V,所以容许功耗就是

$$0.2\text{mA}\times 0.4\text{V}=0.08\text{mW}$$

输出端的集电极-发射极间电压和发射极-集电极电压是指受光器件上能够加的正向和反向电压的最大值,集电极电流是取出的最大电流。另外,在光敏三极管为了取出更多电流而采用达林顿输出的场合,需要特别注意集电极电流。

规定绝对最大额定值的目的是为了防止光断续器被损坏。在通常使用的情况下,建议使用的数量范围相对于绝对最大额定值要留有足够大的余量。

表8.2列出典型的光敏三极管输出的透射型光断续器的电学/光学特性。

表 8.2 GP1S52VJ000F 的电学/光学特性 (T_a=25℃)

项目		符号	条件	MIN	TYP	MAX	单位
输入	正向电压	V_F	I_F=20mA	—	1.25	1.4	V
	峰值正向电压	V_{FM}	I_{FM}=0.5A	—	3	4	V
	反向电流	I_R	V_R=3V	—	—	10	μA

续表 8.2

项　目		符　号	条　件	MIN	TYP	MAX	单　位
输出	暗电流	I_{CEO}	$V_{CE}=20V$	—	1	100	nA
传输特性	光电流	I_C	$V_{CE}=5V, I_F=20mA$	0.5	—	5.0	mA
	集电极-发射极间饱和电压	$V_{CE(sat)}$	$I_F=40mA$ $I_C=0.5mA$	—	—	0.4	V
	响应时间(上升)	t_r	$V_{CE}=2V, I_C=2mA$ $R_L=100\Omega$	—	3	15	μs
	响应时间(下降)	t_f		—	4	20	μs

正向电压是指发光器件流过一定电流的情况下，阳极-阴极间的电压。峰值正向电压规定为脉冲发光情况下阳极-阴极间电压。图 8.10 示出典型的发光器件正向电流与正向电压、环境温度的关系。

发光器件使用红外发光二极管，它与普通的二极管特性相同。

反向电流规定为发光器件反向偏置情况下的漏电流值。

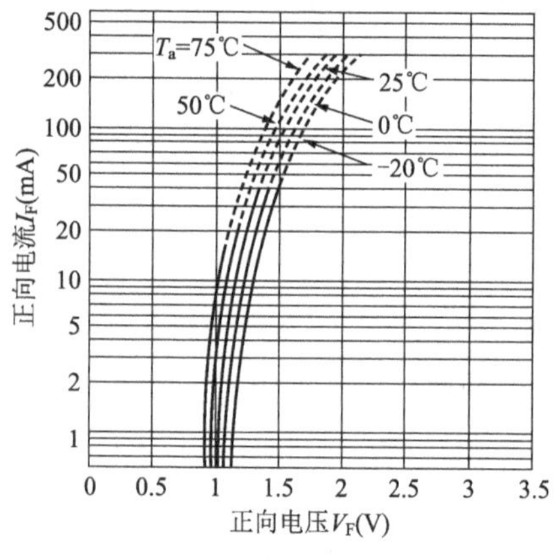

图 8.10　正向电流-正向电压特性

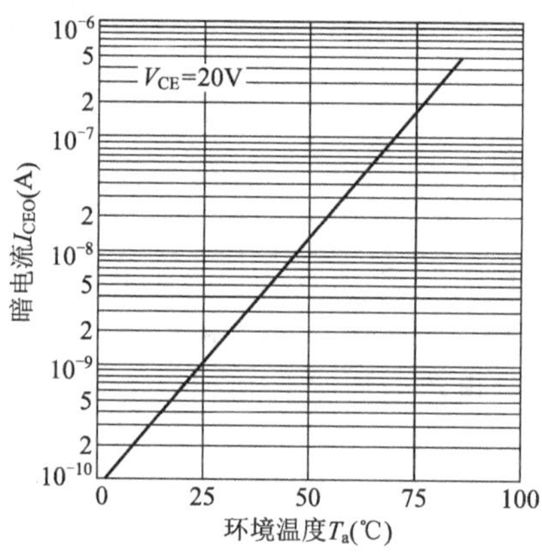

图 8.11　暗电流-环境温度特性

关于暗电流，是指完全没有光照射到发光器件上的情况下，集电极-发射极间流过的漏电流。如图 8.11 所示，这个暗电流随温度的变化很大，所以设计应用电路时必须注意这一点。

光电流是指集电极电流。规定为在发光器件流过一定的正向电流的情况下，流过受光器件电流的范围。这个范围因光断续器的种类而有所不同，这一点在电路设计中具有很重要的意义。

集电极-发射极间的饱和电压规定为对于光敏三极管的集电极电流而言的饱和电压，如图 8.12 所示，它受到流过发光器件的正向电流的影响。

另外，受光器件的光敏三极管与一般的晶体管的不同之处，在于晶体管的基极电流现在变为入射的光，器件芯片的基本结构虽然是相同的，但是响应速度变慢

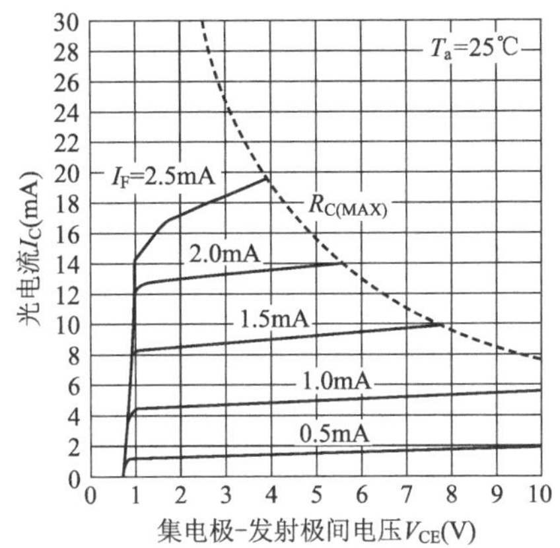

图 8.12 光电流与集电极-发射极间电压的关系

了。这起因于芯片结构中的基区面积增大了,因而集电极-基极间的结电容也增大了。在后面将介绍的透射型光断续器电路例中,会详细讨论响应速度的问题。

如前所述,由于响应时间还与负载电阻成比例,因此一般来说,入射到受光器件的光通量比较少的反射型光断续器的集电极电流也比较小,这就需要增大负载电阻值,这也使响应速度变慢了。

8.3 光断续器的基本使用方法

8.3.1 使用光断续器时的注意事项

典型的光敏三极管输出的光断续器是利用受光器件集电极电流的变化来检测是否存在被检物的。根据不同的检测用途,决定选用透射型或者反射型。使用时必须注意以下各点:

(1) 使用时的外加电压、电流、温度等参数必须限制在器件的绝对最大额定值以内。

(2) 由于光断续器的红外发光二极管的正向电流特性因正向电压的变动会发生明显变化,因此电路中必须串联保护电阻(限流电阻)。而且,由于发光二极管的反向电压是 6V,比较低,所以在产生反向电压的场合,必须对红外发光二极管反向并联保护用的二极管。

(3) 为了在使用条件、使用温度内获得确实的工作,设计时应该考虑到以下特性:

- 发光器件输出的长期稳定性。
- 集电极电流的温度特性。
- 暗电流的温度特性。
- 集电极-发射极间电压的温度特性。

· 正向电压的温度特性。

(4) 对于透射型光断续器来说，应该确认是否能够确实而且以所要求的精度来检测物体。

(5) 对于反射型光断续器来说，应该确认使用时有反射物时的电流传输比，与没有待检物体时的电流传输比(S/N)是否充分包含了检测物体距离变化以及温度变化等因素。

关于 S/N，对于透射型光断续器来说，是将光路上没有检测物因而未被隔断时的光电流值定义为 S，而存在检测物使光路被隔断时的光电流值(即暗电流与干扰光电流之和)定义为 N。由于温度变化、器件制造批次不同可能引起一定的分散性，再考虑到发光二极管长期通电引起输出的劣化等因素，在透射型光断续器的情况下，通常要求 S/N 在 2 以上。

而对于反射型光断续器来说，由于反射物的表面状态(有无光泽、黑/白状况)的差别，读取的输出电流往往有差异，因而它的 S/N 通常要求在 2～3，再考虑到温度变化、器件制造批次不同造成的分散性，以及发光二极管因长期通电引起的输出降低，经常看到 S/N 几乎接近 1 的情况。在这种情况下，就需要在电路上加以改善。

(6) 为了满足(4)和(5)，在选定电路参数时，还需要考虑到检测物体的移动速度、响应速度等要素。

(7) 光断续器是以光作为信号的传输媒介，所以必须注意发光、受光器件的透明窗口是否附着有污浊物。

(8) 当使用的场所存在有外部干扰光时，设置受光器件时应该注意尽量使器件的受光面避开干扰光，以增大 S/N。在干扰光含有荧光灯等短波长光的场合，有效的方法是使用有遮蔽可见光功能的透明树脂膜的受光器件。图 8.13(a)示出有

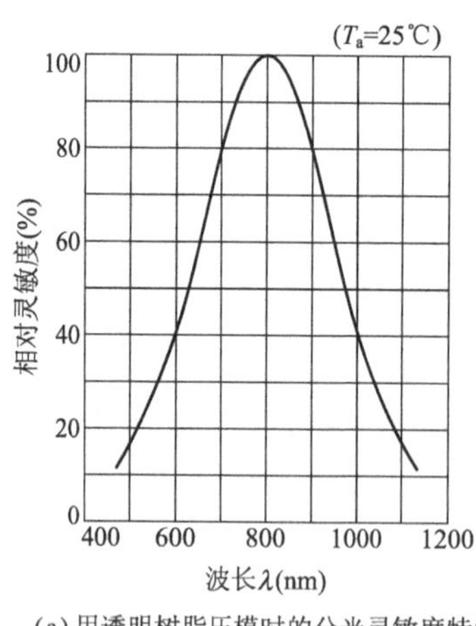

(a) 用透明树脂压模时的分光灵敏度特性

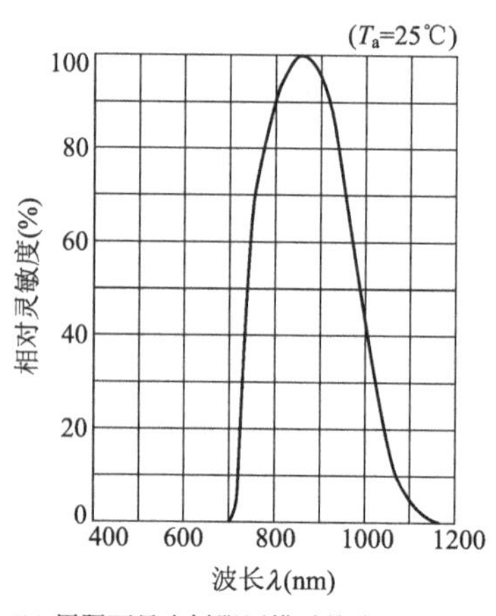

(b) 用隔可见光树脂压模时的分光灵敏度特性

图 8.13　受光器件的分光灵敏度特性

透明树脂压膜时的分光灵敏度特性，图 8.13(b)是有遮蔽可见光功能的透明树脂压膜时的分光灵敏度特性。

8.3.2 使用透射型光断续器的电路例

下面介绍的设计例，是使用透射型光断续器检测旋转数，然后将这个信号传输到后级电路的应用。

1. 电路参数的设定

图 8.14 示出光断续器与旋转圆盘(上有狭缝)的实际安装状态。使用图 8.15 所示的电路，以旋转圆盘的狭缝为电信号，输入给 TTL。现在分析这个电路的参数。设电路工作的环境温度为 0～60℃。

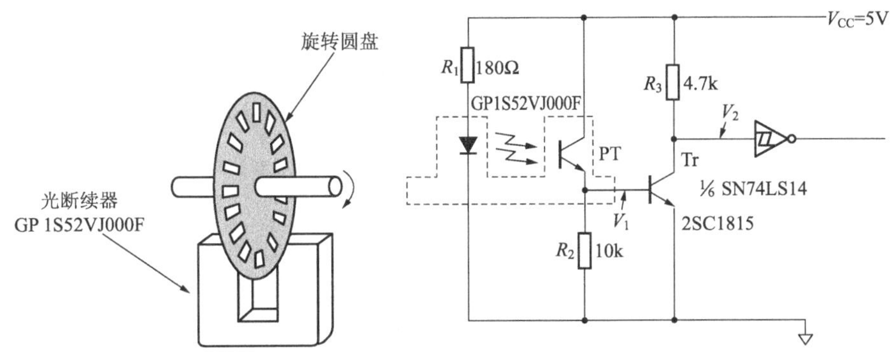

图 8.14 透射型光断续器的应用例　　**图 8.15** 图 8.14 应用例的电路

1) 设定 R_3 以及需要流过 Tr 的电流

在用晶体管输出来驱动 TTL 的场合，一般情况下 R_3 值是 4.7kΩ。如果晶体管 Tr 的 V_{OUT} 电压(V_{CE})在 0.4V 以下，那么 TTL 的输入电平是低电平。因此 Tr 的集电极电流 I_C 为

$$I_C \approx \frac{V_{CC} - V_{CE(sat)}}{R_3} = \frac{5(V) - 0.4(V)}{4.7k\Omega} \approx 1(mA)$$

式中，V_{CC} 为电源电压；$V_{CE(sat)}$ 为饱和电压。

但是，由于接续的是 TTL 的 1 个门，考虑到下沉电流的最大值 1.6mA，所以只要在 1mA+1.6mA=2.6mA 以上就可以了。

假设在 0～60℃温度范围内，晶体管 Tr 的直流电流放大倍数在 100 以上，那么流过 Tr 基极的电流 I_B 为

$$I_B \geqslant 2.6(mA)/100 = 0.026(mA) \tag{8.1}$$

就可以了。

2) 设定 R_2 的下限值

在上述条件下，设定能够驱动晶体管 Tr 的光敏三极管的负载电阻 R_2。前提

是红外发光二极管的正向电流 I_F 是 20mA。流过红外发光二极管的电流设定为最大额定值的 1/2。图 8.16 示出 GP1S52VJ000F 的正向电流降低曲线。

在表 8.2 中列出了 GP1S52VJ000F 的电学特性。从该表可以看出，当 $I_F=20mA$ 时，$I_C\geqslant0.5mA$，在无遮蔽的情况下，光电流在 0.5mA 以上。

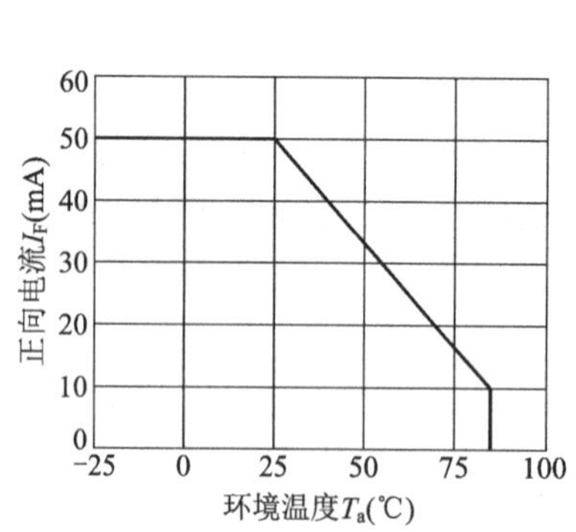

图 8.16　GP1S52VJ000F 的正向电流降低曲线

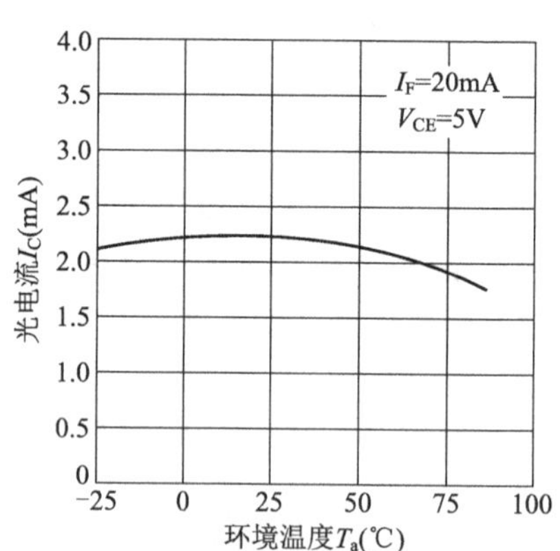

图 8.17　光电流-环境温度特性

在使用中这个光电流会有变动的场合，应该考虑以下各点。

(1) 环境温度引起 I_C 的变动(图 8.17 中示出了光电流-环境温度特性)：可以看出，设环境温度 25℃时为 100，那么在 0～60℃的范围内，光电流的变化大约会降低 10%。

(2) 长期使用导致 I_C 的下降：光断续器中使用的红外发光二极管，由于长期通电而导致发光输出下降，因而也使流过光敏三极管的光电流减少。在通常的使用状态下，一般会减少 30%～50%。

如果将上述(1)和(2)的光电流变动因素考虑在内，那么光电流的最小值就是

$$I_{C(MIN)}=0.5(mA)\times0.9\times0.5=0.22(mA)$$

这里的 0.9 是由环境温度引起 I_C 变化的因素。

即使在光电流的最小值，也要求晶体管 Tr 能够工作(ON)。像由式(8.1)所求得的那样，为了使晶体管 Tr 导通，需要的电流为 $I_B\geqslant0.026(mA)$，因此负载电阻 R_2 的最小值就是

$$R_2\times(I_{C(MIN)}-I_B)\geqslant V_{BE}$$

$$R_2\geqslant\frac{0.7(V)}{0.22(mA)-0.026(mA)}$$

式中，V_{BE} 为使 Tr 导通需要在基极-发射极间所加的电压(约 0.7V)。所以

$$R_2\geqslant3.61k\Omega \tag{8.2}$$

(3) 设定 R_2 的上限值：上面确定了 R_2 的下限值。还需要确定它的上限值。光

敏三极管的暗电流 I_{CEO} 随温度变化很大，高温下的值大约是室温值的几十倍到几百倍。图 8.18 示出了暗电流-环境温度特性。不仅是暗电流，还有干扰光（即使来自红外发光二极管的光被圆盘遮蔽，仍然会有来自外部的光）产生的光电流，也必须考虑。

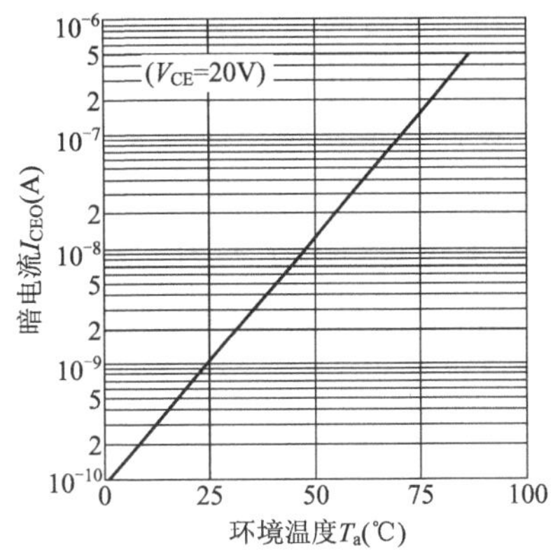

图 8.18 暗电流-环境温度特性

这种干扰光因安装状态不同而会有很大的变化。例如，安装有光断续器的设备内部的其他光源的泄露也会成为干扰光。作为光断续器受光器件的光敏三极管，因受光面取向不同也会发生变化。因此，要推定出干扰光的值是非常困难的。除了实际安装测量外，没有别的方法。这里的计算，是在假设 I_C（干扰）＝0.05mA 前提下进行的计算。从下面的关系式

$$\frac{I_{CEO}(T_a=60℃)}{I_{CEO}(T_a=25℃)}\approx 50\text{ 倍}$$

$$\frac{I_{CEO}(T_{CE}=20V)}{I_{CEO}(T_{CE}=5V)}\approx 4\text{ 倍}$$

可以得到电源电压为 5V 情况下暗电流的最大值为

$$I_{CEO(MAX)}=I_{CEO}(T_a=60℃)=1\times10^{-7}(A)\times50\text{ 倍}\times1/4=1.25\times10^{-6}(A)$$

由该式可以得到 R_2 的上限

$$R_2\times[I_{CEO(MAX)}+I_C(\text{干扰})]<V_{BE}(\text{最小值})$$

$$R_2<0.6(V)\div[1.25\times10^{-6}(A)+0.05(mA)]=11.7k\Omega \quad (8.3)$$

这里考虑 $V_{BE(MIN)}=0.6V$，Tr 的 h_{FE} 非常大的情况。从式(8.2)和式(8.3)的结果可以得到负载电阻值的范围为

$$3.6k\Omega\leqslant R_2<11.7k\Omega$$

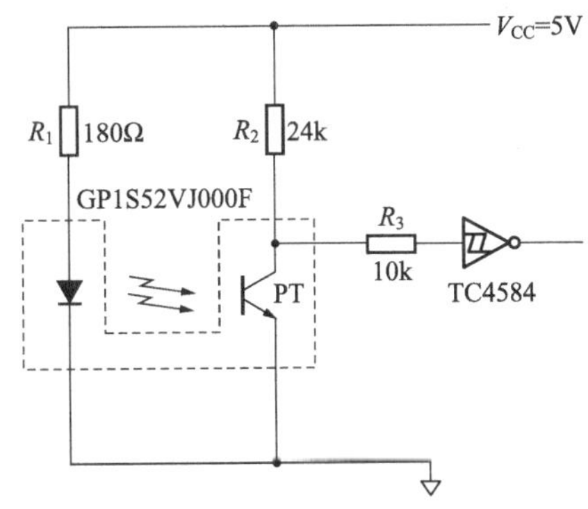

图 8.19 接续 CMOS 时的应用电路

如果不发生干扰光的影响，也没有响应时间的影响，那么考虑到电源电压的变动等影响和产品的寿命，建议 R_2 的取值尽量大些，在这里取 R_2 值为 10kΩ。

(4)考虑与 CMOS 连接时的 R_2：以上的讨论都是针对与 TTL 连接情况下的电路设计方法。在与 CMOS 等输入阻抗非常高的器件连接的场合，没有必要考虑 TTL 工作时的下沉电流。所以，如图 8.19 所示，光敏三极管的输出没有必要再经过晶体管放大，可以直接连接。但是，作为缩

短电路响应时间的手段，附加晶体管还是有效的(后面将详细介绍)。这里以附加施密特触发器的 CMOS 倒相器(TC4584)的工作为例作以介绍。

设计电路时，考虑到 CMOS 使用温度后输入端的判定条件是，低电平判定条件为 1.15V 以下，高电平判定条件是 3.75V 以上。就像在 TTL 场合说明过的那样，没有检测物体时，GP1S52VJ000F 中考虑到光电流变动因素后的最小光电流是 0.22mA。因此，为了满足 CMOS 器件 1.15V 以下的低电平判定条件，R_2 的最小值为

$$R_{2\min} \geqslant (5\text{V} - 1.15\text{V}) \div 0.22\text{mA}$$

$$R_{2\min} \geqslant 17.5\text{k}\Omega$$

当有检测物体时，即使发光器件辐射的光被遮蔽，与 TTL 的场合相同，认为干扰光的影响是 0.05mA，考虑到暗电流温度特性时的最大值认为是 1.25 μA。在这种情况下，满足 CMOS 器件 3.75V 以上的高电平判定条件的 R_2 的最大值为

$$R_{2\max} \leqslant (5\text{V} - 3.75\text{V}) \div (0.05\text{mA} + 1.25\mu\text{A})$$

$$R_{2\max} \leqslant 24.4\text{k}\Omega$$

由以上结果，就可以得到负载电阻 R_2 值的范围

$$17.5\text{k}\Omega \leqslant R_2 < 24.4\text{k}\Omega$$

与 TTL 的场合相同，考虑到寿命因素，R_2 取值为 24kΩ。

另外，图 8.19 中的 R_3 是 CMOS 的输入保护电阻，通常约为 10kΩ。

(5) R_1 的设定：前面的电路中，由于设定 I_F 为 20mA，所以 R_1 为

$$R_1 = \frac{V_{CC} - V_F}{I_F} = \frac{5(\text{V}) - 1.2(\text{V})}{0.02(\text{A})} = 190\Omega$$

按照电阻值的 E-24 系列，取值为 180Ω ±5％。

(6) 发光二极管额定值的确认：$R_1 = 180\Omega$ 时，流过发光二极管的正向电流 I_F 为

$$I_{F(MAX)} = \frac{V_{CC} - V_{F(MIN)}}{180 \times 0.95} = \frac{5 - 1.1}{171} = 22.8(\text{mA})$$

可以看出，即使温度 $T_a = 60℃$，也没有超过图 8.16 中的额定值。

(7) 光敏三极管集电极功耗的确认：设光敏三极管集电极电流的分散值范围为

$$0.5\text{mA} < I_C < 5\text{mA}$$

那么，I_C 为 5mA 时的功耗 $P_{C(MAX)}$ 为

$$P_{C(MAX)} = V_{CE} \times I_{C(MAX)} = (5 - 0.6)(\text{A}) \times 5(\text{mA}) = 22\text{mA}$$

这表明，即使 $T_a = 60℃$，也没有超过额定值。这也适用于前面图 8.15 的电路。在图 8.19 示出的连接 CMOS 的场合，由于流入 CMOS 的电流很微小，没有考虑的必要，所以集电极功耗很低。

2. 响应时间的推测

下面就设定的电路参数中的响应时间进行讨论。如图 8.20 所示，GP1S52VJ000F 的响应时间因负载电阻值而变动。这个值是光敏三极管在未饱和区域中的值。如图 8.15 的应用电路所示，在光敏三极管的集电极-发射极间被后级晶体管的基极-发射极间的二极管特性箝位的情况下，与图 8.20 的响应时间特性不一致。

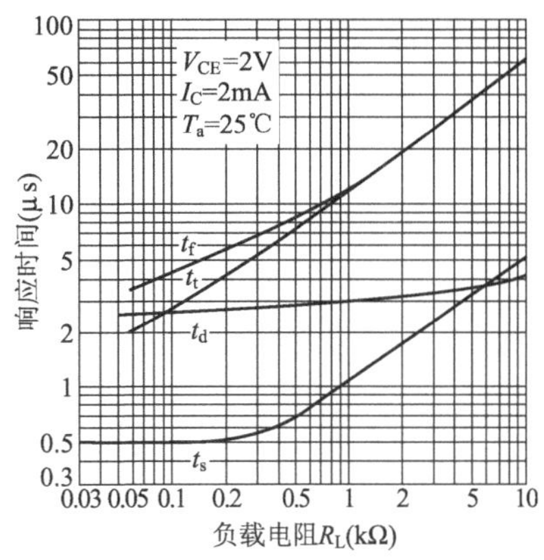

图 8.20 响应时间-负载电阻特性

下面就这种情况下响应时间的计算加以说明。

首先说明 GP1S52VJ000F 等受光器件的光敏三极管响应时间基本的考虑方法。光敏三极管与一般的晶体管比较，其响应时间慢。光敏三极管的响应时间可以按照以下方法求得：

$$t_r, t_f \approx 2.2 \times C_{CB} \times h_{FE} \times R_L$$

式中，C_{CB} 为光敏三极管的结电容；h_{FE} 为光敏三极管的电流放大系数（对于 GP1S52VJ000F，大约是 300～1000）；R_L 为负载电阻。

光敏三极管与普通晶体管的基本结构是相同的，不过与普通晶体管相比，基区（光敏二极管）部分的面积非常大，其结果导致结电容 C_{CB} 变大。另外，由于它的电流放大系数 h_{FE} 大，根据米勒效应，光敏三极管的结电容也增大了 h_{FE} 倍，所以响应速度变慢了。

但是，上式是在光敏三极管处于未饱和的范围内，是按输出从 10% 到 90% 的时间计算的。通常的使用中，光敏三极管往往在 5V 的电源电压下工作，负载电阻 R_L 也十分大，所以光敏三极管是在电压饱和的状态下使用的。在讨论这种响应特性时，应该利用瞬态特性进行推算。瞬态过程的时间可以通过结电容与负载电阻，以及电压变换的比例进行推定。例如，电压由 0 变化到 10% 所需的时间为

$$t_{0-10\%} = -C \times R_L \times \log_e(1-0.1) \approx 0.1 \times C \times R_L$$

式中，C 为 $C_{CB} \times h_{FE}$。

从 0 变化到 90% 所需的时间为

$$t_{0-90\%} = -C \times R_L \times \log_e(1-0.9) \approx 2.3 \times C \times R_L$$

根据这个结果，从 10% 变化到 90% 所需的时间为

$$t_{10-90\%} \approx (2.3-0.1) \times C \times R_L$$
$$\approx 2.2 \times C \times R_L$$

应用到实际的电路（图 8.15）的场合，由于被后级晶体管基极-发射极间的二极管特性所箝位，所以光敏三极管的集电极-发射极间电压不高于 0.7V。但是，如果没有连接后级晶体管，那么 GP1S52VJ000F 在流过 0.22mA 的光电流的情况下，

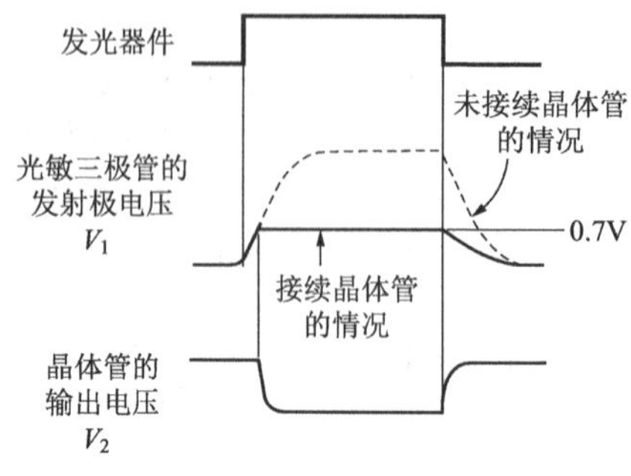

图 8.21　电路工作波形

负载电阻 R_L 与 R_2 相当，为 10kΩ，R_2 两端的电压上升到 2.2V（0.22mA × 10kΩ）。这样进行比较，后级连接晶体管时晶体管当然是在 0.7V 下工作，所以电压上升到 32％的比率（0.7V ÷ 2.2V ≈ 32％）时工作。图 8.21 所示的电路工作波形，表示图 8.15 的应用电路中，发光器件以方波 ON/OFF 时，光敏三极管的发射极电压 V_1 与后级晶体管的输出电压 V_2 的工作波形。这里，至晶体管开始工作的响应时间为

$$t_{0-32\%} = -C \times R_2 \times \log_e(1-0.32) \approx 0.39 \times C \times R_2$$

按照该式，利用图 8.20 示出的响应时间-负载电阻特性推定实际的响应时间时，如果 $R_L = 10\text{k}\Omega$，那么 t_r，t_f 大约是 60μs。如前所述，这种特性当然是输出波形未饱和、由 10％变化到 90％所需的时间，即 $2.2 \times C \times R_L$ 的值。因此，在从 0 变化到 32％的场合，由于是 $0.31 \times C \times R_L$，所以响应时间可以推定为

$$t_{0-32\%} = 0.39 \div 2.2 \times 60(\mu\text{s}) \approx 10.6\mu\text{s}$$

就是说，像图 8.19 中连接 CMOS 的电路那样，与直接将光敏三极管和后级的 CMOS 连接相比，如果追加晶体管，就有可能缩短响应时间。

但是，实际电路中还必须考虑布线电容、晶体管的响应时间，所以要比上面推定的响应时间慢些。另外，如图 8.14 所示，在检测旋转盘缝隙的场合，由于入射到受光器件上光的变化不是方波，而是梯形或者近似正弦波，所以实际使用时的响应时间还需要通过实测进行确认。

3. 旋转圆盘的检出波形（占空比）

前面讨论的是在光断续器的发光-受光之间设置圆盘，以圆盘上的缝隙作为脉冲，检出波形的情况。前面的设定中即使能够取出脉冲，也不能规定脉冲的占空比。

图 8.22(b)示出通过圆盘的旋转得到的输出信号的波形。输出波形(1)表示光的透射量，它与光敏三极管的 I_{SC} 相对应。在光敏三极管未饱和的范围内，光敏

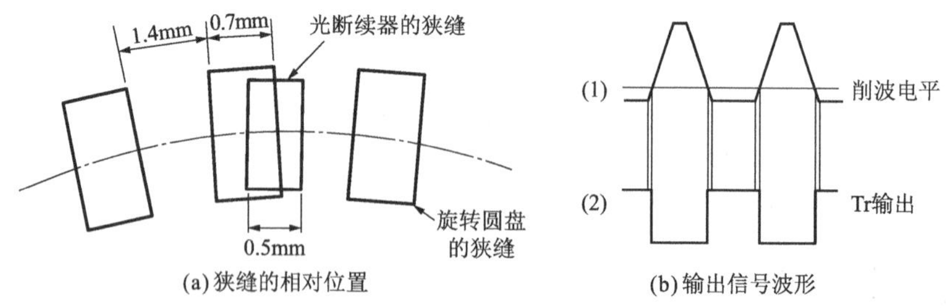

图 8.22　狭缝的相对位置与输出信号波形

三极管的集电极电流大致与图 8.22(b)中(1)的波形成比例。

前面图 8.15 的电路例中，由于光敏三极管的工作范围不在饱和区，所以晶体管 Tr 在 I_C的值超过 0.07mA 的瞬间 ON。这个值叫做限幅电平。作为晶体管 Tr 的输出，得到图 8.22(b)的(2)那样的输出。

如果限幅电平比图 8.22(b)的(1)高，那么输出波形的占空比就成为另外的值。所以，在用 2 个光断续器检测旋转方向的场合，各自的输出波形的占空比显得很重要，所以需要调节旋转圆盘的开口部分与遮光部分的尺寸比，或者选择适当的光断续器开口部分的宽度。另外，还需要考虑因响应速度慢引起波形的失真。

4. 检测精度

检测精度通常用输出电流的变化量从 10%变化到 90%为止检测物体所移动的距离表示。一般来说，用透射型光断续器进行遮光物位置检测时，由受光-发光器件之间光路的宽度来决定。对于反射型光断续器来说，可以由发光二极管光束的束径来确定。

光路的宽度是由受光-发光器件自身具有的光学系统(还因是否有透镜而不同)，以及受光・发光器件外罩上设置的开口部分(狭缝)的形状、宽度决定。图 8.23 示出透射型光断续器的检出位置特性。

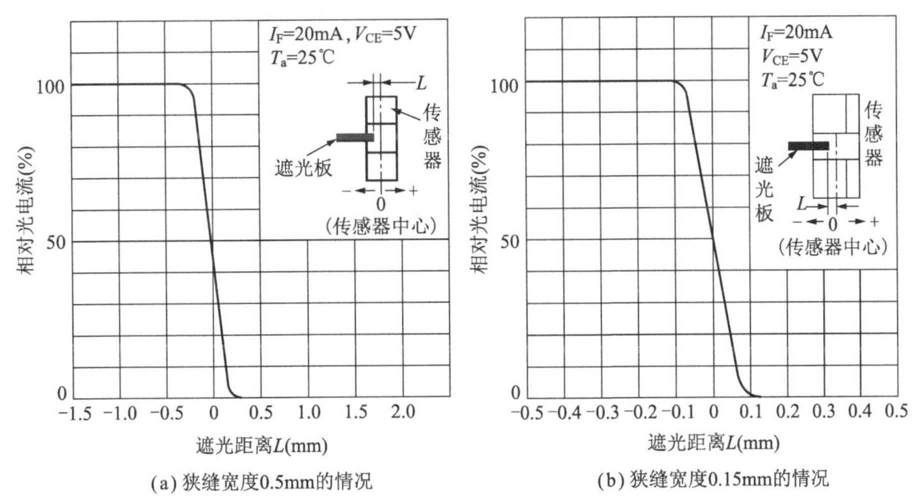

图 8.23　检出位置特性

从这个例子可以看出，为了提高检测精度，应该使用狭缝宽度窄的光断续器。另外，通过调整负载电阻 R_3(增大)也可以提高检测位置精度。

5. 关于后级电路

上述使用例子的后级电路，附有整形电路(施密特触发器或者单稳多谐振荡器)。在后级电路 TTL 的输入电压为 0.8～2.0V 的情况下，TTL 自身的工作变得不稳定，有时会发生振荡。当光断续器受光-发光器件间的遮光物缓慢地通过时，由于 TTL 的输入电压进入上述电压范围，后级的 TTL 会发生振荡。为了防止这种现象的发生，在后级电路中，必须附加整形电路。在接续 CMOS 的场合也同样。

8.3.3 使用反射型光断续器的电路例

基本的考虑方法与透射型光断续器的情况相同，不过为了检出发射光，一般来说它的输出电平低，而且 S/N 随检测的物体而变化，所以限幅电平的设定变得非常重要。

1. 电路参数的设定

图 8.24 示出反射型光断续器（GP2S24J0000F）的应用例。下面讨论图中各参数的设定方法。

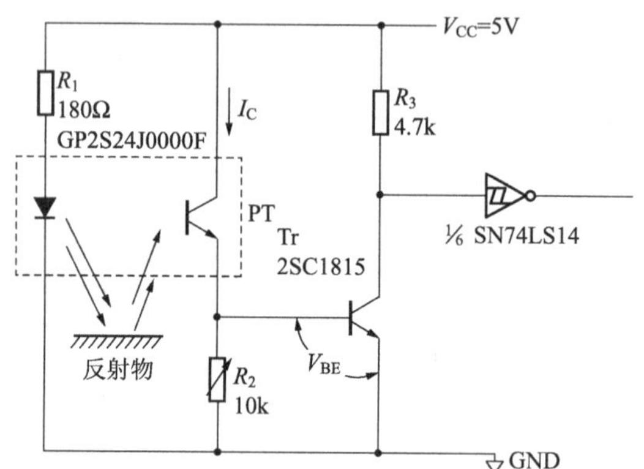

图 8.24　GP2S24J0000F 的应用例：反射物

1）R_1、R_3的设定

与透射型光断续器中的情况相同，R_1、R_3分别设定为 180Ω 和 4.7kΩ。

2）R_2的设定

对于图 8.25 所示的不同反射率区域，设高反射率区与低反射率区的反射率之比（S/N）为 4。下面讨论引起 I_C变化的因素。

（1）检测特性与被检物体高反射率区域和低反射率区域的关系。关于高反射率区域和低反射率区域的大小（宽度），如果这个宽度比图 8.26 所示的检出位置特性中光电流从总变化量的 10％变化到 90％所需要的距离大，就没有问题；如果比这个距离小，则需要由实测来确定。

（2）光断续器与被检物体的距离。反射型光断续器的输出与被检物体的距离的影响很大。图 8.27 示出这种距离特性。

（3）干扰光：这一点在前面的透射型光断续器中已经做过说明，它要求在实际安装状态下进行测定。

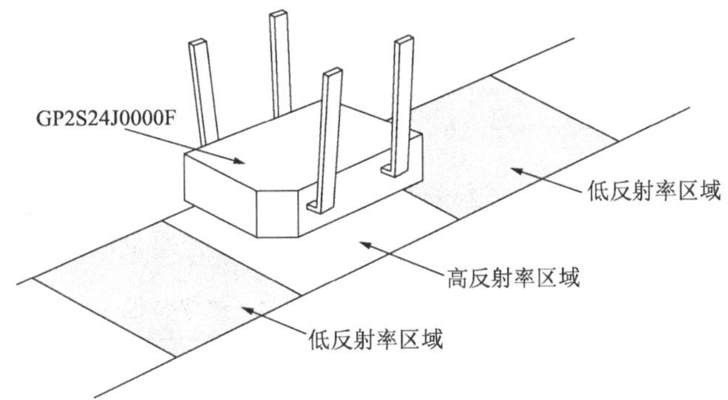

图 8.25 对于反射物体的应用安装例

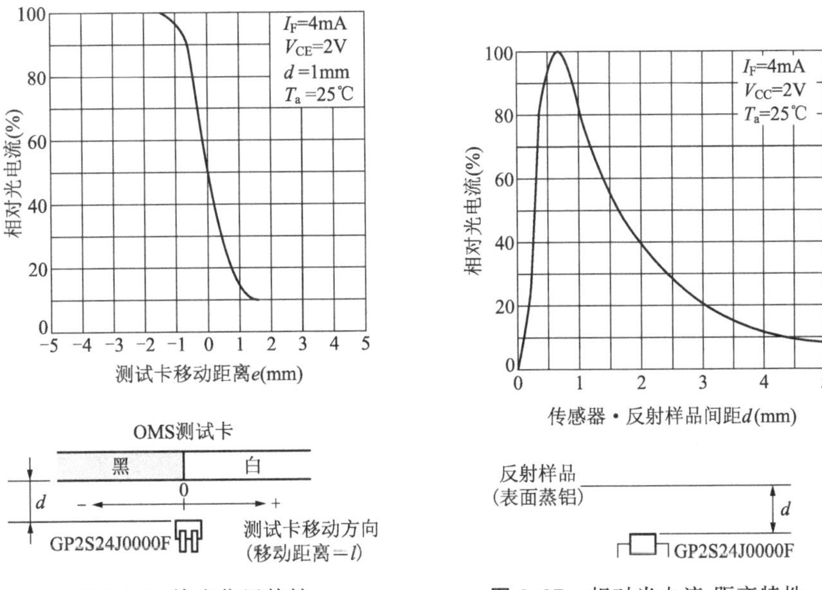

图 8.26 检出位置特性

图 8.27 相对光电流-距离特性

(4) 暗电流。

(5) 漏电流。

(4)和(5)都要根据各器件的电学特性和温度特性进行计算。表 8.3 示出其电学和光学特性。关于计算方法,与透射型光断续器的方法相同。

按照以上方法,就能够求得各器件在使用条件下 I_C的最大值和最小值。不过实际的器件中,由于器件制造批次间的分散性,I_C通常大约有 2～3 倍的分散性。所以,在不能获得足够大的 S/N 的情况下,再考虑到 I_C的变化因素,要将限幅电平设定为一个固定值是有困难的。因此要利用可变电阻器。考虑到上述条件,如果将高反射率区域的 I_C的最小值设定为 100μA,那么为使 Tr 工作所必要的可变电阻值为

$$\frac{V_{BE}}{I_{C(MAX)}-26(\mu A)} \leqslant R_2$$　（26μA 是使 Tr 工作所必要的电流）

$$\frac{0.7(V)}{100(\mu A)-26(\mu A)}=9.46k\Omega \leqslant R_2$$

所以将可变电阻设定为 10kΩ。通过调节这个可变电阻的值，来确定各限幅电平。

关于改变限幅电平的方法，可参看应用例中补偿光通量的反射型光断续器。

表 8.3　GP2S24J0000F 的电学・光学特性　（$T_a=25℃$）

项　目		符　号	条　　件	MIN	TYP	MAX	单　位
输入	正向电压	V_F	$I_F=20mA$	—	1.2	1.4	V
	反向电流	I_R	$V_R=6V$	—	—	10	μA
输出	暗电流	I_{CEO}	$V_{CE}=20V$	—	1	100	nA
结特性	光电流 *1	I_C	$V_{CE}=2V$　$I_F=4mA$	20	45	120	μA
	漏电流 *2	I_{LEAK}	$V_{CE}=2V$　$I_F=4mA$	—	—	100	nA
	响应时间（上升）	t_r	$V_{CE}=2V$　$I_C=100\mu A$　$R_L=1000\Omega$　$d=1mm$	—	20	100	μs
	响应时间（下降）	t_f		—	20	100	μs

* 1：反射物的条件及配置见右图。
* 2：无反射物。

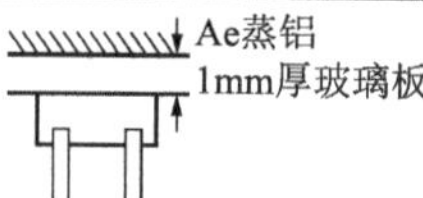

8.4　光断续器的应用

利用光断续器对检测物体能够进行非接触性检测的特点，可以应用于旋转数/旋转速度检测电路、移动方向/旋转方向检测电路。下面简要介绍这些应用。

8.4.1　应用电路

1. 旋转数/旋转速度检测电路

通过对来自检测器的脉冲数进行计数，能够获得旋转速度。图 8.28(a)是当旋转速度快时，能够对门信号的时间间隔内来自受光器件的脉冲数进行计数的电路框图。图 8.28(b)的电路应用于旋转速度慢的场合，是用来自受光器件的信号控制计数器的门，通过对受光器件的脉冲间隔中来自振荡器的脉冲数进行计数，获得旋转速度的方式。

图 8.29 中的电路是积累型电路，它可以用模拟电压求得输入脉冲的频率。图 8.29(b)是它的工作原理图，C_2 是积累能量的电容器，C_1 是附加能量的电容器，C_2 的值比 C_1 大得多。当加有振幅为 E_i 的负脉冲时，C_1 将通过二极管 D_1 按图中所示的极性充电，在这个充电其间 D_2 处于 OFF 状态。充电结束时 D_2 变为 ON，C_1 中的电荷转移到 C_2。在没有脉冲的期间，C_2 上的电荷通过与 C_2 并联的电阻 R_0 放电。它的平均输出电压 V_{C2} 为

$$V_{C2}=\frac{E_iC_1R_0f}{1+\left(\frac{1}{1-e^{-1/R_0C_2f}}\right)}$$

当 $C_2 \gg C_1$，$R_0C_2f<1$ 时

$$V_{C2}\approx E_iC_1R_0f$$

就成为与脉冲频率成比例的电压。如果已知 E_i，C_1，R_0，就可以求得脉冲的频率。

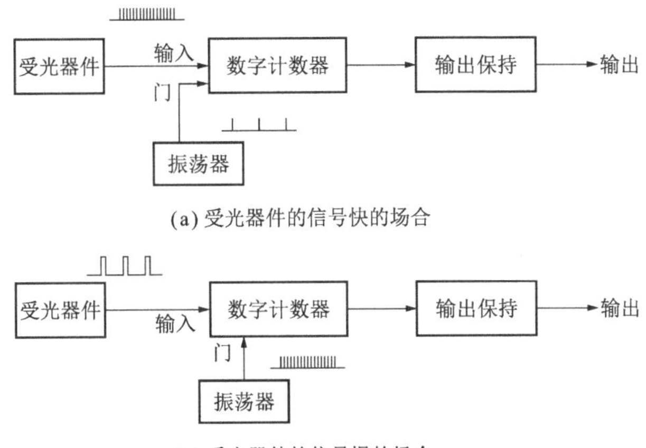

图 8.28 数字计数器

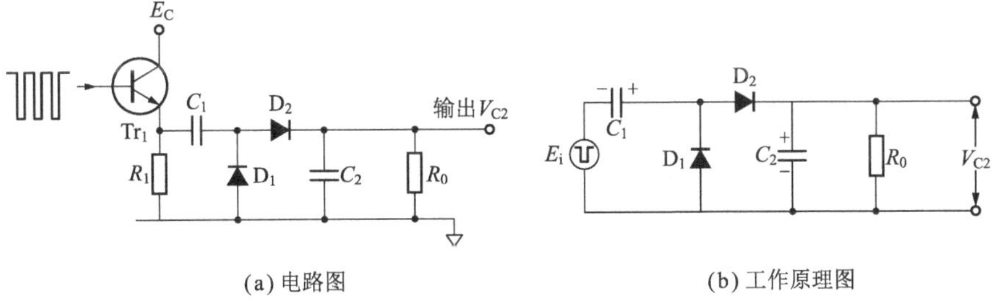

图 8.29 积累型计数电路

2. 移动方向/旋转方向检出电路

图 8.30 示出检出物体的移动方向、旋转方向的装置示意图。如图所示，设置了 2 组光断续器，当物体通过它们之间时，用逻辑电路判定检出信号的顺序，输出物体移动方向的信号。

图 8.31 示出电路例。这个电路中，触发器(7474)的输出 Q_A 和 Q_B 通常处于低电平，而门(7400)的输出 A′和 B′通常是高电平。现在讨论当物体移动，检出信号按 A→B 的顺序输出的情况(参看图 8.31(b))。当信号脉冲先加给 A 时，由于门 A′关闭，在 A′输出端没有信号输出。触发器(7474)工作，门 B′打开，接着与 B 信号对应的脉冲输出到$\overline{B'}$。就是说，当信号按 A→B 的顺序加入时，脉冲出现在$\overline{B'}$；相

反当按 B→A 的顺序输入时，就变成脉冲出现在$\overline{A'}$。这个电路中必须注意以下问题。

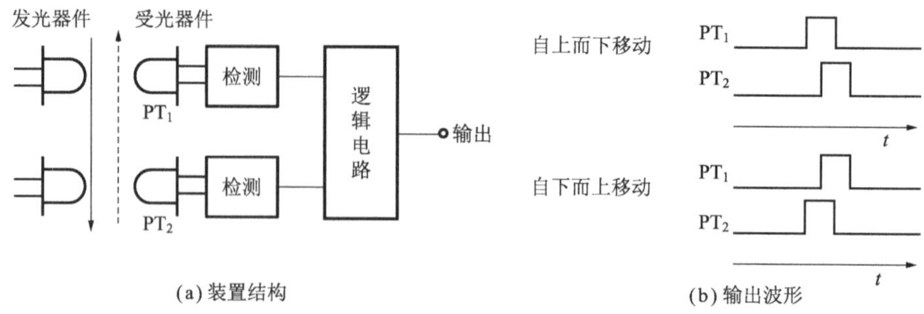

(a) 装置结构　　(b) 输出波形

图 8.30　移动・旋转方向检出

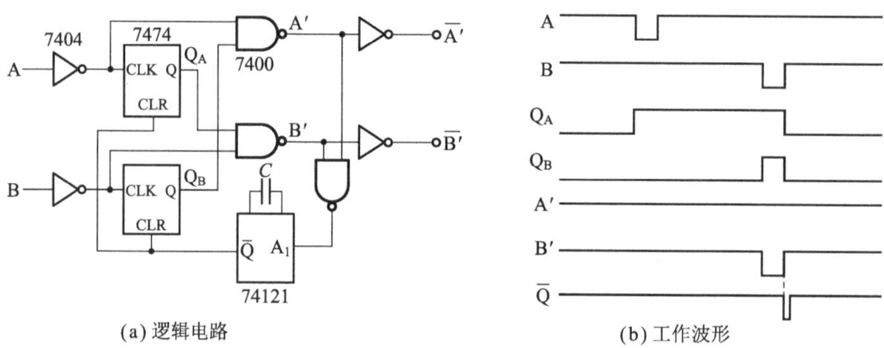

(a) 逻辑电路　　(b) 工作波形

图 8.31　移动方向检出电路

(1) 在物体通过 2 组检出器件的其中一个的瞬间，出现返回原来方向等情况时，表示工作不正确。在作为计数器使用时，会产生错误的计数。

图 8.32 示出使用 D 型触发器的简便的电路。这个电路中，是用 CLK 信号的上升沿触发，所以在上述的(1)以及下面的(2)中要注意这个问题。

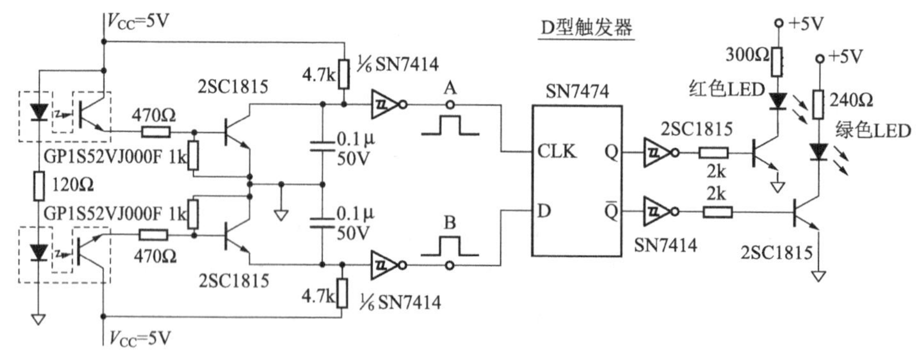

图 8.32　使用 D 型触发器的方向检测

(2) 当物体的长度(或者旋转狭缝)比 2 组检出器件的间隔小时,由于 2 个输出脉冲在时间上重叠,所以无法检测方向。

图 8.33 所示的电路中,由于是在一个通道信号 A 的上升和下降点产生时钟脉冲,所以脉冲数是旋转狭缝数的 2 倍。利用 RC 对原来的信号延迟,时钟脉冲取 Exclusive OR,这种方式经常使用。

再讨论利用这个电路进行加减计数的问题。在这里,计数是在时钟脉冲上升时进行的,如果是高电平,则加减计数器(U/D)+1;如果是低电平,则−1。基于图 8.33(a)电路的计数,如图 8.33(b)所示,当旋转狭缝返回原来的位置时则返回到相同的值。与此相对应,使用图 8.32 的 D 型触发器产生 U/D 信号,以 A 作为计数器・时钟的情况也附加在图 8.33(b)的工作波形图上。可以看出在这种场合,即使狭缝返回,计数也不返回。

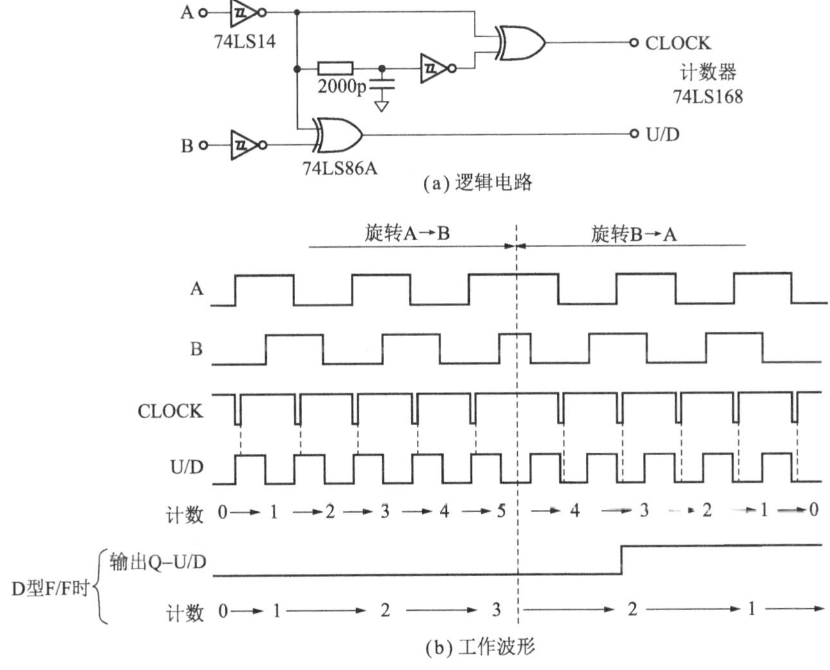

图 8.33 2 倍计数的方向检出电路

同样,由一侧信号产生 2 倍的时钟信号的电路示于图 8.34,而由两个信号各自的边沿产生 4 倍的时钟信号的电路示于图 8.35。对于后者,会有门延迟脉冲的胡须出现在加减计数输出端,不过可以通过 RC 滤波器除去。

以上是举出的几个例子。不过当光断续器的信号输出到微机等逻辑电路时,还需要注意以下两点:

(1) 为了避免发生抖动现象,必须加入施密特触发器(SN7414 等)。这对于增加输出端子数来说也是必要的。

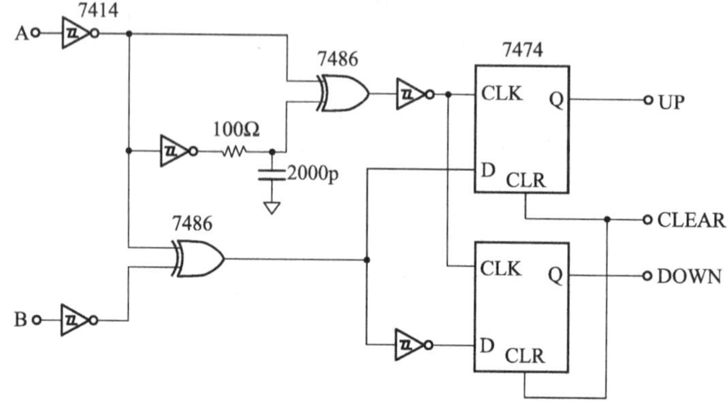

图 8.34　2 倍计数电路

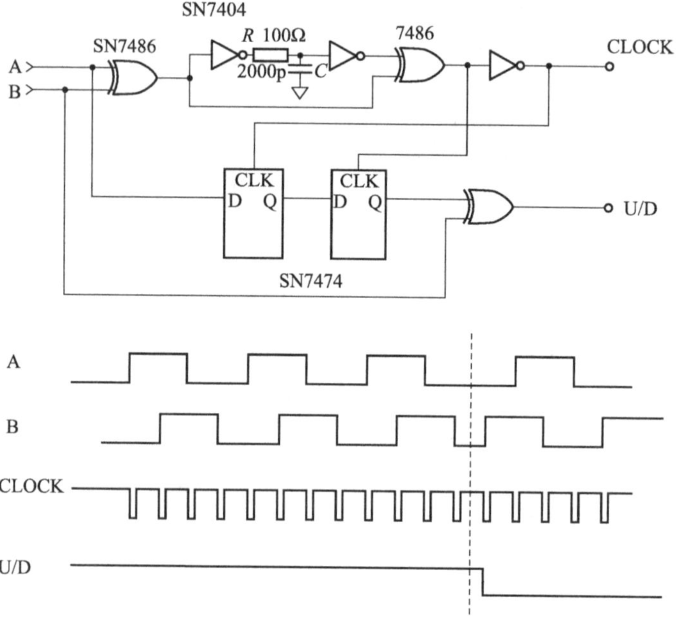

图 8.35　4 倍计数电路

(2) 在检测旋转方向的场合，必须注意正、逆反转时的逻辑。应该考虑到反转时两个通道的输出有 High-High，High-Low，Low-High，Low-Low 等四种情况。机械地确定旋转盘停止的位置也是一种方法（例如，设定在 L-L 状态下停止）。特别在使用加减计数器时应该注意这个问题。

3. 补偿光通量的反射型光断续器

反射型光断续器中，来自被检物体的发射光，因被检物、器件与被检物之间的距离、环境温度等因素的影响会有很大的差异。为了避免这些影响，提出了各种方案。这里介绍控制红外发光二极管输出的方式和 ALC（Automatic Level Control，自动电平控制)方式。

1) 控制红外发光二极管电流的方式

图 8.36 示出控制红外发光二极管的例子。这里 OP 放大器 1 控制流过红外发光二极管的电流,OP 放大器 2 作为比较器使用,脉冲输出来自目标的信号。图 8.36(b)示出电路的工作波形。

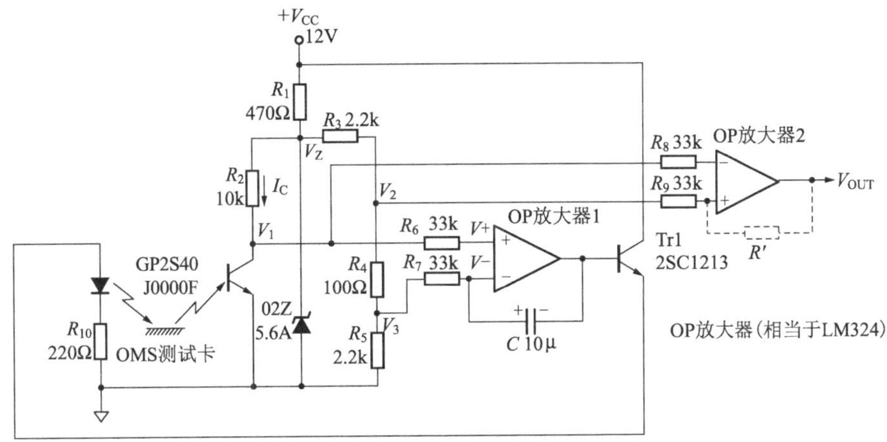

(a) 使用反射型光断续器的目标读取电路

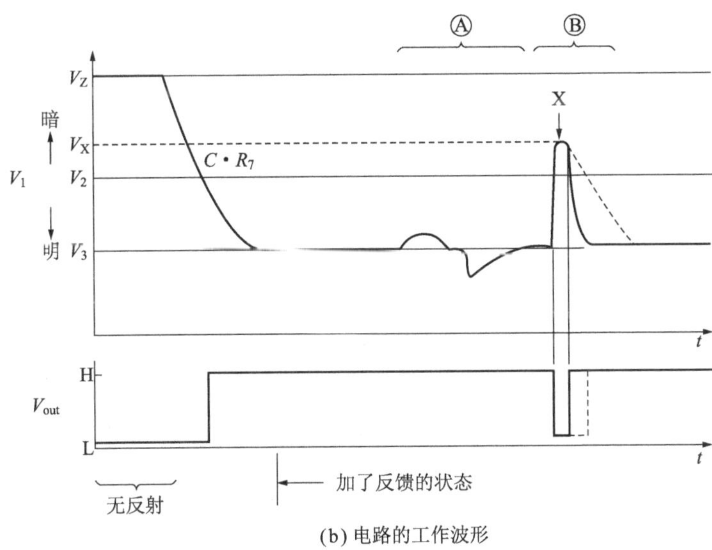

(b) 电路的工作波形

图 8.36 红外发光二极管的电流控制例

在光未被反射的情况下,V_1与V_Z相等,当$V_1=V_Z>V_2$时,OP 放大器 2 的输出V_{OUT}为低电平。这时,$V_1 \gg V_3(V_+>V_-)$,OP 放大器 1 的输出被高电平拒绝。这时流过红外发光二极管的$I_{F(MAX)}$为

$$I_{F(MAX)}=(V_{out(MAX)}-V_{BE}-V_{F(LED)})\div R_{10}$$

式中，V_{BE}为Tr的基极-发射极间电压，0.7V；$V_{F(LED)}$为红外发光二极管的正向电压，1.2V。

因此，如果设$V_{out(MAX)}=V_{CC}=12V$，那么$I_{F(MAX)}$约为46mA，这个值在红外发光二极管的额定值(这种场合为50mA)以内。由于选择OP放大器1或V_{CC}的原因，会有超过额定值的情况。必须注意这一点。如果OP放大器的电源取V_Z，那么R_{10}取值75Ω就可以了。

在光被反射的状态下，V_1的电位下降，要改变OP放大器1的输出，控制红外发光二极管的电流，使得$V_1=V_3(V_+=V_-)$。例如，采用光通量下降→V_1上升→$V_+>V_-$→OP放大器输出上升→LED电流增加→光通量增加这样加反馈的方法。这种控制对于OP放大器1来说是利用电容器加反馈，是由$C\times R_7$决定时常数，所以变化慢(图中Ⓐ)。例如，针对温度变化或老化引起的光通量变化问题，可以维持$V_1=V_3$。对于目标信号之类的快速变化(图中Ⓑ)，则是$V_1>V_2>V_3$，使OP放大器2工作，产生脉冲输出。

这里，要对红外发光二极管进行控制所需要的反射光所产生的光断续器的光电流I_C由下式求得：

$$I_C=(V_Z-V_3)\div R_2$$

在本例中，I_C约为0.29mA。由于红外发光二极管正向电流的最大值$I_{F(MAX)}$是46mA，可以看出光断续器的CTR(电流转换比)必须在0.63%以上。

能够检出的光电流的变化量ΔI_C由下式求得：

$$\Delta I_C=(V_2-V_3)\div R_2 \tag{8.4}$$

在本例子中，ΔI_C约为12μA。就是说，对于稳定的反射光来说，如果有下式所得到的CTR变化，就能够检出。

$$\Delta I_C/I_C=(V_2-V_3)\div(V_Z-V_3)\approx 4\% \tag{8.5}$$

根据式(8.4)，灵敏度即ΔI_C可以通过改变(V_2-V_3)或者R_2进行调整。不过考虑到OP放大器1的失调电压和噪声等因素，在$(V_2-V_3)=124mV>50mV$范围，用R_2进行调整较好。

这个电路，与稳定状态相对应，是工作在暗的状态。为了能够工作在光亮状态，如果能产生比V_3低的电位(假设为V_4)，以V_1和V_4的差使比较器工作的话当然是可以的。例如，可以用于检测白纸上透明带子的边沿。

另外，这种光通量补偿方式不仅能用于反射型光断续器，也可以用于编码器等。

2) ALC方式

图8.37示出使用峰值保持电路的反射型光断续器。这个电路是按照峰值保持和谷值保持检测来自光断续器的信号输出，用R_1和R_2将峰值与谷值分割开，作为基准电压(浮动限幅电平)与信号电压进行比较。

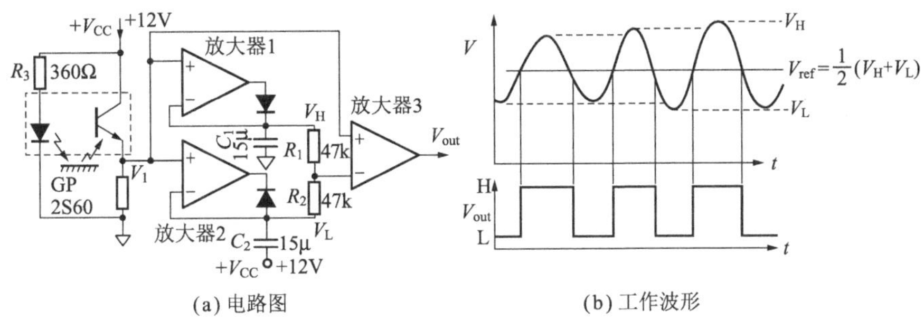

(a) 电路图　　(b) 工作波形

图 8.37 具有 ALC 的反射型光断续器

上述控制方式的优点是抗被检物变动等的能力强。不过需要注意以下几点：

(1) 不能判断静止状态下的明暗：在被检物非常缓慢地运动或者静止的场合，由于红外发光二极管的控制和 ALC 是追随运动的，所以输出不固定。

例如，对于用前面图 8.36 的电路读出白纸(CTR＝1％)上的黑色印记(CTR＝0.9％)的情况。白底、黑印对于电路的红外发光二极管控制所必要的 CTR 都在 0.63％以上，所以不论将光断续器置于何处都需要加反馈。

另一方面，白底与黑印有[(1.0－0.9)/1.0]×100＝10％＞4％的 CTR 差，按照式(8.5)能够检出白底↔黑印的变化。在停止于黑印上的情况下，就是说在被检物运动停止在工作波形图上的"×"点的场合，如虚线所示，在经过 RC 所决定的时间后，加上 LED 的电流控制，输出也就从低电平返回到高电平。

这个电路能检测有反射物的情况(例如 CTR＝1％)也能检测无反射物的情况(CTR＝0％)，但是与前面相反，在物体运动速度比反馈速度快的情况下不能检测。

(2) 施密特触发器：例如在图 8.37 的电路中，当停止时由于 $V_H=V_L$，因而容易发生抖动等现象。为了防止这种现象的发生，要求输出的比较器具备滞后功能。但是，在附加滞后功能的情况下，会使灵敏度劣化，所以要引起注意。这是因为如果不是加宽度大于滞后的信号，输出就不会变化。图 8.36 的电路中 OP 放大器 2 介入了用虚线示出的 $R'=3.3\text{M}\Omega$ 的电阻，使它具有 1％的滞后，而且 V_1 的电位满足下式时，输出发生反转：

$$V_1=V_2\pm\Delta V$$

$$\Delta V\approx(V_{\text{out(MAX)}}-V_2)\times\frac{R_9}{R'+R_9}$$

设放大器的电源为 $V_L=5.6\text{V}\approx V_{\text{out(MAX)}}$，则 ΔV 为 28mV。

由于 (V_2-V_3) 为

$$V_2-V_3=V_Z\times\frac{R_4}{R_3+R_4+R_5}\approx 124\text{mV}$$

所以前面能够检出光通量变化的式(8.4)就变为

$$\Delta I_C=(V_2+\Delta V-V_3)/R_2$$

如果ΔI_C＝15.2μA＞12.4μA，则灵敏度下降。

(3) 灵敏度不要提得过高：如果灵敏度过高，黑色印记以外的污点很容易引起误动作。而且，在光敏三极管的场合提高灵敏度，还会影响到响应。抑制灵敏度有时反而会得到良好的结果。

8.4.2 OPIC

1. 将受光电路集成在一个芯片上

上述使用光敏三极管的光断续器，是用晶体管和电阻进行光信号的放大和整形等处理的。为了使电路设计更加容易，而且有利于小型化、节能化，人们进一步将光敏二极管等受光器件与放大、整形等信号处理电路集成在一个芯片上。这就是 OPIC 这种器件具有以下特点：

- 不需要复杂的电路设计。
- 光敏二极管＋放大器的结构形式多，响应快。
- 内藏稳压电路，工作电源的电压范围宽。
- 可进行温度特性的修正。
- 小型化，容易安装。

下面以透射型 OPIC 光断续器 GP1A52HRJ00F 为例，说明它的使用方法。图 8.38 示出应用电路例。其特性列于表 8.4。图中虚线内是组入的 GP1A52HRJ00F 部分，在设计上考虑了以下几点。

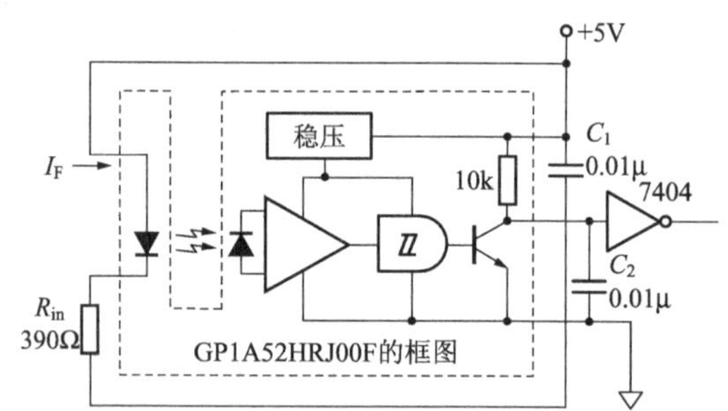

图 8.38　透射型 OPIC 光断续器(GP1A52HRJ00F)的应用电路例

表 8.4　透射型 OPIC 光断续器(GP1A52HRJ00F)的特性例

(a)绝对最大额定值

项目		符号	额定值	单位
输入	正向电流	I_F	50	mA
	峰值正向电流	I_{FM}	1	A
	反向电压	V_R	6	V
	容许功耗	P	75	mW

续表 8.4

项目		符号	额定值	单位
输出	电源电压	V_{CC}	−0.5～+17	V
	输出电流	I_O	50	mA
	容许损耗	P_O	250	mW
工作温度		T_{opr}	−25～+85	℃
保存温度		T_{stg}	−40～+100	℃
焊接温度		T_{sol}	260	℃

(b)电学、光学性质

项目			符号	条件	最小值	标准值	最大值	单位
输入	正向电压		V_F	$I_F=5mA$	—	1.1	1.4	V
	反向电流		I_R	$V_R=3V$	—	—	10.0	μA
输出	工作电源电压范围		V_{CC}	—	4.5	—	17.0	V
	低电平输出电压		V_{OL}	$V_{CC}=5V$ $I_F=0mA$ $I_{OL}=16mA$	—	0.15	0.4	V
	高电平输出电压		V_{OH}	$V_{CC}=5V$ $I_F=5mA$	4.9	—	—	V
	低电平供给电流		I_{CCL}	$V_{CC}=5V$ $I_F=0mA$	—	1.7	3.8	mA
	高电平供给电流		I_{CCH}	$V_{CC}=5V$ $I_F=5mA$	—	0.7	2.2	mA
传输特性	*1"L→H"阈值电流		I_{FLH}	$V_{CC}=5V$	—	1.0	5.0	mA
	*2滞后		I_{FHL}/I_{FLH}	$V_{CC}=5$	0.55	0.75	0.95	—
	响应时间	"L→H"传输时间	t_{PLH}	$V_{CC}=5V$ $R_L=280\Omega$ $I_F=5mA$	—	3.0	9.0	μs
		"H→L"传输时间	t_{PHL}		—	5.0	15.0	μs
		上升时间	t_r		—	0.1	0.5	μs
		下降时间	t_f			0.05	0.5	μs

*1 "I_{FLH}"是从"L"到"H"时的正向电流值。

*2 "I_{FHL}"是从"H"到"L"时的正向电流值。

(1) 被检物的光学设计：为了防止光的返回、影响检测，检测物体的开口区和遮光区的宽度应该大于光断续器的狭缝宽度(这里是 0.5mm)。这时检测物的高度应放在指定的位置(GP1A52HRJ00F 的场合高于箱上 4mm 以上的位置，参看图 8.39)。

(2) 红外发光二极管正向电流的设定：由表 8.4 知道，输出反转所必要的电流的最大值 $I_{FLH(MAX)}=5mA$，认为发光器件的输出下降 50%，那么 I_F 设定为

$$I_F=5/0.5=10mA$$

根据(5−1.2V)/10mA=380Ω，取 R_{in} 为 390Ω。

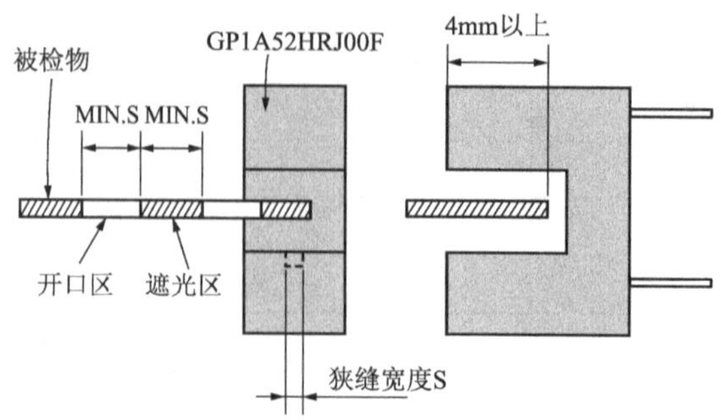

图 8.39　光断续器与被检物的位置关系

(3) 电源的旁路电容器：OPIC 与普通的 OP 放大器一样，为了防止噪声，需要在光断续器的电源线介入电容器。另外，在用于检测复印机进纸阻塞等的场合，有时光断续器与控制基板之间有一段距离，连接的导线比较长。这种情况下，光断续器的输出晶体管导通时发生的电压变动，往往会由于与电源线之间的相互感应而产生噪声。由于自感应，输出波形还会发生激振。为了避免由于这些影响而导致 OPIC 光断续器产生误动作，往往要在电源线(GND)与输出线之间介入电容器。然而是否需要电容器，还需视安装场所的环境而定，建议在超过 2m 的环境中安装。另外，作为使用 OPIC 的透射型光断续器，在图 8.38 所示的电路中将限流电阻 R_{in}组入光断续器，使用附有不需设定正向电流的连接器的 OPIC 光断续器(例如：GP1A73AJ000F 等)。此外，还有具有编码功能的光断续器，以及反射型光断续器中能够调整灵敏度、并且用脉冲驱动使之不易受干扰光影响的光调制方式的 OPIC 光断续器等。

2. 附有编码功能的光断续器

1) 结构及内部电路

最近，由于增加了确定打印机的打印头位置、控制打印纸的送纸量、控制打印机的缩放等功能，光学编码已经应用在扫描器用马达旋转控制上。编码器在金属板上用腐蚀工艺形成狭缝的线状标尺或在透明膜上印刷有遮挡红外光的狭缝图形的线状标尺，进行移动方向、移动量的检测，或者检测带有狭缝的圆盘(旋转圆盘)的旋转数、旋转方向、旋转角，图 8.40 和图 8.41 示出附有编码功能的光断续器(GP1A038RCK0F)的结构例。编码器通过线状标尺上狭缝的移动，输出相位相差 90°的 2 相脉冲列。在圆盘的场合同样也是利用狭缝输出 2 相的脉冲列。通过对这种 2 相脉冲列进行计数来检测移动量，基于脉冲列的相位差就能够检测出移动方向(关于移动方向的检测方法，可参看本节的“移动方向/旋转方向检测电路”)。下面以附有编码功能的光断续器 GP1A038RCK0F 为例作以说明。

图 8.42 示出 GP1A038RCK0F 的内部电路。红外发光二极管辐射的光穿过线状标尺的狭缝入射到 4 组光敏二极管阵列 PD_A、$PD_{\bar{A}}$、PD_B、$PD_{\bar{B}}$ 的受光面上。光

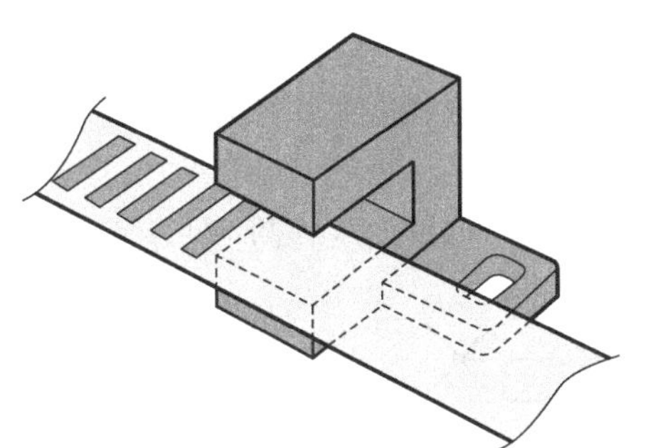

图 8.40 编码器的构成(线状标尺)

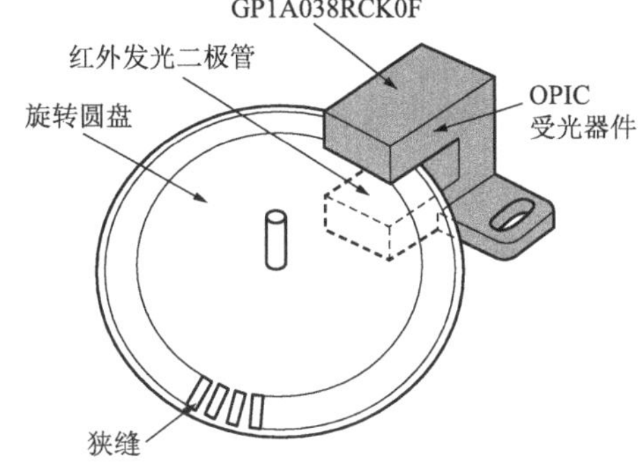

图 8.41 编码器的构成(旋转圆盘)

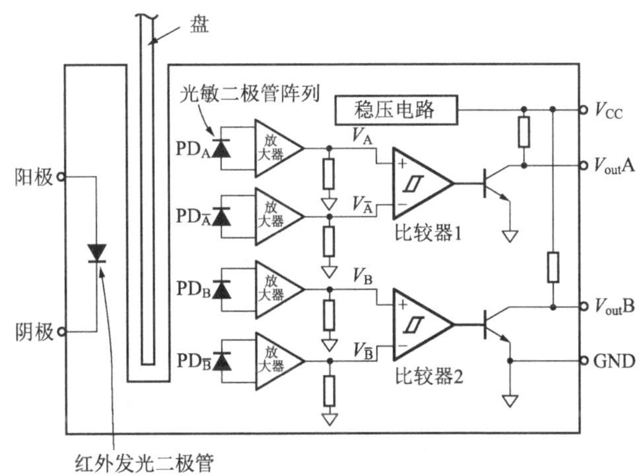

图 8.42 GP1A038RCK0F 的内部电路

敏二极管阵列与线状标尺狭缝的位置关系如图 8.43 所示，横向一列配置，设线状标尺的 1 条狭缝的间距是 360°，PD_A 与 $PD_{\overline{A}}$ 以及 PD_B 与 $PD_{\overline{B}}$ 按分别相差 180°进行配置，而 PD_A 与 PD_B 的配置相差 90°。在 GP1A038RCK0F 中，PD_A、$PD_{\overline{A}}$、PD_B、$PD_{\overline{B}}$ 按各自相差 360°(隔 1 条狭缝)的位置共配置了 13 组，各自的 PD 连接着(从 PD_A 到 PD_B 各有 13 个，共计由 52 个光敏二极管构成)。

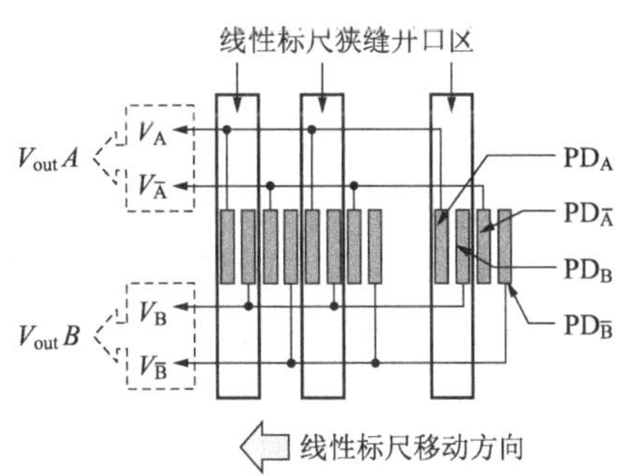

图 8.43 光敏二极管阵列与线状标尺狭缝的位置关系

当线状标尺移动时，图 8.44 中光敏二极管阵列 PD_A、$PD_{\overline{A}}$、PD_B、$PD_{\overline{B}}$ 的光电流变化经 OP 放大器电流-电压变换为 V_A、$V_{\overline{A}}$、V_B、$V_{\overline{B}}$ 的变化，这种变化示于图 8.44 的工作波形图中。比较器的输入是相位

偏差 180°的信号，在两个输入信号的交点，比较器的输出变化。另外，V_{outA} 与 V_{outB} 作为 90°相位偏差的波形被输出。这样一来，为了产生 1 个输出，使用了 2 组光敏二极管阵列 PD_A 与 $PD_{\overline{A}}$（或者 PD_B 与 $PD_{\overline{B}}$），因此叫做推挽方式。另外，为了产生有 90°相位偏差的 OP 放大器的输出 V_A、$V_{\overline{A}}$、V_B、$V_{\overline{B}}$，由于各自使用了多个（GP1A038RCK0F 中是 13 组）光敏二极管阵列，所以也称为多分割 PD 方式。

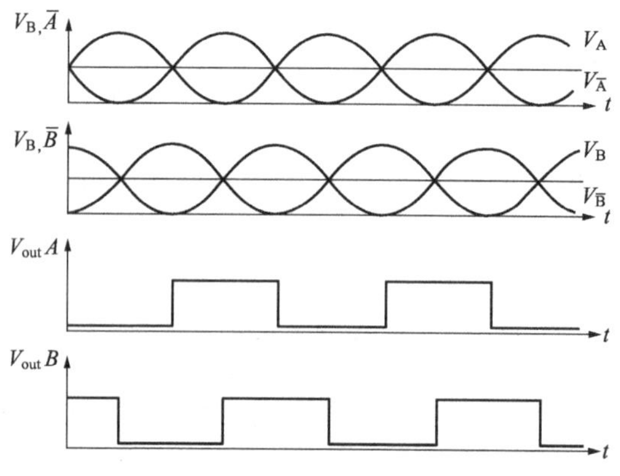

图 8.44　编码器的工作波形

推挽方式中，由于减小了因温度变化或发光二极管输出下降对光通量变化的影响，能保持具有稳定占空比的输出波形，因而有容易与检测移动方向等后级处理电路组合的优点。多分割 PD 方式的优点是，各相的输出不是由 1 个光敏二极管产生的，而是多个光敏二极管受光量的总和，所以即使线状标尺中有某一个狭缝被灰尘之类堵塞，仍然能够获得稳定的输出。而且在 GP1A038RCK0F 中，是将光敏二极管阵列与信号处理电路集成在一个芯片上，各光敏二极管以及 OP 放大器的特性都是一致的，不易受布线噪声的影响，还有利于实现小型化。另外，使用 GP1A038RCK0F 能够进行检测的线状标尺的狭缝间距是 141μm（180LPI：1 英尺的 180 分之一）。

2）旋转圆盘的设计

下面讨论使用 GP1A038RCK0F 检测旋转圆盘时的设计方法。对于 GP1A038RCK0F 来说是采用上述的多分割 PD 方式，光敏二极管阵列的配置是 52 个横排一列。各光敏二极管阵列的间距是 35μm，所以总长度为 1.8mm。它与线状标尺那样的平行狭缝排列不同，旋转圆盘的狭缝呈扇形，所以与光敏二极管阵列的配置不一致。发光器件辐射出的光通过狭缝的遮光部，由于泄露成分等的影响，在占空比的变动、对相位差的影响方面都存在悬念。所以在检测圆盘的场合，应该增大圆盘的直径，使狭缝的形状接近长方形。在使用 GP1A038RCK0F 的场合，在图 8.45 的安装图中，建议圆盘的中心到狭缝中心位置的距离在 30mm 以上。安装的尺寸之间具有以下关系：

$R_0 \geqslant 30(\text{mm})$　（圆周是 0.141mm 的倍数）

$$S_1 = R_0 - 1.14(\text{mm})$$

$$S_2 = S_1 + 6.7(\text{mm})$$

这里，R_0为从圆盘中心到狭缝中心的距离；S_1为从圆盘中心到决定编码器位置的针头的距离；S_2为从圆盘中心到编码器安装孔中心的距离。

另外，圆盘狭缝的标准长度是3mm，圆盘外周到狭缝端的标准距离是0.8mm。要注意圆盘与编码器的接触。

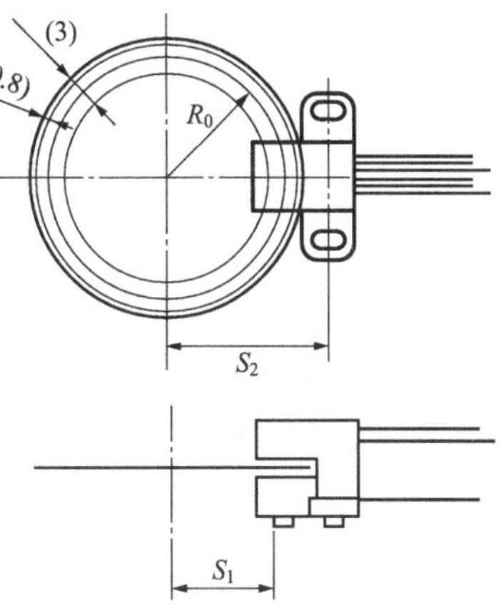

图8.45 圆盘安装的位置图

使用编码器时，要注意以下各点：

(1) 光源的展宽：来自GP1A038RCK0F的发光器件的光，经过透镜成为平行光。不过并不是完全的平行光，而是有一定的展宽。因而通过圆盘狭缝的光有展宽，在光敏二极管受光面上的等效狭缝间距也有展宽，所以会产生相位差的偏差。作为采取的措施，以下几点是有效的。

· 圆盘位置要靠近光敏二极管一侧。

· 减少圆盘的位置变动、盘面的偏斜。

· 对于在透明膜上印刷有狭缝图形的线状标尺或圆盘，要使印刷面朝向受光侧。

(2) 检测精度依赖于狭缝宽度的精度：编码器中，如果圆盘狭缝的加工精度不高，就不能提高检测精度。当圆盘一周上狭缝的宽度不均匀时，会引起占空比的变动。所以在圆盘的制造过程中，必须提高在玻璃板上蒸发狭缝或在金属板上腐蚀狭缝的精度。

3. 光调制式反射型光断续器

前面所介绍的光断续器，由于存在干扰光引起误动作的可能性，所以需要考虑如何不使干扰光直接入射到受光器件上。近年来，随着光断续器用途的不断拓宽，即使在外界有强干扰光的场所，也往往希望使用光断续器。因此出现了不用以往固定电流式的发光二极管发光，而是采用脉冲驱动、同步检测受光的脉冲光的光调制式光断续器。用这种光调制方式，即使在荧光灯或其他干扰光下也能稳定地工作。此外，还正在开发将脉冲驱动发光器件的电路与光敏二极管、放大电路、信号处理电路集成在一个芯片上的光调制式OPIC。

1) 电路结构

图8.46是采用光调制方式的反射型光断续器GP2A25J0000F的内部电路。电路图中虚线的范围就是在1个芯片上形成的光调制方式OPIC的电路。发光二极管由振荡器产生的脉冲波形(占空比：1/16)进行脉冲驱动。入射到光敏二极管上的光信号被放大，通过电容器AC耦合，除去干扰光引起的直流成分和低频噪声

的影响后，同同步检测电路检测是否与脉冲驱动信号同步。解调电路的构成是，只在 3 脉冲成分间得到同步信号的情况下，输出 V_0 为低电平；在没有 3 脉冲成分同步信号的情况下，输出 V_0 是高电平。这样就不会受到具有与脉冲驱动信号频率差不多的频率成分的单峰高频噪声的影响。

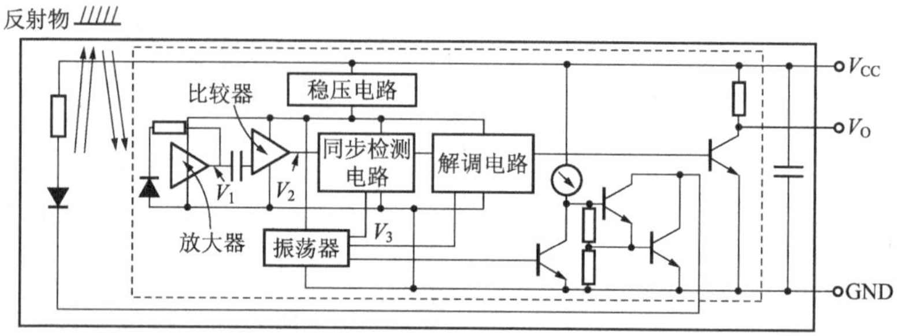

图 8.46　GP2A25J0000F 的内部电路

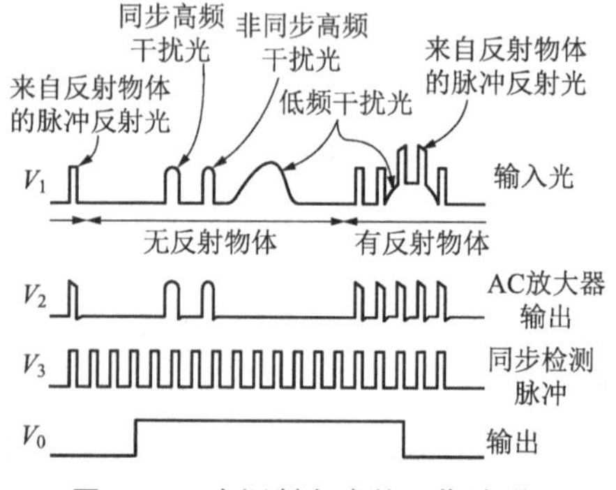

图 8.47　光调制方式的工作波形

受光光敏二极管的放大器输出 V_1、介入电容器 AC 耦合的比较器输出 V_2、振荡器产生的脉冲波形 V_3 以及输出 V_0 的工作波形示于图 8.47。振荡器产生的脉冲信号 V_3 脉冲驱动发光器件。在有反射物体的场合，与发光器件脉冲驱动同步的反射光入射到光敏二极管上。而干扰光引起的低频成分即使入射到光敏二极管上，也会被 AC 耦合电路除去，因而只能使反射的脉冲信号通过。比较器的输出 V_2 只发生脉冲信号。V_2 信号与通过后级的同步检测电路的脉冲信号 V_3 一起进行同步信号检测后，通过解调电路解调。在获得 3 脉冲连续的同步信号的情况下，输出为低电平。在没有反射物的场合，没有发光器件的反射光，在解调电路中也就没有入射 3 脉冲的信号入射，这种情况下输出高电平。这里，在干扰光引起的高频噪声（与脉冲驱动的频率成分差不多）入射到光敏二极管的场合，会通过 AC 耦合电路。不过如果与脉冲驱动信号不同步，就会被同步检测电路除去；如果是同步的高频噪声，那么在解调电路中不被看成是 3 脉冲的同步信号，于是输出 V_0 保持高电平。

GP2A25J0000F 中振荡器的脉冲波形的周期是 130μs，所以为了得到 3 脉冲连续的信号，通常需要 390μs 的时间。另外，实际的 GP2A25J0000F 中，考虑到振荡器的分散性和内部处理电路的响应，需要最大 1ms 的响应时间。

2）使用方法

下面就实际使用的问题作以说明。表 8.5 列出 GP2A25J0000F 的电学、光学

表 8.5 GP2A25J0000F 的电学、光学特性 (T_a=25℃)

项目	符号	参数值			单位	条件
		MIN	TYP	MAX		
电源电压	V_{CC}	4.75	—	5.25	V	———
消耗电流 1	I_{CC}	—	—	30	mA	平滑时 $V_{CC}=5V$, $R_L=\infty$
消耗电流 2	I_{CCP}	—	—	150	mA	脉冲电流峰值 $V_{CC}=5V$
低电平输出电压	V_{OL}	—	—	0.4	V	检测时 $V_{CC}=5V$, $I_{OL}=16mA$
高电平输出电压	V_{OH}	4.5	—	—	V	非检测时 $V_{CC}=5V$, $R_L=1k\Omega$
非检测距离	L_{LHL}	—	—	27.0	mm	柯达 90%反射纸 $V_{CC}=5V$
检测距离	L_{HLS}	—	—	1.0	mm	柯达 90%反射纸 $V_{CC}=5V$
		—	—	3.0		黑纸 $V_{CC}=5V$
		—	—	3.0		柯达 90%反射纸 $V_{CC}=5V$ $\theta=\pm5$deg(x,y 各方向)
	L_{HLL}	9.0	—	—	mm	反射纸 $V_{CC}=5V$
		7.0	—	—		黑纸 $V_{CC}=5V$
		7.0	—	—		柯达 90%反射纸 $V_{CC}=5V$ $\theta=\pm5$deg(x,y 各方向)
响应时间	t_{PLH}	—	—	1	ms	$V_{CC}=5V$
	t_{PHL}	—	—	1	ms	

特性，图 8.48 示出 GP2A25J0000F 的脉冲电流峰值 I_{CCP} 的测定值和响应时间的测定电路，以及距离特性的测定方法。在 GP2A25J0000F 检测到反射物的场合，输出 V_0 是低电平。例如，反射物是柯达 90%反射纸(与一般的 PPC 用纸反射程度相同)的场合，如果与反射物的距离在 1～9mm 的范围内，就处于确实的检测状态，输出 V_0 为低电平。但是，如果与反射物的距离在 27mm 以上，则处于完全非检测状态，输出 V_0 就是高电平。因此，在使用 GP2A25J0000F 检测有无 PPC 用纸的场合，待检纸的通过位置应该设定在距离 GP2A25J0000F1～9mm 的范围，在没有纸的状态下，将距离 GP2A25J0000F27mm 的位置设定为低于 PPC 用纸的反射率的面，这样只在有纸通过时，才处于检测状态（输出 V_0 为低电平）。如前所述，GP2A25J0000F 的电路结构使它的工作不易受干扰光的影响，甚至在外部干扰光照度达到 3000lx 时仍然能够正常工作。

近年来，为了防止室内荧光灯等肉眼感觉不到的闪烁，利用变频电路产生出将

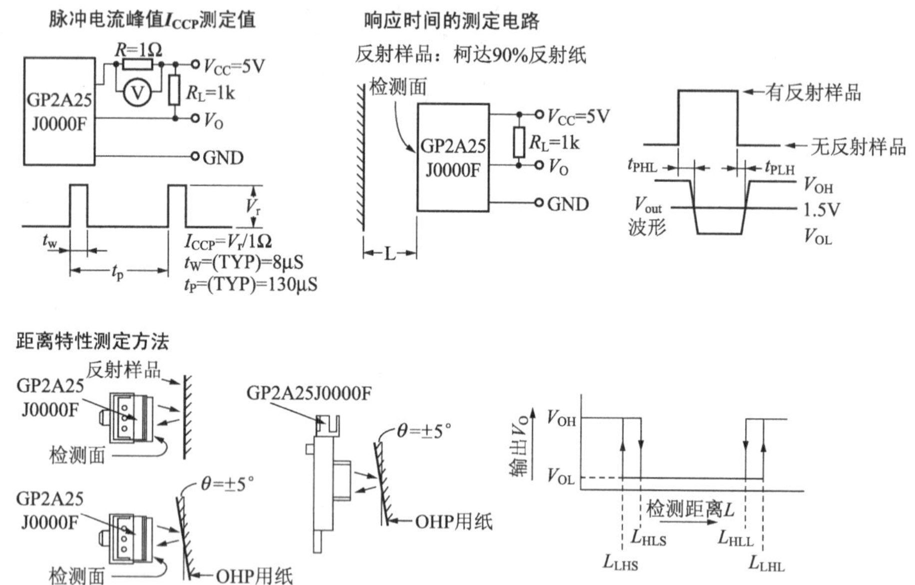

图 8.48　GP2A25J0000F 的脉冲电流峰值 I_{CCP} 测定值、响应时间测定电路以及距离特性测定方法

过去的 60Hz 或 50Hz 频率提高到几十 kHz 的振荡频率的产品。当这种光成为干扰光入射到光调制式的光断续器时，它与光断续器的检测脉冲是同步的，因而有可能发生误动作。针对这种现象采取的措施是使检测脉冲不是固定的频率而能自动变化，从而错开内部同步的技术。应用这种技术，开发出即使对于变频荧光灯也不会发生误动作的新型光断续器。这种光断续器，近年来不仅应用于 OA 设备，作为防止干扰光误动作的传感器，甚至在娱乐产业界也在使用。

4. 检测倾斜角的反射型光断续器

检测倾斜角的反射型光断续器（倾斜传感器）是用于检测光学式视频唱机光盘与拾波器的相对倾斜度，防止因光盘的倾斜导致拾波时发生串线的传感器。倾斜传感器（GP2TD03）的外观如图 8.49(a)所示，图 8.49(c)和(d)分别示出它的纵剖面图和横剖面图。它由一个红外发光二极管、两个光敏二极管以及聚光透镜构成，图 8.49(b)示出它的连线方法。红外发光二极管辐射的光被光盘反射，反射光分别被两等分的光敏二极管检出，由于光盘的倾斜使两等分的光敏二极管（PD_1、PD_2）的输出发生变化，这种变化经后级电路运算处理后，就可以输出因光盘倾斜发生的线性变化。

下面说明倾斜传感器 GP2TD03 的工作。图 8.49(e)示出反射物（多层覆膜反射镜）位置关系。当反射物相对于倾斜传感器呈水平状态时，上述的两等分光敏二极管（PD_1、PD_2）的输出大致相等。当反射物发生倾斜时，入射到 PD_1、PD_2 上的光出现差异，产生图 8.50 所示的特性。这样在倾斜传感器中，与反射物倾斜相对应

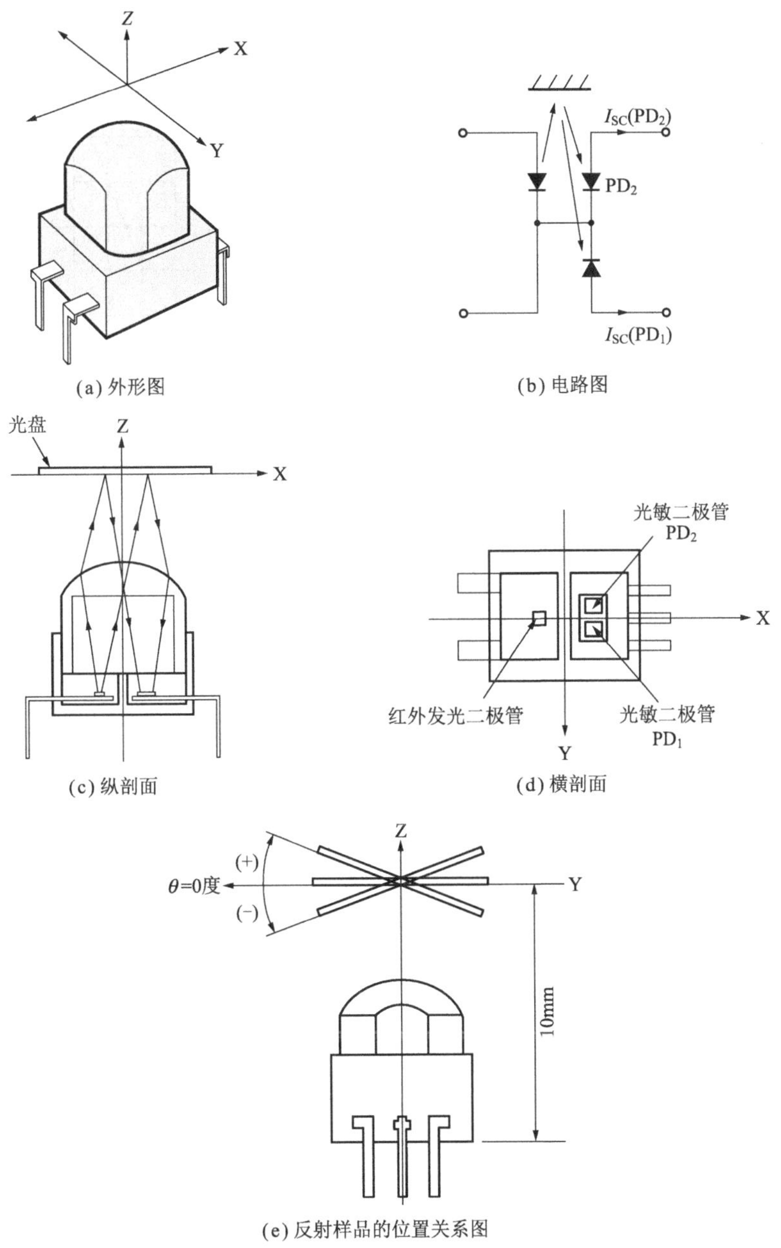

(a) 外形图

(b) 电路图

(c) 纵剖面

(d) 横剖面

(e) 反射样品的位置关系图

图 8.49 倾斜传感器 GP2TD03

的 PD_1 和 PD_2 的输出大致呈现出以交叉点($\theta=0°$附近)为基准的线对称的特性,所以通过 PD_1 的输出与 PD_2 的输出的减法处理[$I_{SC}(PD_1)-I_{SC}(PD_2)$],如图 8.51 所示,就能够得到与反射物倾斜相对应的线性变化的输出。但是,如果反射物的倾斜过于大,倾斜传感器就得不到有效的特性。通常,进行减法处理产生线性特性的

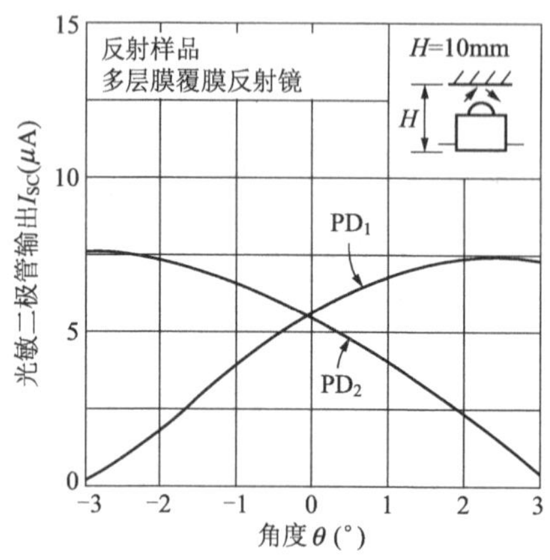

图 8.50 P2TD03 的光敏二极管输出

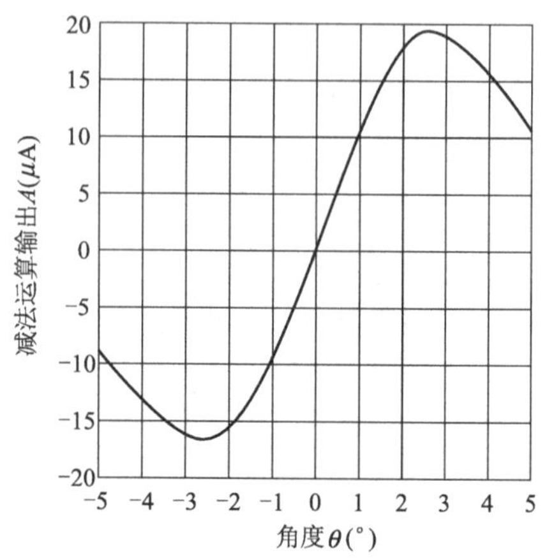

图 8.51 GP2TD03 的减法运算输出

范围大约是±1°，单调增加的范围在±2°以下。因此，它不适合对反射物倾斜角大的设备的监控。不过对于光学视频光盘拾波器的监控等是有效的。图 8.52 是进行 GP2TD03 的减法处理的电路例。这里，利用 OP 放大器 OP_1 和 OP 放大器 OP_2 对 PD_1 和 PD_2 的光电流输出进行电压转换，由 OP 放大器 OP_3 进行减法处理。表 8.6 列出 GP2TD03 的主要电学、光学特性。

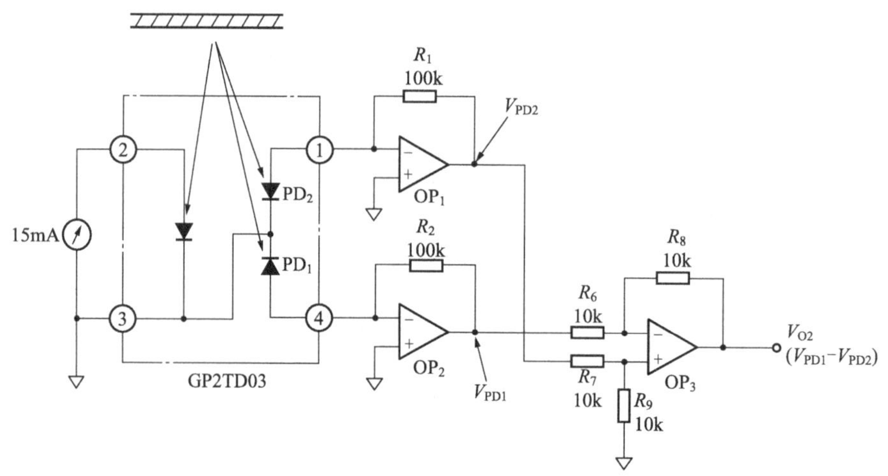

图 8.52 GP2TD03 的应用电路例

表 8.6 GP2TD03 的电学、光学特性 （T_a=25℃）

项目		符号	条件	最小值	标准值	最大值	单位
输入	正向电压	V_F	I_F=17mA	—	1.25	1.5	V
	反向电流	I_R	V_R=6V	—	—	10.0	μA
	峰值发光波长	λ_{P1}	—	—	950	—	nm
	谱线半高宽	$\Delta\lambda$	—	—	45	—	nm

续表 8.6

项　目		符　号	条　件	最小值	标准值	最大值	单位
输出	暗电流(各 PD)*1	I_d	$V_R=10V$	—	—	100	nA
	峰值灵敏度波长	λ_{P2}	—	—	960	—	nm
	响应时间	t_r, t_f	$V_R=1V, R_L=1k\Omega$	—	50	—	ns
	灵敏度(各 PD 短路电流)*1	I_{sc}	*2 $E_V=1000lx$	—	4.2	—	μA
结合特性*8	减法运算输出增加率*1	$A/°$	$V_{cc}=5V, H=10mm$ $\theta_Y=-0.5\sim0\sim+0.5°$	3.3	6.6	12.87	μA/°
	减法运算输出零的角度范围*4	θ_0	$V_{cc}=5V, H=10mm$	−2	—	+2	°
	减法运算输出单调增加的范围*5	$\lvert\theta_r\rvert$	$V_{cc}=5V, H=10mm$	1.5	—	—	°
	减法运算输出非反转范围*6	$\lvert\theta_t\rvert$	$V_{cc}=5V, H=10mm$	5.0	—	—	°
	漫散射光*7	$\lvert A_{LEAK}\rvert$	$V_{cc}=5V, H=10mm$	—	—	57	nA

*1:PD:光敏二极管。

*2:E_V:基于 CIE 标准光源 A(钨灯)的照度。

*3:减法运算输出 A 为 $A=I_{sc}(PD_1)-I_{sc}(PD_2)$;减法运算输出增加率 $A/°$为每变化 1 度时 A 的电流增加率。

*4:减法运算输出零的角度范围是指 A 变为零的角度的范围。

*5:减法运算输出单调增加的范围是指以 A 为零的角度为原点时的单调增加的角度 θ_r。

*6:减法运算输出非反转范围是指以 A 为零的角度为原点时的角度 θ_t。

*7:遮光 A_{LEAK}是指无反射样品状态下的 A 值。

*8:结合特性中所说的反射物是多层膜反射镜,而且在 X、Y 方向无偏移。

第9章 光耦合器

光耦合器是由发光器件与受光器件组合而成的一种器件，它的输入、输出之间是电绝缘的，具备可以用光传输信号的特性。发光器件采用发光效率高的 GaAs 红外发光二极管、GaAlAs 发光二极管等。受光器件使用波长特性与发光波长相匹配的 Si 光敏三极管、双向晶闸管，以及将光敏二极管与放大电路、甚至信号处理电路集成在一个芯片上构成的 OPIC 受光器件。

从功能的角度，光耦合器可以看作能够起到与继电器、信号变压器同样作用的信号传输器件。主要的特征是：

(1) 输入输出之间电绝缘。

(2) 信号传输是单向的，输出信号对于输入信号没有影响。

(3) 容易与逻辑器件接续。

(4) 响应速度比较快。

(5) 体积小、重量轻，能够实现高密度安装等。

近年来，由于已经能够廉价地获得各种类型的产品，所以在许多领域得到大量的使用。主要应用丁便携式电话和笔记本电脑的充电器，液晶电视，DVD 录放机等电气产品的电源电路部分，以及 FA(Factory Automation，工厂自动化)设备、通信设备的信号传输电路部分等。

9.1 光耦合器的工作原理

电信号流过光耦合器的输入一侧，经输入器件进行电-光转换后，成为光传输信号，即光信号。它通过绝缘而且透光的环氧树脂后到达受光器件，再经过光-电转换后，作为电信号从输出一侧取出。电-光转换是利用作为电信号的电流流过 GaAs 红外发光二极管或者 GaAlAs 发光二极管之类的输入器件时的发光现象进行的。光信号在同时具有绝缘性和信号传输性的半透明的树脂间传输后，被 Si(Si 与输入器件的发光波长具有匹配性)光敏三极管、双向晶闸管、OPIC 之类的受光器件接收，通过受光器件的光敏二极管部分(即 pn 结)产生的光生电流生成输出电信号。这时，不同受光器件中输出信号的工作是不同的。

在光敏三极管输出的光耦合器中，光生电流流入 npn 晶体管的基极，经过放大，得到集电极电流。与小信号用晶体管的工作相同，可以进行线性区的信号传输动作和饱和区的开关动作。

以光双向晶闸管输出的光耦合器被分类为光双向晶闸管耦合器。它是一种在交流电源下使用的光耦合器。

光双向晶闸管耦合器是由输出一侧的光双向晶闸管芯片接受来自输入一侧发光二极管的光，使电流流过输出端。用于触发中/大功率用双向晶闸管。

图 9.1 是光双向晶闸管芯片的等效电路。接受来自发光二极管的光，在 npn 晶体管的集电极-基极间产生光生电流成为基极电流，使 npn 晶体管工作，产生集电极电流。这个电流成为 pnp 晶体管的基极电流，使整个光双向晶闸管导通。

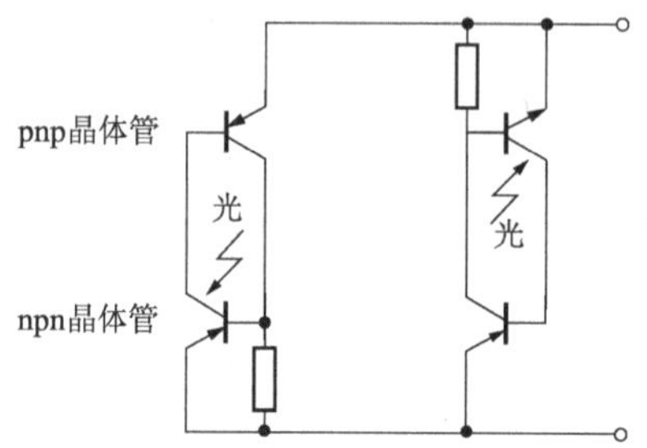

图 9.1　光双向晶闸管芯片的等效电路

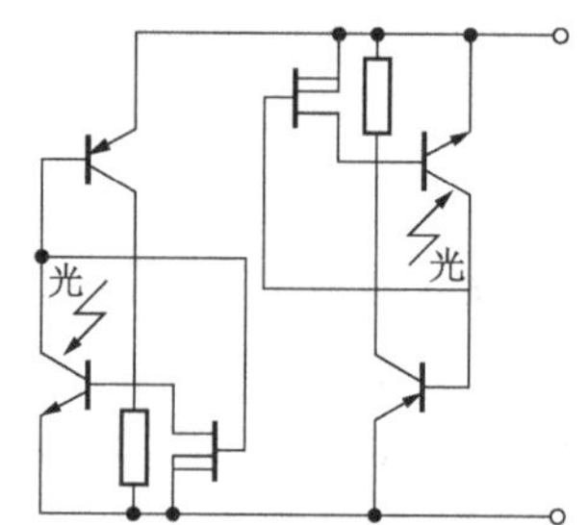

图 9.2　光双向晶闸管芯片的等效电路（内藏零交叉电路型）

图 9.2 是内藏有零交叉电路的光双向晶闸管芯片的等效电路。其工作与前面相同，不过由于内藏有零交叉电路，所以当输入信号导通时，由于零交叉电路的作用，交流负载电压只在零电压附近工作，使光双向晶闸管导通。

OPIC 受光器件是利用双极 IC 或 CMOS IC 工艺，将光敏二极管、放大电路以及信号处理电路集成在一个芯片上，并且给光敏三极管输出的光耦合器附加有高速信号传输、大功率电流控制等功能，进行输出控制。

9.2　光耦合器的结构与特性

9.2.1　光耦合器的结构

光耦合器如图 9.3 和图 9.4 所示，有 DIP(Dual Inline Package，双列直插式封装)型和 SOP(Small Outline Package，小外廓封装)型两种。一般是插入基板的 DIP 型，如果要求在基板上实现高密度实装，可采用 SOP 型。图 9.3 和图 9.4 所示的光耦合器的结构，是在发光器件一侧和受光器件一侧分别设计金属引线支架，各自连接发光器件和受光器件，再用半透明的环氧树脂封起来，这样就能够进行输入输出间的光信号传输，并且实现电绝缘。为了进一步防止干扰光引起误动作，提高阻燃性，再用黑色环氧树脂将周围封起来。为了获得输入输出间的绝缘耐压性能，

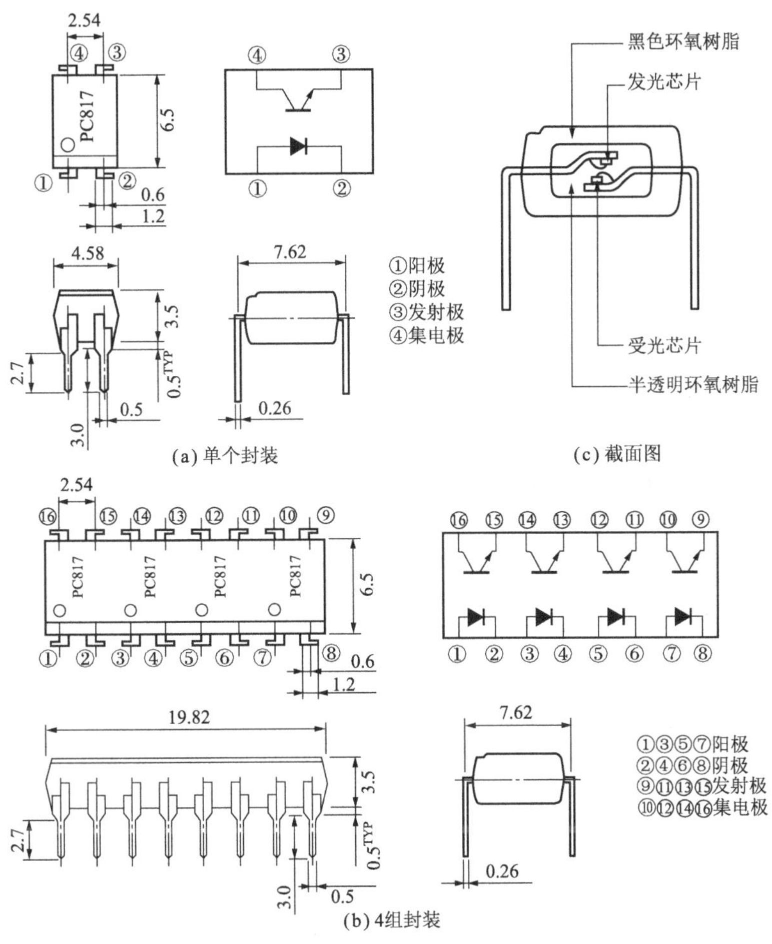

图 9.3 PC817 的外形、内部结构以及截面图

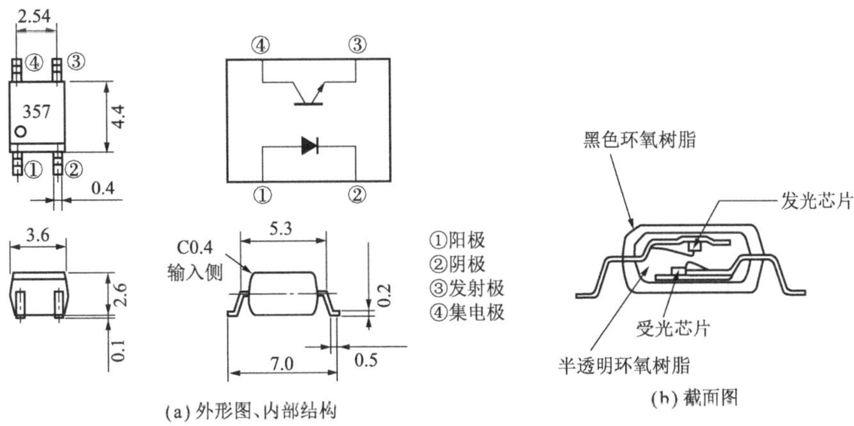

图 9.4 PC357NT 的外形、内部结构以及截面图

要使用热膨胀系数值差不多相等的树脂进行封装，使得内部不易产生空隙。把这种方式叫做 2 重传递模式。

9.2.2　光耦合器的特性

这里就光敏三极管输出光耦合器的特性作以说明。

1. 电流传输比-正向电流特性

电流传输比(CTR：Current Transfer Ratio)是指流过输出一侧光敏三极管的光电流(集电极电流 I_C)与流过输入一侧发光器件的电流(正向电流 I_F)之比，它是光耦合器的重要特性之一。

$$\mathrm{CTR} = I_C / I_F \times 100\%$$

光耦合器的 CTR 特性因光敏三极管的结构而会有很大的差异。例如，达林顿连接的光敏三极管即使很少的输入电流也能得到比较大的输出电流。即使在使用相同的光耦合器的场合，由于晶体管的放大倍数、光耦合器的结构等原因，其 CTR 也会不同，所以在选择光耦合器时，要考虑到输入一侧的驱动电流(正向电流)、输出一侧需要的电流(集电极电流)，选用适当的 CTR 的值。由于输入正向电流(I_F)的值会使 CTR 发生变化，所以要特别注意。图 9.5 示出典型的电流传输比-正向电流特性。

2. 电流传输比-环境温度特性

电流传输比随温度而发生变化。光敏三极管的灵敏度、电流放大倍数随温度的变化，对于硅(Si)器件来说，大约是＋0.7%/℃；发光二极管的发光输出，对于 GaAs 器件来说，大约是－0.1%/℃。在 Si 光敏三极管与 GaAs 红外发光二极管组合的场合，它们的温度变化是相互抵消的。但是与 Si 光敏三极管的温度变化相比，GaAs 红外发光二极管的温度变化更大些。GaAs 红外发光二极管的峰值发光波长随温度上升向长波长方向移动，而 Si 光敏三极管的灵敏度波长变化方向不一致，其结果是 CTR 随温度上升而变小。图 9.6 示出电流传输比-环境温度特性。

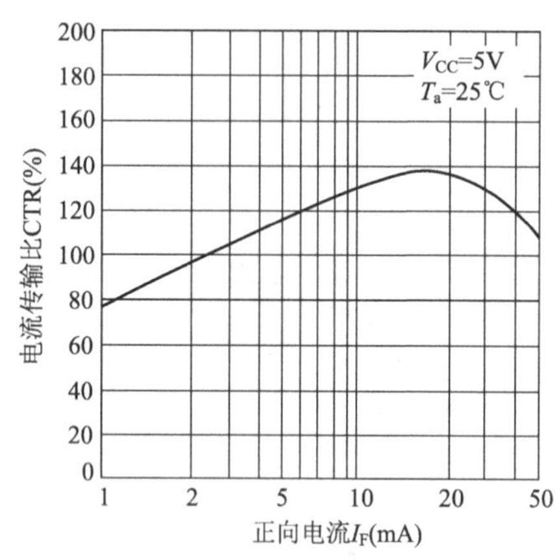

图 9.5　电流传输比-正向电流特性(PC817)

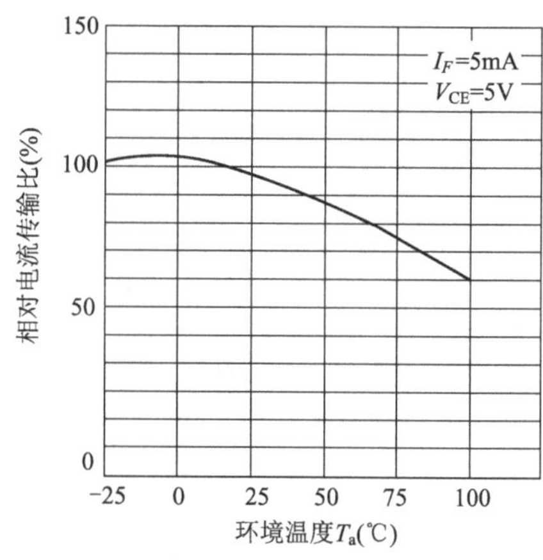

图 9.6　电流传输比-环境温度特性(PC817)

3. 输入输出间绝缘耐压

光耦合器往往应用于电位不同的电路间的信号传输电路、马达控制或电磁线圈激励等容易发生脉冲电压的驱动器(actuator)电路的接口等用途，所以输入输出间绝缘耐压($V_{iso(rms)}$)是选择光耦合器时的重要的额定值之一。一般来说，$V_{iso(rms)}$规定为在“AC 几 kV，1 分钟时间内，相对湿度：RH40%～60%”下的值。一旦发生绝缘击穿，不仅器件被击穿，甚至整个系统也会发生误动作。即使在瞬间发生高电压的场所使用，为了安全起见，也必须选择绝缘耐压比这个电位差高得多的器件。光耦合器的典型产品有 PC123 系列、PC817 系列等，其绝缘耐压值 V_{iso} 均为 AC5kV。

4. 响应特性

光耦合器的响应时间主要由输出一侧的光敏三极管决定，不过它也随输入正向电流(I_F)以及负载电阻(R_L)值而变化。特别是对 R_L 的依赖关系比较强，所以在设定电路参数时需要注意这个问题。图 9.7 示出 PC817 的响应时间-负载电阻特性。

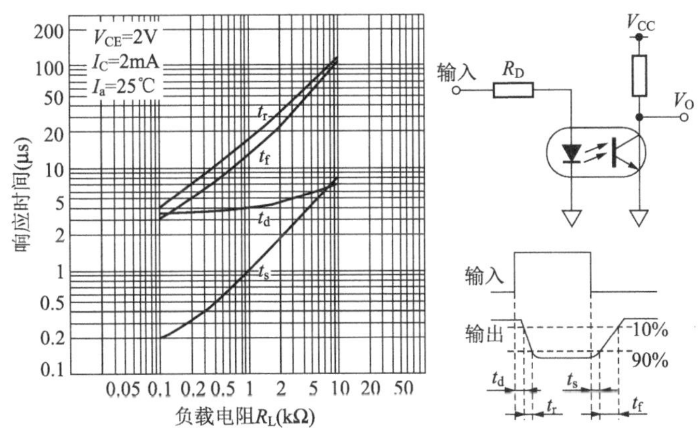

图 9.7 响应时间-负载电阻特性(PC817)

5. CMR(Common Mode Rejection，共模抑制)特性

光耦合器是利用光耦合在输入输出之间传输电信号的，是电绝缘的。不过在输入输出之间存在大约 0.5～1pF 的浮游电容 C_f。所以尽管对于变化缓慢的周期信号来说是电绝缘的，但是当输入输出间发生急剧变化的电位差时，由于光耦合器输入输出间存在这种浮游电容，往往会有位移电流($i_d = C_f \times dv/dt$)流过，在输出端产生噪声。它往往会引起误动作。图 9.8 示出这种浮游电容以及发生误动作的情况。

作为 CMR 特性的一例规定，输出端发生的电压 V_{np}(Noise Peak Voltage)规定为 100mV(R_L=470 Ω)下、电压上升率 2kV/μs 的条件下的值。图 9.9 示出 V_{CM} 的测定电路。

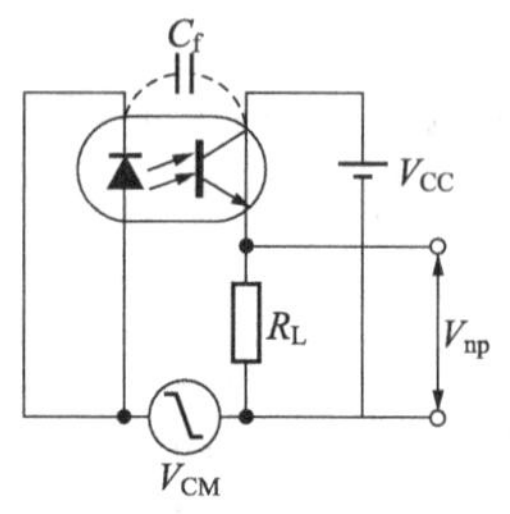

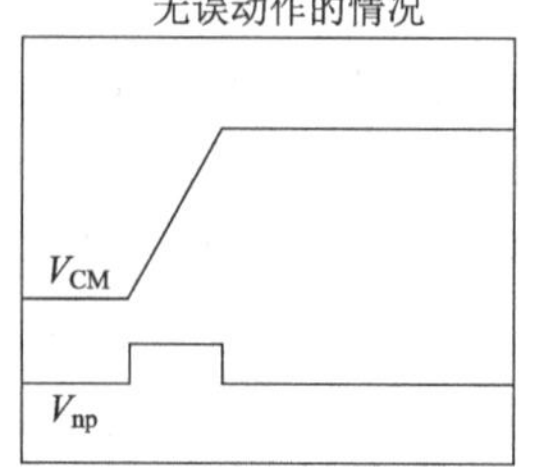

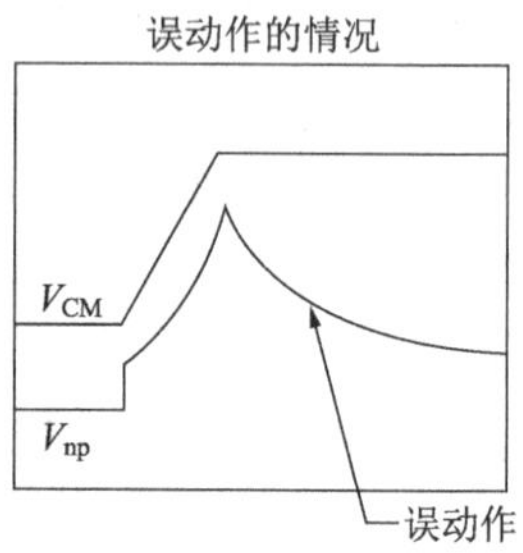

图 9.8　光耦合器的浮游电容

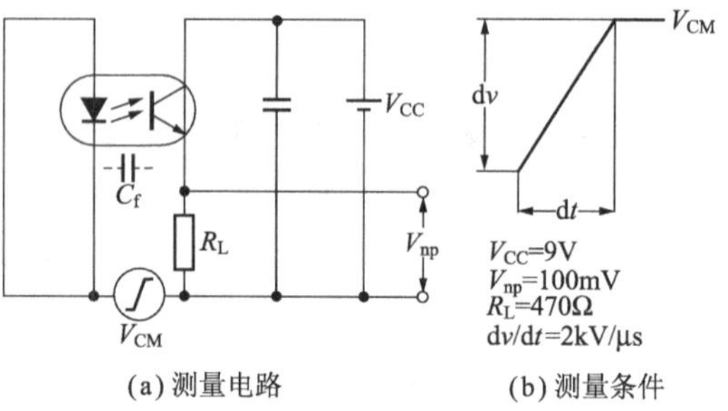

图 9.9　V_{CM}的测量电路

9.3　光耦合器的基本使用方法

以光敏三极管输出的光耦合器设计 TTL 的接口为例进行说明。首先列出设计参数。

- 使用温度范围：0～70℃。
- 电源电压：$V_{CC}=5V$。
- 设备的使用年限：10 年。
- 系统运转率：50%。
- 信号响应特性：2kbps(500μs)。

驱动电路如图 9.10 所示。图 9.10 中，在用 TTL 驱动输入一侧的红外发光二极管的场合，根据关系式

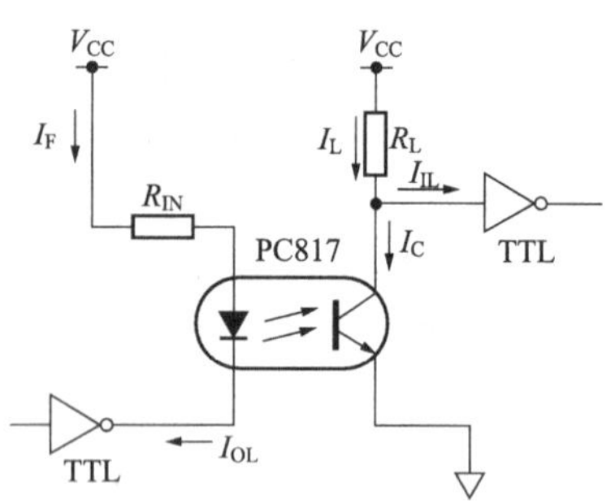

图 9.10　TTL-TTL 间的接口

$$I_{OL} \leqslant 16\text{mA}(\text{TTL 的特性})$$

红外发光二极管的驱动电流必须满足

$$I_F \leqslant 16\text{mA}$$

还需要有一定的余量，所以设计为

$$I_F = 10\text{mA}$$

这时的输入电阻 R_{IN} 为

$$R_{IN} = (V_{CC} - V_F - V_{OL})/I_F = (5-1.3-0.4)/0.01 = 330(\Omega)$$

式中,V_F为 1.3V(PC817);V_{OL}为 0.4V(TTL)。

如果选电流传输比 CTR 的下限值为 100%,考虑到 CTR 的温度变化以及长期稳定性,取值为

$$CTR_{(MIN)}=100\%\times0.7(\text{温度变化因子})\times0.5(\text{长期稳定性因子})=35\%$$

这里必须考虑光耦合器的温度特性,还必须考虑 GaAs 红外发光二极管由于长期通电导致光输出逐渐下降的长期稳定性问题。

因此,集电极电流 $I_{C(MIN)}$为

$$I_{C(MIN)}=I_F\times CTR_{(MIN)}=10\times0.35=3.5(mA)$$

这个 I_C还必须大于标准 TTL 的低电平输入电流 I_{IL},为了确保用这个输入信号能使输出为 ON,负载电阻 R_L取

$$R_L\geqslant\frac{V_{CC}-V_{IL}}{I_C+I_{IL}}=\frac{5-0.8}{3.5-1.6}\approx2.2(k\Omega)$$

但是,如果 R_L过于大,晶体管的漏电流或 TTL 的 I_{IH}等可能会使晶体管 ON,所以 R_L的最大值按下式计算

$$R_L\leqslant\frac{V_{CC}-V_{OH}}{I_{CE0(MAX)}+I_{IH}}=\frac{5-2.4}{0.041}\approx63(k\Omega)$$

就是说,R_L的取值范围为

$$2.2(k\Omega)\leqslant R_L\leqslant63(k\Omega)$$

在这个范围内选取 R_L值,就能够确保 ON/OFF 动作。开关动作需要 2kbps 的信号响应速度,如果考虑到 250μs(占空比 50%)的脉冲宽度,按照图 9.7,当 $R_L=10k\Omega$ 时就是($t_d+t_r\approx130\mu s,t_s+t_f\approx110\mu s$),脉冲信号的延迟约为 130 μs。为了尽可能地减小脉冲信号的延迟,而且确保输出的 ON/OFF,这里 R_L取值 4.7kΩ。

9.4 光耦合器的应用例

本节讨论使用光耦合器时降低噪声的措施,系统间的接口,发射极接地型的电路构成,与 CMOS 的接口,监视电路,反相电路,以及在 SSR 中的应用等内容。

9.4.1 光耦合器的种类

如前所述,作为光耦合器的发光器件,一般使用 GaAs 红外发光二极管,或者 GaAlAs 发光二极管;作为受光器件,一般使用 Si 光敏三极管等。受光器件除了单管输出型之外,还有放大用达林顿连接晶体管的达林顿输出型,双向晶闸管型,以及使用 OPIC 化的受光器件的数字(逻辑)输出型等。发光器件除直流驱动型外,还有交流输入对应型,可以从中选用适合用途的器件。作为各种光耦合器的特性以及内部连线例,表 9.1 列出部分产品,可供参考。

表 9.1　光耦合器产品一览表

(a)

类型	型号	绝对最大额定值			电学特性							内部连线图
					电流传输比			响应时间		暗电流		
		正向电流 I_F (mA)	绝缘耐压(交流) $V_{iso(rms)}$ (V)	集电极-发射极间电压 V_{CEO} (V)	CTR (%) MIN.	I_F (mA)	V_{CE} (V)	t_r (μs) TYP.	R_L (Ω)	I_{CEO} (A) MAX.	V_{CE} (V)	
单个晶体管	PC713V* NSZXF	50	5000	80	50	5	5	4	100	1×10^{-7}	20	1
	PC714V* NSZXF	50	5000	80	50	5	5	4	100	1×10^{-7}	20	2
	PC733HJ0000F	±150	5000	35	20	±100	2	4	100	1×10^{-7}	20	3
	PC123J00000F	50	5000	70	50	5	5	4	100	1×10^{-7}	50	6
	PC817XJ0000F	50	5000	80	50	5	5	4	100	1×10^{-7}	20	6
	PC8171* NSZ0F	10	5000	80	100	0.5	5	4	100	1×10^{-7}	50	6
	PC814XJ0000F	±50	5000	80	20	±1	5	4	100	1×10^{-7}	20	8
	PC847XJ0000F	50	5000	80	50	5	5	4	100	1×10^{-7}	20	7
	PC851XJ0000F	50	5000	350	40	5	5	4	100	1×10^{-7}	200	6
	PC357NJ0000F	50	3750	80	50	5	5	4	100	1×10^{-7}	20	6
	PC354NJ0000F	±50	3750	80	20	±1	5	4	100	1×10^{-7}	20	8
	PC367NJ0000F	10	3750	80	100	0.5	5	4	100	1×10^{-7}	50	6
	PC3H7J00000F	50	2500	80	20	1	5	4	100	1×10^{-7}	20	6
	PC3H4J00000F	±50	2500	80	20	±1	5	4	100	1×10^{-7}	20	8
	PC3H71* NIP0F	10	2500	80	100	0.5	5	4	100	1×10^{-7}	50	6
	PC3Q67QJ000F	50	2500	80	50	5	5	4	100	1×10^{-7}	50	7
达林顿晶体管	PC715V* NSZXF	50	5000	35	600	1	2	60	100	1×10^{-7}	10	4
	PC725V* NSZXF	50	5000	300	1,000	1	2	100	100	1×10^{-6}	200	5
	PC815XJ0000F	50	5000	35	600	1	2	60	100	1×10^{-6}	10	9
	PC852XJ0000F	50	5000	350	1,000	1	2	100	100	2×10^{-7}	200	10
	PC355NJ0000F	50	3750	35	600	1	2	60	100	1×10^{-6}	10	9
	PC452J00000F	50	3750	350	1,000	1	2	100	100	2×10^{-7}	200	10

(b)

类型	型号	绝对最大额定值		电学特性									内部连线图
				低电平输出电压			阈值输入电压			传输延迟时间			
		正向电流 I_F (mA)	绝缘耐压(交流) $V_{iso(rms)}$ (V)	V_{OL} (V) MAX.	I_{OL} (mA)	I_F (mA)	I_{FHL} (mA) MAX.	I_{FLH} (mA) MAX.	R_L (Ω)	t_{pHL} (μs) TYP.	t_{pLH} (μs) TYP.	R_L (Ω)	
OPIC	PC900V* NSZXF	50	5000	0.4	16	4	2	—	280	1	2	280	11
	PC901V* NSZXF	50	5000	0.4	16	0	—	2	280	2	1	280	12
	PC910L0NSZ0F	20	5000	0.6	13	5	5	—	350	0.048	0.05	350	13
	PC911L0NSZ0F	20	5000	0.1	0.02	12	6	—	—	0.027	0.035	—	14
	PC400J00000F	50	3750	0.4	16	4	2	—	280	1	2	280	15
	PC401J00000F	50	3750	0.4	16	0	—	2	280	2	1	280	16
	PC410L0NIP0F	20	3750	0.6	13	5	5	—	350	0.048	0.05	350	17
	PC411L0NIP0F	20	3750	0.1	0.02	12	6	—	—	0.027	0.035	—	18

续表 9.1

(c)

类型	型号	绝对最大额定值			电学特性							内部连线图
		正向电流 I_F (mA)	绝缘耐压（交流） $V_{iso(rms)}$ (V)	电源电压 V_{CC}(V)	阈值输入电压			传输延迟时间				
					CTR (%) MIN.	I_F (mA)	V_O (V)	t_{pLH} (μs) TYP.	t_{pLH} (μs) TYP.	I_F (mA)	R_L (Ω)	
OPEC	PC957L0NSZ0F	25	5000	－0.5～＋30	19	16	0.4	0.2	0.4	16	1900	19
	PC457L0NIP0F	25	3750	－0.5～＋30	19	16	0.4	0.2	0.4	16	1900	20

(d) 内部连线图

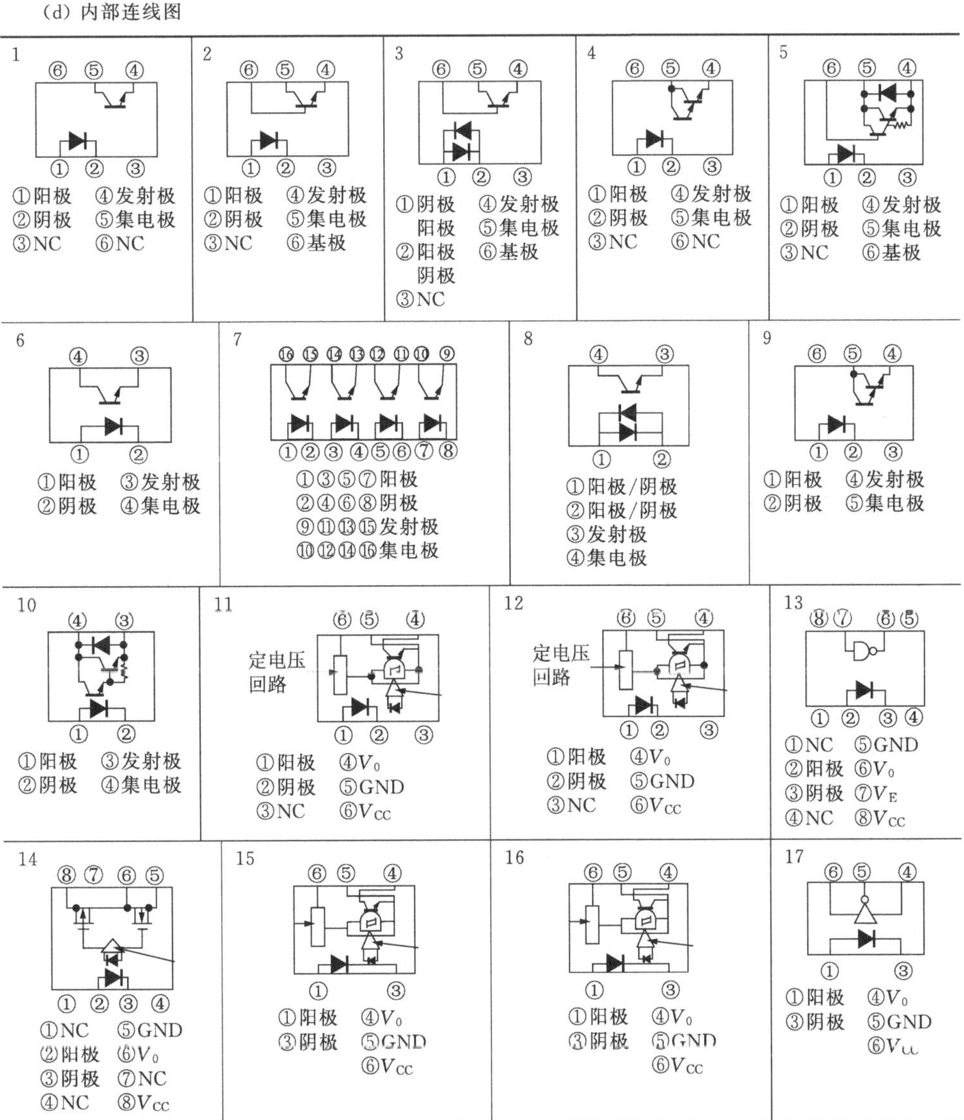

续表 9.1

(e)

类型	型号	绝对最大额定值				电学特性								内部连线图
		正向电流 I_F (mA)	绝缘耐压(交流) $V_{iso(rms)}$ (V)	O_1 峰值输出电流 I_{O1P} (A)	O_2 峰值输出电流 I_{O2P} (A)	阈值输入电压		传输延迟时间						
						I_{FLH} (%) (mA) MAX.	R_{L1} (Ω)	t_{pHL} (μs) TYP.	t_{pLH} (μs) TYP.	V_{CC} (V)	I_F (mA)	R_{L1} (Ω)	R_{L2} (Ω)	
OPEC	PC942J00000F	25	5000	1.0	2.0	3	5	2	2	6	5	5	10	21
	PC923L0NSZ0F	20	5000	0.6	0.6	3	—	0.3	0.3	24	5	$R_G=47\Omega$	—	22
	PC924L0NSZ0F	25	5000	0.6	0.6	7	—	1	1	24	10	$R_G=47\Omega$	—	23

(f)

类型	型号	绝对最大额定值			电学特性					零交叉电路	封装	内部连线图
		有效ON电流 $I_{T(rms)}$ (mA)	重复峰值OFF电压 V_{DRM} (V)	绝缘耐压(交流) $V_{iso(rms)}$ (V)	最小触发电流		响应时间		回转ON时间 t_{ON} (μs) MAX.			
					I_{FT} (mA) MAX.	V_D (mA)	dV/dt (V/μs) MIN.	V_D (mA)				
单个晶体管	S2S3B00F	0.05	600	3,750	10	6	100	$1/\sqrt{2}\cdot V_{DRM}$	100	—	SOP	24
	S2S4A00F	0.05	600	3,750	10	6	100	$1/\sqrt{2}\cdot V_{DRM}$	50	○	SOP	25
	S2S5A00F	0.05	600	3,750	10	6	500	$1/\sqrt{2}\cdot V_{DRM}$	100	—	SOP	24
	PC2SD11NTZAF	0.1	400	5,000	10	6	1,000	$1/\sqrt{2}\cdot V_{DRM}$	100	—	DIP	26
	PC3SD12NTZAF	0.1	600	5,000	10	6	1,000	$1/\sqrt{2}\cdot V_{DRM}$	50	—	DIP	26
	PC3SD11NTZBF	0.1	600	5,000	7	6	1,000	$1/\sqrt{2}\cdot V_{DRM}$	100	—	DIP	26
	PC3SD11NTZCF	0.1	600	5,000	5	6	1,000	$1/\sqrt{2}\cdot V_{DRM}$	50	—	DIP	26
	PC3SF11YVZAF	0.1	600	5,000	10	6	1,000	$1/\sqrt{2}\cdot V_{DRM}$	100	—	* DIP	26
	PC3SF11YVZBF	0.1	600	5,000	7	6	1,000	$1/\sqrt{2}\cdot V_{DRM}$	100	—	* DIP	26
	PC4SD11NTZBF	0.1	800	5,000	7	6	50	$1/\sqrt{2}\cdot V_{DRM}$	100	—	DIP	26
	PC4SD11NTZCF	0.1	800	5,000	5	6	50	$1/\sqrt{2}\cdot V_{DRM}$	100	—	DIP	26
	PC4SF11YVZAF	0.1	800	5,000	10	6	50	$1/\sqrt{2}\cdot V_{DRM}$	100	—	* DIP	26
	PC4SF11YVZBF	0.1	600	5,000	7	6	50	$1/\sqrt{2}\cdot V_{DRM}$	100	—	* DIP	26
	PC3SD21NTZBF	0.1	600	5,000	7	4	1000	$1/\sqrt{2}\cdot V_{DRM}$	50	○	DIP	27
	PC3SD21NTZCF	0.1	600	5,000	5	4	1000	$1/\sqrt{2}\cdot V_{DRM}$	50	○	DIP	27
	PC3SD21NTZDF	0.1	600	5,000	3	4	1000	$1/\sqrt{2}\cdot V_{DRM}$	50	○	DIP	27
	PC4SD21NTZCF	0.1	800	5,000	5	4	500	$1/\sqrt{2}\cdot V_{DRM}$	50	○	DIP	27
	PC4SD21NTZDF	0.1	800	5,000	3	4	500	$1/\sqrt{2}\cdot V_{DRM}$	50	○	DIP	27
	PC4SF21YVZBF	0.1	800	5,000	7	4	500	$1/\sqrt{2}\cdot V_{DRM}$	50	○	* DIP	27
	PC4SF21YVZCF	0.1	800	5,000	5	4	500	$1/\sqrt{2}\cdot V_{DRM}$	50	○	* DIP	27

＊:强化绝缘(内部绝缘距离 MIN0.4mm)。

续表 9.1

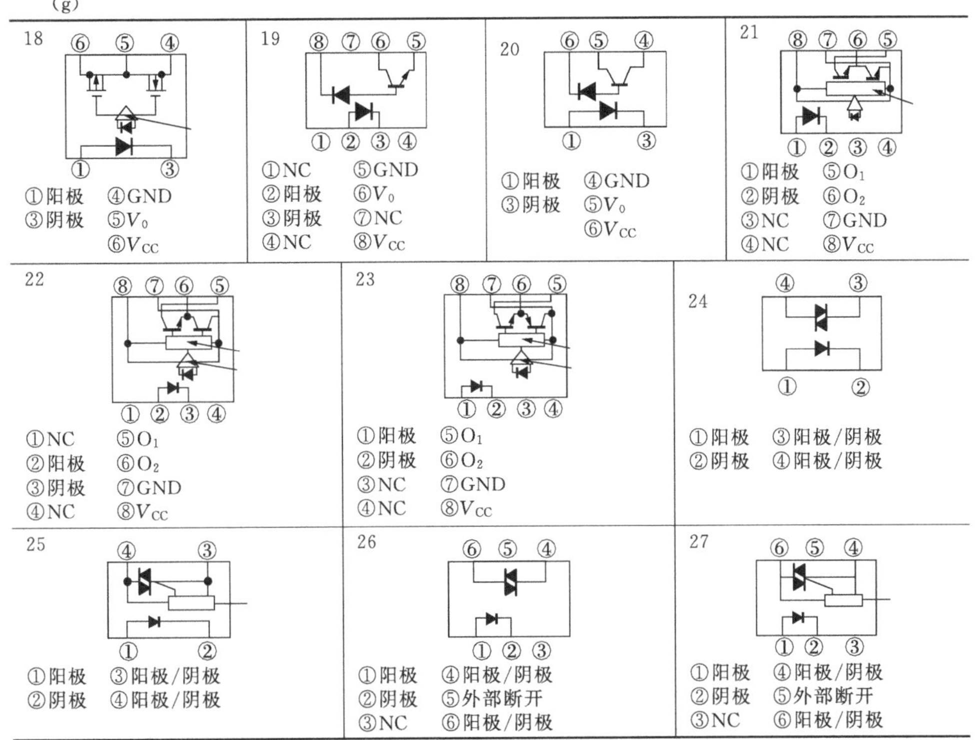

9.4.2 光耦合器的应用电路例

1. 使用光耦合器时降低噪声的措施

针对两个装置间信号传输线上噪声采取的措施，往往使用光耦合器(PC)。

(1) 噪声加在信号线上的情况。如图 9.11(1)所示，在光耦合器的红外发光二极管两端并联电容器 C 和电阻 R_3，再串联 R_2 可以说是最好的方法。C 和 R_3 的值由噪声的电平以及工作速度决定。串联电阻之所以分成 R_1 和 R_2，是为了防止因连接两个装置的电缆的误连接引起损坏。

(2) 针对侵入光耦合器本身的噪声的措施。针对光耦合器的噪声问题，一般使用图 9.11(2)(a)和(b)的电路。不过使用无基极端的光耦合器时，无其他措施的电路的抗噪声能力往往更强些。这是因为，为了抑制从光敏三极管芯片到光耦合器的内引线，以及来自光耦合器内引线的噪声而附加的电容器，或者电阻布线等，这些金属引线对于噪声来说，往往会成为天线，反而会引进噪声。因此，如果没有特别的意义，还是使用无基极端的光耦合器为好(例:PC817 等)。

2. 系统间的接口

在 CPU 与终端设备之间用长线传送信号的场合，设备间构成接地环，电源噪

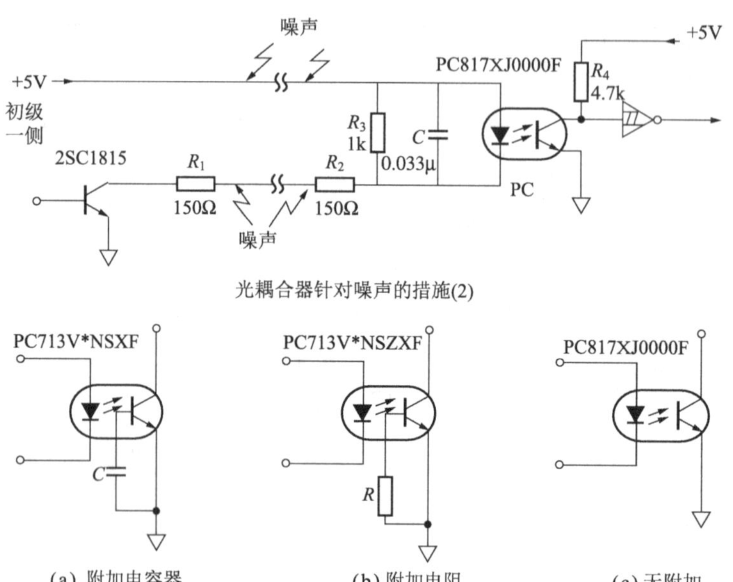

图 9.11　光耦合器针对噪声的措施

声以及外来噪声或者加在传输线上，或者产生的感应噪声从终端机反向传送到CPU，从而引起误动作。针对这个问题，过去使用脉冲变压器和高速继电器，在两个设备间形成电隔离，使得不能构成环路。但是，前者有脉冲宽度的限制，后者由于是机械动作，在可靠性和响应速度方面都存在问题。图 9.12 是在 CPU 与终端

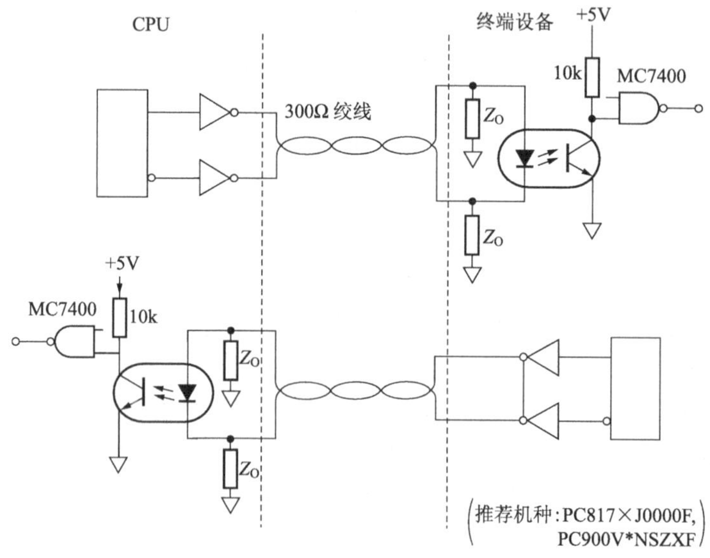

图 9.12　系统间的接口

设备的两个设备间,使用光耦合器和 300Ω 的绞线传送信号的电路例。绞线上即使有外来的噪声也是反相的,所以对红外发光二极管的光信号传输不产生影响。另外,由于光耦合器对于信号有方向性,能够分离输出端的噪声,所以噪声不能在系统间形成逆向传送。

9.4.3 作为高速光耦合器使用的发射极接地型的电路结构

作为高速光耦合器使用的场合,一般来说采用图 9.13(a)所示的发射极接地型的电路结构。不过在图 9.13(b)所示的射极跟随器电路结构的场合,开关时间要比发射极接地型大 8～10 倍。

〈例〉当 $R_L=1\text{k}\Omega, V_{CC}=5\text{V}, I_F=15\text{mA}$ 时

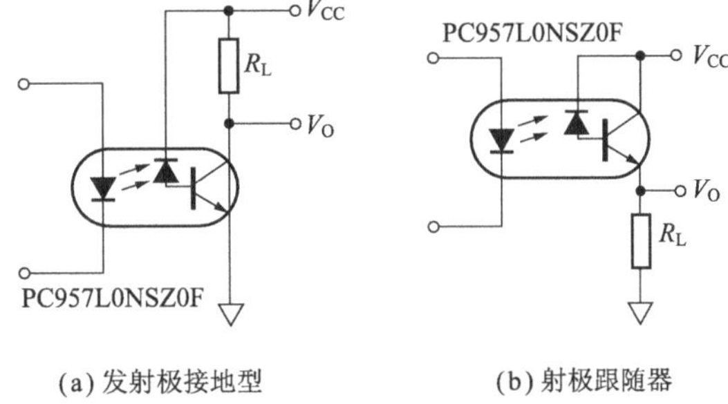

图 9.13 以高速为目的使用

发射极接地的场合:$\begin{cases} t_{on}=0.3(\mu s) \\ t_{off}=0.4(\mu s) \end{cases}$ $\qquad t_{on}+t_{off}=0.7(\mu s)$

射极跟随器的场合:$\begin{cases} t_{on}=0.5(\mu s) \\ t_{off}=6(\mu s) \end{cases}$ $\qquad t_{on}+t_{off}=6.5(\mu s)$

这时,发射极接地情况下基区载流子的时常数为

$$\tau_{Re}=C_p \cdot R_B+C_{CB}(R_B+h_{FE} \cdot R_L)=(C_p+C_{CB})R_B+h_{FE} \cdot C_{CB} \cdot R_L$$

而射极跟随器情况下则为

$$\tau_{Re}=(C_p+C_{CB})[R_B+(h_{FE}+1)R_L]=(C_p+C_{CB})R_B+h_{FE}(C_p+C_{CB})R_L$$

开关速度变慢了。输出的大小差不多相等,虽然使用的是高速光耦合器,但是实际上并不是使用高速光耦合器的电路结构,因而降低了开关速度。所以,作为高速光耦合器使用时,应该发射极接地。这里,C_p是光敏二极管的结电容,C_{CB}是集电极-发射极间的结电容,R_B是从基极到地的动态电阻,R_L是负载电阻,h_{FE}是放大用晶体管的直流电流放大倍数。

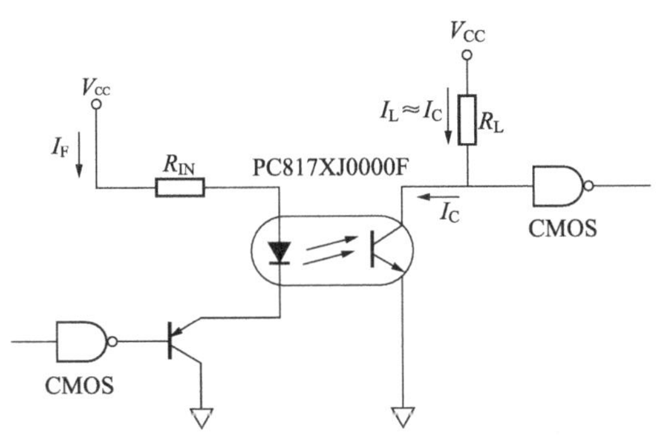

图 9.14 与 CMOS 的接口

9.4.4 与 CMOS 的接口

与 CMOS 的接口,使用方法如图 9.14 所示。由于 CMOS 的 I_{OL} 小,所以输入一侧红外发光二极管用晶体管放大驱动。这种情况下,由于 I_F值有不同于 TTL 的余量,所以应

该选择适当的 I_F 值。这时的 R_{IN} 用下式表示：

$$R_{IN}=\frac{V_{CC}-V_F-V_{BE}-V_{OL}}{I_F}$$

另外，由于输出一侧接 TTL 时的下沉电流可以忽略，所以可以简单地设计为下式：

$$R_L \geqslant \frac{V_{CC}-V_{OL}}{I_C}$$

9.4.5　电压监视电路

图 9.15 是一例电压监视电路。在进行程序控制等场合，有的情况下根据负载的不同种类，电源系统可多达 4～5 种。这种情况下，通常对各电源的都需要进行监视，在此基础上向各设备发出指令信号。即使这种情况下，光耦合器也是作为有用的电路器件在工作着。就是说，由于输入阈值电压值低达 1V，所以从低电压到绝缘耐压有悬念的高电压之间，不需要考虑绝缘余量的空间就能够组入。图示的电路中，进行交流电源监视时，需要用 R_1、C_1 进行平滑，在直流的场合当然不需要它。而且，施密特电路在通常能够容许的电压变动的下限发生反转。

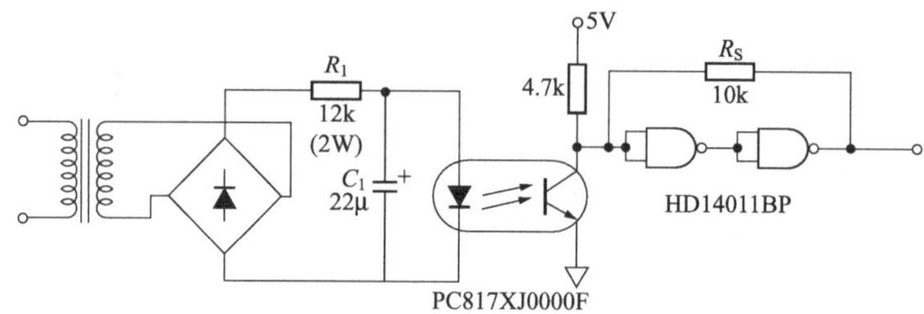

图 9.15　电压监视电路

9.4.6　带有监视器的蓄电池充电电路

图 9.16 是一例通常的蓄电池充电电路。这个电路在 Ni-Cd 电池两端并联着光耦合器，利用流过光耦合器的红外发光二极管的电流进行充电电压的监视，用输出端光敏三极管的信号进行充电控制，它的工作原理如下：

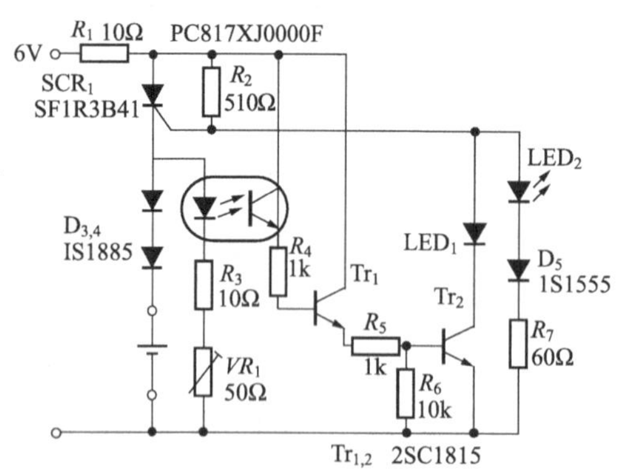

图 9.16　带有监视器的蓄电池充电电路

设 Ni-Cd 电池充电结束时的端电压是 1.5V，设定 VR_1 的值使得当达到这个电压时，光耦合器输入一侧的红外发光二极管流过 $I_F=20\text{mA}$ 的电流。首先，用这个光耦合器对电池的端电压进行校验。当需要充电时，由于光耦合器内输出一侧光敏三极管以

及 Tr_1、Tr_2处于 OFF 状态,所以 SCR_1通过 R_2触发开始充电。这时由 LED_2进行充电显示。当充电进行到端电压达到上述的电压(1.5V)时,光敏三极管以及 Tr_1、Tr_2处于 ON 状态,SCR_1的栅电压处于触发电压以下。如果电位进一步提高,达到保持电流以下时 SCR_1变为 OFF。同时由 LED_1显示充电结束。

9.4.7 电话机来电检测电路与回线连接电路

许多电话交换设备中,要求在进行信号检出或者连接回线时,不能直接与电话网线连接。图 9.17 示出电话机来电信号检出电路和回线连接电路。在来电信号检出电路中,呼出信号(75V/16Hz)通过电话网线加到光耦合器的初级一侧,次级一侧晶体管处于 ON 状态,就可以在与电话网线绝缘的形态下检出来电信号。回线连接电路中,发送信号时也要求在与电话网线绝缘的形态下对回线进行 ON/OFF,所以要将光耦合器加在回线上,这种光耦合器具有考虑了回线上所加电压/电流后进行输出的能力(PC852XJ0000F:$BV_{CE0}=350V$,$I_C=150mA$)。为了保护设备免受来自电话网线的电涌等因素的损坏,要使用具有高绝缘耐压性能的光耦合器。

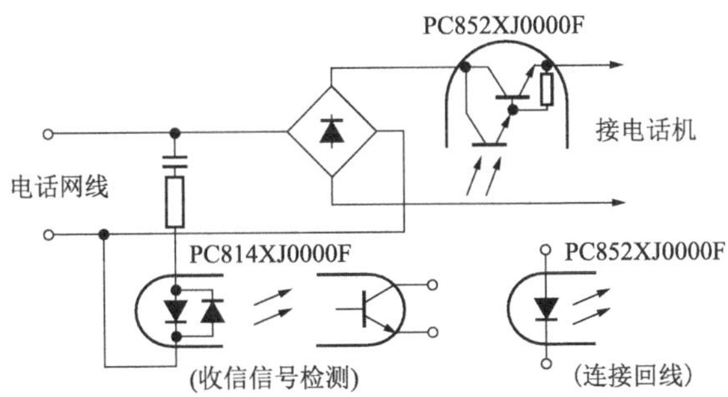

图 9.17 电话机的来电信号检出电路与回线连接电路

9.4.8 AC 电源线监视电路

图 9.18 是 100V AC 电源线监视电路。光耦合器主要用作 AC 功率监视器和 AC 零交叉点检测用。具体来说,用于 50Hz/60Hz 的判断、瞬时停电的检测,以及简易定时器计数等。

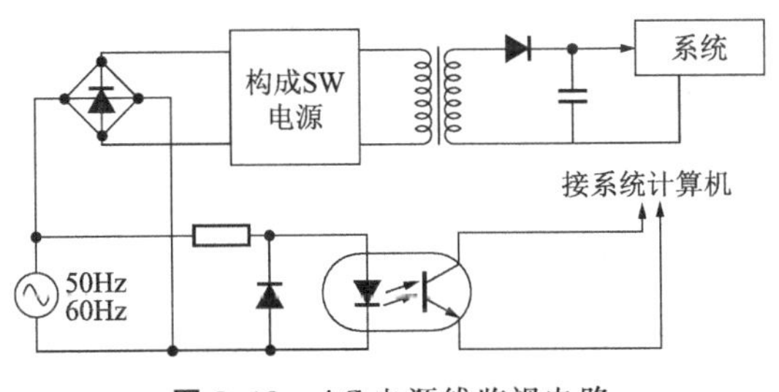

图 9.18 AC 电源线监视电路

在直接介入限流电阻由 AC 电源线驱动光耦合器的发光二极管的场合，最适合使用低输入驱动型的光耦合器。如表 9.2 所示，减小光耦合器的正向电流 I_F 值，也可以使用额定功率小的限流电阻 R，使得功耗降低。

表 9.2　低输入驱动型光耦合器可降低功耗

	使用通用光耦合器时 PC817XJ0000F(I_F=5mA)	使用低输入驱动光耦合器时 PC8171 * NSZ0F(I_F=0.5mA)
工作输入电流 I_F	有效值 5mA	有效值 0.5mA
限流电阻 R	20kΩ/2W	200kΩ/1/4W
功耗	500mW	50mW

9.4.9　开关调节器中的电压检测电路

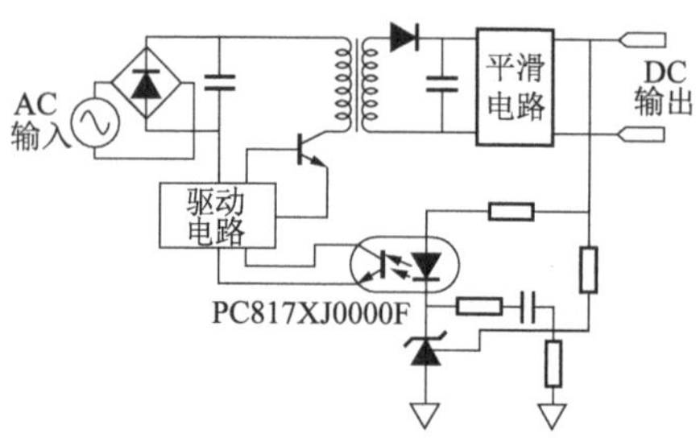

图 9.19　在开关调节器电路中的应用

图 9.19 是一个开关调节器电路中使用光耦合器的例子。由电阻对 DC 输出分压，检测它与调节器的基准电压的误差，然后驱动光耦合器的发光二极管，将信息反馈到初级一侧的驱动电路。

这里使用的光耦合器，考虑到安全方面的规格，建议选用通用型(PC817XJ0000F 等，或者 PC123 等)。也可以使用内藏调节器的光耦合器(PC905)。

如果使用低输入驱动型光耦合器(PC8171，PC1231 等)，可以降低功耗。

9.4.10　变频器电路

在空气压缩机驱动等的变频器控制电路中，光耦合器使用在微机与功率晶体管驱动电路之间的信号传输上。图 9.20 示出基于功率晶体管和基极驱动用 OPIC 光耦合器 PC942 的功率晶体管驱动电路。PC942 与输入信号的 ON/OFF 相对应，输出一侧的 Tr_1 和 Tr_2 均为 ON/OFF。由此给功率晶体管的基极提供电流和进行积累电荷的吸纳，使得功率晶体管能够高速驱动。

基极的电流值受 R_1 和 R_2 电阻值的限制。积累电荷吸纳时的峰值电流由 R_2 的电阻值、功率晶体管的 V_{BE} 以及反偏使用的二极管的 V_F 决定，所以应该在不超过 PC942J00000F 的电流额定值的范围内设定各参数。

像 PC942J00000F 这样将 OPIC 受光器件内藏于输出一侧的光耦合器中，为了稳定地进行工作，需要在器件附近的 V_{CC}-GND 之间附加旁路电容器(0.01μF 以上)，使电源稳定地工作。

作为变频器电路驱动器件，由于具有高速、易控制等优越之处，所以还可以对

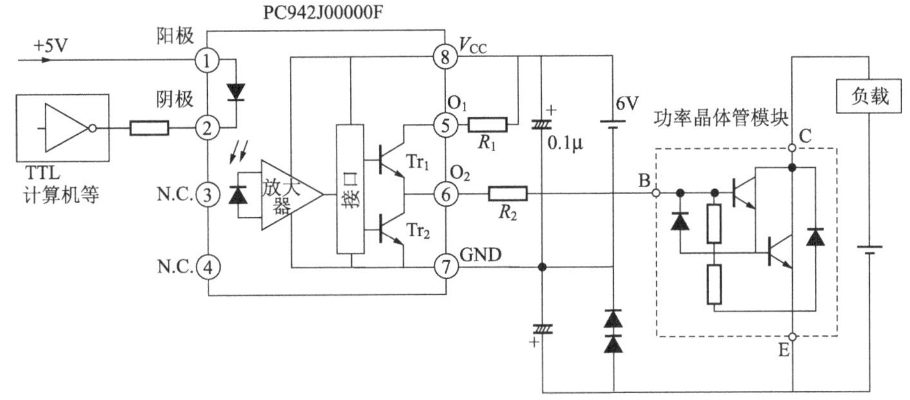

图 9.20 PC942J00000F 应用电路例(功率晶体管驱动电路)

IGBT(Insulated Gate Bipolar Transistor,绝缘栅双极晶体管)进行驱动,作为IGBT驱动用光耦合器,使用可以进行更高电压驱动的栅驱动用光耦合器PC923L0NSZ0F/PC924L0NSZ0F。

9.4.11 在 SSR 中的应用

所谓 SSR(Solid State Relay,固态继电器),是输入与输出完全隔离、与接点继电器具有相同功能的固态化的继电器的缩写。过去为了实现隔离使用舌簧继电器。现在使用光耦合器则成为主流。

图 9.21 是使用光双向晶闸管耦合器的 SSR 电路。在输入端未加电压的状态下,光双向晶闸管处于 OFF 状态,所以没有电流流过光双向晶闸管的栅极,双向晶闸管处于不能触发的状态。但是,当电压加到输入端时,光双向晶闸管处于 ON 状态,触发电流开始流过栅极,双向晶闸管导通,电流流过负载。

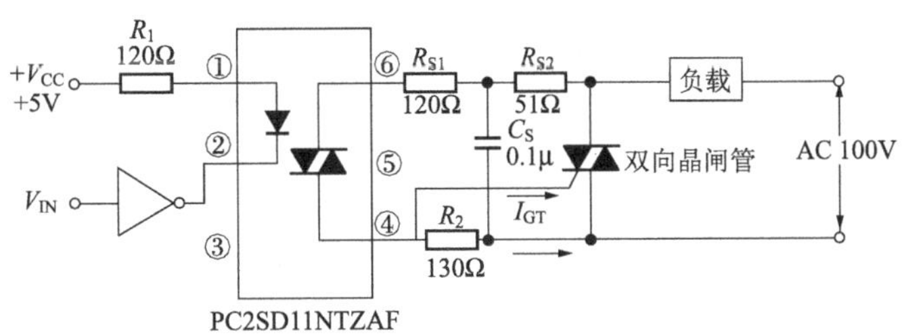

图 9.21 在 SSR 中的应用

下面讨论具体的设计例。

图 9.21 所示的使用光双向晶闸管耦合器的设计例如下。

1. 条件

· 使用的光双向晶闸管耦合器:PC2SD11NTZAF。

- V_{CC}:初级一侧电源电压 5V。
- AC:次级一侧交流电源有效值 100V,60Hz。
- IC:TTL IC;SN7416。
- 双向晶闸管:BCR20AM;20A,耐压 400V,60Hz。
- V_{IN}:IC 的输入信号,能够充分驱动 IC。
- 工作温度范围:0℃～+70℃。

2. 设计

1) R_1值的设定

(1) TTL(SN7416)的参数:

$V_{OL}=0.4V_{(TYP)}, 0.7V_{(MAX)}$ (low-level output voltage)

$I_{OL}=40mA_{(MAX)}$ (low-level output current)

根据以上规格,设定 $V_{OL}=0.7V_{(MAX)}$

(2) 设定正向电流 I_F:最小触发电流(I_{FT})是为了转向导通光双向晶闸管所必须提供给发光二极管的正向电流(I_F)的最小值。以规定值以下的 I_{FT} 驱动,则或者不能转向导通,或者即使转向导通往往也不能持续导通状态。PC2SD11NZAF 的最小触发电流在 $T_a=25℃$下为 10mA(根据表 9.3(a)的电学特性)。不过它随温度而变化。因此,以工作温度范围的最大值设定 I_F。在 PC2SD11NZAF 的特性中,要注意以下三点:

- I_{FT}@ $T_a=0℃～70℃$(参照图 9.22)。
- $I_{FT(MAX)}=50mA$(参照表 9.3(b))。
- 长期稳定性因子在 2 倍以上。

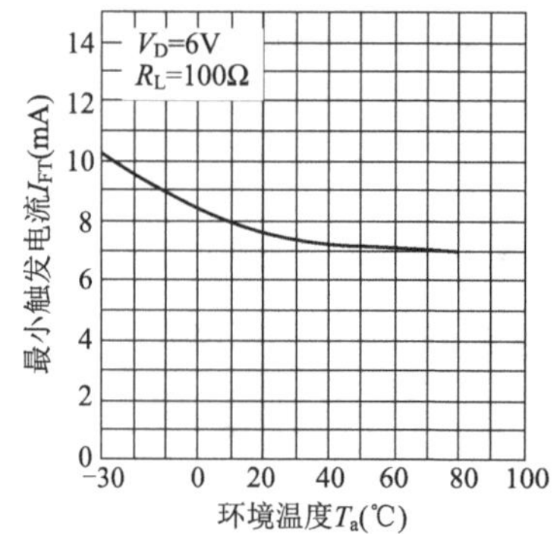

图 9.22 最小触发电流-环境温度特性

从图 9.22 可以看出,$T_a=0℃$时的触发电流相对于 25℃时大约增加 12%,所以相对于 25℃时 10mA 的最小触发电流,它的 12%就是 11.2mA。再考虑到 2 倍长期稳定性因子,所以设定为 22.4mA。这个值在表 9.3(b)中的 $I_{FT(MAX)}=50mA$ 的范围内,所以没有什么问题。

(3) 正向电压 V_F值:PC2SD11NTZAF 的输入一侧发光二极管的正向电压,在 25℃、$I_F=20mA$ 时,是 $V_F\leq 1.4V$(参看表 9.3(a)),当 $I_F=13mA$ 时 $V_F<1.4V$。V_F 的温度系数约为$-2mA/℃$,V_F达到最大值是在 $T_a=0℃$时,所以 V_F 为

$$V_F<1.4V-(0.002V/℃)\times(0℃-25℃)$$

$$V_F<1.45V$$

表 9.3 PC2SD11NTZAF 的特性 （$T_a=25℃$）

(a)电学特性

项目		符号	条件	最小值	标准值	最大值	单位
输入	正向电压	V_F	$I_F=20mA$	—	1.2	1.4	V
	反向电流	I_R	$V_R=3V$	—	—	10^{-5}	A
输出	重复峰值 OFF 电流	I_{DRM}	$V_D=V_{DRM}$	—	—	10^{-6}	A
	ON 电流	V_T	$I_T=100mA$	—	—	2.5	V
	保持电流	I_H	$V_D=V$	0.1	—	3.5	mA
	临界 OFF 电压上升率	dV/dt	$V_D=1/\sqrt{2}\cdot V_{DRM}$	1000	2000	—	V/μs
传输特性	最小触发电流	I_{FT}	$V_D=6V, R_L=100\Omega$	—	—	10	mA
	绝缘电阻	R_{iso}	DC500V,RH=40～60%	5×10^{10}	10^{11}	—	Ω
	转向 ON 时间	t_{on}	$V_D=6V, I_F=200mA, R_L=100\Omega$	—	—	100	μs

(b)绝对最大额定值

项目		符号	额定值	单位
输入	正向电流	I_F	50	mA
	反向电流	V_R	6	V
输出	有效 ON 电流	$I_{T(rms)}$	100	mA
	1 周期脉动峰值电流 *1	I_{sruge}	1.2	A
	重复峰值 OFF 电流	V_{DRM}	400	V
绝缘耐压 *2		$V_{iso(rms)}$	5000	V
工作温度		T_{opr}	−30～+100	℃
保存温度		T_{stg}	−55～+125	℃
焊接温度 *3		T_{sol}	260	℃

*1:正弦波。
*2:RH=40～60%,1 分钟 AC。
*3:焊接时间 10 秒。

(4) R_1值的设定:按照(1)、(2)、(3)项,将 V_{OL}的最大值、考虑到温度关系的 V_F和 I_F的最大值代入下式,就得到

$$R_1<(V_{CC}-V_{OL}-V_F)/I_F$$

$$R_1<(5-0.7-1.45)/0.0224=127$$

所以,设定为 $R_1=120\Omega\pm5\%$。

2)R_2的设定

(1) 关于重复峰值 OFF 电流 I_{DRM}:所谓重复峰值 OFF 电流 I_{DRM},是指在 OFF 状态下,重复加 OFF 峰值电压时流过的电流。对应的重复峰值 OFF 电压 V_{DRM}则是指在指定的温度、栅极条件下,在阳极-阴极之间重复加正向电压的情况下,能够保持双向晶闸管处于 OFF 状态的市电频率正弦半波电压的峰值。

重复峰值 OFF 电流 I_{DRM}随环境温度而变化。根据图 9.23 的 I_{DRM}的温度特

性，有

$$I_{DRM}(70℃)/I_{DRM}(25℃) \approx 100 \text{倍}$$

从表 9.3(a)得到　$I_{DRM}(25℃)=10^{-6}\text{A}$

所以，$I_{DRM}(70℃)=10^{-6}\text{A}\times 100\text{倍}=10^{-4}\text{A}$

(2) 大功率双向晶闸管的栅极触发特性：这里使用的双向晶闸管的栅极触发特性如下：

- 栅极·触发电压：$V_{GT}=1.5V_{(MAX)}$。
- 栅极非触发电压：$V_{GD}=0.2V_{(MIN)}$。
- 栅极·触发电流：$I_{GT}=30mA_{(MAX)}$。
- 峰值·栅极电压：$V_{GM}=10V$。
- 峰值·栅极电流：$I_{GM}=2A$。

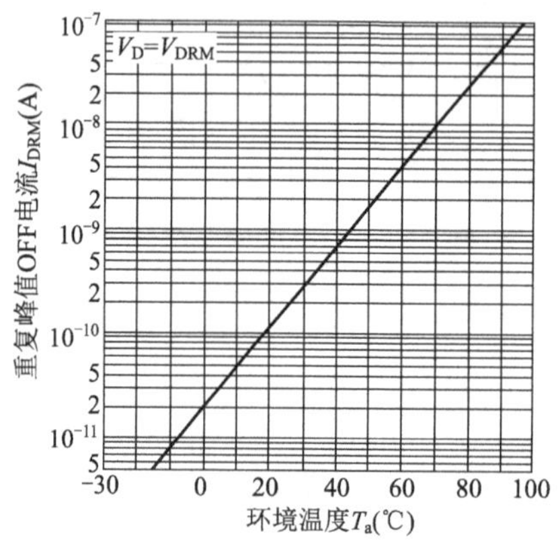

图 9.23　重复峰值 OFF 电流-环境温度特性

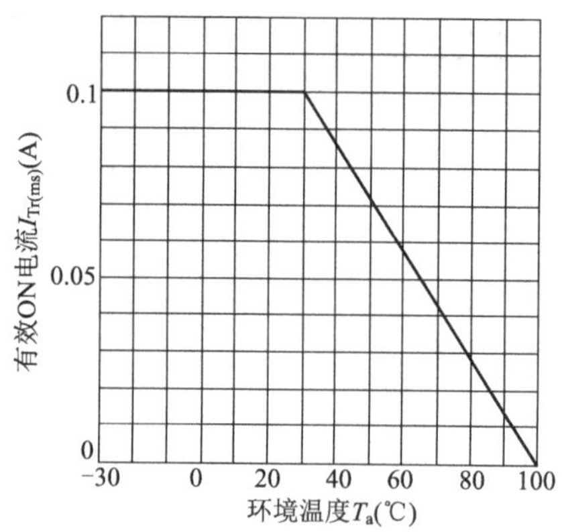

图 9.24　有效 ON 电流降低曲线

(3) PC2SD11NTZAF 的 ON 电流：图 9.24 示出 PC2SD11NTZAF 的有效 ON 电流 $I_{T(rms)}$ 随温度变化的曲线。有效 ON 电流是能够在正向连续流过的 ON 电流的有效值，它随着环境温度的升高而降低。按照图 9.24，设定在最恶劣的工作温度 70℃下的电流值为 43mA。

(4) R_2的设定：根据(1)、(2)项光双向晶闸管的 I_{DRM}，为了避免双向晶闸管的误动作，要求 R_2'满足

$$R_2' < V_{GD(MIN)}/I_{DRM}$$

$$R_2' < 0.2\text{V}/10^{-4}\text{A}$$

$$R_2' < 1.0\text{k}\Omega$$

根据(2)、(3)项光双向晶闸管的 I_T，为了使双向晶闸管能够导通，要求 R_2''满足

$$R_2'' > V_{GT(MAX)}/(I_T - I_{GT})$$

$$R_2'' > 1.5\text{V}/(43\text{mA}-30\text{mA})$$

$$R_2'' > 115\Omega$$

所以，R_2的值必须在 2.0kΩ(R_2')＞R_2＞115Ω(R_2'')的范围内。为了防止双向晶闸管发生误动作，并且尽量减少栅极功耗，应该尽可能选择接近下限的电阻值。这里设定 R_2＝130Ω ±5%。

3) R_{S2}、C_S值的设定

R_{S2}、C_S值是 RC 缓冲器的一般值，就是说可以原封不动地采用 51Ω 和 0.1μF。

4) R_{S1}值的设定

电阻 R_{S1}的作用是防止 C_S的放电电流对光耦合器造成损坏。C_S的放电电流必须小于光耦合器的 I_{surge}。所以 R_{S1}的设定值应该满足下式：

$$R_{S1} > e_m(\text{交流电源电压峰值})/I_{surge}$$

$$R_{S1} > 100\sqrt{2}/1.2\text{A}\ (\text{由表 9.3(b)},I_{surge}\text{为 1.2A})$$

$$R_{S1} > 118\Omega$$

所以，设定 R_{S1}＝120Ω ±5%

3. 工作确认

为了使大功率双向晶闸管能够转向导通，对交流电源电压的要求是

$$\begin{aligned} V_{PO} &= V_{GT}+V_T+(R_{S1}+R_{S2})\times(I_{GT}+V_{GT}/R_2) \\ &= 1.5+2.0+(120+51)\times(0.03+1.5/130) \\ &= 10.6\text{V} \end{aligned}$$

式中，V_T是光耦合器处于 ON 状态时阳极-阴极间的电压降。

由以上结果可知，当交流电源电压在 10.6V 以上时，大功率双向晶闸管就能够转向导通。

9.4.12 在附有零交叉功能的 SSR 中的应用

SSR 的动作时间是紧随控制输入的，所以当输出接点一侧从 OFF 状态突然变为 ON 状态时，如果瞬时开闭电压高，会有瞬态电流流过电源线，就有可能产生 EMI(电波噪声)等噪声。

图 9.25 示出使用内藏有零交叉电路的光双向晶闸管耦合器的电路例。这种场合的零交叉电压由光双向晶闸管耦合器的零交叉电压 V_{OX}决定。

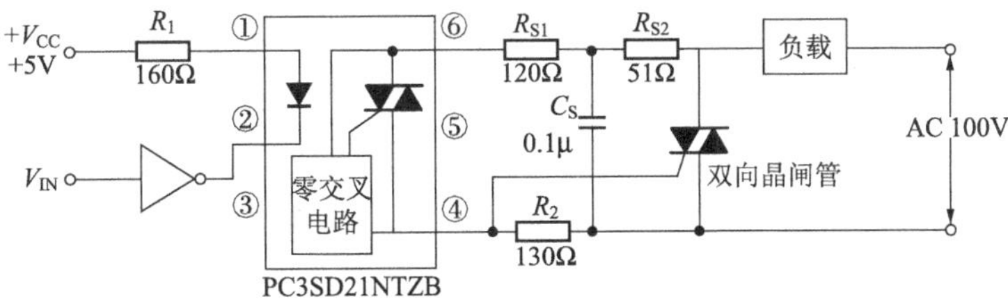

图 9.25 在附有零交叉功能的 SSR 中的应用

第10章 固态继电器

随着各种产业机器、家用电器等的电子化，对于构成机器的部件的性能以及可靠性的要求也在不断提高。其中，作为控制部件的继电器，已经从过去有接点的电磁继电器逐步过渡到无接点的固态继电器(SSR：Solid State Relay)。

所谓SSR，是指通过给输入一侧的发光二极管提供一定的电流(I_F)，使输出一侧的双向晶闸管导通，从而控制交流电源负载的部件。

SSR具有开关功能，就是说当加有输入信号时输出为ON，如果没有输入信号则输出为OFF。它在保持输入-输出间电绝缘的同时能够控制交流电源负载。其用途从空调、取暖设备、空气清洁机、冰箱等家用电器，扩展到程序控制、调节器、自动售货机等产业机器等很宽的范围，因此使用SSR时要根据所需控制的负载选择合适的SSR。

SSR是无接点继电器，与有接点继电器相比较，具有如下优点：

(1) 长寿命、高可靠性。

(2) 高速开关响应。

(3) 输入输出间电绝缘。

(4) 无噪声。

(5) 安静。

(6) 体积小、重量轻。

(7) 可以直接由IC等驱动。

(8) 能够进行相位控制(非零交叉型)。

(9) 能够进行零交叉动作(零交叉型)。

IC、微机等抗噪声的能力较弱，当有市电(AC100V或200V)噪声电压侵入时，容易发生误动作。使用SSR不仅能够抑制有接点继电器自身产生的噪声电压，而且还能够完全遮断来自外部电源线的噪声电压，所以对防止IC或微机因噪声产生误动作是非常有效的。

10.1 SSR的工作原理

如图10.1所示，SSR是由发光二极管、光双向晶闸管、双向晶闸管等构成，通过给输入一侧的发光二极管提供一定的电流(I_F),使光双向晶闸管导通,从而使输出一侧的双向晶闸管导通,实现对交流电源负载的控制。

有内藏零交叉电路、缓冲电路(snubber circuit)、限流电阻等的SSR和无内藏的SSR,要根据不同用途选择其最合适的。

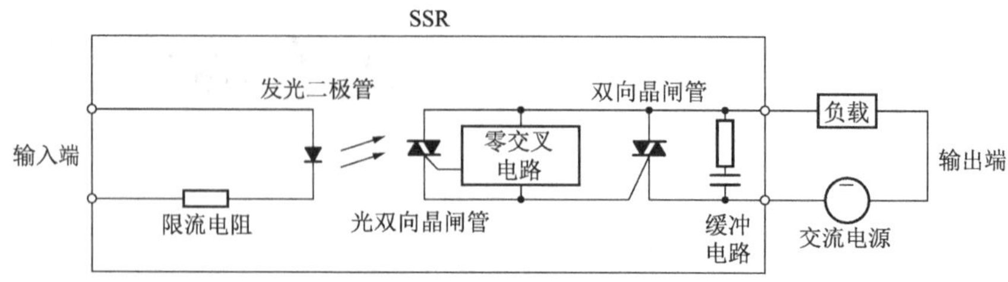

图10.1 SSR的结构与动作

10.1.1 零交叉型和非零交叉型SSR的不同之处

SSR大致可以分为非零交叉型和零交叉型两类,其转向导通时间不同。

图10.2分别示出有电阻负载时非零交叉型和零交叉型SSR的工作波形。

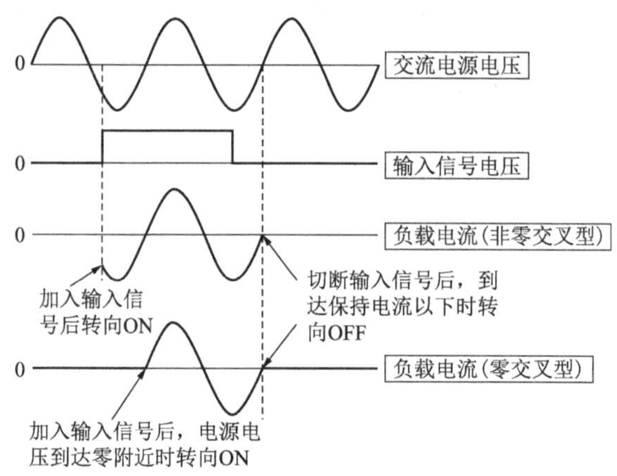

图10.2 SSR的工作波形(非零交叉型与零交叉型的区别)

1. 非零交叉型SSR

非零交叉型SR的转向导通一般在1ms(AC50Hz)就能完成,而转向关断则是在负载电流变到双向晶闸管的保持电流以下时进行。在加输入信号的任意的电源电压相位上,都有负载电流流过。

它的优点是能够进行相位控制。

2. 零交叉型SSR

图10.3示出零交叉工作波形。当电源电压处于V_{OX}(零交叉电压)与V_{PO}(峰

值ON电压)之间时,如果加有输入信号,则SSR从OFF状态移向ON状态,有负载电流流过。

它的优点是,当投入输入信号后,在交流电源电压变化到零附近的瞬间输出端ON,所以能够抑制冲入电流,降低噪声。

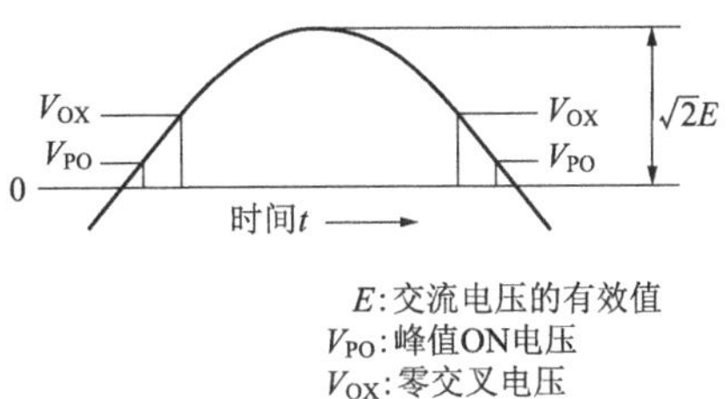

图 10.3 零交叉工作波形

内藏零交叉电路的SSR中,转向导通时间(t_{ON})有时最大会滞后1/2周期。所以在进行相位控制的场合,必须采用非零交叉型的SSR。

10.1.2 SSR的转向关断

SSR的关断,如图10.2所示,非零交叉型、零交叉型都是在切断输入信号后,负载电流变化到双向晶闸管的保持电流以下时才转向关断。

10.1.3 相位控制

非零交叉型的SSR中:

· 转向导通时间:加输入信号后,立即导通。

· 转向关断时间:切断输入信号后,负载电流变化到双向晶闸管的保持电流以下时关断。

利用这种ON/OFF时间的特性,如图10.4所示,通过改变投入脉冲输入信号的时间,能够对提供给负载的电流进行无级调整。利用这种相位控制,能够方便地进行电灯的调光,AC马达的转数、电热器等的微调整。这是SSR重要的功能之一。

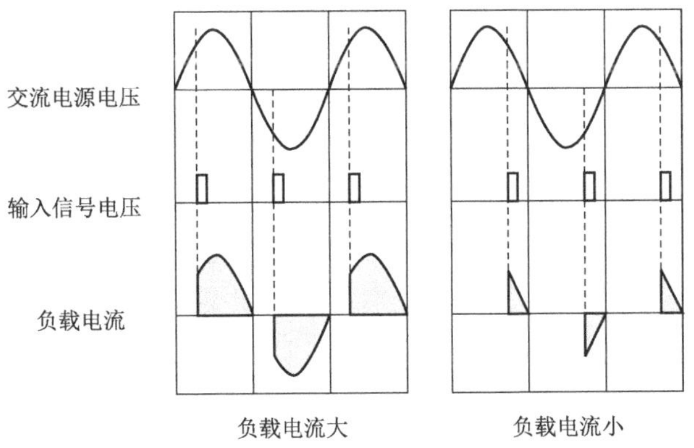

图 10.4 SSR的相位控制波形

10.2　SSR 的结构与特性

10.2.1　SSR 的结构

图 10.5 示出 DIP 型 SSR 的结构例，图 10.6 示出 SIP 型 SSR 的结构例。

DIP 型的 SSR 是在输入一侧的引线架上安装发光二极管，输出一侧的引线架上安装光双向晶闸管和双向晶闸管，两个引线架呈相向配置。

SIP 型的 SSR 是在引线架上安装光双向晶闸管耦合器（由发光二极管、光双向晶闸管组成的器件）和双向晶闸管，还安装有保护器件的缓冲电路和限流电阻的类型。

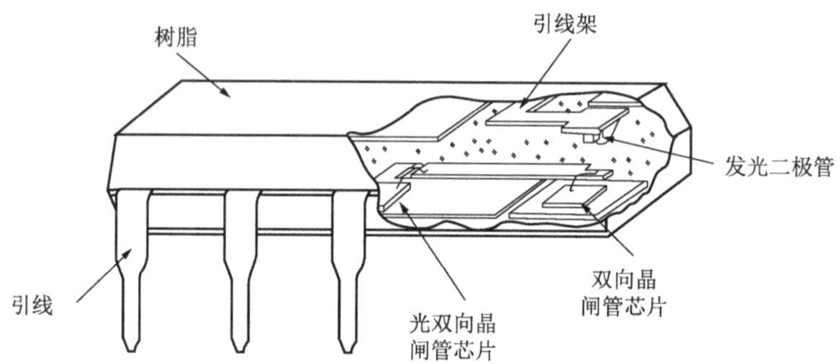

图 10.5　DIP 型 SSR 的结构

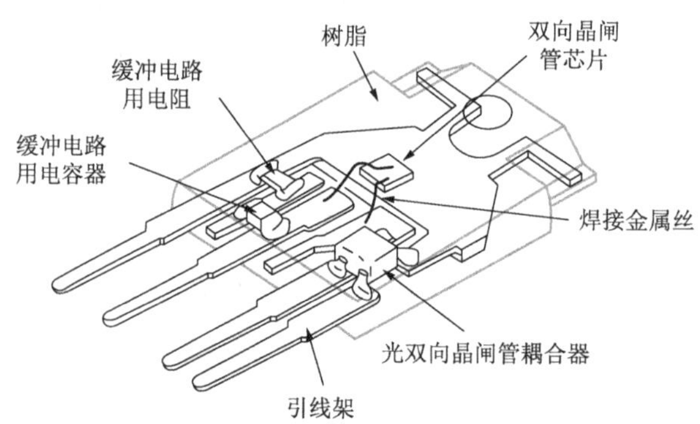

图 10.6　SIP 型 SSR 的结构

10.2.2　SSR 的特性

表 10.1 归纳出有关 SSR 的术语。表 10.2 和表 10.3 分别列出了 100V 系列和 200V 系列的 SSR 产品及其特性。

表 10.1　SSR 中常用主要术语

术　语		符　号	说　明
输入端	正向电流	I_F	输入端子间流过的正向直流电流
	反向电压	V_R	加在输入端子间的反向直流电压
	正向电压	V_F	流过正向电流时输入端子间的电压降
输出端	重复峰值 OFF 电压	V_{DRM}	输出端子间重复加电压时能够使 SSR 保持 OFF 状态的市电频率正弦波电压的峰值
	有效 ON 电流	I_T	在指定条件下，输出端能够连续流过的 ON 电流的有效值
	浪涌 ON 电流	I_{surge}	在指定的条件下，输出端只流过 1 个周期的市电频率正弦波的 ON 电流的最大值
	ON 电压	V_T	在输出端 ON 条件下，流过规定的负载电流时输出端的电压降
	重复峰值 OFF 电流	I_{DRM}	OFF 状态下加重复峰值 OFF 电压时流过的电流
	保持电流	I_H	在指定条件下，输出端 ON 后，维持 ON 状态的最小负载电流
	临界 OFF 电压上升率	dv/dt	输出端从 OFF 状态没有转移到 ON 状态的最大的电压上升率
	零交叉电压	V_{OX}	在零交叉方式中，在交流电源的瞬时电压在与零电压交叉的附近，输出一侧变为 ON 状态的电压
电学性能	最小触发电流	I_{FT}	从 OFF 状态转移到 ON 状态所必要的输入电流的最小值
	绝缘电阻	R_{ISO}	加规定的直流电压时应该绝缘的输入/输出端子间的电阻
	转向 ON 时间	t_{on}	加输入电流后输出一侧从 OFF 状态转移到 ON 状态所需的时间

表 10.2　100V 系列 SSR 的特性一览表

型　号	绝对最大额定值					电学特性				备　注	
	正向电流 I_F (mA)	有效 ON 电流 $I_{T(rms)}$ (A)	重复峰值 OFF 电压 V_{DRM} (V)	输入/输出间绝缘耐压[*2] $V_{iso(rms)}$ (V)	工作温度 T_{opr} (℃)	最小触发电流 I_{FT} (mA)	最小触发电流 V_D (V)	ON 电压 V_T (V)	ON 电压 $I_{T(rms)}$ (A)	有无零交叉	有无缓冲电路
PR22MA11NTZF	50	0.15	400	5000	−30～+85	10	6	3.0	0.15	×	×
PR23MF11NSZF	50	0.3	400	4000	−25～+85	10	6	3.0	0.3	×	×
PR26MF11NSZF	50	0.6	400	4000	−25～+85	10	6	3.0	0.6	×	×
PR26MF12NSZF	50	0.6	400	4000	−25～+85	5	6	3.0	0.6	×	×
PR26MF21NSZF	50	0.6	400	4000	−30～+85	10	6	3.0	0.6	○	×
PR29MF11NSZF	50	0.9	400	4000	−25～+85	10	6	3.0	0.9	×	×
PR29MF12NSZF	50	0.6	400	4000	−25～+85	5	6	3.0	0.9	×	×

续表 10.2

型号	绝对最大额定值					电学特性				备注	
	正向电流 I_F (mA)	有效ON电流 $I_{T(rms)}$ (A)	重复峰值OFF电压 V_{DRM} (V)	输入/输出间绝缘耐压*2 $V_{iso(rms)}$ (V)	工作温度 T_{opr} (℃)	最小触发电流		ON电压		有无零交叉	有无缓冲电路
						I_{FT} (mA)	V_D (V)	V_T (V)	$I_{T(rms)}$ (A)		
PR29MF21NSZF	50	0.9	400	4000	−30～+85	10	6	3.0	0.9	○	×
S101D01F	50	1.2	400	4000	−25～+85	10	6	1.7	1.2	×	×
S101D02F	50	1.2	400	4000	−25～+85	10	6	1.7	1.2	○	×
S101DH1F	50	1.5	400	4000	−25～+85	10	6	1.7	1.5	×	×
S101DH2F	50	1.5	400	4000	−25～+85	10	6	1.7	1.5	○	×
S102T01F	50	2.0	400	3000	−25～+100	8	12	1.7	2	×	×
S102T02F	50	2.0	400	3000	−25～+100	8	6	1.7	2	○	×
S101S05F	50	3*1	400	4000	−25～+100	15	12	1.5	1.5	×	×
S101S06F	50	3*1	400	4000	−25～+100	15	6	1.5	1.5	○	×
S108T01F	50	8*1	400	3000	−25～+100	8	12	1.5	2	×	×
S108T02F	50	8*1	400	3000	−25～+100	8	6	1.5	2	○	×
S102S01F	50	8*1	400	4000	−25～+100	8	12	1.5	2	×	×
S102S02F	50	8*1	400	4000	−25～+100	8	6	1.5	2	○	×
S102S11F	50	8*1	400	4000	−20～+80	8	12	1.5	2	×	○
S102S12F	50	8*1	400	4000	−20～+80	8	6	1.5	2	○	○
S112S01F	50	12*1	400	4000	−25～+100	8	12	1.5	12	×	×
S116S01F	50	16*1	400	4000	−25～+100	8	12	1.5	16	×	×
S116S02F	50	16*1	400	4000	−25～+100	8	6	1.5	16	○	×

*1:需要加散热片。

*2:AC60Hz,1 分钟,RH=40～60%。使用有零交叉电路的耐压试验器,输入、输出间加正弦波(输入端子间、输出端子间分别短路)。

表 10.3 200V 系列 SSR 的特性一览表

型号	绝对最大额定值					电学特性				备注	
	正向电流 I_F (mA)	有效ON电流 $I_{T(rms)}$ (A)	重复峰值OFF电压 V_{DRM} (V)	输入/输出间绝缘耐压*2 $V_{iso(rms)}$ (V)	工作温度 T_{opr} (℃)	最小触发电流		ON电压		有无零交叉	有无缓冲电路
						I_{FT} (mA)	V_D (V)	V_T (V)	$I_{T(rms)}$ (A)		
PR31MA11NTZF	50	0.06	600	5000	−30～+80	10	6	2.5	0.06	×	×
PR32MA11NTZF	50	0.15	600	5000	−30～+85	10	6	3.0	0.15	×	×
PR33MF11NSZF	50	0.3	600	4000	−25～+85	10	6	3.0	0.3	×	×

续表 10.3

型号	绝对最大额定值					电学特性				备注	
	正向电流 I_F (mA)	有效ON电流 $I_{T(rms)}$ (A)	重复峰值OFF电压 V_{DRM} (V)	输入/输出间绝缘耐压*2 $V_{iso(rms)}$ (V)	工作温度 T_{opr} (℃)	最小触发电流		ON电压		有无零交叉	有无缓冲电路
						I_{FT} (mA)	V_D (V)	V_T (V)	$I_{T(rms)}$ (A)		
PR31MA11NSZF	50	0.6	600	4000	−25～+85	10	6	3.0	0.6	×	×
PR36MF12NSZF	50	0.6	600	4000	−25～+85	5	6	3.0	0.6	×	×
PR36MF21NSZF	50	0.6	600	4000	−30～+85	10	6	3.0	0.6	○	×
PR36MF22NSZF	50	0.6	600	4000	−30～+85	5	6	3.0	0.6	○	×
PR39MF11NSZF	50	0.9	600	4000	−25～+85	10	6	3.0	0.9	×	×
PR39MF12NSZF	50	0.9	600	4000	−25～+85	5	6	3.0	0.9	×	×
PR39MF21NSZF	50	0.9	600	4000	−30～+85	10	6	3.0	0.9	○	×
PR39MF22NSZF	50	0.9	600	4000	−30～+85	5	6	3.0	0.9	○	×
PR39MF51NSZF	50	0.9	600	4000	−30～+85	10	6	2.5	0.9	×	×
PR3BMF11NSZF	50	1.2	600	4000	−30～+105	10	6	3.0	1.2	×	×
S201D01F	50	1.2	600	4000	−25～+85	10	6	1.7	1.2	×	×
S201D02F	50	1.2	600	4000	−25～+85	10	6	1.7	1.2	○	×
S201DH1F	50	1.5	600	4000	−25～+85	10	6	1.7	1.5	×	×
S201DH2F	50	1.5	600	4000	−25～+85	10	6	1.7	1.5	○	×
S202T01F	50	2.0	600	3000	−25～+100	8	12	1.7	2	×	×
S202T02F	50	2.0	600	3000	−25～+100	8	6	1.7	2	○	×
S201S05F	50	3*1	600	4000	−25～+100	15	12	1.5	1.5	×	×
S201S06F	50	3*1	600	4000	−25～+100	15	6	1.5	1.5	○	×
S202S01F	50	8*1	600	4000	−25～+100	8	12	1.5	2	×	×
S202S02F	50	8*1	600	4000	−25～+100	8	6	1.5	2	○	×
S202SE1F	50	8*1	600	3000	−25～+100	8	12	1.5	2	×	×
S202SE2F*3	50	8*1	600	3000	−25～+100	8	6	1.5	2	○	×
S202S11F*3	50	8*1	600	4000	−20～+80	8	12	1.5	2	×	○
S202S12F	50	8*1	600	4000	−20～+80	8	6	1.5	2	○	○
S212S01F	50	12*1	600	4000	−25～+100	8	12	1.5	12	×	×
S216S01F	50	16*1	600	4000	−25～+100	8	12	1.5	16	×	×
S216S02F	50	16*1	600	4000	−25～+100	8	6	1.5	16	○	×
S216SE1F*3	50	16*1	600	3000	−25～+100	8	12	1.5	16	×	×
S216SE2F*3	50	16*1	600	3000	−25～+100	8	6	1.5	16	○	×

*1：需要加散热片。

*2：AC60Hz，1分钟，RH＝40～60％。使用有零交叉电路的耐压试验器，输入、输出间加正弦波（输入端子间、输出端子间分别短路）。

*3：输入-输出间：强化绝缘型。

1. 重复峰值 OFF 电压 V_{DRM}

所谓重复峰值 OFF 电压，是指 SSR/光双向晶闸管耦合器的输出一侧的耐压。不同的国家采用不同的标准：

- 100V 地区(美国、日本等)：$V_{DRM}=400V$。
- 200V 地区(中国、欧洲等)：$V_{DRM}=600V$。

在 FA 用途方面，都采用 $V_{DRM}=800V$ 的标准。

2. 有效 ON 电流 I_T

是指能够流过 SSR 的输出一侧的电流。指标参数规定是环境温度为 25℃场合的值。当环境温度高时，只能使用低于指标参数的电流。应该参考产品说明书中提供的环境温度(机壳内温度)-有效 ON 电流曲线，判断是否能够在整个温度范围内使用。图 10.7 示出一例。该例产品在 $T_a=25$℃时 $I_T=0.9A$，而到 60℃时约为 0.7A，就是说只有大约 0.7A 的电流流过输出一侧。

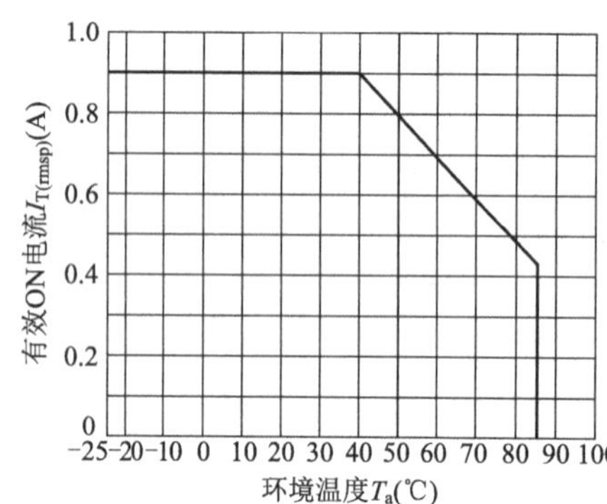

图 10.7　环境温度-有效 ON 电流降低曲线例

一般来说，选用的 SSR 应该是负载电流在 SSR 的各环境温度中都能达到有效 ON 电流最大值的 80%以内。

3. 最小触发电流 I_{FT}

最小触发电流是指为了驱动 SSR，在输入一侧所需要的最小的触发电流。一般来说 SSR 使用的范围是 $I_{FT}=2\sim10mA$。可以说 I_{FT} 越低功耗越小，性能也就好。在设计时，通常要考虑发光二极管长期稳定性导致发光输出降低的因素，使触发电流为最小触发电流最大值的 2 倍以上。

10.3　SSR 的基本使用方法

使用时充分考虑到周围的环境、电源状态、负载特性等因素，就可以维持 SSR 的电学性能和可靠性。

10.3.1　输入电路

SSR 是利用流过输入一侧发光二极管的电流使它导通的。SSR 有内藏输入一侧的限流电阻的电压指定型，以及内部没有限流电阻的电流指定型。

使用电压指定型 SSR 时，设定电压和电阻 R_1，使得流过发光二极管的电流在额定正向电流以下、I_{FT} 的 2～2.5 倍。另外，在设定电流时，还要考虑发光二极管的正向电压(V_F)，使其满足下面关系式：

$$(V_{IN}-V_F)/(I_{FT}\times 2) > R > (V_{IN}-V_F)/I_{F(MAX)}$$

10.3.2 选定限流电阻 R_1(例)

下面介绍电流指定型中选定输入一侧限流电阻 R_1 的例子(参看图 10.8)。

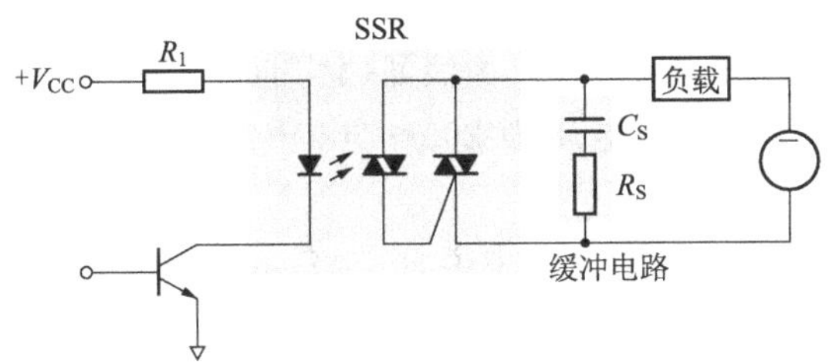

图 10.8 SSR 的周边电路

<条件>

① 使用的 SSR:PR29MF11NSZF(规格:T_a = 25℃ 时 $I_{FT(MAX)}$ = 10mA,$V_{F(MAX)}$= 1.4V)。

② V_{CC}:初级一侧电源电压 5V。

③ AC:次级一侧交流电源,有效值 100V,60Hz。

④ 缓冲·晶体管:2SC1815。

(1) 推荐 I_F 值:I_F=20mA 以上。首先确认产品的最小触发电流 I_{FT},在考虑 I_{FT} 的长期稳定性的基础上进行设计。一般来说,SSR 使用的发光二极管,在长期通电使用后其发光输出会下降。考虑到这种因素,设计电路时,应使触发电流为最小触发电流最大值的 2 倍以上。

PR29MF11NSZF 的 I_{FT} 参数规格是 Max. 10mA,在这种条件下进行设计时,应使 I_F 达到 20mA 以上。

(2) 正向电压 V_F = 1.4V:PR29MF11NSZF 的正向电压参数规格是 V_F = 1.4$V_{(MAX)}$(当 I_F=20mA 时)

(3) 集电极-发射极间饱和电压 $V_{ce(sat)}$=0.25$V_{(Max.)}$:2SC1815 的集电极-发射极间饱和电压参数规格为 $V_{ce(sat)}$=0.25$V_{(Max.)}$。

(4) 计算输入限流电阻 R_1:根据(1)~(3),可以按下式计算 R_1:

$$R_1 < (V_{CC}-V_{ce(sat)}-V_F)/I_F$$

$$R_1 < (5-0.25-1.4)/0.02=168。$$

所以 R_1 取值 150Ω。

10.3.3 输出电路

图 10.9 是一例输出一侧的基本电路。(a)、(b)是内部没有缓冲电路的 SSR 为了吸收、抑制噪声而外加缓冲电路的例子。分别与 SSR 的输出并联连接了 RC

吸收器和非线性电阻器。

RC 吸收器是吸收、抑制快速上升的冲击噪声的电路。一般来说，使用的参数值为

$$C_S=0.022\sim0.1\mu F$$

$$R_S=20\sim100\Omega$$

用于保护线路的最大电压，防止像浪涌那样能量大的噪声，一般来说，在 100V 电源线中使用非线性电阻器电压为 200～300V 的器件，在 200V 电源线中使用 400～500V 的非线性电阻器。

但是对于缓冲电路参数的设定来说，由于负载种类、电路条件等因素，会使噪声发生的状况有所不同，所以应该在确认实际使用状态后进行设定。这种情况下，并用 RC 吸收器和非线性电阻器时的效果更好。

图(c)是与负载并联插入泄放电阻的例子。这种方法对于电感性负载，在因负载轻而发生误动作的情况下是有效的。这时，决定电阻值时应使流过 SSR 的电流大于 SSR 的最小工作电流。

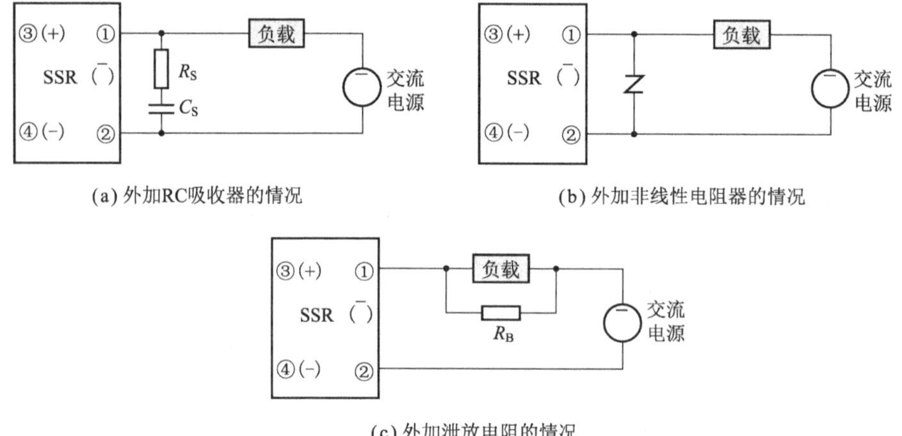

图 10.9　输出基本电路

10.3.4　缓冲电路

在 SSR 的输出一侧，在直接插入交流电路的情况下，为了防止来自交流线上的输入浪涌电压，以及抑制电子电路内部发生的电抗成分的反电动势以及转换时的(dV/dt)，如图 10.8 所示，在电路中将电容器 C_S 和电阻 R_S 串联电路，或者非线性电阻器与 SSR 的输出相并联(缓冲电路)。

为了减小缓冲电路与器件输出一侧的闭合回路内的电感，缓冲电路的配置应该尽量靠近 SSR 的输出端子，这一点很重要。

在将 RC 吸收器作为缓冲电路使用的场合，元件通常选取的数值为

$$C_S=0.022\sim0.1\mu F$$

$R_S = 20 \sim 100\Omega$

非线性电阻器用于保护线路的最大电压，防止像浪涌那样能量大的噪声，一般来说，在100V电源线中使用非线性电阻器的电压为200～300V，在200V电源线中使用非线性电阻器的电压为400～500V。

但是，缓冲电路参数的设定，由于负载种类、电路条件等使噪声发生的状况而有所不同，所以应该在确认实际使用状态后进行设定。

10.3.5 发热的问题

过去的电磁继电器，由于接点的接触电阻小，所以ON时的发热也少（但是在频繁地产生火花的情况下，接点的温度会上升），所以在使用电磁继电器时，没有必要过分注意热设计问题。

但是对于SSR来说，在工作时输出端子间会发生1.0～1.5V_{rms}的ON电压V_T，器件产生$P = I_T \times V_T$（I_T是有效ON电流）的功耗，会导致器件发热。

所以在使用SSR的场合，要求构成SSR的部件接合部温度（T_j）必须低于额定接合部温度（$T_{j(MAX)}$），以便散热。

当SSR机壳温度（T_C）高时，有必要安装外部散热板，使得负载的电流值（有效ON电流：I_T）处于有效ON电流降低曲线（图10.10(b)）的范围之内。所以在使用SSR时，必须考虑器件的散热方法。具体方法请参看有关产品的使用说明书。

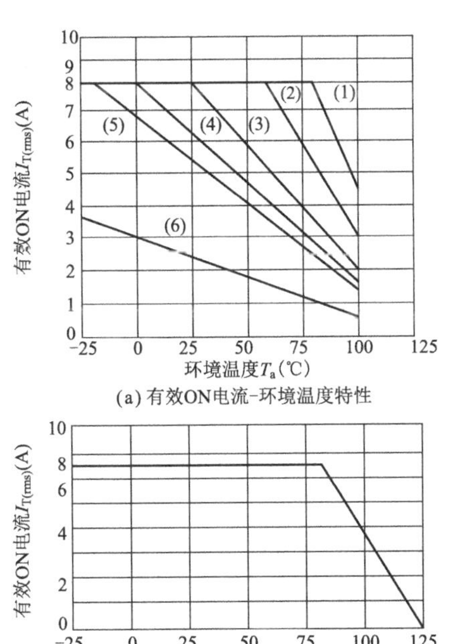

图10.10 S102S01F的有效ON电流降低曲线

10.3.6　开路时的漏电流

SSR 的输出一侧即使在 OFF 状态也会有漏电流流过(这个电流值因电路结构、内藏器件的种类等原因而不同)。

在内藏或者外加缓冲电路(RC 吸收器)的情况下,电容器会使开路时的漏电流增加。所以,在小电流工作负载(氖管、小型线圈)的场合,由于这种漏电流存在,即使开路有时也不会 OFF。

为了防止这种现象的发生,有效的方法是给负载并联分流电阻(使 SSR 的漏电流大多流过分流电阻,尽量减小流过负载的电流)。

10.3.7　噪声误动作的问题

一般来说,如果是对马达、线圈等 L 负载进行开关时,L 的两端会产生电压,这种电压有时甚至会超过 SSR 的额定电压值。在这种情况下往往会导致器件误动作,甚至使器件受到损坏。为了保护器件,应该插入缓冲电路。

10.3.8　涌入电流

电灯、马达、线圈等负载中,在 SSR 接通的瞬间会有涌入电流流过 SSR,其电流值往往是稳定电流的 10 倍多。所以在选用 SSR 时,应该使这种涌入电流值低于 SSR 的一个周期浪涌电流的 70%。另外一种减小涌入电流的有效方法就是使用内藏零交叉电路的 SSR。

10.3.9　过电流

在由于连接错误或者负载短路的情况下,会有过电流流过 SSR 导致 SSR 损坏。为了保护 SSR 以免流过大的短路电流,往往采用速断熔丝之类切断电流的方法。

选用速断熔丝时必须与 SSR 的保护措施一致。熔丝切断时间的电流特性必须在 SSR 的浪涌电流特性的范围之内。所以设定时,应该将熔丝的全切断电流的平方与时间之积 I^2t 和 SSR 的电流平方与时间之积 I_1^2t 进行比较,即

(熔丝全切断的 I^2t)<(SSR 的 I_1^2t)

在此基础上进行设定。SSR 的 ${I_1}^2t$ 由下式求出:

$$I_1^2t = \int_0^{t_m}\left(\frac{I_{TSM}}{\sqrt{2}}\right)^2 dt$$

式中,I_{TSM}为峰值一个周期浪涌电流;t_m为规定频率的半周期时间。

例如,在 $I_{TSM}=160A$(60Hz 的正弦波)的场合,${I_1}^2t=106A^2s$。

10.3.10　转换特性

电感性负载中,负载电流相对于电路电压有相位滞后,所以必须考虑到 SSR 转向关断时 SSR 的转换特性。转换条件是,如果超过 SSR 转换时的临界 OFF 电

压上升率$(dV/dt)_C$，那么 SSR 就失去继续控制 ON 状态的能力。为了防止这个问题的发生，给 SSR 的输出并联 RC 吸收器，抑制转换时的电压上升率。

10.3.11　di/dt

使 SSR 转向 ON 流过的 ON 电流上升率如果超过 SSR 的临界 ON 电流上升率 di/dt，SSR 将会损坏。越接近纯电阻，di/dt 值就越高。不过在实际使用的电路中，电路中必然会含有电感成分，并不是纯电阻，所以 di/dt 值不高。所以要想降低 di/dt 值，可以增加电路的电感成分而插入线圈。

10.3.12　闭锁电流

电感性负载中，SSR 在 ON 时的上升电流变得很缓慢。特别是在轻负载、电流小的情况下，与双向晶闸管的闭锁电流相对应，电流的上升迟缓。在没有输入脉冲的瞬间，往往达不到双向晶闸管的闭锁电流，不能保持双向晶闸管的 ON 状态。针对这个问题，可采取如下措施：

(1) 给负载并联泄放电阻，增加视在负载电流。

(2) 给 SSR 的输出并联 RC 吸收器，将电容器的放电电流叠加在负载电流上。

第二项本来是针对过电流或者转换特性问题而采取的措施，不过在这里使用也是有效的。

关于闭锁电流，一般对于用保持电流(I_H)作为规定参数的 SSR 来说，要求流过保持电流 1.5 倍以上的电流；对于用最小工作电流作为规定参数的 SSR 来说，要求流过最小工作电流(当 R 负载条件与 L 负载条件两个条件都存在时，服从 L 负载条件)以上的电流。

10.4　固态继电器的应用例

10.4.1　开关驱动 SSR 的例子

图 10.11 是初级一侧用开关进行触发的例子。与开关的 ON/OFF 相对应，次级一侧呈现导通/切断状态。这里需要注意的是，就像在 SSR 的输入电路中所说明过的那样，设定 V_{CC} 和 R_1 时要确保能够流过 I_{FT} 的 2～2.5 倍的输入电流。

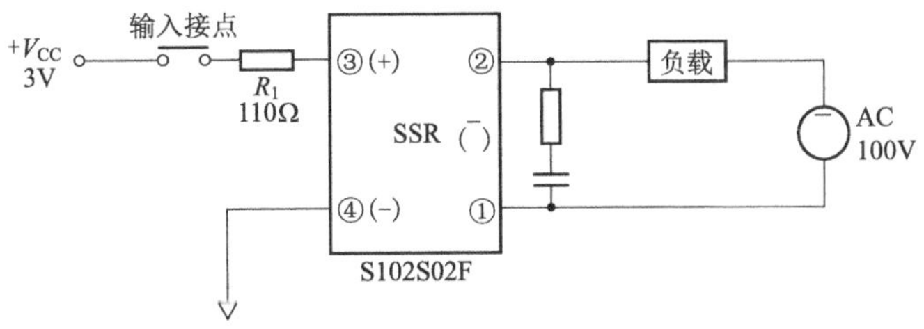

图 10.11　基于接点的驱动电路

10.4.2　晶体管、IC 驱动的例子

1. NPN 晶体管驱动的例子

图 10.12 示出使用 npn 晶体管进行 SSR 驱动的例子。这时要注意使用的 SSR 输入一侧的阻抗和 V_{CC}，它决定晶体管的基极电流。

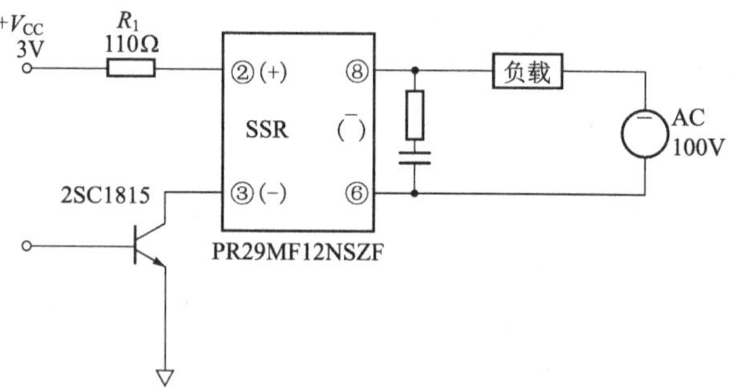

图 10.12　npn 型晶体管驱动电路(1)

图 10.13 同样是使用 npn 晶体管，在正常的 ON，是有源 ON 型的电路。这个电路中，如果什么都没有则 SSR 导通，而当晶体管 ON 时处于切断状态。这种使用方法可以提高抗噪声的能力，也提高了系统的可靠性。

图 10.14 同样是用 npn 晶体管驱动的情况，不过是射极跟随器型的。从输入一侧看到的阻抗大约是 $h_{FE}\times(R_0+R_1)$（h_{FE}是晶体管的直流电流放大倍数），能够提高输入阻抗。

2. pnp 晶体管驱动的例子

图 10.15 是用 pnp 晶体管驱动的情况，在下面的场合使用很方便：

(1) 希望将 SSR 置于驱动用晶体管的集电极与地之间时。

(2) 希望在基极端 Low 时导通 SSR。

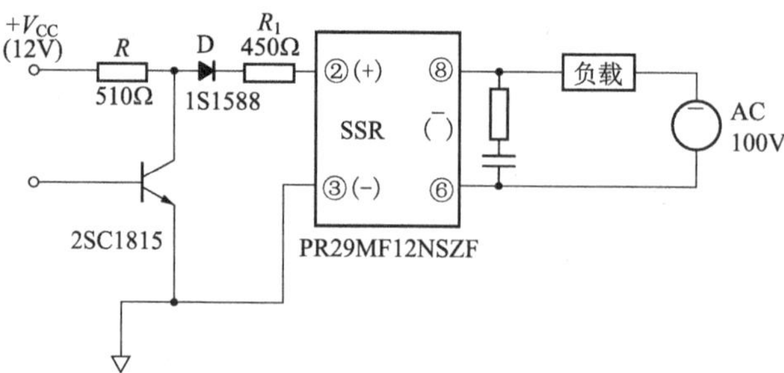

图 10.13　npn 型晶体管驱动电路(2)

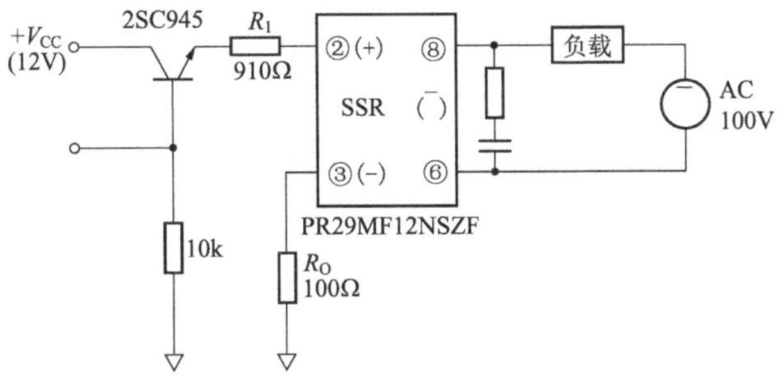

图 10.14 npn 型晶体管驱动电路(3)

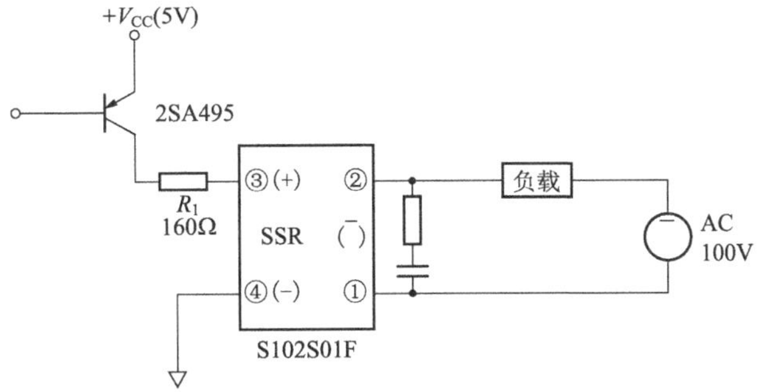

图 10.15 pnp 型晶体管驱动电路(1)

图 10.16 示出的电路，通常初级与次级都处于 ON，但是当 pnp 晶体管 ON 时，初级与次级都处于 OFF 状态。pnp 晶体管的使用方法与图 7.15 相同，不过与图 7.13 相同也是正常的 ON 型，所以能够提高系统的可靠性。

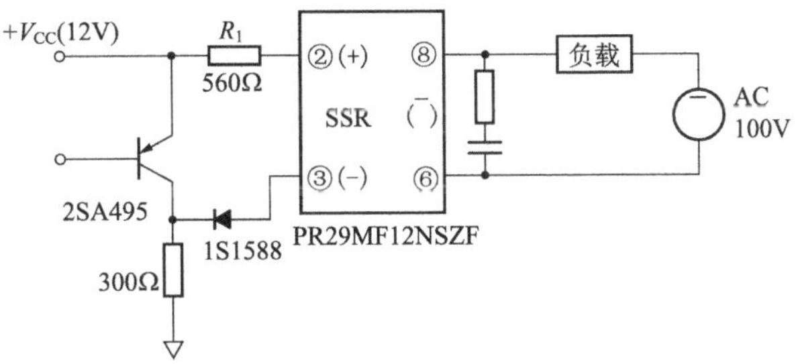

图 10.16 pnp 型晶体管驱动电路(2)

3. IC 驱动的例子

图 10.17 是使用 TTL 或 DTL 直接驱动初级一侧的例子。这些 TTL 或 DTL 具有高速响应能力，不过在使用上需要注意：在 SSR 内藏有零交叉电路的场合，初级一侧的 LED 置 ON 之后，到 SSR 次级一侧实际 ON 为止，最多需要次级一侧电源的半个周期。

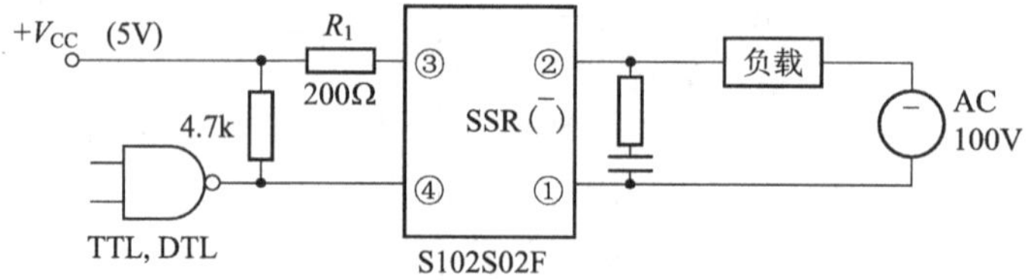

图 10.17　IC(TTL,DTL)驱动的电路

图 10.18 和 10.19 都是因为不能用单个 CMOS IC 驱动 SSR 的初级一侧，因而介入了晶体管缓冲器进行驱动。图 7.18 的例中，缓冲器使用 pnp 晶体管，整体上成为 AND。这时也需要注意图 10.17 中讲过的注意之点。

图 10.19 则是用 npn 晶体管驱动的应用例。

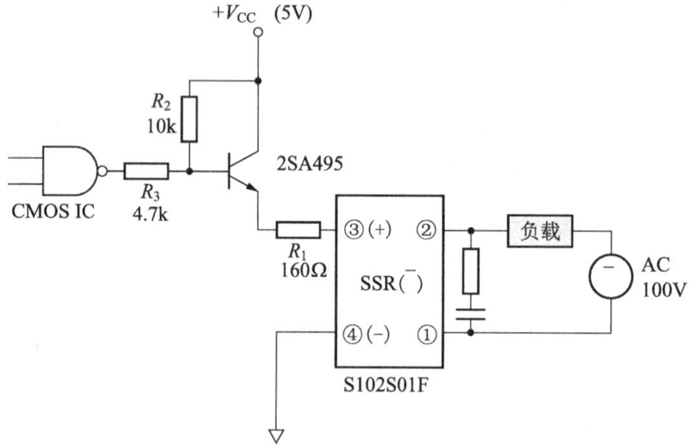

图 10.18　CMOS IC 驱动的电路(1)

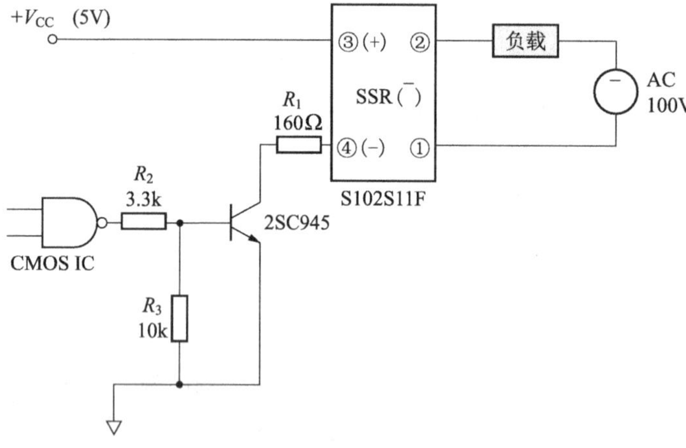

图 10.19　CMOS IC 驱动的电路(2)

10.4.3 交流驱动例(电桥整流型)

图 10.20 是输入信号为交流情况下的输入驱动电路例。以交流电源为基础。它的基本动作如下：

(1) 首先，如果输入接点 ON，那么交流电源经整流二极管 $D_1 \sim D_4$ 全波整流。

(2) 整流后的波形再经 C 和 R_1 平滑，大致上成为直流。

(3) 平滑的波形进一步加在 SSR 初级一侧的端子③和④上，发光二极管流过直流电流，给 SSR 加触发。

进行参数设定时，应该考虑到电桥的电压降。

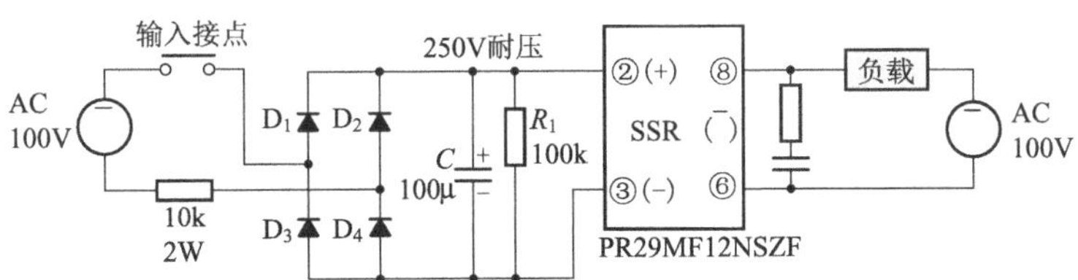

图 10.20 交流(电桥整流电路)驱动的电路

10.4.4 白炽灯泡的 ON/OFF 控制电路

图 10.21 是白炽灯泡的 ON/OFF 控制电路。输入一侧是激活 Low。由于白炽灯泡在点亮的瞬间流过的涌入电流大约是正常电流 10 倍，所以必须采取一定的措施减轻 SSR 的负担。本电路中设置了与 SSR 并联的分流电阻，既对灯泡有预热作用，也能够减小涌入电流。

如果分流电阻小，那么或者不论 SSR 的 ON/OFF 如何灯泡都点亮，或者发生电阻被烧坏等问题。如果分流电阻过大，则起不到预热灯泡的作用。所以电阻值的设定很重要。

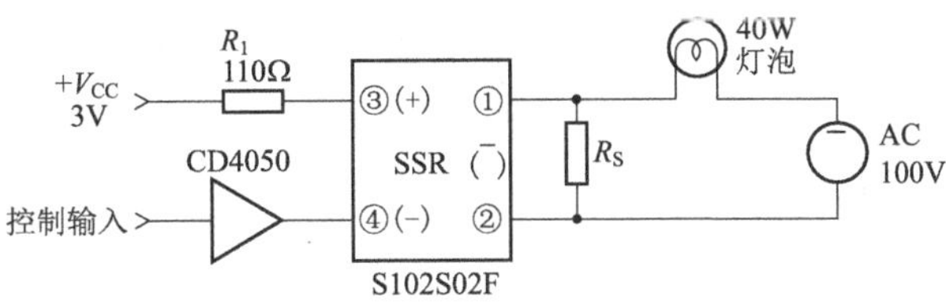

图 10.21 白炽灯泡的 ON/OFF 控制电路

10.4.5 燃气点火装置

图 10.22 示出利用电火花的燃气点火装置。首先，预置 AC100V 线的 SW_1 为 ON，利用二极管对 AC100V 整流，使电容器充电。这些是预备性操作。然后置

SW_1为 OFF，再置 SW_2为 ON，于是给 SSR 加触发，积累在电容器上的电荷放电。通过这种放电使电流流过线圈的初级，于是次级的点火装置线圈的两端就产生与线圈比相对应的高电压。与此同时产生电火花，从而点燃燃气。这种场合的 SSR 应该使用不附加零交叉功能的 SSR。

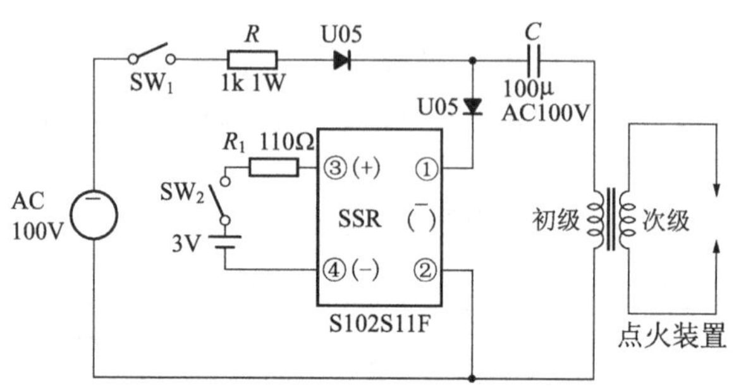

图 10.22　点火装置

10.4.6　基于计时器的 SSR 控制

图 10.23 是用石英式时钟模块作为计时器触发 SSR 的例子。这是为了有效利用石英式时钟模块良好的精度（当然，要发挥时钟模块的功能，还需要计时器和计时器输出）。

SSR 的端子③与时钟模块的（＋）电源端子相连接。另外如图所示，从计时器的输出端（标准 Low，激活 High）经 npn 晶体管与 SSR 的端子④连接。在次级一侧，负载与 AC100V 电源连接。

到了预设的时刻时，模块的输出 ON，SSR 就被触发。设置的时限负载工作后，在模块的输出 OFF 的同时负载的动作也就停止。这样，就能够利用石英式时钟模块设置计时器，用 SSR 驱动负载。

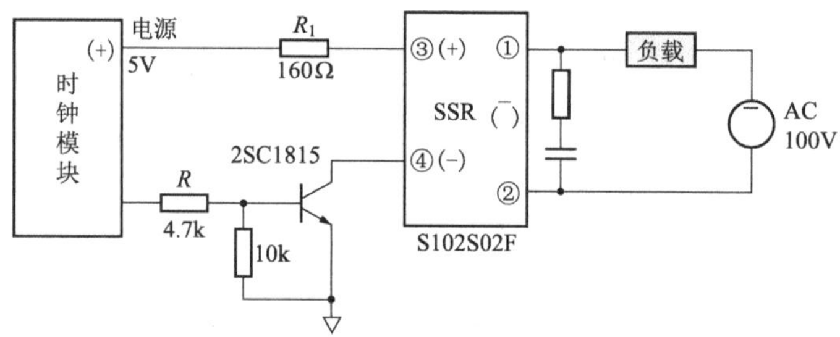

图 10.23　计时器与 SSR 组合的电路

10.4.7　双向马达的正/逆转电路

图 10.24 是基于 SSR 控制双向马达的正/逆转的例子。图 10.24(a)示出驱动

电路,图 10.24(b)是输入信号的工作波形。

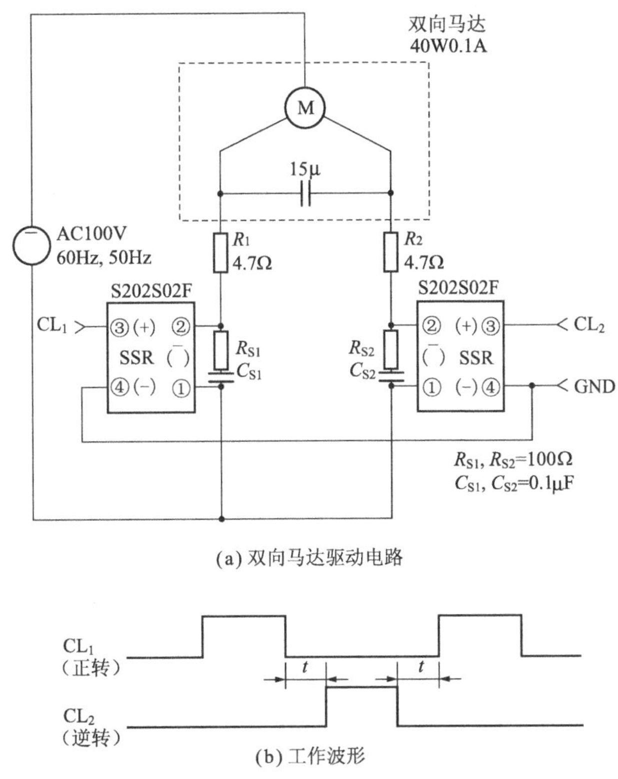

图 10.24 双向马达的正转/逆转控制电路

双向马达的驱动中,如果触发 2 个 SSR 之中的某一个,马达将正转或者逆转(这时的电源是 AC100V,通过 SSR 的次级一侧提供给马达)。这时,用 CL_1 或者 CL_2 中的某一个加触发。例如图(b)所示的工作波形,如果用 CL_1 加触发时是正转的话,那么在用 CL_2 加触发时就是逆转。

需要注意的是两个 SSR 不能同时加触发。当正转用 SSR、逆转用 SSR 同时 ON 时,就成为过负载状态,过电流往往会损坏 SSR。因此,进行正转/逆转切换时,必须有 1/2 周期以上的时间(t)。

另外,SSR 的输出端子间加有最大电源电压的 2 倍的电压。所以为了防止发生误动作,必须使用额定值 200V 的 SSR。

10.4.8 保持输入型开关与 SSR

图 10.25 是有效利用双向晶闸管的特性使得能够保持 SSR 的 ON/OFF 状态的电路。例如,在 SSR 处于 OFF 的情况下,双向晶闸管的栅极一度上升,双向晶闸管将 ON,并保持这个状态。于是,SSR 就原封不动地保持加了触发的状态,当然就能够维持电路。

另一方面，在 SSR 处于 ON 的情况下，当晶体管的基极脉冲式地一度上升时，流过 SSR 的几乎所有电流都流过晶体管，双向晶闸管一侧转向关断，于是 SSR 就 OFF。这样就能够进行 SRR 的 ON/OFF 控制。

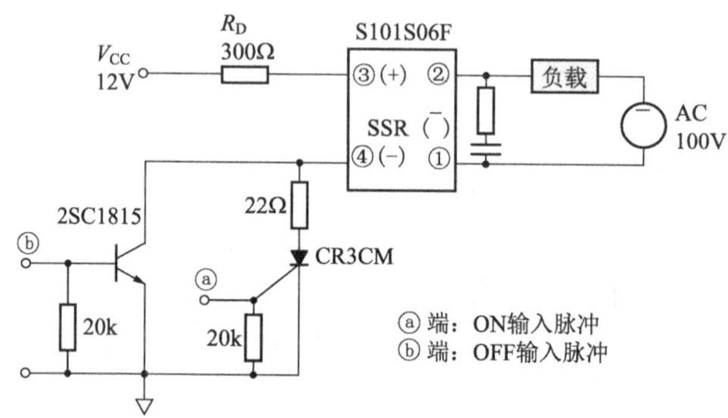

图 10.25　基于 SSR 的保持电路

10.4.9　空调的风叶控制

图 10.26 示出空调风叶控制中的 SSR 驱动的例子。

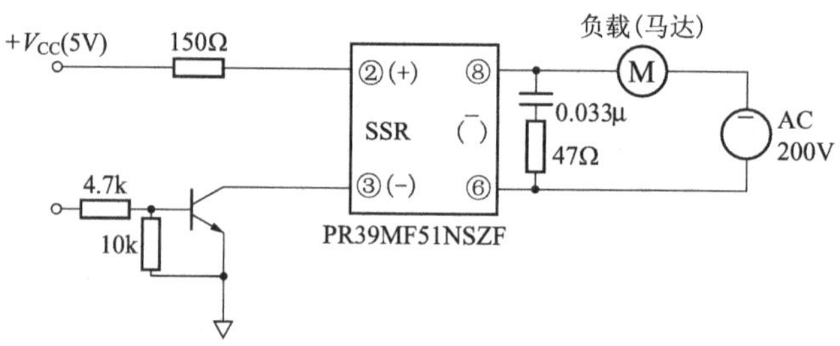

图 10.26　空调风叶马达驱动例

10.4.10　洗衣机的电磁阀控制

图 10.27 示出洗衣机电磁阀控制中的 SSR 驱动的例子。

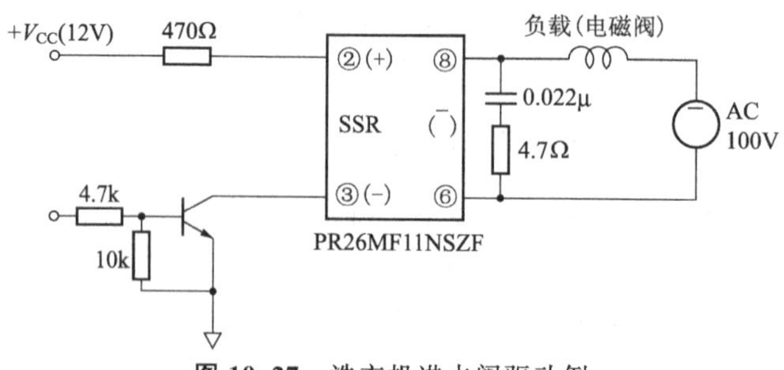

图 10.27　洗衣机进水阀驱动例

10.4.11 冰箱的温度调节用加热器控制

图 10.28 示出冰箱温度调节用加热器控制中的 SSR 驱动的例子。

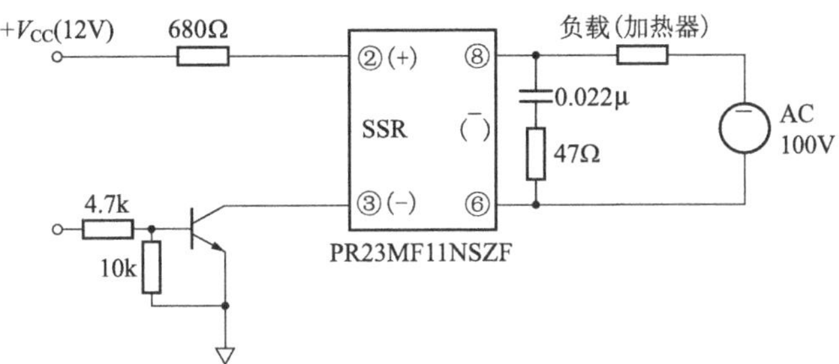

图 10.28 冰箱温度调节用加热器驱动例

第11章 IR通信用器件

由于光可以用来实现在不同设备间的通信，所以1994年制定出了最初的IrDA的规格。所谓IrDA(Infrared Data Association，红外数字协会)，是在利用红外线进行无线通信的行业中，以普及为目的，策划信息设备与通信设备等相互连接的标准规格的民间标准化团体的名称。

它的目标只是针对设备，使得不同厂商、不同种类的信息设备相互间能够互联、并且进行无线通信。

这是信息设备、通信设备、软件、器件制造厂等于1993年一起开会成立的组织。1994年6月制定出传送速度为2.4k～115.2kbps的标准规格IrDA1.0。1995年10月采纳了4Mbps的高速传送标准规格IrDA1.1。对于移动通信，1997年11月又制定出2.4k～115.2kbps的小功率、通信距离短的IrDA1.2(IrDA1.2也包括IrDA1.1)。这个规格标准是短距离通信，由于是小功率，可以使流过LED的电流只有IrDA1.1的大约1/10，所以可以节约电能。1997年7月，进一步又对16Mbps的IrDA1.4的规格标准化。

在最初的1994年，当时还没有形成网络，所以只是实现了简单的同位层间(peer to peer，1对1)的通信。与其他普通的光器件不同，单独的器件是不能完成这种通信任务的，需要由控制用的IC和通信用的协议软件。

最初只是搭载在PDA和笔记本电脑上，现在已经扩展搭载到便携式电话上。日本搭载在便携式电话的IrDA器件一般是组合有遥控发信功能的类型。开始是电话号码、邮件地址之类小规模的文本数据，现在已经能够将有照相功能的手机拍照的照片图像等数据在手机用户之间进行收发信或者发送给打印机直接进行打印，或者使用在游戏机之间进行游戏信息的交换。

封装采用树脂压模封装，使用引线架，从管壳内引出结线端子，还有使用玻璃·环氧树脂基板进行面安装，有利于实现小型化的无引线(leadless)型。

11.1 IrDA 的工作原理

11.1.1 发信端

由发送数字信号的红外发光二极管和给红外发光二极管提供稳定电流的驱动电路构成。红外发光二极管使用 pn 结化合物半导体发光二极管(LED: LightEmitting Diode)中峰值发光波长在红外领域 850nm 到 900nm 范围的器件。

11.1.2 接收端

接收端由光敏二极管以及放大电路、噪声滤波器、比较电路构成。关于光敏二极管的工作原理前面已经介绍过。光敏二极管受到数字信号(光)的照射时,会产生微弱的光生电流。这个微弱的光生电流被放大电路放大后,用噪声滤波器除去噪声,最后用比较电路数字输出接收信号。

发信端的驱动电路,接收端的放大电路、噪声滤波器、比较电路利用 Bi-CMOS 工艺集成在一个 IC 芯片上。

11.1.3 IrDA 器件内部电路的工作

IrDA 器件由 LED 芯片、PD 芯片,以及内藏有 LED 驱动电路和受光部分的信号处理电路的 IC 芯片构成,它们在基板上形成在一个管壳内发光、受光的一体化器件。作为一例,下面对 IrDA1.1 器件 GP2W1001YP0F 作以说明。图 11.1 示出 IrDA1.1 用光空间传送器件的外形。

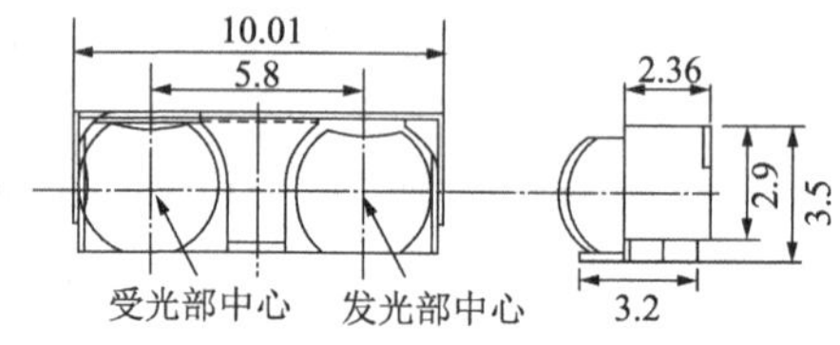

图 11.1 IrDA1.1 器件的外形例(GP2W1001YP0F)

1. 发光部分的电路

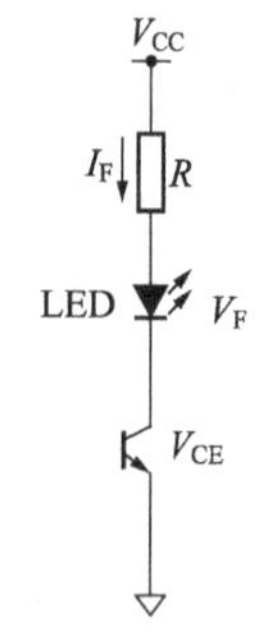

图 11.2 IrDA1.1 的发光部分电路例

图 11.2 示出一例 IrDA1.1 用光空间传送器件发光部分的电路。图 11.2 中流过 LED 的电流用下式表示。

$$I_F=(V_{CC}-V_F-V_{CE})/R$$

式中,V_{CC}为电源电压;I_F为 LED 正向电流;V_F为 LED 正向电压;R 为限流电阻;V_{CE}为集电极-发射极间电压。

如图 11.3 的框图所示,流过 LED 的电流由外加的限流电阻(R)决定。进行 4Mbps 通信时的发光输出功率需要有 100mW/sr,作为一例,流过 LED 的电流峰值大约是 400mA。

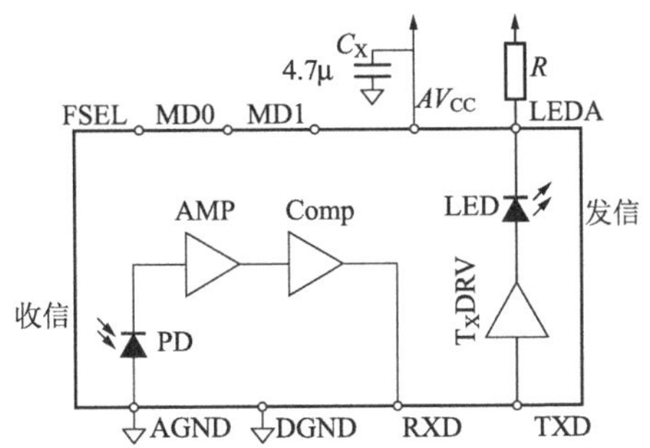

图 11.3 IrDA1.1的框图例(GPZW1001YPDF)

IrDA1.1中是用4Mbps的速度进行通信的,所以LED芯片采用能够适应高速工作的波长在850～900nm的GaAlAs。驱动部分使用高速响应的开关晶体管,一般来说,还需要有加速电路。不过在这个IrDA1.1用光空间传送器件中,由于已经内藏了这些功能电路,所以构成的电路只需少量外加部件。

2. 受光部分的内部电路

图11.3示出IrDA1.1的框图。受光一侧的光敏二极管、放大电路、比较电路已经单片化,它将IrDA规定的最小灵敏度从$10\mu W/cm^2$到$500mW/cm^2$的光脉冲变换为电信号后,输出数字信号。

光敏二极管接收850～900nm光脉冲的发信信号,并且变换为电信号。频率特性延伸到几十MHz也能够进行高速接收。这个光空间传送器件的压模封装树脂采用能够隔断可见光的树脂。如图11.4所示,分光灵敏度波长与发信信号的波长吻合,设定从800nm附近上升。

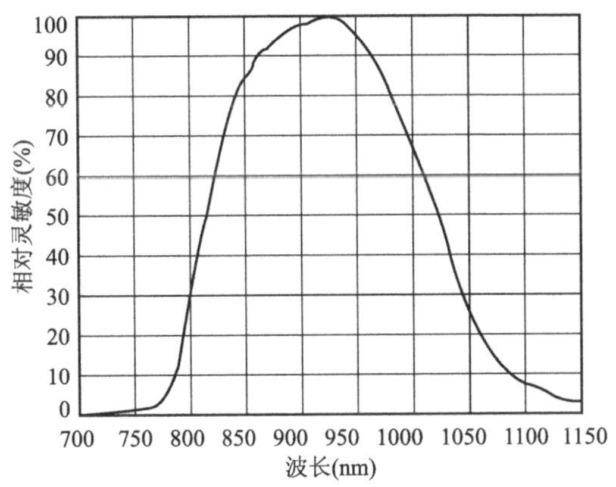

图 11.4 分光灵敏度特性数据例

在放大电路中,将光敏二极管进行过光-电转换的信号再进行电流-电压变换。从光敏二极管得到的电信号很微弱,只有几百nA至几mA,所以需要进行电压放大。不过由于动态范围大,所以要进行增益调整。

比较电路中,对接收信号进行整形后以数字信号输出。由于 IrDA 控制的几乎所有接口都是数字电路,所以要进行整形。

11.2 IrDA 的结构及基本使用方法

11.2.1 IrDA 的结构

IrDA 用光空间传送器件是将发信用红外发光二极管芯片、接收用光敏二极管芯片、信号整形用 IC 芯片搭载在玻璃·环氧树脂基板上,在玻璃·环氧树脂基板上,各芯片间分别进行电连接,周围用透射率高的环氧树脂覆盖,形成含透镜的外壳(图 11.5)。

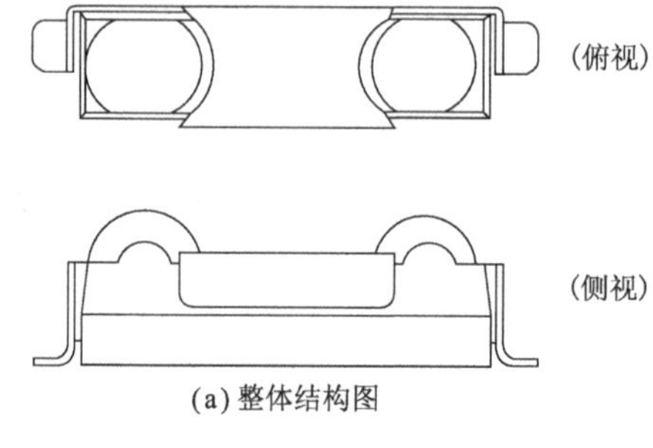

(a) 整体结构图

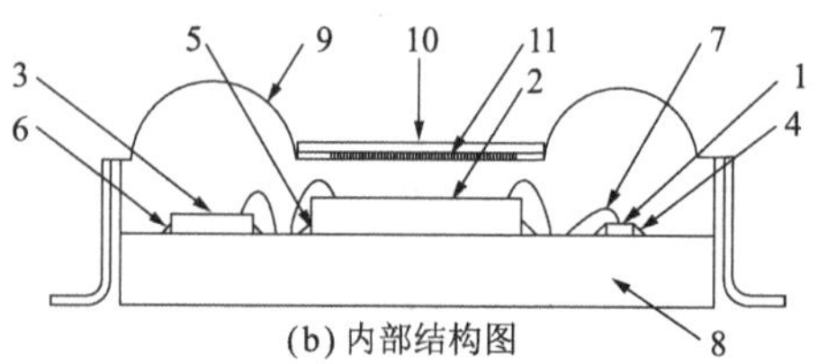

(b) 内部结构图

编号	部件名称
1	GL 芯片
2	IC 芯片
3	PD 芯片
4～6	Ag 浆
7	Au 丝
8	基板
9	压模树脂
10	屏蔽盒
11	黏合剂

图 11.5　IrDA 用光空间传送器件的结构

11.2.2 IrDA 的基本使用方法

1. 使用 IrDA 用光空间传送器件进行通信的必要条件

为了使 IrDA 用光空间传送器件能够进行通信,需要具备下列器件和软件:

- IrDA 用光空间传送器件。
- 调制解调 IC。
- 控制器。
- IrDA 通信协议。

IrDA 为了保证进行数字传送的设备间的通用性(相互连接),设立了各种标准。从控制器发出的发送数据利用调制电路调制为 3T/16(T 是每传送 1bit 需要的时间)后,通过发信电路变换为光信号,再传送给另一系统。接收一侧的接收电路中,将光信号变换为电信号,通过解调电路解调为原来的数据,然后送往控制器。

这时的调制方式采用将串行数据的脉冲宽度压缩到 3/16 的 RZI 基带方式。

需要有进行这种调制的 IC 以及控制器。实际上,由于有进行红外通信的协议,使得能够进行红外通信。

2. IrDA 标准概要

关于通信距离,如果是在小功率的设备间(移动设备间),是 20cm;如果是小功率设备与过去的 IrDA1.0 的设备间,则是 30cm。

作为高速移动通信用,1998 年 10 月制定了 4Mbps 的短距离通信的 IrDA1.3。这个标准与 IrDA1.2 一样,也包括了 IrDA1.1,由于是定为小功率,所以能够节约电能。1998 年 2 月制定了长距离传送,以及多台外围设备控制的 IrDA 控制标准。根据制定的 IrDA 控制标准,把过去的 IrDA1.3 等数据传送都称为 IrDA 数据。现在,已经进行控制器接口部分的标准化工作。

1) IrDA 数据规格

作为 IrDA 的通信方式有 IrDA 数据和 IrDA 控制。这里仅对 IrDA 数据作以说明。

关于 IrDA 的规格,由红外物理层面的、取决于通信的通信协议的以及有关软件的等几方面构成。这些协议构成了协议库(protocolstack),在 IrDA 的标准中有规定。这里就规定红外线的波长、发光强度、通信距离等的协议库的下位的 IrDA-SIR(Serial Infrared)的物理层面作以说明。

2) 发光受光部分的方向性

表 11.1 列出 IrDA 的规格参数。

IrDA 中规定了狭窄的方向性,使得不会影响到其他红外设备。例如,图 11.6 示出 IrDA1.0 场合发光部分的方向性,图 11.7 示出受光部分的方向性。发光部分的辐射强度在光轴的 0°~15°之间为 40~500mW/sr,在 15°~30°之间为 0~500mW/sr,而 30°以上则在 40mW/sr 以下。所谓辐射强度,就是红外发光二极管辐射出的光能中,在器件透镜的光轴方向上,辐射到单位立体角(1sr)上的能量,用下式表示。

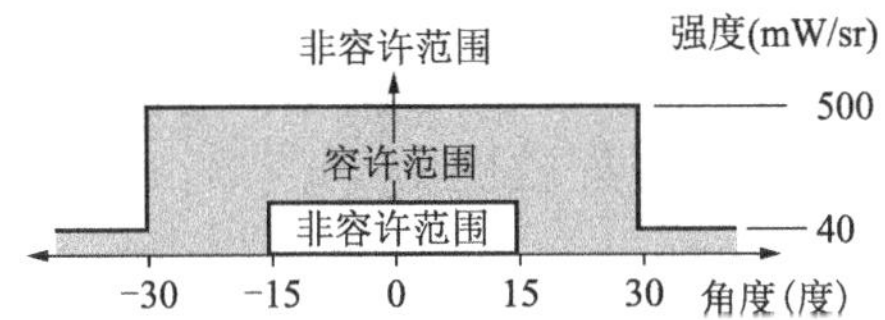

图 11.6 发光部分的方向性(IrDA1.0 的场合)

辐射强度(mW/sr)＝光功率(mW)/立体角(sr)

所谓立体角，如图 11.8 所示，就是光能测定部分的面积 $S(cm^2)$ 与从红外发光二极管透镜到光能测定部分的距离之比，用下式表示。

立体角(sr)＝$S(cm^2)/L(cm)$

受光一侧的入射照度，如图 8.9 所示，在 0°～15°之间为 0.004～500mW/cm^2。

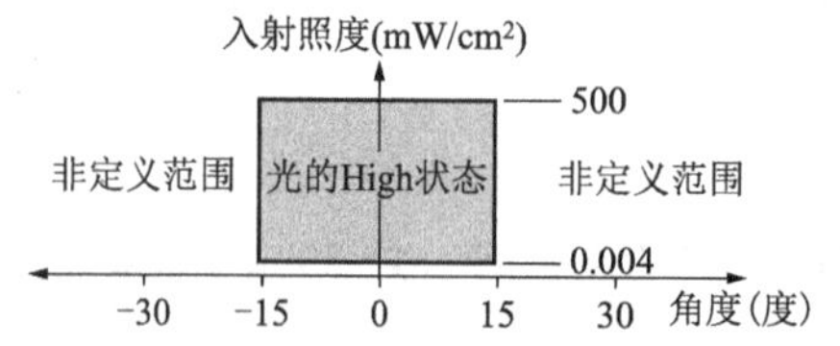

图 11.7　受光部分的方向性(IrDA1.0 的场合)

*：受光部在光的 High 状态范围内为“0”(有光)。

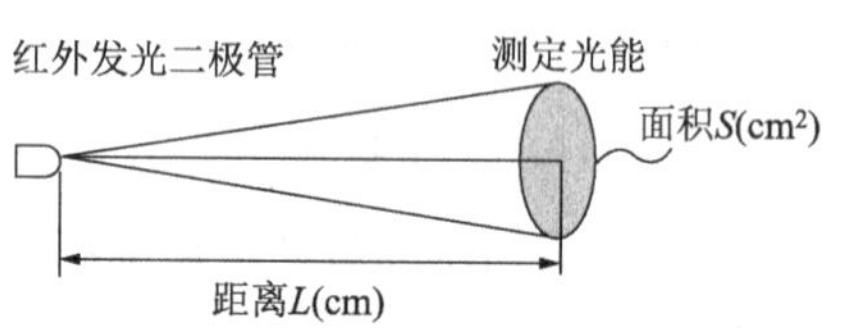

图 11.8　立体角

表 11.1　IrDA 的参数规格

发信端特性	IrDA1.0		IrDA1.1		单　位
	min	max	min	max	
峰值波长	850	900	850	900	nm
辐射强度	40	500	100	500	mW/sr
方向半角	±15	±30	±15	±30	°
上升时间(10～90%)	—	0.6	—	0.04	μs
下降时间(10～90%)	—	0.6	—	0.04	μs
过冲量	—	25	—	25	%
脉冲宽度(2.4kbps)	1.41	88.55	1.41	88.55	μs
脉冲宽度(115.2kbps)	1.41	2.23	1.41	2.23	μs
脉冲宽度(4Mbps)	—	—	115	135	ns
收信端特性					
收信灵敏度	0.004	500	0.01	500	mW/cm^2
方向半角	±15	—	±15	—	°
通信距离	1	—	1	—	m

3）入射照度

入射照度用下式表示：

入射照度(mW/sr)＝辐射强度(mW/sr)/通信距离的平方(cm^2)

例如，如果受光一侧的最小灵敏度为 4μW/cm^2，发信一侧的发光强度是 40mW/sr，那么通信距离就是 1m。

3. IrDA 数据的发信信号

图 11.9 示出 IrDA SIR 数据通信系统的构成图。图 11.10 是 IrDA SIR 的波

形例,图 11.11 是 IrDA FIR 的波形例。

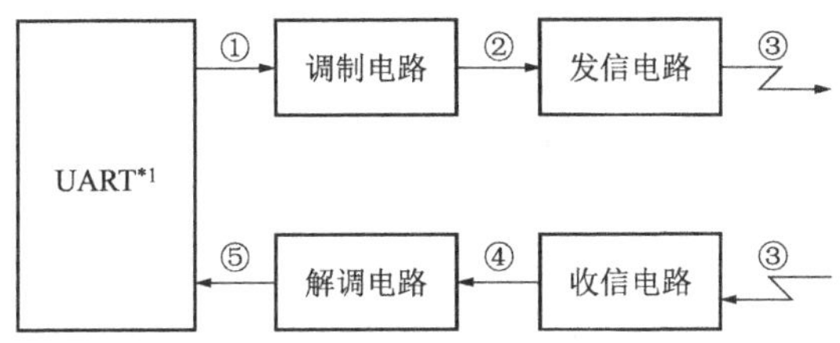

*1:UART(Universal Asynchronous Receiver/Transmitter)

图 11.9 IrDA SIR 的系统构成例

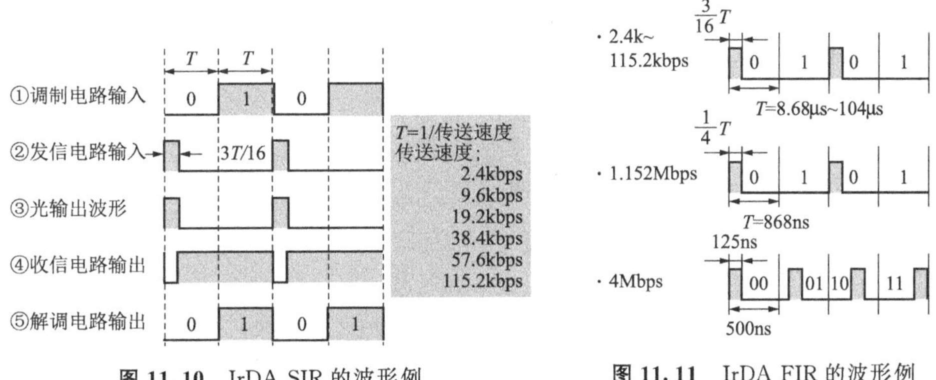

图 11.10 IrDA SIR 的波形例

图 11.11 IrDA FIR 的波形例

图 11.9 的 UART(Universal Asynchronous Receiver/Transmitter,通用异步收发机)从发信一侧发送的发信数据,经调制电路调制为 $3T/16$ 后,由发信电路将来自红外发光二极管的光信号发射出去。在收信一侧接收光信号的电路中,将光信号变换为电信号,通过解调电路解调为原来的数据后送往 URAT。IrDA1.0 的传送速度是 2.4kbps~115.2kbps,进行通信距离为 1m,1 对 1 的半双工通信(half duplex communication)。传送数据为"0"时 $3T/16$ 期间发射红外光(850~900nm),为"1"时不发射红外光,以此抑制功率的消耗。另外,由于没有载波,所以调制电路变得单纯。这些特点很适合追求低功耗、小型化的便携式信息终端等的通信方式。

图 11.11 示出 IrDA FIR 的发信信号的波形例。传送速度 2.4kbps~115.2kbps 为 $3T/16$ 的波形。在 0.576Mbps~1.152Mbps 中,发光时的脉冲宽度是 $T/4$。在传送速度 4Mbps 下调制方式为 4 值 PPM(Pulse Position Modulation,脉位调制)方式,一个光脉冲传送 2bit 的信号。

4. 滤光用窗框的设计

将 IrDA 用光空间传送器件组入设备时,要求前方能够透光。但是设备的设计中,往往不适合局部地打孔,一般是用塑料将前方覆盖住。

这种情况下，由于可见光会成为外部干扰，所以使用黑色调的塑料。IrDA 用光空间传送器件前方的窗框形状是 IrDA 规定的 ±15° 方向，例如 IrDASIRLowPower 中要求 3.6mW/sr 以上，而且要求在±30°方向上必须满足 3.6mW/sr 以下。设计的窗框必须满足这些要求。图 11.12 示出设计例。

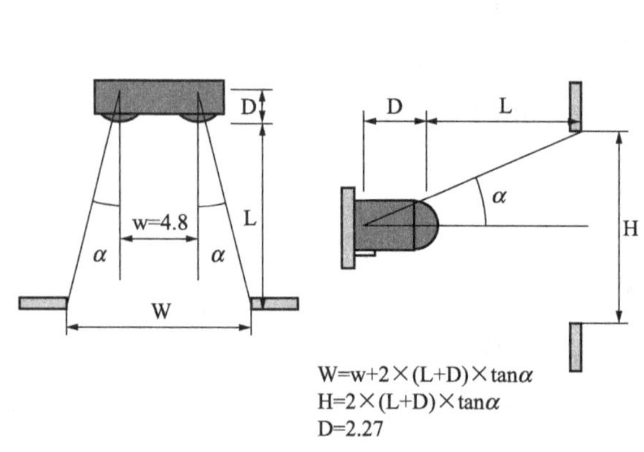

α=15

进深 L	宽度 W	高度 H
0	6.01	1.21
1	6.55	1.75
2	7.09	2.29
3	7.62	2.82
4	8.16	3.36
5	8.69	3.89
6	9.23	4.43
7	9.77	4.97
8	10.30	5.50

单位：mm

图 11.12　窗框的设计例

11.3　IrDA 数据用光空间传送器件的应用例

下面介绍使用 IrDA 数据用光空间传送器件场合的电路例，以及安装时的注意之点。

11.3.1　IrDA 数据的应用电路例

进行 IrDA 的红外通信的场合，将光空间传送器件接续在 IrDA 专用控制器上使用的情况比较多。实际的个人计算机或便携式信息终端中，图 11.13 所示的 UART 和调制解调电路大多是由周边 LSI 和门阵列构成，各制造厂家都开发出了在将 UART、FDC(Floppy Disk Controller，软盘控制器)、并行通道等单片化的个人计算机用的 LSI 上，再加入 IrDA 用调制解调电路的 LSI。

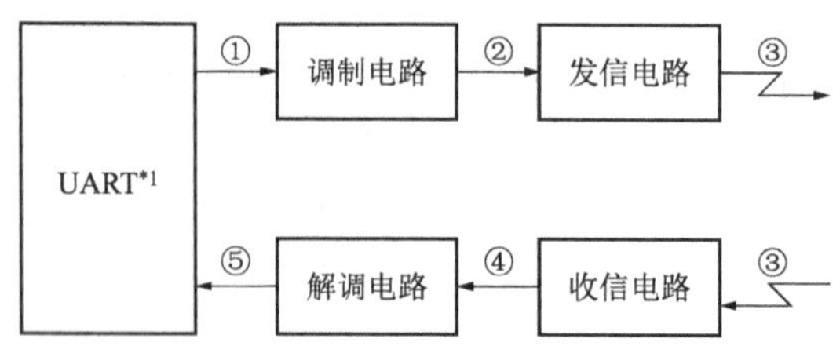

*1:UART(Universal Asynchronous Receiver/Transmitter)

图 11.13　IrDA1.0 的系统结构例

图11.14是一个与专用控制器RY5FD3KC(UIRCC)连接的例子。UIRCC(UniversalInfrared Communication Controller,通用红外通信控制器)内藏有数据通信用的调制解调电路和控制器。

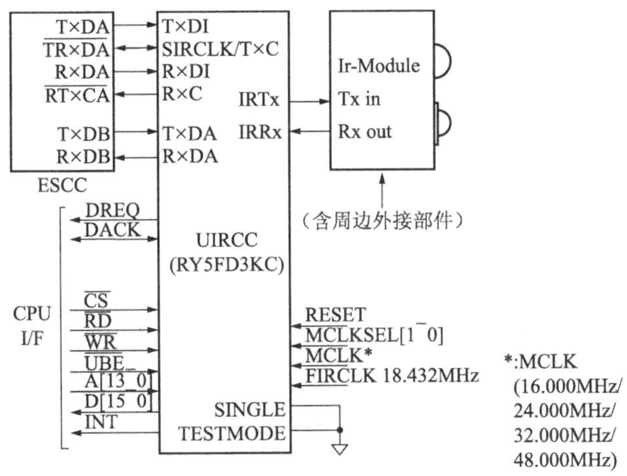

图 11.14 控制器与连接方法例

在连接器件的情况下,如果连接到控制器的Tx部分、Rx部分,就能够容易地进行通信。另外,与各厂家生产的超级I/O连接,也能够容易地进行连接,实现稳定的通信。

11.3.2 IrDA1.2小功率器件

便携式电话、PDA等移动设备的需求在急速增加,钟表、便携游戏器等信息工具的体积在不断缩小。因而使得IrDA红外线通信功能能够安装在这些移动设备中。下面就这些移动设备用的小型化、低功耗化的IrDA1.2小功率光空间传送器件作以介绍。

图11.15是器件的外形图,表11.2列出其特性参数。为了实现设备的小型化,器件的高度减小到了2.15mm。另外还考虑到延长电池寿命、降低功耗的问题。电源电压V_{CC}=MIN2.0V就能够工作,设计了暂停端子,使暂停时的电流低达TYP0.001μA,消耗电流仅有TYP90μA。

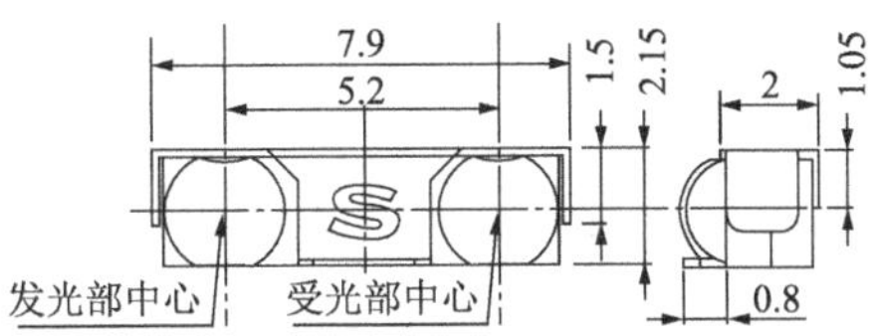

图 11.15 IrDA1.2低功率的外形图(GP2W0110YP0F)

表 11.2　IrDA1.2 低功率的主要特性参数例(GP2W0110YP0F)

(a)绝对最大额定值

项目	符号	额定值	单位	备考
电源电压	V_{CC}	0～6.0	V	
LED 电源电压	V_{LEDA}	0～7.0	V	
峰值正向电流	I_{FM}	60	mA	脉冲宽度 78.1μs 占空比:3/16
工作温度	T_{opr}	−40～+85	℃	
保存温度	T_{stg}	−40～+85	℃	
焊接温度	T_{sol}	260	℃	焊接时间:10 秒

(b)推荐工作条件

项目	符号	工作条件	单位	备考
电源电压	V_{CC}	2.0～3.6	V	
LED 电源电压	V_{LEDA}	2.0～6.0	V	
工作温度	T_{opr}	−25～+85	℃	
传送速度	BR	2.4～115.2	kbps	
SD 端逻辑高电平输入电压	V_{IHSD}	V_{CC}×0.67～V_{CC}	V	暂停模式
SD 端逻辑低电平输入电压	V_{ILSD}	0.0～V_{CC}×0.1	V	工作模式
TXD 高电平输入电压	V_{IHTXD}	V_{CC}×0.8～V_{CC}	V	LED ON
TXD 低电平输入电压	V_{ILTXD}	0.0～V_{CC}×0.2	V	LED OFF

(c)电学、光学特性(除有特别指定外,均为 T_{opr}=2.5℃,V_{CC}=3.3V)

项目	符号	MIN	TYP	MAX	单位	备考
无信号时消耗电流	I_{CC}	—	90	120	μA	无输入光,输出端 OPEN,V_{IHSD}=0V
暂停模式时消耗电流	I_{CC-S}	—	0.001	0.1	μA	无输入光,输出端 OPEN,V_{IHSD}=V_{CC}
高电平输出电压	V_{OH}	V_{CC}−0.4	—	—	V	I_{OH}=20μA,V_{CC}=2.0～3.6V
低电平输出电压	V_{OL}	—	—	0.4	V	I_{OL}=20μA,V_{CC}=2.0～3.6V
低电平脉冲宽度	t_w	1.0	—	3.0	μs	BR=115.2kbps,ϕ≦15° C_L=10pF
收信端上升时间	t_r	—	—	0.4	μs	
收信端下降时间	t_f	—	—	0.4	μs	
最大接收距离	L	20	—	—	cm	BR=115.2kbps,ϕ≦15°
接收灵敏度	E_e	—	—	0.09	W/m²	
Latency	t_L	—	—	500	μs	
暂停恢复时间	t_{sdw}	—	—	200	μs	无输入光
辐射强度	I_E	3.6	—	25	mW/sr	BR=115.2kbps,ϕ≦15° V_{IHTXD}=2.8V
LED 峰值电流	I_{LED}	25	32	40	mA	
发光端上升时间	t_r	—	—	0.6	μs	
发光端下降时间	t_f	—	—	0.6	μs	
峰值发光波长	λ_P	850	870	900	nm	
最大发光脉冲宽度	t_{OPWM}	20	—	300	μs	TXD 端子　stuck High

IrDA1.2小功率的发光强度是MIN3.6mW/sr以上，大约是过去IrDA1.0(40mM/sr)的1/10。(波长、方向角度与IrDA1.0相同)。如果是在同样的小功率设备之间通信，通信距离达到MIN20cm，如果是与IrDA1.0之间的通信，可达到30cm。因此能够减小发光强度、缩小透镜形状。

另外，控制器一侧也在推进低电压化，已经开发出对应于1.8V的器件GP2W0112YP。

11.3.3 IrDA控制器用光空间传送器件

1. IrDA控制器的特征

红外线的通信形态有低速(约1kbps)的单方向通信的IR遥控和IrDA的双向通信。

TV、VTR中广泛使用的IR遥控，PC、PDA中使用的IrDA作为通信形态也被固定下来，广泛使用于红外通信许多领域。IrDA中，针对各种领域的不同通信要求，相对应的标准。

其中有与遥控同样的通信距离上能够进行双向通信，还有人们希望在磁盘上以PC为中心能够操作键盘、鼠标等多台外围设备。因此，1998年2月，IrDA规范了能够进行长距离、宽角度多台设备通信的IrDA控制器。

IrDA控制器的特征列于表11.3中。通信速度75kbps，调制方式1.5MHz的ASK调制下通信距离8m，作为通信形态最多能进行与8台设备的通信。IrDA控制器的特点如下。

- 能够进行长距离(TYP8m)双向通信。
- 通信形态：能够进行1对多台(最多8台)的通信。
- 能够在短距离上进行宽指向角度的通信。

表11.3 IrDA控制器的特征

	IrDA控制	IR遥控	IrDA数据
通信速度	75kbps	1kbps	9.6kbps～4Mbps
调制方式	1.5MHz ASK调制	30～40kHz ASK调制	基带方式
通信距离	8m	8m	1m
通信形态	1对8	1对1	1对1
开发目的	双向光遥控(设备的控制，少量的信息交换)	光遥控(设备的ON/OFF控制)	光插座(大量的信息交换)

2. IrDA控制器的参数规格

IrDA控制器的主要参数规格列于表11.4和表11.5，图11.16、图11.17示出在主机/外围设备中的使用例，图11.18、图11.19示出传送范围。

表 11.4　IrDA 控制的主要规格:外围设备型 1

项　目			生活用(外围设备型 1)	
水平方向	方向角	设备一侧	±15°	
		主机一侧	±50°	±30°
	传送距离(外围设备,主机)		MIN3m	MIN5m
垂直方向	方向角	外围设备一侧	±15°	
		主机一侧	±15°	
	传送距离(外围设备,主机)		MIN5m	
传送速度			75kbps	
副载波频率			1.5MHz	
与多个设备的连接			·最多 8 台 ·用时间分割、确保同时性模式最多能够连接 4 台(鼠标/操作装置等)	

表 11.5　IrDA 控制器的主要规格:外围设备型 2

项目			磁盘用(外围设备型 2)
水平方向	方向角	设备一侧	±40°
		主机一侧	±40°
	传送距离(外围设备,主机)		MIN1.5m
垂直方向	方向角	外围设备一侧	±25°
		主机一侧	±25°
	传送距离(外围设备,主机)		MIN1.5m
传送速度			75kbps
副载波频率			1.5MHz
与多个设备的连接			·最多 8 台 ·用时间分割、确保同时性模式最多能够连接 4 台(鼠标/操作装置等)

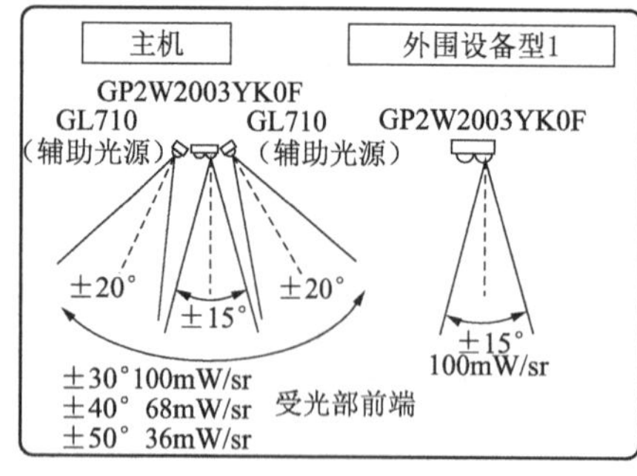

图 11.16　在主机/外围设备中的使用例(1)

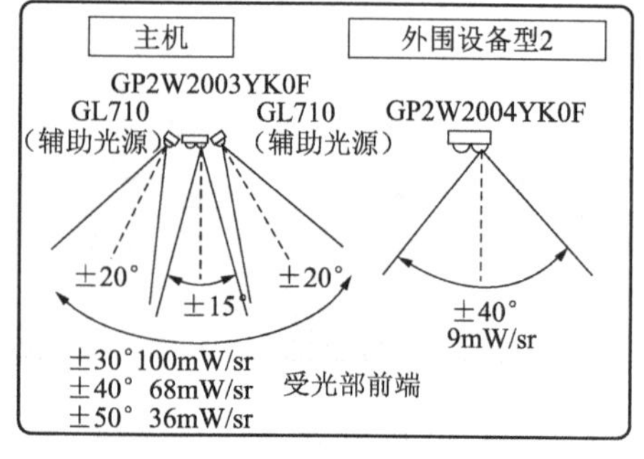

图 11.17　在主机/外围设备中的使用例(2)

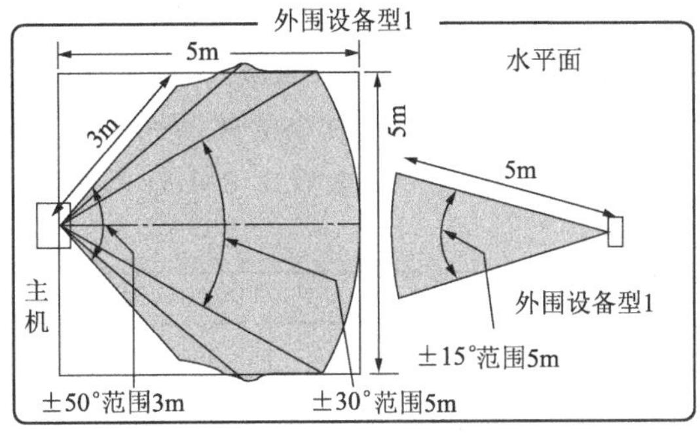

图 11.18 水平方向的传送范围(1)

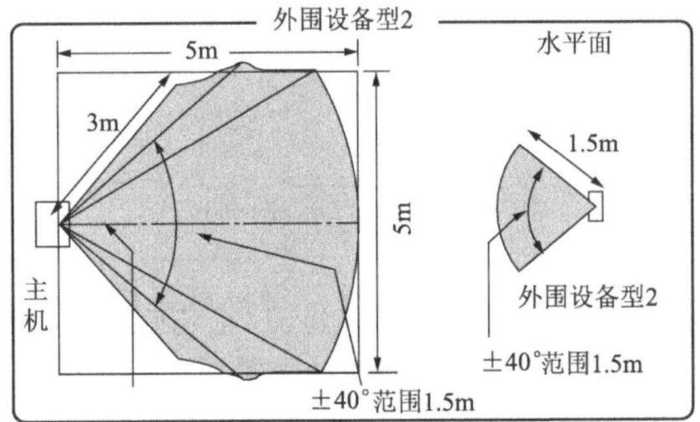

图 11.19 水平方向的传送范围(2)

与对 IrDA 数据的介绍一样,这里仅就 IrDA-SIR(SerialInfrared)的物理层面作以说明。IrDA 控制器有控制外围设备一侧的主机和通信对象的外围设备。

IrDA 控制器前端部分的器件作为现代生活的用途,有长距离型的外围设备型 1。在水平方向、垂直方向上的指向角度都是±15°,发光强度为 MIN100mW/sr,通信距离是 MIN5m。

作为磁盘的用途,宽方向角的外围设备型 2 的水平方向上指向角度是±40°,垂直方向上指向角度是±25°,发光强度为 MIN9mW/sr,通信距离是 MIN1.5m。就是说有型 1、型 2 两种类型。

另外,作为型 1、型 2 的相关的主机中使用外围设备型 1 和两个辅助光。为了使主机也能够与多台外围设备和型 2 等通信对象进行通信,规定水平方向指向角度 0°～±30°、垂直方向指向角度±25°下通信距离 MIN5m、发光强度 MIN100 mW/sr,±30°～±50°下通信距离 MIN3m、发光强度在±40°是 MIN68mW/sr、在±50°是 MIN36mW/sr。

3. IrDA 控制器用光空间传送器件的工作

1) IrDA 控制器的发信信号

图 11.20 示出 IrDA 控制器的发信信号。IrDA 控制器中,使用 16 值 PSM

(pulsesequential modulation，脉冲序贯调制)独自的代码。16 值 PSM 代码是将 4bit 的信号变换为 8bit 的脉冲。如图 11.21 的频谱所示，过去使用 33～40kHz 附近的副载波的红外线遥控，现在从对它干扰小的脉冲列中选出的 16 种代码。1 个芯片的脉冲宽度是 6.67μs，VT 芯片中重叠着 1.5MHz 的付载波。

Data Value	Data Bit Set (DBS)	16PSM Data Symbol
0×0	0000	10100000
0×1	0001	01010000
0×2	0010	00101000
0×3	0011	00010100
0×4	0100	00001010
0×5	0101	00000101
0×6	0110	10000010
0×7	0111	01000001
0×8	1000	11110000
0×9	1001	01111000
0×A	1010	00111100
0×B	1011	00011110
0×C	1100	00001111
0×D	1101	10000111
0×E	1110	11000011
0×F	1111	11100001

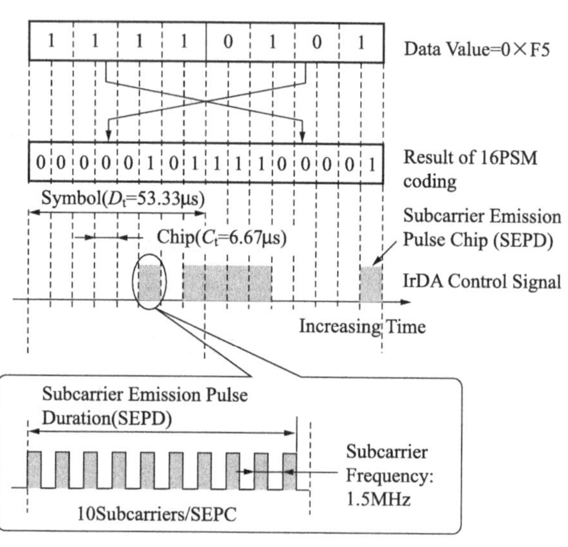

图 11.20　IrDA 控制器发信信号(16PSM)

2）内部电路的工作

图 11.22 是器件的构成。这种器件是由光敏二极管、由放大电路、BPF 电路、检波电路、比较电路组成的 IC 部分，以及红外发光二极管，驱动用晶体管构成。图 11.22 的框图中，粗线围起来的部分是具有受光放大和载波检波功能的 IC 芯片，示出了它的内部简单的电路框图。

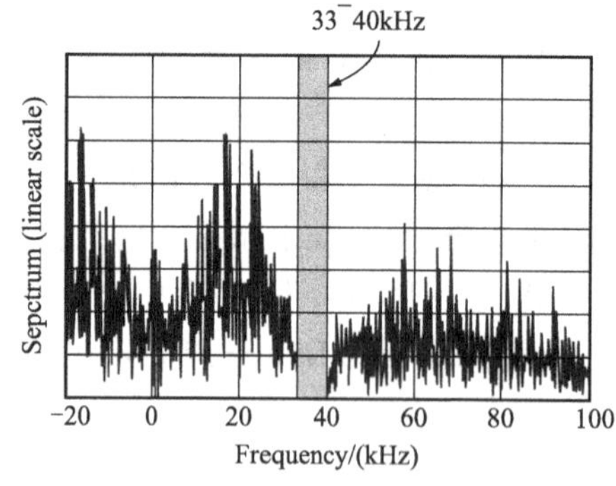

图 11.21　IrDA 控制器发信信号频谱例

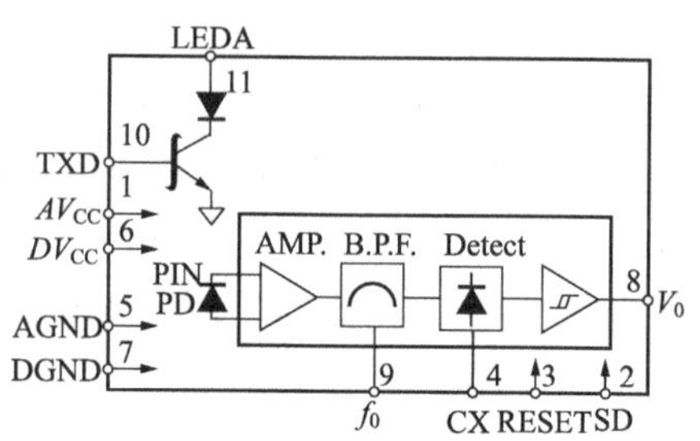

图 11.22　IrDA 控制器的构成

这个 IC 芯片使用双极集成电路技术制造，是与 PIN 光敏二极管组合起来，能够进行低噪声放大的电路。按照 IrDAControl 的规格，它具有接收规定的光信号、通过检波除去副载波、并输出 16 值 PSM 代码的功能。下面简要说明 IrDA 控制器用光空间传送器件内部电路的工作。

(1) PIN 光敏二极管接收 16 值 PSM 代码(波长 850～900nm)的发信信号并进行光-电流变换。设计时压模树脂采用能隔断可见光的树脂，使分光灵敏度波长从 800nm 附近上升，除去信号波长以外的光成分。

(2) 放大器。是将来自 PIN 光敏二极管的光电流信号变换为电压信号，并对该电压信号进行放大的电路。初级放大器部分，在强光入射到 PIN 光敏二极管上使光电流增大，或者检出噪声密度的情况下，具有能够自动降低初级的增益，调整信号电平的增益控制功能。

(3) 带通滤波器。如前所述，该器件在接收 1.5MHz 的副载波上的调制信号后，具有除去噪声、只选出信号成分的功能。为了选取信号成分，内藏有与副载波频率一致的带通滤波器。图 11.23 示出带通滤波器的特性例。

(4) 包络线检波与积分器。副载波包络线通过带通滤波器被取出(图 11.24(a))后，还需要检测有无副载波(图 11.24(b))。这时，使检出电平与信号电平相对应，利用调整的自动阈值控制(Auto threshold control)与平坦化的波形进行比较、积分，使代码重现(图 11.24(c))。

(5) 比较电路。以一定的阈值对积分波形进行比较，将重现的代码整形为脉冲波形后输出(图 11.24(d))。

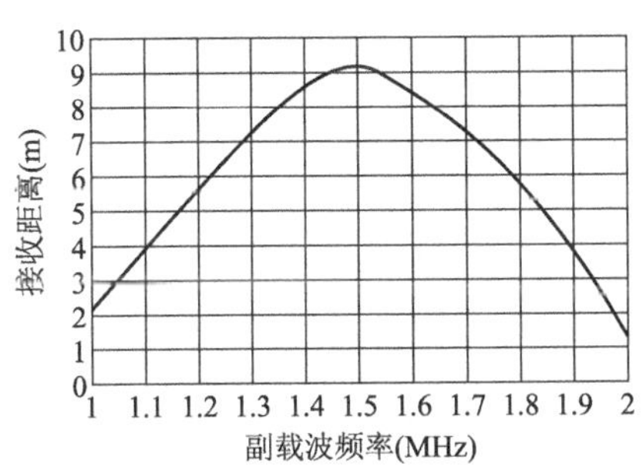

图 11.23 BPF 的特性数据例

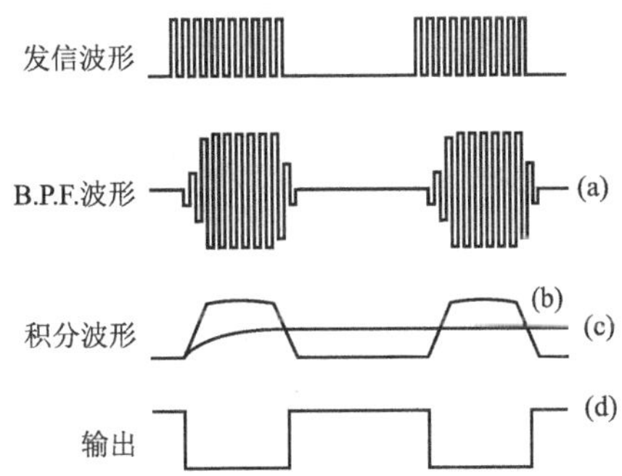

图 11.24 IrDA 控制器用器件的内部波形

(6) 输出上升/下降时间延长电路。附加了延长输出的上升/下降时间的电路，可以抑制树脂压模内数字脉冲输出向高阻抗输入端的反馈，从而减少误动作。相对于没有这种措施而产生反馈的情况，可以降低到 1/10。

(7) 使接收灵敏度复原的复位功能。使用 IrDA 控制器器件时，会有与多台外围设备进行通信的情况，在近距离通信的设备后面还有远距离通信设备的情况下，在接收近距离的强光信号后立即接收远距离的弱光信号，这时会出现弱的光信号被强的光信号掩盖而接收不到的情况。为了消除这种现象,设计了复位功能。使用复位功能可使 IrDA 控制器用器件接收机的灵敏度返回到最大值。IrDA 控制器用器件是在内部进行接收灵敏度调整(调整阈值电平)。在接收强的光信号之后接收弱信号的场合,给复位端子输入适当的信号,就能够使灵敏度返回最大(图 11.25)。

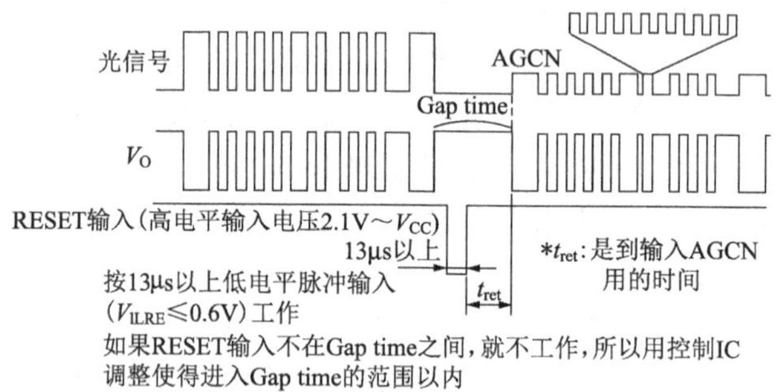

图 11.25 复位功能

4. IrDA 控制器用光空间传送器件的特性

图 11.26 示出外围设备型 1 的外形图,表 11.6 列出主要参数(外围设备型 2 的外形除透镜外,与外围设备型 1 相同)。

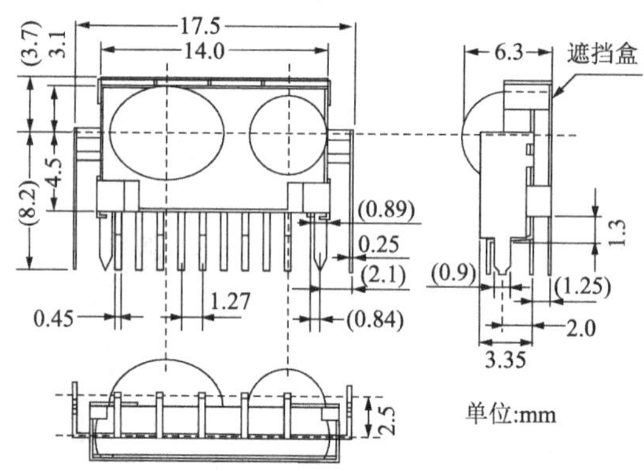

图 11.26 外形图(GP2W2003YK)

1) 外围设备型 1

型 1 是以生活用长距离传送为目的。所以要求发光一侧必须是高输出,方向性强。LED 芯片采用高输出的 GaAlAs(λ=850~900nm)。方向性强是指使用窄指向角的透镜时,在±15°的范围内辐射强度达到 100mW/sr。

在受光一侧,主机的器件是共用的,由于要求主机最多能够与 8 台外围设备进行通信,所以受光部分应该具有宽角度的指向性。因而需要采用宽指向角的透镜,±15°、MIN5m 就能够实现与型 1 的通信;±30°、MIN5m 和±50°、MIN3m 就能够实现多台通信。图 11.27 示出型 1 的发光部分的指向性,图 11.28 示出受光部分的指向性。

2) 外围设备型 2

外围设备型 2,例如为了与个人计算机、鼠标进行通信,就要求通信距离短、宽角度范围的通信。因此,受光部分、发光部分都必须具有宽的指向性。型 2 的受光部分采用比型 1 更宽的指向性透镜,发光部分要求±40°,9mW/sr;受光部分要求±40°,1.5m。

图 11.29 示出型 2 发光部分的指向特性,图 11.30 示出受光部分的指向特性。这种情况下按照直线距离的数据,例如如果要换算为 40°的通信距离,根据

$$通信距离=\sqrt{光通量}$$

得到

$$6.8\text{m}\times\sqrt{39(\text{mW/sr})/100(\text{mW/sr})}=4.3\text{m}$$

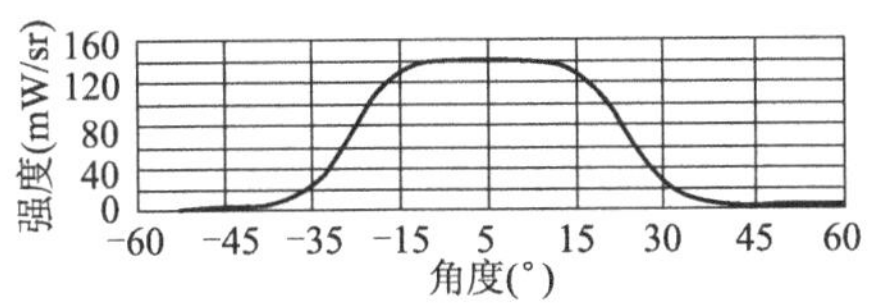

图 11.27 外围设备型 1 的发光部分方向性例

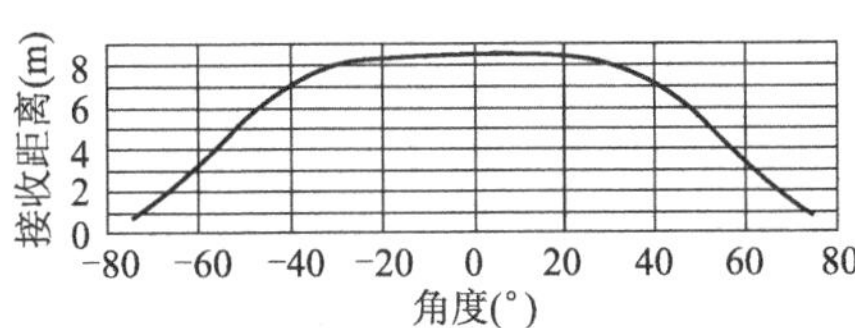

图 11.28 外围设备型 1 的受光部分方向性例

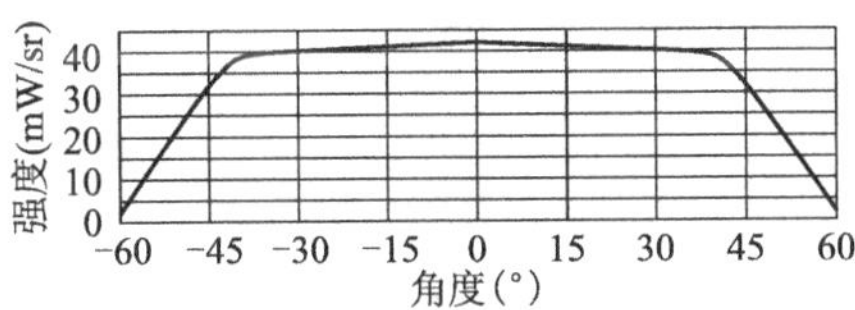

图 11.29 外围设备型 2 的发光部分方向性例

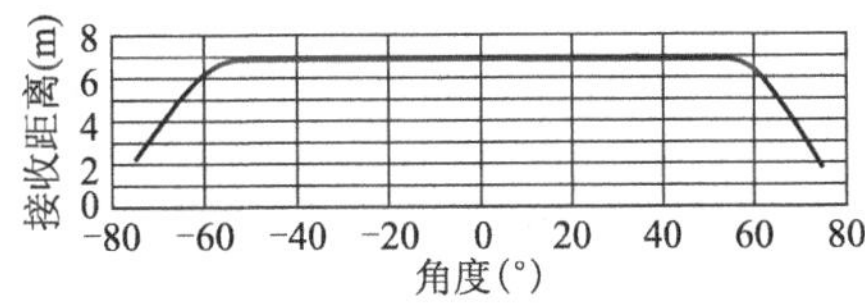

图 11.30 外围设备型 2 的受光部分方向性例

3) 主机

主机要求能与多台(最多 8 台)外围设备进行通信,例如个人计算机与鼠标,键盘遥控等外围设备的通信,因此必须进行宽角度范围的通信。发光部分,为了长距离通信,采用与型 1 相同的高输出 GaAlAs 的 LED 芯片。

为了进行宽角度通信,在外围设备型 1 的器件两侧各设置了一个辅助光,使得指向角与±50°对应(图 11.16)。这种辅助光与外围设备型 1 相同,采用高输出的 GaAlAs 的 LED 芯片(λ=850～900nm)因而与型 1 一样,能够实现高输出。受光一侧采用了使用宽指向角透镜的外围设备型 1 的器件,可以适应型 1 的±15°和型 2 的±40°。

表 11.6 IrDA 控制器用光空间传送器件主要特性参数(GP2W2003YK)

	备注		项目	符号	MIN	TYP	MAX	单位
受光一侧	消耗电流		I_{CC}	—	5.0	7.0	mA	无输入光,$V_{CC}=3.3$V
	S/D 时消耗电流		I_{ccsd}	—	7.0	10.0	μA	停止(S/D)时 *2
	高电平输出电压		V_{OH}	$V_{CC}-0.5$	—	—	V	无输入光,高电平
	低电平输出电压		V_{OL}	—	—	0.5	V	$I_{OL}=400$ μA
	脉冲宽度	单脉冲	t_{ws}	3.66	6.67	9.67	μs	输入脉冲宽度 6.33μs
		双脉冲	t_{wd}	10.33	13.33	16.34	μs	输入脉冲宽度 13.0μs
		多脉冲	t_{wm}	50.36	53.36	56.36	μs	输入脉冲宽度 53.0μs *1
	晃动		t_j	−1.8	—	+1.8	μs	*3
	上升时间		t_r	—	—	6.0	μs	
	下降时间		t_f	—	—	6.0	μs	
	最大接收距离		t_1	5.0	—	—	m	100mW/sr,$\theta_r \leqslant 30°$,$\phi_r \leqslant 15°$
			t_2	3.0	—	—	m	100mW/sr,$\theta_r \leqslant 50°$,$\phi_r \leqslant 15°$
发光一侧	辐射强度		I_E	100	—	—	mW/sr	$\theta_t \leqslant 15°$,$\phi_t \leqslant_r 15°$,$I_{LDEA}=400$mA
	峰值发光强度		λ_P	850	—	900	nm	$I_{LEDA}=400$mA
	上升时间		$t_{r(LED)}$	—	—	80	ns	
	下降时间		$t_{f(LED)}$	—	—	80	ns	

*1:$t_{wm}=53.00$μs(6.67μs×8−0.36)。

*2:在低电平($V_{ILSD} \leqslant 0.5$V)为 S/D 模式,在高电平或者 OPEN 为正常工作模式。

*3:指在 V_{OH}、V_{OL} 间 50% 的位置上的输出波形的脉冲基准位置的振幅。

5. IrDA 控制器的应用电路

图 11.31 示出外围设备的 IrDA 控制器用器件与专用控制器 IC(PE)的连接电路。图 11.32 示出主机专用控制器 IC(HE)和与器件及辅助光连接情况下的电路例。与器件的连接是连接到控制器的 Tx 部,Rx 部。

6. IrDA 控制器用器件的节能化

安装 IrDA 控制器的场合,外围设备型的设备几乎都是用电池驱动,在推广 IrDA 控制器的过程中,电池的长寿命化是一个重要的因素。电池的长寿命化即使对于市场的需求来说也是非常重要的。今后,如果要将双向遥控之类向家电产品推广的话,这也是越来越重要的课题。IrDA 控制器与 IrDA 数据不同,有着宽广的通信领域,覆盖了近距离通信和远距离通信。

但是,进行近距离通信时不需要远距离通信的大功率(实际上,在使用鼠标的场合,近距离通信时未必需要满功率的发光),与距离相对应地调整发光功率是非常自然的事情。

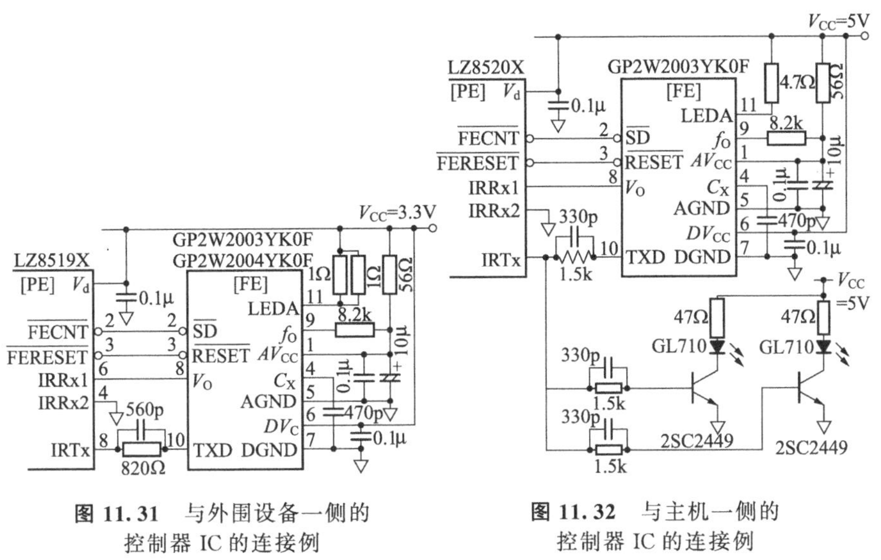

图 11.31 与外围设备一侧的控制器 IC 的连接例

图 11.32 与主机一侧的控制器 IC 的连接例

延长电池寿命的方法之一就是使用低功耗的器件。但是在考虑低功耗器件的场合，由于器件的功耗还有赖于系统的安装，要想实现整个系统的低功耗，在设计基准上还有困难。但是，也有对通信距离并不是那么计较的 IrDA1.2Low Power，通过减小 LED 电流来实现器件的低功耗。

但是，在 IrDA 控制器的场合，由于主机一侧是 AC Powered，所以外围设备一侧的调整是充分的。与距离相对应地调整外围设备的 LED 的发光输出、降低消耗电流，与延长电池寿命、节能化紧密联系。

图 11.33 示出改变发光功率情况下与距离的关系。基于此，开发出了具备改变 LED 发光强度功能的器件 GP2W2003/4YK0F。

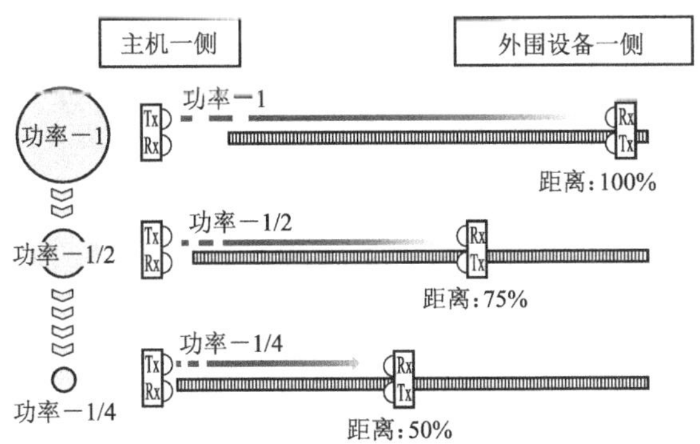

图 11.33 改变 IrDA 控制器发光强度情况下与距离变化的情况

第12章 遥控器受光单元

遥控受光单元主要由受光器件和信号处理用的 IC 构成，其任务是接收 TV、DVD、音响等设备中利用红外线进行遥控的控制信号。

以前遥控受光单元结构的主流形式是使用 PIN 光敏二极管，并与信号处理电路用的 IC 一起装配在印制电路板(PWB)上，封装在金属盒内。但是近年来，将光敏二极管芯片与信号处理电路用 IC 芯片装配在金属架上，整体用注压树脂封装的 SOP(small outline package，小外廓封装)结构成为主流。

从 TV、DVD、CD 组合等 AV 设备用的遥控接收，到空调、风扇、取暖设备等各种设备的遥控器都在使用它。另外，在照明设备、换气扇，以及液晶电视、DVD 记录装置、数码照相机等数字化设备中的应用也在不断迅速扩展。遥控受光单元具有以下特点：

(1) 遥控盒设有 V_{CC}、V_O、GND 等 3 个端子，使用方便。

(2) TTL 输出。容易与电子电路耦合连接。

(3) 从近距离到远距离，能够工作的距离范围大。

(4) 使用屏蔽盒，抗电磁噪声能力强。

(5) 采用能够隔断可见光的树脂压模，不易受外部干扰光的影响等。

12.1 遥控受光单元的工作原理

12.1.1 发信信号

从各种红外线遥控器发送的信号使用多种发信方式。不过调制方式是相同的，代码采用 PPM(pulse position modulation，脉位调制)，根据脉冲之间的时间间隔区别“1”和“0”。另外，按照脉冲列对副载波进行振幅调制，副载波的频率使用范围是 32kHz～57kHz。

近年来，也在不断地推行发信方式统一化的工作，(日本)家电产品协会 1987 年 7 月，推出了红外线遥控推荐方式的《防止红外线遥控家电产品误动作的措施》。现在对该措施作以简要说明。

使用范围：家用电器等使用的利用红外线的遥控系统中，适用于 40kHz 以下的副载波传送数据的系统。

副载波：33kHz 以上，40kHz 以下。

信号方式：如图 12.1 所示，1 个 frame 由引导、定制代码、奇偶性、数据代码、尾部等组成。

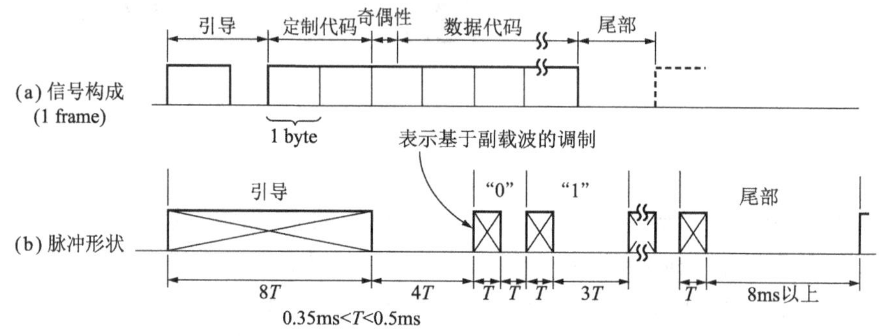

图 12.1　代码示意图

这种方式中上述各部分的用途，引导是用于判断的发信开始，定制代码的目的是根据登录制防止设备间的误动作，依照定制代码和奇偶位对自己的信号进行确认。而尾部是作为判断发信结束使用的。

随着红外线遥控家电产品的普及，根据上述（日本）家电产品协会所定的方式，各厂家商定一定的信号传送方式，根据登录制防止设备间的误动作。

现在使用的发信方式中，有的还采取了防止误动作的措施。例如，发送 3 次引导代码，2 次以上正确才开始收信、读取数据代码的方式，还有发送倒置信号，正信号与倒信号一致才开始判断数据的方式等。

12.1.2　内部电路的工作

下面概要介绍遥控受光单元内部电路的工作。图 12.2 示出单元内部的框图，图 12.3 示出各部分的波形。

1. PIN 光敏二极管

光敏二极管芯片接收红外线（波长约 950nm）的发信信号并进行光-电流变换。压模光敏二极管芯片的树脂采用能够隔断可见光的树脂，使分光灵敏度波长与发信信号的波长一致，从 800～850nm 上升，950～1000nm 达到峰值。

这种设计能够除去信号波长以外的光成分，尽可能地只接收信号成分。图 12.4 示出分光灵敏度特性。

2. 放大器

用 PIN 光敏二极管进行光-电流变换后的信号再进行电流-电压变换，进行电压放大后，在下一级进行检波/解调。当强光入射到 PIN 光敏二极管上使得光电流增大时，初级放大器具有自动降低初级增益、使得不超过电路容许范围的自动控制功能。

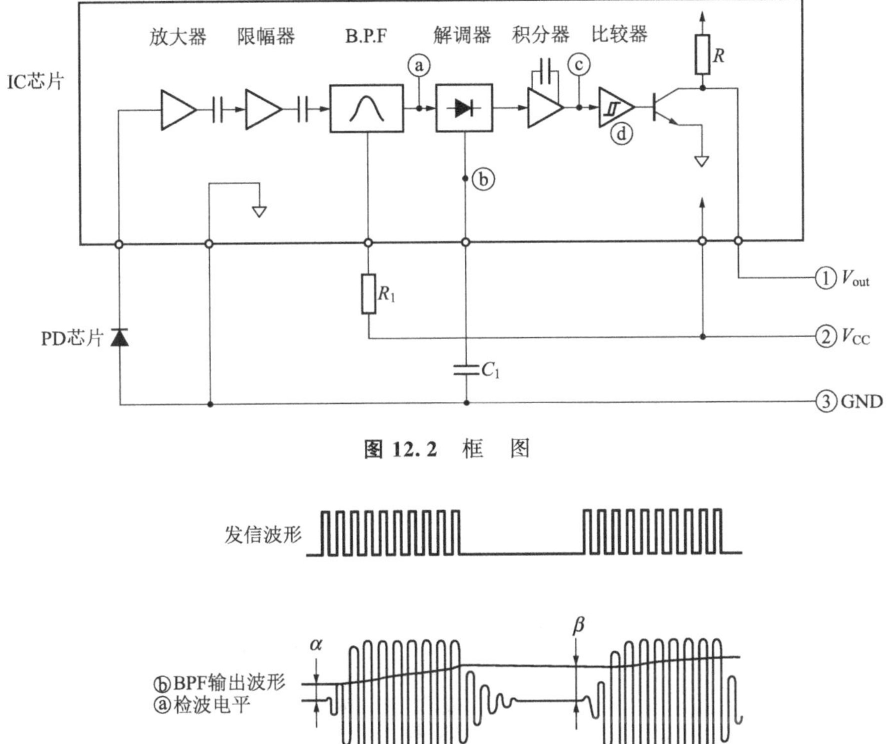

图 12.2 框 图

图 12.3 单元内部的波形

3. 带通滤波器(BPF)

如前所述，遥控受光单元具有接收副载波的调制信号后除去噪声成分、只提取信号成分的功能。为了分离这个信号成分，单元内藏有与副载波频率一致的 BPF。

图 12.5 示出 BPF 的特性例。滤波器的 Q 特性约为 9，发信一侧的频率、受光单元一侧 BPF 的中心频率等会有分散性。另外，从除去噪声的目的考虑，Q 特性过大或者过小都不能充分满足特性，所以取上述的 BPF 特性。

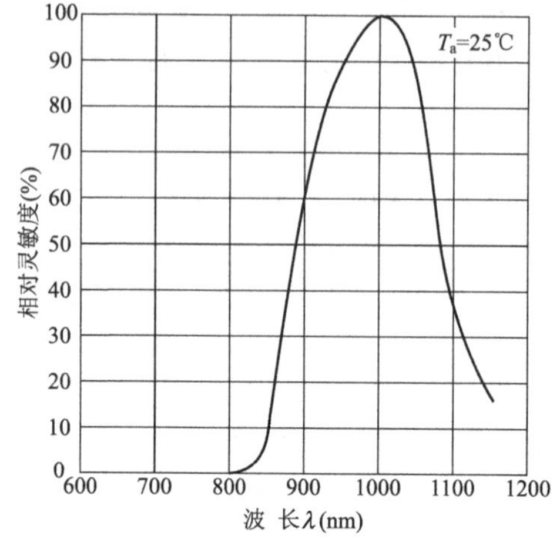

图 12.4　分光灵敏度特性

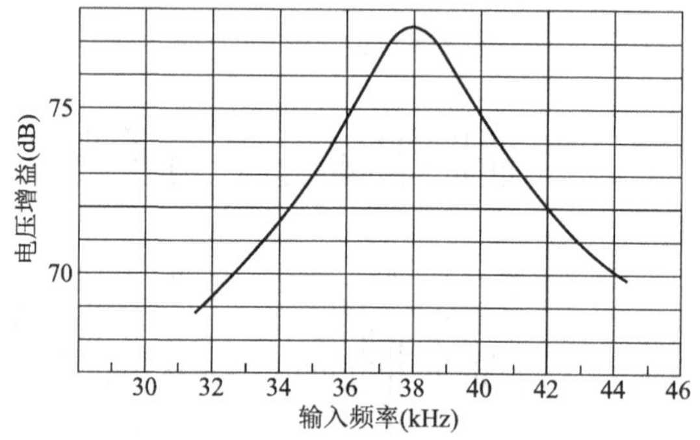

图 12.5　BPF 特性数据例(BPF 的中心频率 38kHz)

4. 检波，积分器

检波器通过对 BPF 的输出(图 12.3ⓐ点波形)以及对 BPF 输出积分并平坦化的波形(图 12.3ⓑ点波形)进行比较，产生积分的充放电定时。ⓑ点波形因信号波形的大小而变动，信号输入时，如图 12.3 的 $\beta>\alpha$ 那样电压电平上升，当有噪声加到信号上时，信噪比 S/N 向提高的方向移动。

积分器按照检波的定时对副载波成分进行积分(图 12.3ⓒ)，并将副载波与脉冲列进行分离。比较器按一定的阈值(图 12.3ⓓ)对积分波形进行比较并输出。

12.2　遥控受光单元的结构与特性

12.2.1　遥控受光单元的结构

图 12.6(a)示出典型的遥控受光单元的结构。用银浆将光敏二极管芯片和信号处理用 IC 芯片焊在金属引线架上，用 Au 丝将芯片与内引线焊接起来。用允许

红外线透射过的树脂压模，将整个光敏二极管芯片以及IC芯片覆盖起来。根据不同的种类，也有压模内部空间引线架上配置有芯片电容器和芯片电阻的产品。

在光敏二极管的压模上部设置有透镜，形成聚光结构。整个压模体安装在金属屏蔽盒内。

图12.6(b)中，还示出使用导电性树脂进行2次压模的双重压模结构取代金属盒的方式，这种结构也可以获得与使用金属盒同样的性能。

使用金属盒结构时，比较容易在电路基板上进行安装。而采用双重压模结构时，由于器件自身不是自立的、引线能够弯曲，因而可以安装在不同的基底上，自由度比较大。

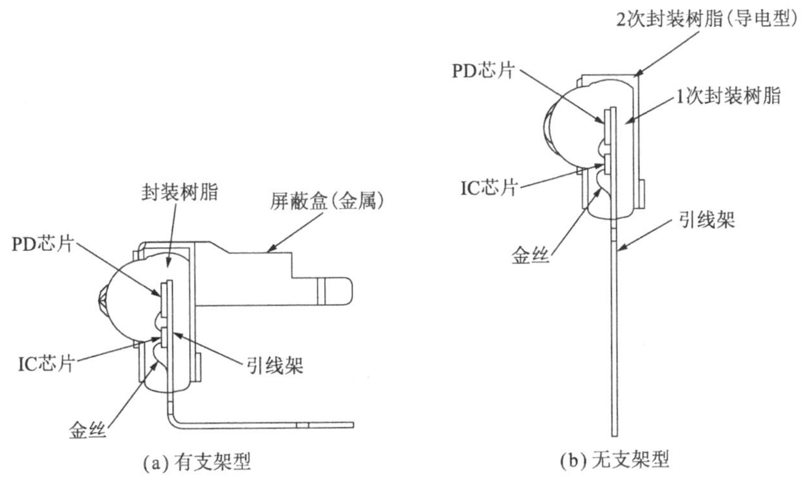

(a) 有支架型　　(b) 无支架型

图 12.6　遥控受光单元的结构

12.2.2 遥控受光单元的特性

遥控受光单元的基本功能是正确地接收光信号，所以最重要的特性应该是距离特性。遥控受光单元的工作会受到使用的设备以及外部使用环境噪声的种类和强度的影响。距离特性，大致可以分为无外部噪声情况下的距离特性(称为距离特性)以及有外部噪声影响情况下的距离特性(称为外部噪声特性)。下面就距离特性和外部噪声特性作以说明。

1. 距离特性

表12.1中的“到达距离”一项，规定为没有外部噪声情况下的距离特性。其条件确定如下。

发信代码：①使用600μs、1000μs，占空比50％的脉冲信号(图12.6(a))；②发信强度，使用图12.7(a)的测定系统，调整发信机的输出，使得在20cm的距离上的输出$V_{OUT(P-P)}$达到40mV(PD输出4μA)。

表 12.1　遥控受光单元的特性参数例

♦绝对最大额定值　　$T_a=25℃$

项目	符号	额定值	单位	条件
电源电压	V_{CC}	0～6.0	V	
工作温度	T_{opr}	−10～+70	℃	无结露现象
保存温度	T_{stg}	−20～+70	℃	
焊接温度	T_{sol}	260	℃	5 秒

♦推荐工作条件

项目	符号	推荐工作条件	单位
电源电压	V_{CC}	4.5～5.5	V

♦电学特性　　$T_a=25℃$、$V_{CC}=+5V$

项目	符号	最小值	标准值	最大值	单位	条件
消耗电流	V_{CC}	—	—	1.5	mA	无输入光
高电平输出电压	V_{OH}	$V_{CC}-0.5$	—	—	V	按照测试条件的发信机规定发信
低电平输出电压	V_{OL}	—	—	0.45	V	
高电平脉冲宽度*1	T_1	600	—	1200	μs	
低电平脉冲宽度*1	T_2	400	—	1000	μs	
到达距离	L	(※1)10.5(8.5)	—	—	m	在垂直于受光面的轴上 E_v<10lx
方向性	L_1	7.0(6)	—	—	m	以受光面为顶点，$\theta=60°$的圆锥形范围 E_V<10lx
BPF 中心频率*2	f_O	—	38	—	kHz	

*1：最近距离为 0.2m。（　）内的数值为网眼型受光窗结构的 GPIUM26RK，GPIUM27RK，GPIUM28RK，GPIUM28QK 的数值。

*2：有 BPF 中心频率分别为 40kHz、36.7kHz、36kHz、32.75kHz、56.8kHz 的机种。

注：本遥控受光单元在检测信号时，输出为低电平。

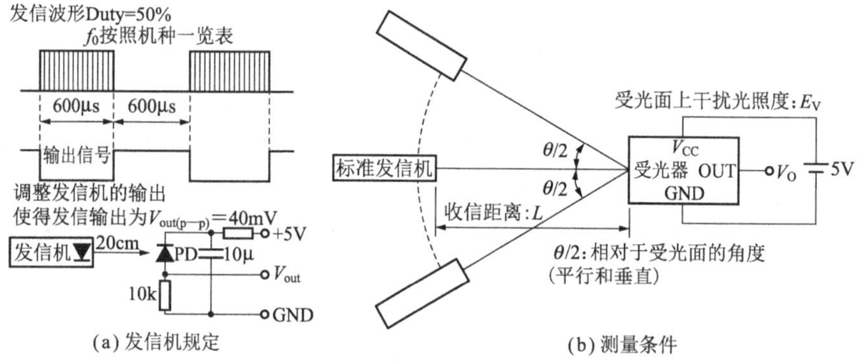

图 12.7　测定条件

外部干扰强度：低于 10lx。按图 12.7(b)所示的条件进行测定。

在上述条件下，表示光轴上的最大接收距离在 10.5m 以上，近距离在 0.2m 以内。

1）最大接收距离

遥控受光单元输出脉冲的宽度随距离而有变化，随着距离变远低电平脉冲宽度有变小的倾向。最大接收距离表示能够满足低电平脉冲宽度和高电平脉冲宽度的最大距离。

一般来说，由于各种通信的方式不同、基于计算机的脉冲判定基准不同、发信强度不同等因素，使得最大接收距离的差异很大，既有到达 20m 的例子，也有 15～16m 的例子。

2）近距离特性

在近距离，由于光敏二极管光电流的增大，初级的电流-电压变换会受到饱和现象的制约。就像在工作原理中说明过的那样，一般的遥控受光单元在近距离的工作时，在流过超过必要的电流情况下，应该降低电流-电压变换的增益，以免达到饱和。

2. 抗干扰光特性

在使用遥控器的一般环境中，往往存在有白炽灯、50/60Hz 荧光灯、变频荧光灯等照明灯光的干扰。在考虑遥控受光单元的特性时，应该考虑它的抗干扰光特性。下面就干扰光的种类分别作以说明。

图 12.8 示出各种外部干扰光的发光频谱。

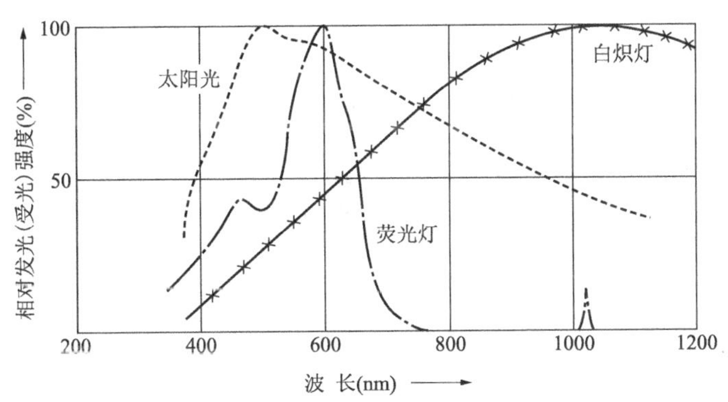

图 12.8 各种光源的发光频谱例

1）抗白炽灯特性

白炽灯的特点是：多包含 1000nm 附近的波长成分（图 12.8）；由于是由市电供电，所以存在 100～120Hz 的低频光噪声。

考虑白炽灯对遥控受光单元的影响，需要注意以下问题：

(1) 由于遥控受光单元的灵敏度波长成分很多，如果白炽灯的干扰光照度高，会使 PD 的光电流增大，初级放大器可能会发生饱和现象。

(2) 低频光噪声对于电路的影响等。

对于遥控受光单元，需要注意以下问题：

(1) 对于饱和现象，应该能够降低初级放大器的增益，使得可以在高照度下工作。

(2) 对于低频噪声，应该用 BPF 除去。

这样，即使在白炽灯下，遥控受光单元也能够在高照度下正常工作。不过随着照度的提高，到达距离有缩短的倾向。对于太阳光，出现的情况也与白炽灯情况一样。

2) 抗 50/60Hz 荧光灯噪声

荧光灯的特点是发光波长的主要成分在可见光范围，也含有 1014nm 附近的波长(图 12.8)；在 100/120Hz 的频率成分中含有脉冲性光噪声。

对于荧光灯光噪声，遥控受光单元采取的措施有：

(1) 使用具有隔断可见光特性的压模树脂，可以大幅度地削减荧光灯的入射光通量(图 12.9)。

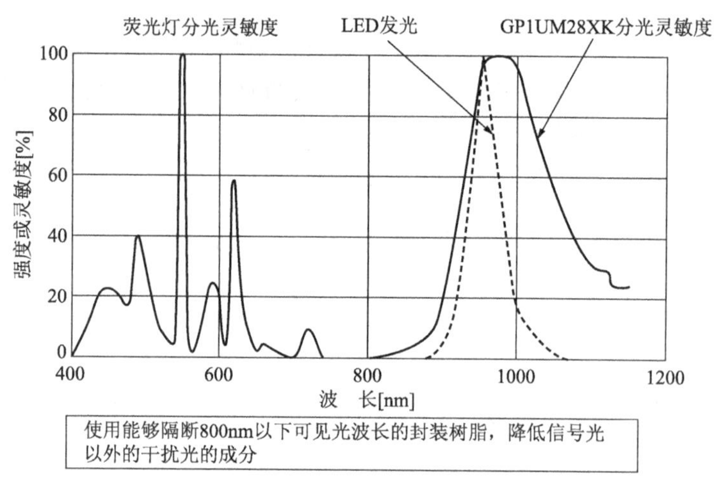

图 12.9　分光灵敏度特性例

(2) 利用 BPF 除去 100/120Hz 的频率成分以及脉冲性噪声。但是，用 BPF 难以干净地除去脉冲性噪声，所以当荧光灯照度强时会受到影响，还有到达距离特性变短的倾向。

3) 抗变频荧光灯特性

最近，家用的高频发光式变频荧光灯在不断增加，因此它的影响也不可忽视。变频荧光灯的特点是：高频发光(市售的变频荧光灯主要是在 44kHz 和 52kHz 等频率下发光)；发光波长与 50/60Hz 荧光灯相同。

与 50/60Hz 荧光灯一样，通过使用具有隔断可见光特性的压模树脂，可以大幅度地削减变频荧光灯的入射光通量。但是，由于噪声的频率接近遥控信号的付载波频率，所以进行电分离有困难。

最近，抗变频荧光灯型产品已经商品化，有的产品针对变频荧光灯特定的频率追加了陷波滤波器；还有的产品针对变频荧光灯的噪声波形，提高了放大器的S/N。以后者的类型为参考，表12.2中示出了系统图。

表 12.2 遥控受光单元的种类一览表

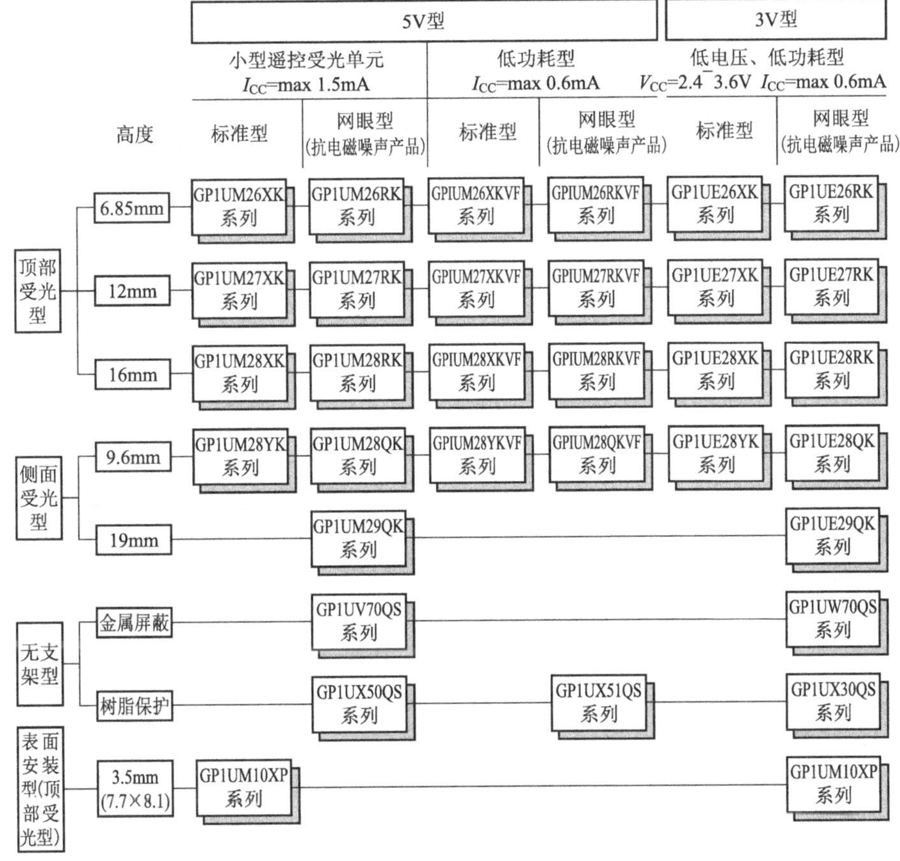

关于以上各种外部光噪声，一定程度上受到照明器具的种类和遥控受光单元的安装状态，以及发信方式、计算机的判断基准的左右。在受到外部干扰光噪声影响的情况下，从设备的角度经常采取的措施主要有：

(1)在遥控受光单元或者设备的受光窗面上贴光学滤光片(ND滤光片：在很宽的波长范围内具有一定衰减能力的滤光片；或者红外透光片，能隔断可见光而允许红外光透过的滤光片)，光学式隔断外部干扰光成分。

(2)调整在遥控受光单元设备中的安装位置，即将遥控受光单元设置在更深的部位或者调整其角度，使得外部干扰光难以直接照射到受光单元上，从而减少外部干扰光的入射量等。

使用遥控受光单元时，要尽可能减少外部干扰光的影响。

3. 抗电源噪声

遥控受光单元由于放大器增益高，有时会出现因电源线噪声而在输出端发生误动作的情况。

遥控受光单元针对电源线噪声问题采取了介入电源滤波器用的 RC 滤波器，或者内藏稳压电路等方法。但是，由于安装的设备不同，电源线的噪声电平也会不同。在使用时加在各遥控受光单元的 V_{CC} 线上的主要是脉动噪声的情况下，需要采用 RC 滤波器；在以尖峰噪声为主的情况下，应该采用 LC 滤波器。配置时要尽量接近受光单元。图 12.10 示出噪声加在电源线上时的特性。

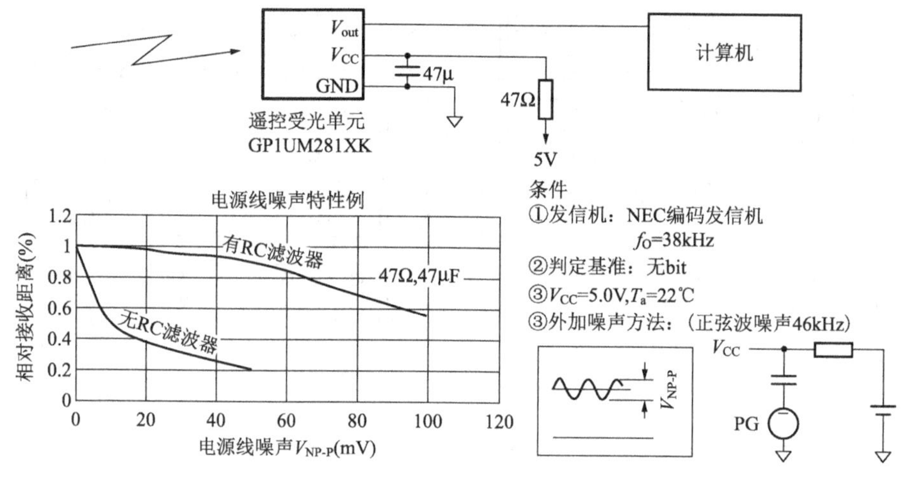

图 12.10 电源线噪声特性例

4. 抗电磁噪声

由于遥控受光单元接收的是距离 8m 以上的微弱信号光，所以内藏有高增益的放大器。因此需要对辐射噪声进行屏蔽，利用遥控受光单元的金属盒来屏蔽辐射噪声。但是，由于遥控受光单元所搭载的设备不同，所以辐射噪声的影响也不同。当辐射噪声大时，为了减少进入受光窗的辐射噪声，有的受光窗采用网眼状结构。

要定量地描述抗电磁噪声特性有困难。图 12.11 示出在屏蔽室内用平面天线对网眼状受光窗型和普通型的抗电磁噪声特性进行测定的相对比较数据。

抗电磁噪声也好，抗电源线噪声也好，都可以通过设备一侧的布线或者与电源线的配置来加以改善，所以使用时应该考虑布线的配置。

5. 指向角特性

遥控受光单元的指向角特性由光敏二极管的指向角特性决定。图 12.12 示出一例。为了扩大指向角，也有使用 2 个遥控受光单元以扩展接收信号角度的例子。在这种情况下，应该注意它的电路结构，使得各自单元的输出信号不要传送给另一个单元的输出。

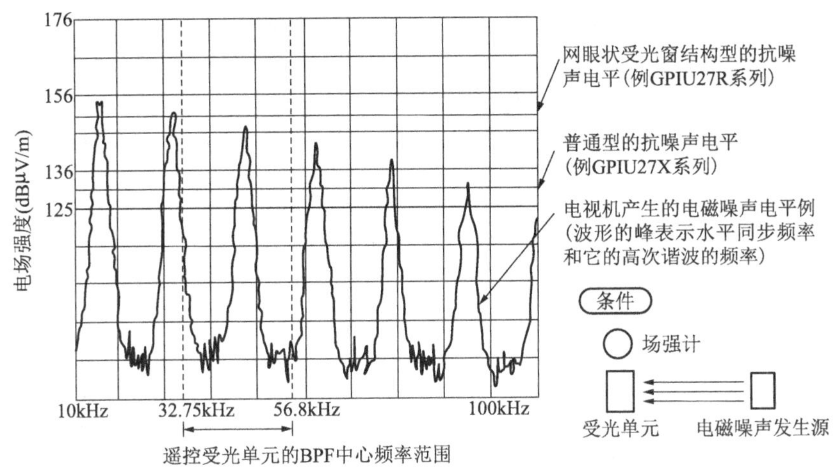

图 12.11 抗电磁噪声特性(参考数据)

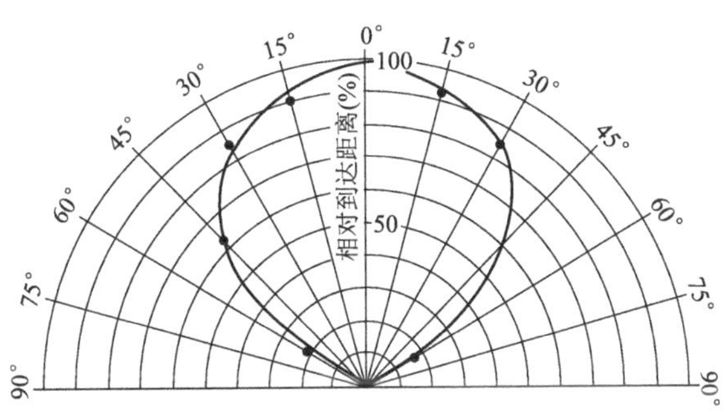

图 12.12 指向角特性数据例

这两个受光单元中,当信号光进入一个单元被输出的情况下,另一个受光单元由于受到外部干扰光噪声的影响,导致输出端出现噪声脉冲,所以将两个单元连接起来就会毁掉输出波形,从而成为发生误动作的主要原因。所以应该独立地使用各个单元。

以上介绍了遥控受光单元的重要特性。作为选用遥控受光单元时的参考,表 9.2 列出产品一览表。另外,图 12.13(a)、(b)还示出了外形图。

6. 与发信信号的匹配

使用遥控受光单元时,对于发信信号应该注意以下 3 点匹配问题:

(1) 发信信号的基本脉冲宽度。

(2) 发信信号的 1 个 frame 内信号光发光的时间(光 ON 时间)的比例。

(3) 有无引导脉冲。

1) 发信信号的基本脉冲宽度

图 12.1 曾经示出发信信号的方式例。遥控受光单元内部有 BPF 电路、积分

电路，对于发送的信号的脉冲宽度，受光单元脉冲宽度有变宽的倾向。就是说，由于遥控受光单元有入射光时也是低电平，所以低电平脉冲宽度有变宽倾向。因此，当发信信号的脉冲宽度窄，代码化的脉冲在占空比为 50%时，由于低电平脉冲宽度变宽，高电平脉冲宽度消失，接连着低电平的脉冲，处于没有接收的状态。

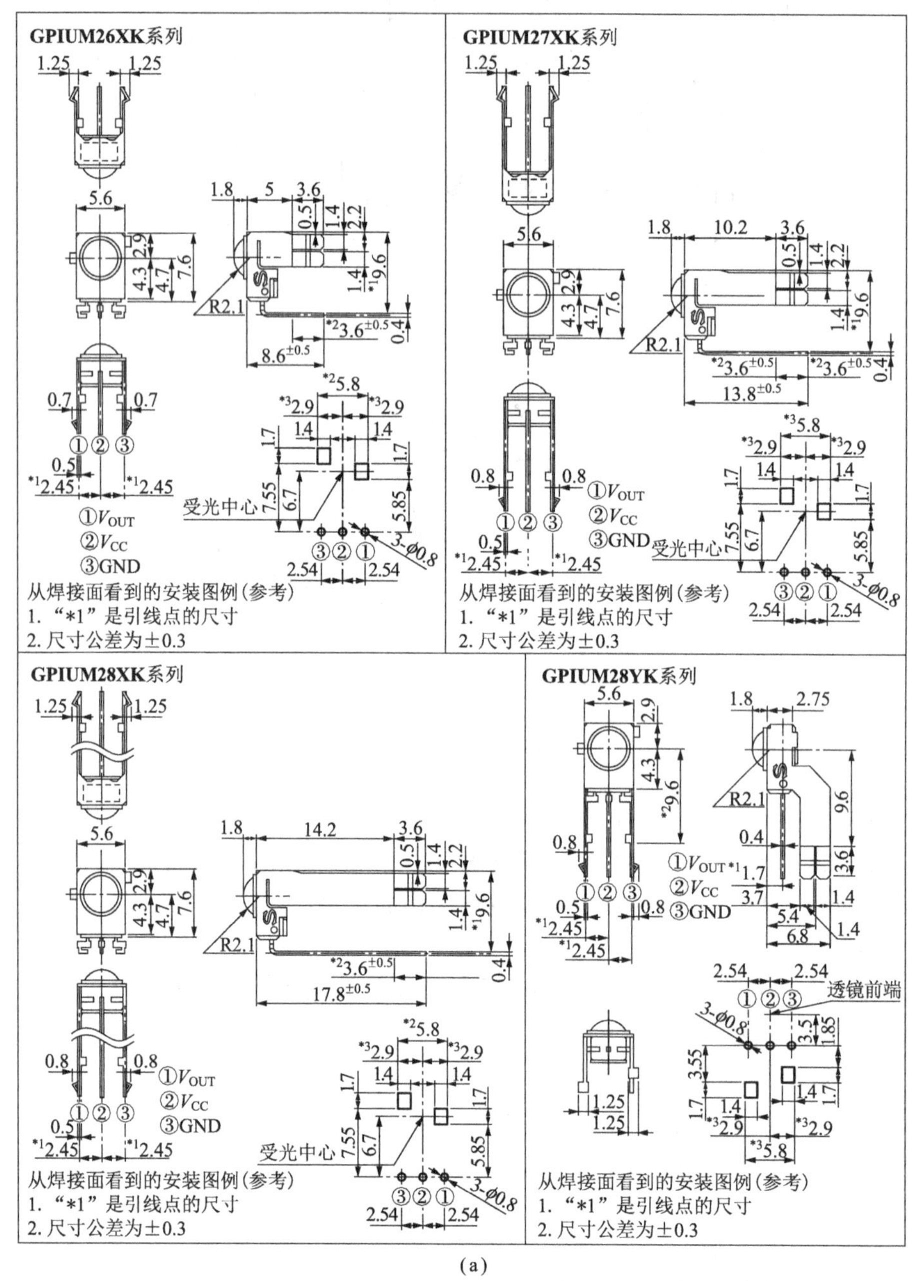

(a)

图 12.13 外形尺寸图(单位：mm)

GPIUM26RK系列
①V_{OUT}
②V_{CC}
③GND
受光中心
从焊接面看到的安装图例(参考)
1. “*1”是引线点的尺寸
2. 尺寸公差为±0.3
GPIUM27RK系列
①V_{OUT}
②V_{CC}
③GND
受光中心
从焊接面看到的安装图例(参考)
1. “*1”是引线点的尺寸
2. 尺寸公差为±0.3
GPIUM28RK系列
①V_{OUT}
②V_{CC}
③GND
受光中心
从焊接面看到的安装图例(参考)
1. “*1”是引线点的尺寸
2. 尺寸公差为±0.3
GPIUM28QK系列
①V_{OUT} *1
②V_{CC}
③GND
透镜前端
从焊接面看到的安装图例(参考)
1. “*1”是引线点的尺寸
2. 尺寸公差为±0.3

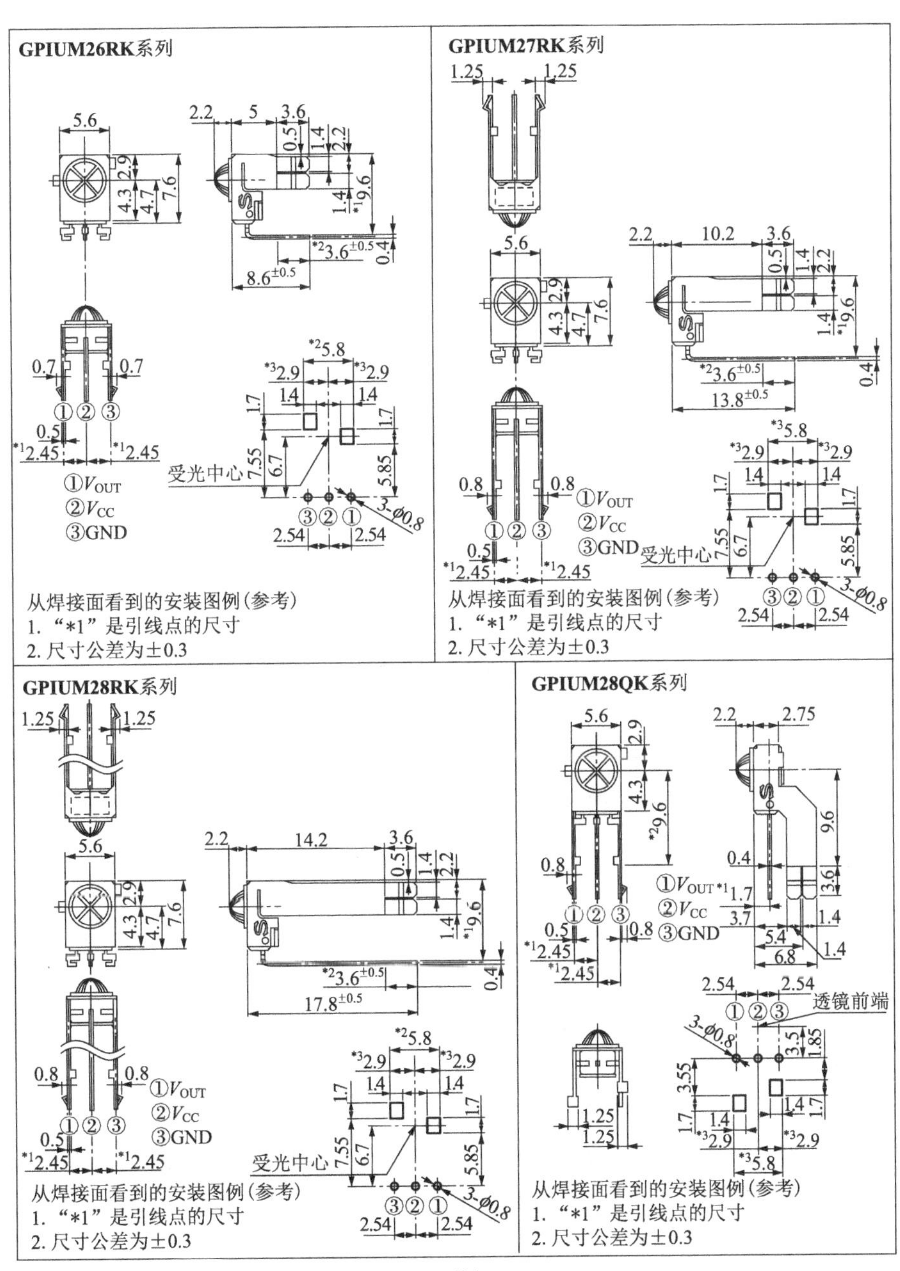

(b)

续图 12.13

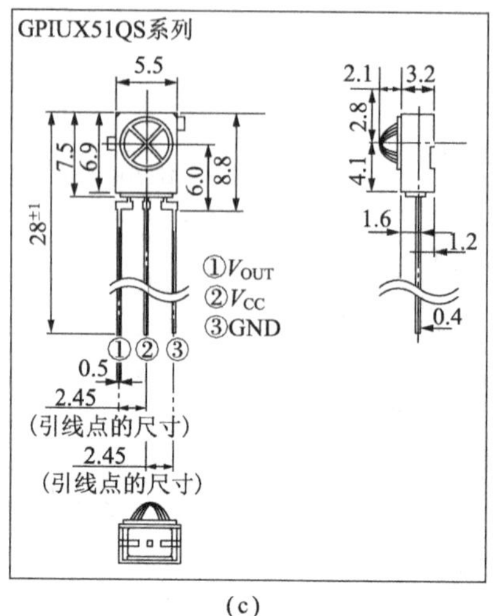

(c)

续图 12.13

这种情况因使用的遥控受光单元不同而异，不过基本脉冲宽的话遥控受光单元的特性容易发挥，所以如果可能的话，推荐使用 $T=500\mu s$ 以上（图 12.14）。

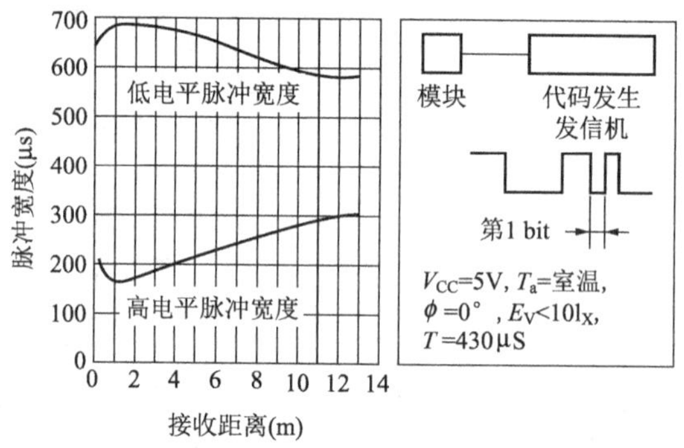

图 12.14　（日本）家电产品协会代码脉冲宽度特性（第 1bit）[TYP]（参考）

2）1 个 frame 内光 ON 时间的比例

发信信号是利用信号光的 ON/OFF 形成的。然而最近的遥控受光单元中，针对变频荧光灯的影响问题，有的机种对于 1 个 frame 内光 ON 时间比例大的发信信号，作为噪声判断出现了难以检出的问题，所以在使用光 ON 时间的比例大的发信信号的场合，必须注意这个问题。

针对这个问题，现在的遥控受光单元中，有的机种已经规定 1 个 frame 内光 ON 时间比例应该在 40%以下。

3）引导脉冲的问题

遥控受光单元在没有发信信号进入的状态下，输出基本上是 High 电平。不过由于遥控受光单元本身就是高增益的放大器，所以有时无论怎样都会因内部噪声和外部噪声的影响，导致输出端出现噪声脉冲的现象。在没有发信信号进入的状态下输出也会出现噪声脉冲，而当发信信号输入时，如前所述，工作不易受到噪声的影响，所以发信信号输入时来自输出的信号波形可以正常地输出工作。

如果有引导脉冲，由于上述动作，引导脉冲后的数据代码能正常地输出，就能够被计算机检出。

在没有引导脉冲的情况下，从第一个脉冲起就是数据脉冲，这时在没有发信信号的状态下如果出现了噪声脉冲，那么就无法区别第一个脉冲是噪声还是信号，也就有可能检测不出第一个 frame。以上理由说明了在发信信号中设置引导脉冲，对于遥控受光单元来说，就能够提高抗噪声的能力。

另外，在没有引导脉冲的情况下，推荐这样的发信方式，即每一次发信时最好发送多个 frame，这样即使检测不出第一个 frame，还能检测出第二个、第三个。

12.3 遥控受光单元基本的使用方法

下面对遥控受光单元基本的使用方法作以说明。首先说明，选用遥控受光单元时要注意以下要点：

(1) 确认使用的电源电压。确认是 3.3V 驱动还是 5V 驱动。

(2) 使用环境中有无辐射噪声？像 TV 那样辐射噪声大的场合，推荐使用网眼状受光面。

(3) 信号光从安装基板的哪个方向入射？在信号光从上方入射到基板上的场合，使用 TOPView 型。信号光平行入射到基板上的场合，使用 SideView 型。

(4) 确认从基板到受光中心的高度。选用最适合这个高度的机种。如果是 TOPView 型，有 6.8mm、12mm、16mm 等机种。

按照以上项目选定机种后，在实际的基板上开 3 个间距为 2.54mm 的接线柱用圆孔。同时设计屏蔽盒用的方形孔。不同的机种推荐有不同的安装孔尺寸可供参考。需要注意的是，屏蔽盒必须与基板上的图形连接，形成 GND 电位。如果没有连接，就有可能减弱抗辐射噪声的效果。外加电路如图 12.15 所示，对于电源线应该介入 RC 滤波器，基本上与计算机的输入通道连接使用。

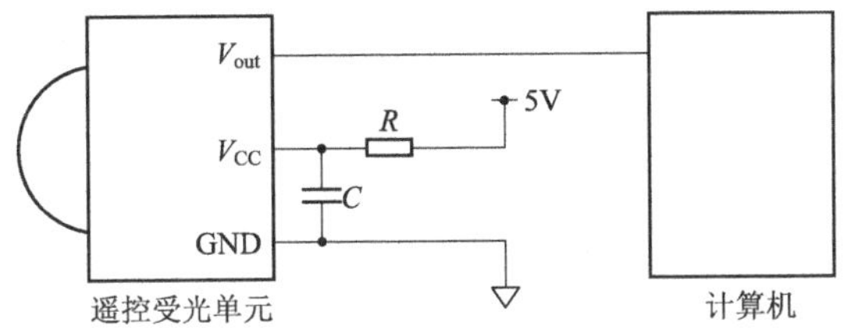

图 12.15 外加电路例

12.4　遥控受光单元的应用例

图 12.16 示出应用电路例。前面已介绍过，遥控受光单元将遥控发信机发送出来的红外线信号变换为电信号，再将变换为电信号的遥控信号传送给接收设备一侧的计算机，因此需要有增益非常高的放大器。就像已经讨论过的那样，这种器件不仅容易受到光噪声的影响，还容易受设备内部电噪声的影响。

如图中的应用电路所示，首先要给电源线介入除去噪声的滤波器。滤波器一般来说由 RC 构成，其参数需要由设备的噪声环境来决定。通常推荐 47Ω、47μF。

有的情况下如果不使用内部阻抗低的电容器就没有效果，需要注意这一点。

在遥控受光单元距计算机比较远的场合，内藏的上拉电阻的阻抗过高，造成 V_{out} 线的不稳定，有时不能给计算机传送正确的信号。这种情况下，通过外加几 kΩ～10kΩ 的电阻，可以使电压稳定下来。

另外，如果尖峰脉冲噪声加在 V_{out} 线上，引起计算机的错误判定，追加图 12.16 所示的积分电路会有改善的效果。

以上说明了遥控受光单元的使用方法。可以看出，各种噪声是器件特性下降的重要因素。所以在安装时要确实注意到这一点，就可以使特性得到明显的改善。

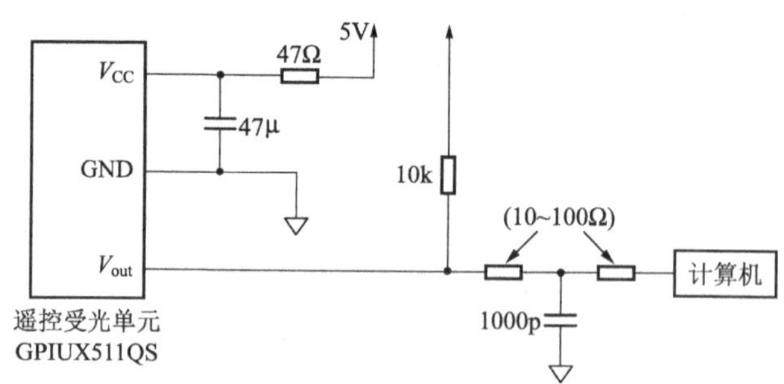

图 12.16　应用电路例

遥控受光单元因安装接收设备不同，其形状各异。例如，如果是在 CRT 的 TV 中，一般是配置在 CRT 下方的基板上，使用横向接收遥控器信号光的侧视型 GP1UM281QK。

液晶电视比较薄，基板在液晶板的横向配置时，安装在基板上，从上方接收遥控器的信号光，一般使用顶视型。顶视型的高度要与基板表面到液晶板的距离相适应，且要灵活掌握。照片 12.1 示出一例在基板上安装的情况。

在对面板到遥控受光单元的距离有要求的场合，经常使用透明树脂制作的光波导。这是为了尽可能地提高光从面板到遥控受光单元传送的效率。

光波导的注意点如下：

(1) 遥控受光单元与光波导的间隙要尽可能小。如果间隙大，通过光波导的光就难以顺利进入遥控受光单元而泄露到其他地方，所以要尽可能靠近。

(2) 光波导自身要使用透射率高的树脂。

(3) 如果全部像镜面那样,光就能全反射地到达。所以在光波导与遥控受光单元之间的间隙而有泄露的情况下,光就没有全部到达。这种情况下,也可以考虑设计使入射面粗糙,利用扩散效应的使用方法。

通过以上合理地使用光波导,就能够针对各种形状来有效地利用遥控受光单元。

照片 12.1 侧视型的安装例

第13章 光纤环

光纤环由含有发光器件的发信单元、含有受光器件的接收单元以及带有连接插头的光纤组成，是利用光的有无（或者强弱）传送信息的系统。光纤环所使用的发光/受光器件以及光纤的种类主要由传送速度和传送距离决定，根据不同用途，可以有效利用光纤的特点进行信号传送。与双扭线、同轴线电缆等金属导线的电信号传送相比，光纤信号传送主要有以下特点：

(1) 不产生电磁噪声，而且也不受电磁噪声的影响。

(2) 传送频带宽，适于高速信号传送。

(3) 传送损耗小，有利于长距离传送。

(4) 发信-收信之间处于电气隔离状态，相互间没有电噪声的影响。

(5) 重量轻。

这里介绍数字音频信号传送用的光纤环。相信像车载用 LAN 规格（MOST）的光纤环等许多新应用的光纤环，今后将会不断扩大其市场。

13.1 光纤环的工作原理

本节作为塑料光导纤维的应用例，就最普通的数字音频的接口作以说明。

数字音频设备之间进行信号传送遵守 JEITA（电子信息技术产业协会）制定的接口标准 CP1201 和光连接器标准 RC5720B。接口标准 CP1201 采用串行自同步方式，规定基于 1 根传送线路的单一方向的相互连接。传送的信号含有加在音频信号上的辅助信息和用户信息，为了容易进行基准时钟的再现，同步模式以外的数据全部变为二相的符号调制的信号形态。

本接口的传送线路，规定为平衡 3 线式，不平衡 2 线式和光纤式。图 13.1 示出各传送线路的构成例。平衡 3 线式和不平衡 2 线式线在采用屏蔽电缆抑制辐射的同时，在发信/收信器中还使用变压器和隔断直流的电容器，使得设备之间难以产生直流。

光纤的传送系统，主要使用塑料纤维，光连接器规定用 RC5720B，还规定了发信器的光输出峰值发光波长，连接基准光纤场合的输出端的光输出等。

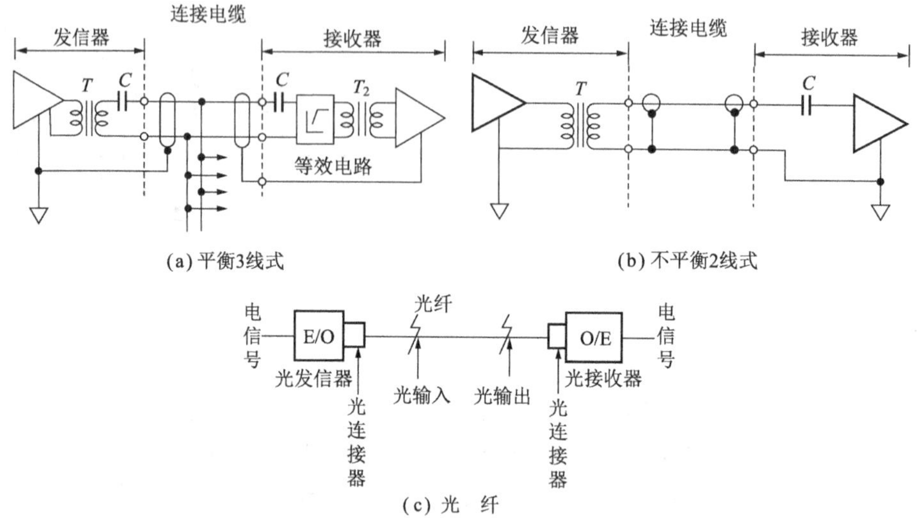

图 13.1　各种传送线路的构成例

作为数字音频接口使用的光纤数据环性能方面的重要参数，有脉冲宽度的畸变、晃动、上升以及下降时间等。这些都与接口的定时精度相关，特别是晃动和脉冲宽度的畸变，对于音质有直接的影响，应该尽量抑制。这里，由于是从传送的信号重现 D-A 转换用的基准时钟的方式，传送信号产生的晃动和脉冲宽度的畸变使 D-A转换中周期的间隔发生了变动。如图 13.2 所示，由于用不同于 A-D 转换时的周期间隔的定时进行采样，因而不能忠实地再现原来的模拟波形。

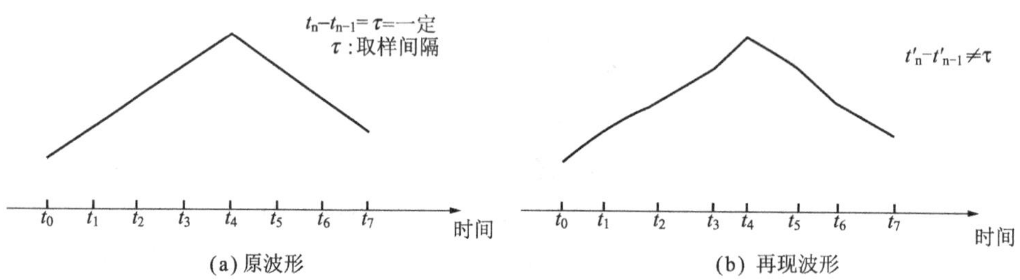

图 13.2　晃动、脉冲宽度畸变的影响

13.2　光纤环用连接器的结构

光连接器标准中规定的光连接器有方形连接器和圆形连接器两种，它们的外形结构和尺寸分别示于图 13.3 和图 13.4。对于方形连接器和圆形连接器的插头及插座的结构和尺寸都有规定。为了确保光耦合，各种连接器的机械基准面和光学基准面也都有规定。

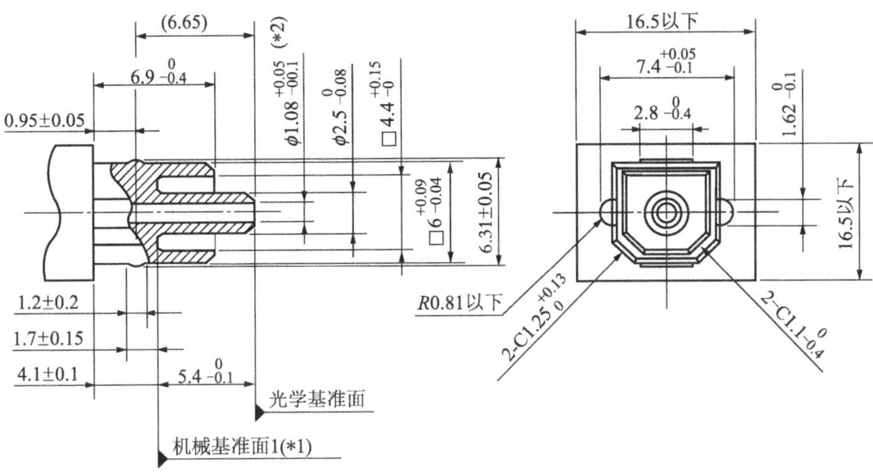

*1：机械基准面1是与插座的机械基准面2相对应的面

*2：该尺寸是使用的光纤分类EIAJRC-5720B所规定的OFC2.2-Y-PSI-980/1000场合的尺寸

(a) 插　头

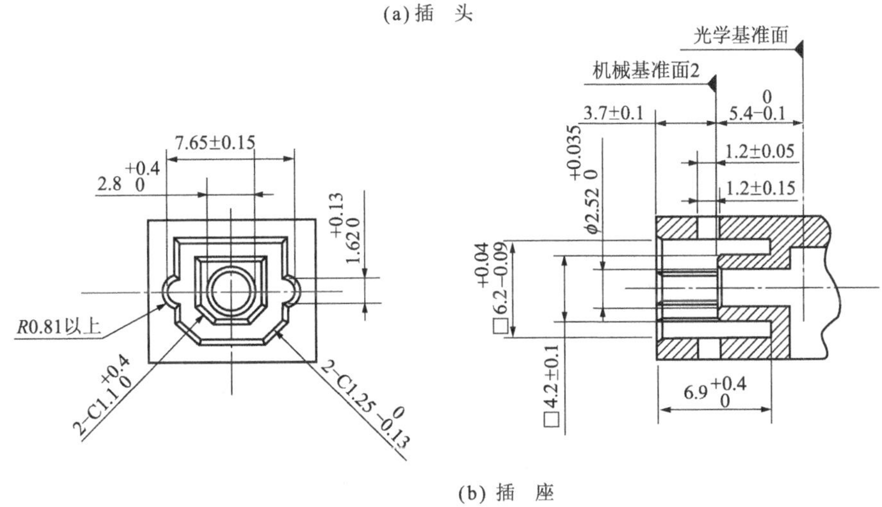

(b) 插　座

图 13.3　方形连接器的外观结构和尺寸(单位:mm)

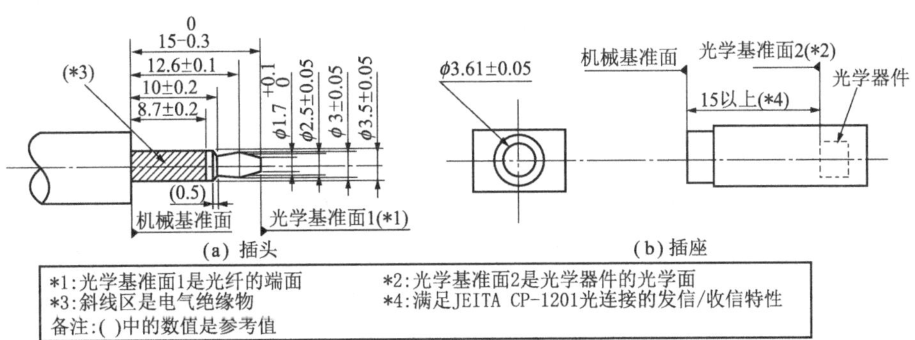

图 13.4　圆形连接器的外观结构和尺寸(单位:mm)

1. 方形光连接器

如前所述,数字音频接口使用的连接器,是 JEITA 标准的 RC5720B,它规定了方形光连接器和圆形光连接器两种类型。这里首先就方形光连接器作以说明。

1) 螺丝紧固型方形光连接器

图 13.5 示出螺丝紧固型方形光连接器 GP1FAV50 系列的外形和内部结构图。这种光连接器一般用螺丝固定在安装型设备的背面壁板上。

光连接器分为发信单元和收信单元两种。例如,5V 驱动型螺丝紧固型方形光连接器的发信单元是 GP1FAV50TK0F,收信单元是 GP1FAV50RK0F。

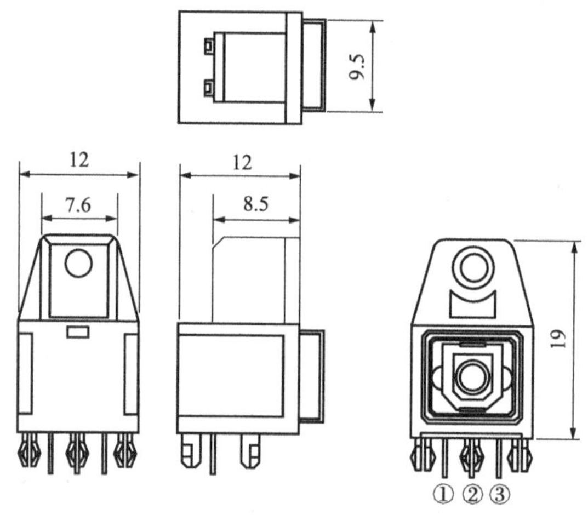

图 13.5　螺丝紧固型方形光连接器 GP1FAV50TK 系列(单位:mm)

2) 发信单元

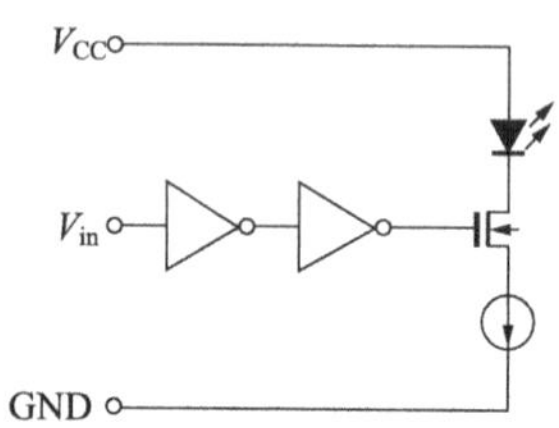

发信单元 GP1FAV50TK0F 内藏有峰值波长为 660nm 的 LED 及其驱动用 IC,输入与 TTL 电平相对应。图 10.6 示出其内部电路的框图。内藏的驱动 IC 中,LED 的驱动电流由恒流源提供,由 CP1201 调整 LED 的驱动电流,使得适合于规定的光纤输出端的光输出,不需要利用外加电阻器之类进行外部调整。由于光 OFF 时恒流源也 OFF,所以这种电路结构可以降低电流消耗。

图 13.6　发信单元 GP1FAV50TK0F 内部电路的框图

3) 收信单元

收信单元 GP1FAV50RK0F 采用将光敏二极管和信号处理电路集成在一个芯片上的 OPIC,输出作为 TTL 电平。图 13.7 示出内部电路的框图。传送的信号是占空比为 50%的二相符号信号,电路构成是电容器耦合 AC 放大方式,所以传送脉冲宽度的畸变小,而且动态范围宽。

由于采用高速响应放大电路,采用稳定的光敏二极管偏置和虚拟光敏二极管,

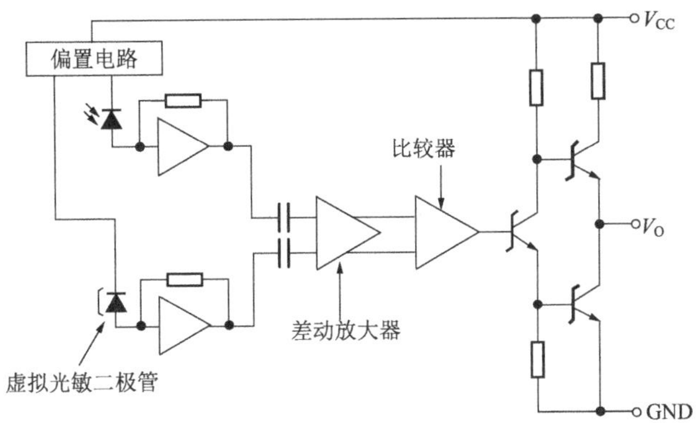

图 13.7 收信单元 GP1FAV50RK0F 内部电路的框图

提高了差动放大电路的特性匹配性，所以实现了输出信号的低晃动。但是，这些措施也是在稳定的电源电压状态下实现的，所以还必须注意基板的设计，以确保电源线的低噪声化和 GND 线阻抗的极小化。另外，这种光纤环是作为数字音频接口设计的，所以应该避免传送数字音频接口以外的信号。

4）附开闭器的方形光连接器

前面介绍过的方形光连接器中，附有保护帽。没有保护帽而附有开闭器的方形光连接器是图 13.8 所示的光连接器 GP1FAV51 系列。

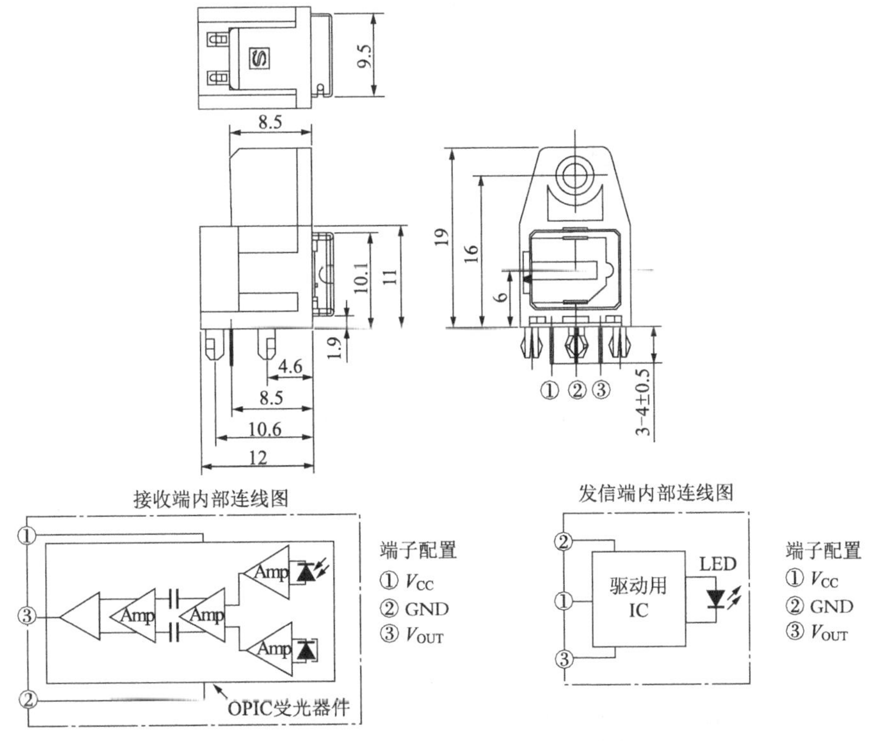

图 13.8 附有开闭器的方形光连接器(单位:mm)

5）自立式方形光连接器

图 13.9 示出自立式方形光连接器 GP1FM 系列的外形。这个系列是焊接在金属环上以确保光纤拆卸时的机械强度。

以上不论哪种方形光连接器对于光电器件的封装都是共同的，与 3V 驱动产品、4 倍速型等相对应，都能够构成发信单元和收信单元。

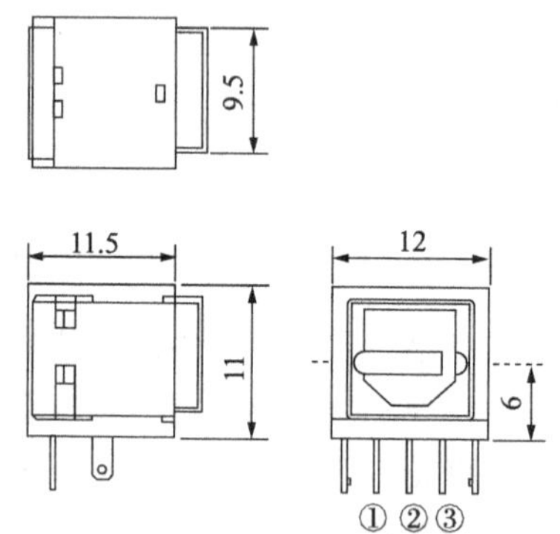

图 13.9　自立式方形光连接器(单位：mm)

2. 圆形光连接器(光微型插孔)

为便携式音频设备开发的光微型插口可应用于便携式 MD、便携式 CD、便携式 DVD 及笔记本电脑等。

光微型插口具有如下特点：

(1) 既能够传送光信号也可以传送电信号。

(2) 小型化，适合于便携式设备。

(3) 能够检测插头是否确实插入插孔。

(4) 可以识别插入的插头是光学插头还是电学插头。

基于以上特点，圆形光连接器所以很适合应用于便携式设备。

1) 光微型插孔的应用例

光微型插孔可应用于如下设备：

(1) 便携式 CD：光学插头的数字光输出与微型立体声插头的模拟电输出共同使用。

(2) 便携式 MD：光学插头的数字光输入与微型立体声插头的模拟电输入共同使用。

此外，还使用在便携式 DVD 和笔记本电脑上。

2) 光微型插孔的规格

图 13.10 示出典型的光微型插孔例 GP1FD210TP0F 的外形。如图所示，光微型插孔的端子有电信号用的插孔端子和光信号用的端子。另外，光微型插孔与方形光连接器一样，有发信单元和收信单元，其电学/光学特性基本上也与方形光连

接器相同。

表 13.1 列出 2.5V 驱动型发信单元 GP1FD210TP0F 的主要特性。表 13.2 列出受光单元 GP1FD210RP0F 的主要特性。

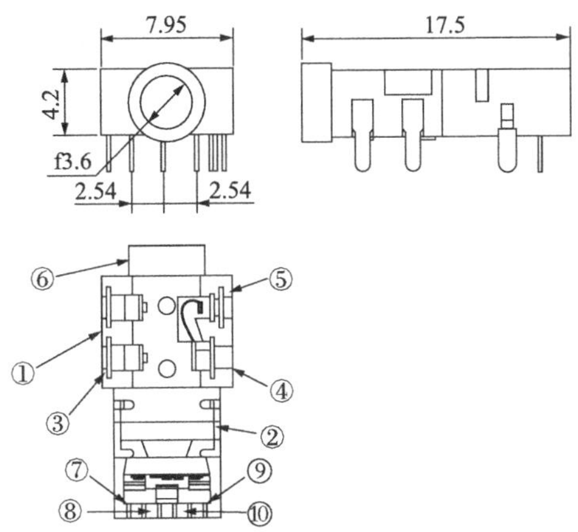

图 13.10 光微型插孔发信单元 GP1FD210TP0F(单位:mm)

表 13.1 光微型插孔发信单元 GP1FD210TP0F 的特性

项目	符号	特性值
工作电源电压	V_{CC}	2.3～2.8V
LED-OFF 时消耗电流	$I_{CC}(1)$	typ0.6mA
LED-ON 时消耗电流	$I_{CC}(2)$	typ6mA
光纤耦合输出	P_C	−21～−15dBm
晃动	ΔT_j	typ 1ns
工作温度	T_{opr}	−10～+70℃

表 13.2 GP1FD210RK0F 的特性

项目	符号	特性值
工作电源电压	V_{CC}	2.4～3.0V
消耗电流	I_{CC}	typ5m A
最小接收光灵敏度	P_C	−24dBm
晃动	T_j	typ1ns
工作温度	T_{opr}	−20～+70℃

3) 插头识别原理

图 13.11 示出识别插头的有无及插头种类的原理。图中的插孔端子 **c**,**d**,**e** 中,端子 **c** 和端子 **e** 是用电阻上拉电源。端子 **d** 是可动端子,经常接 **GND**。如果插头没有插入插孔,那么端子 **c** 和端子 **e** 处于 **High** 电平。在插头插入插孔的情况

下，可动端子 **d** 与固定端子 **e** 接触，端子 **e** 处于 **Low** 电平。这就表明当端子 **e** 为 **High** 时没有插头插入，为 **Low** 时则有插头插入。

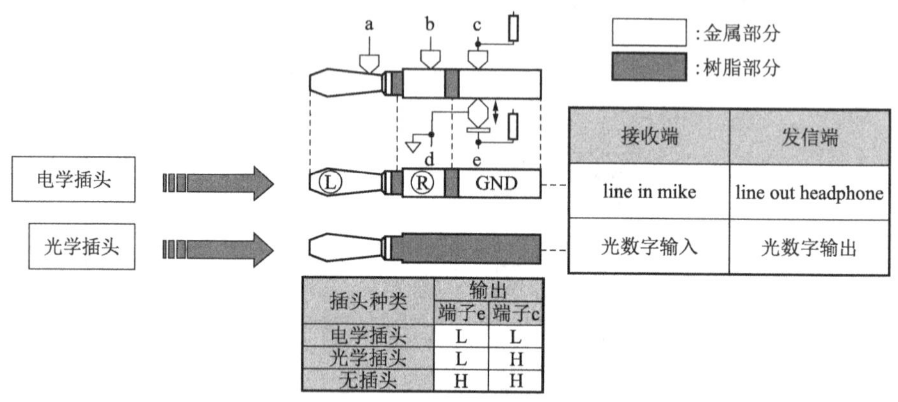

插头种类	输出	
	端子e	端子c
电学插头	L	L
光学插头	L	H
无插头	H	H

图 13.11　插头识别的原理

在端子 **e** 和端子 **c** 接触的插头部分，电学插头是用金属制作的，而光学插头被树脂覆盖着。因此，在插入电学插头的情况下，端子 **c** 与端子 **d** 是电导通的，处于 **Low** 状态；而在光学插头插入的场合，端子 **c** 与端子 **d** 是绝缘的，因而处于 **High** 状态。

所以通过观测端子 **c** 和端子 **e** 的电平就能够判断是否有插头插入，并且能够识别插入的是光学插头还是电学插头。

4）应用例

图 13.12 示出数字音频用光纤环的应用例。

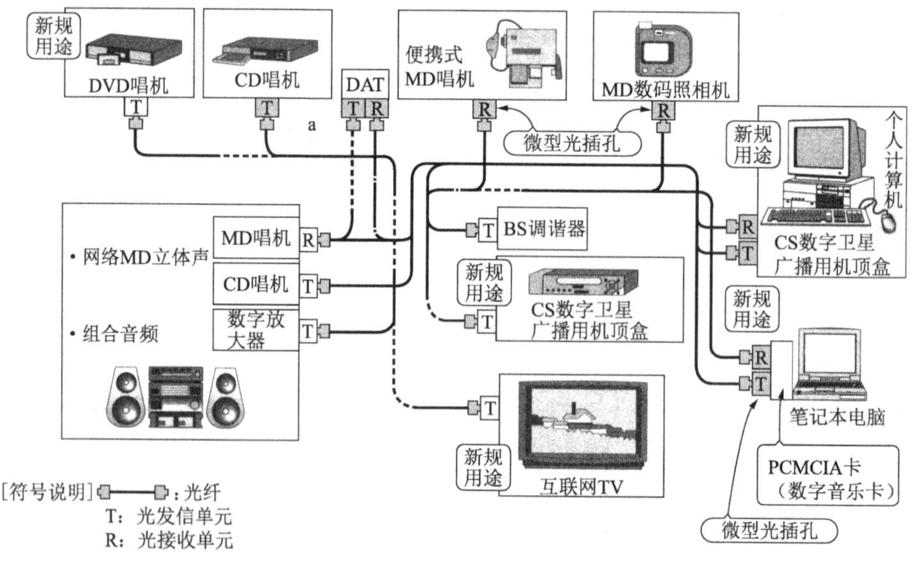

图 13.12　音频用光纤环的应用例

这是为了从 **CD**(**Compact Disc**,压缩光盘)向 **MD**(**Mini Disc**,微型唱盘)录音,将 **CD** 唱机与 **MD** 唱机连接起来的最普通的例子。作为数字复制的例子,不仅向 **MD**,也可以向 **CD** 录音机录音。

数字音频源一侧的设备,除了 **CD** 唱机之外,已经进一步扩展到卫星广播用的 **set top box**,**DVD** 唱机、**DVD** 录音机、数字 **TV** 等处理数字音频数据的设备。由于计算机与 **AV** 设备的融合,也进一步增加了处理数字音频信号的 **PC** 相关设备,可以认为今后数字音频用光纤环的需求会越来越大。

3. 附光学插座的光纤

1) 光纤端面的加工

关于光学插孔的形状,在 **RC**5720**B** 中与光连接器的插孔对应地规定了方形和圆形两种,使用光纤的主流是直径 1**mm** 的 **APF**。

光纤的种类有两端都是方形的情况,一端是方形另一端是圆形的情况,以及两端都是圆形的情况三种。长度从 60**cm** 到 5**m**。图 13.13 示出方形光纤的外形图。图 13.14 是圆形光纤的外形图。

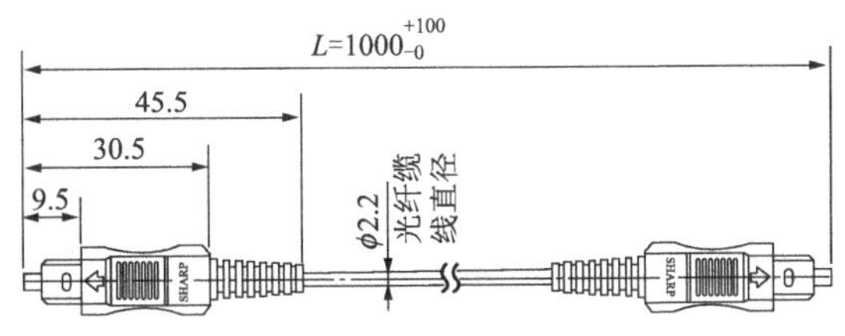

图 13.13 方形光纤

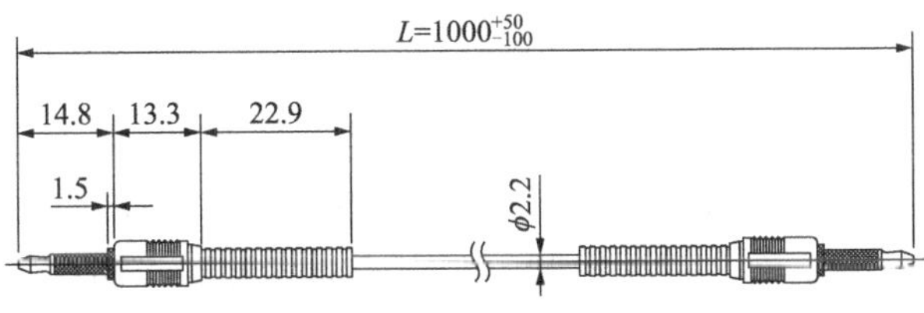

图 13.14 圆形光纤

这些光纤端面加工的方法主要是研磨法和热压法。加工方法的不同会给发信/收信器的耦合状态带来很大的差别。图 13.15 示出基于不同的端面加工方法,光连接器与发光器件的光耦合状态的断面图。

热压法是通过加热将光纤熔化,使端面形成镜面。因此,首先需要将连接器前端的光纤进行热扩。所以连接器前端应该比光纤的直径大。

如图 13.15 所示,用图 13.15(**a**)的研磨法加工端面的光纤中,光能入射且传输;用热压法加工端面的光纤中,则会发生光能入射而不传输的状态。这个关系表明,热压法加工端面的光纤输出端的光输出会变小。这种现象同样也会发生在与受光器件的光耦合中。

另外,热压法加工端面的光纤,如图 13.15(**b**)、(**c**)所示,由于连接器前端的形状不同,耦合损耗的大小有差异。研磨法加工的光纤,由于研磨的光滑程度不同,耦合损耗也会产生差异。因此必须注意光纤的选择。现在,主流产品是价格便宜的热压法加工端面的光连接器。

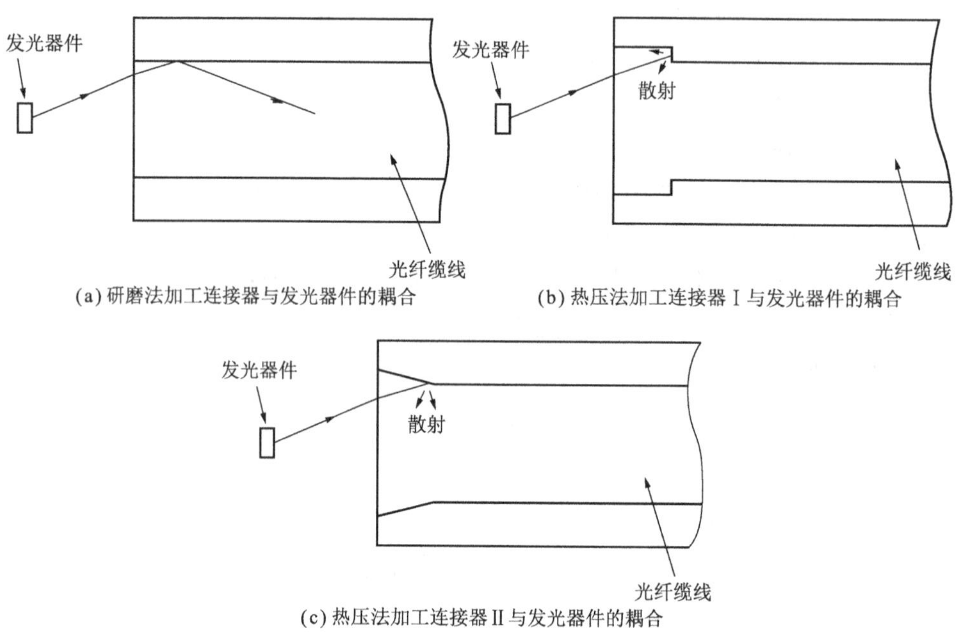

(a) 研磨法加工连接器与发光器件的耦合　　(b) 热压法加工连接器Ⅰ与发光器件的耦合

(c) 热压法加工连接器Ⅱ与发光器件的耦合

图 13.15　不同端面加工方法的光耦合状态

2) 光纤的种类

这里就各种光纤的特点作以简要介绍。

光纤是传输光的波导,它由光通过的纤芯部分以及周围折射率比核心部分低的包层部分构成。从结构上可以分为 3 类,如果再考虑到不同材质大致可以分为 5 类。表 13.3 列出一览表。从该表可以看出,结构、材质不同,光纤的特性会有很大的差异。

单模光纤具有 10**GHz・km** 的传输频带。由于传输损耗很低,在 1**dB/km** 以下,所以作为长距离的高速传输线使用。

梯度型多模光纤因包层材质不同可以分为两类。石英玻璃包层光纤具有 1**GHz・km** 的传输频带,而且传输损耗也小,所以可以作为中距离的高速传送线使用。塑料包层光纤的传输频带和损耗都差,所以作为中距离的中速传输线使用。

阶跃型多模光纤因纤芯不同也分为两类,这两种的传输频带都低。石英玻璃纤芯光纤的传输损耗比较小,作为中短距离的低速传输线使用。塑料纤芯光纤的传输损耗大,作为短距离的低速传输线使用。

为了区分材质的不同，把塑料纤芯/塑料包层光纤叫做 **APF**（**All Plastic Fiber**）；把石英纤芯/塑料包层光纤叫做 **PCF**（**Polymer Clad Fiber**）。

表 13.3 光纤的种类

	结构	材质（纤芯/包层）	传输损耗	传送频带
单模光纤（**SMF**）	包层 折射率分布 ϕ10μm以下 纤芯 小→大	石英玻璃 / 石英玻璃	−1**dB/km** **at** 1.3μm	10GHz·km 以上
梯度型多模光纤	包层 折射率分布 ϕ50~200μm 纤芯 小→大	石英玻璃 / 石英玻璃	~3dB/km at 1.3μm	1GHz·km
		石英玻璃 / 塑料	~10dB/km at 0.85μm	200MHz·km
阶跃型多模光纤	包层 折射率分布 ϕ200~1000μm 纤芯 小→大	石英玻璃 / 塑料	~10dB/km at 0.85μm	10MHz·km
		塑料 / 塑料	200dB/km =0.2 dB/m at 0.66μm	数十 MHz·50m

3. 光纤单元的特性

光微型插孔与方形光连接器都有发信单元和收信单元，它们的电学/光学特性基本上是相同的。

1）发信单元

表 13.4 列出发信单元 **GP1FAV50TK0F** 的绝对最大额定值以及推荐工作条件。数字音频接口中，在数据传送速度约为 6**Mbps**（48**kHz** 的取样频率的场合，数据的传送速度为 6.144**Mbps**）。不过在 **GP1FAV50** 系列中，可以保证在可能的传送速度 13.2**Mbps** 下的倍速传送。表 13.5 列出其电学/光学特性。峰值发光波长和光纤耦合光输出以 **CP**1201 为依据。另外，关于延迟时间、脉冲宽度畸变、晃动等响应特性以 6.6**Mbps** 的二相信号（相当于 13.2**Mbps NRZ**）为入射条件。图 13.16 示出了延迟时间、晃动的定义。关于 Δt_W 定义为

$$\Delta t_W \equiv t_{pLH} - t_{pHL}$$

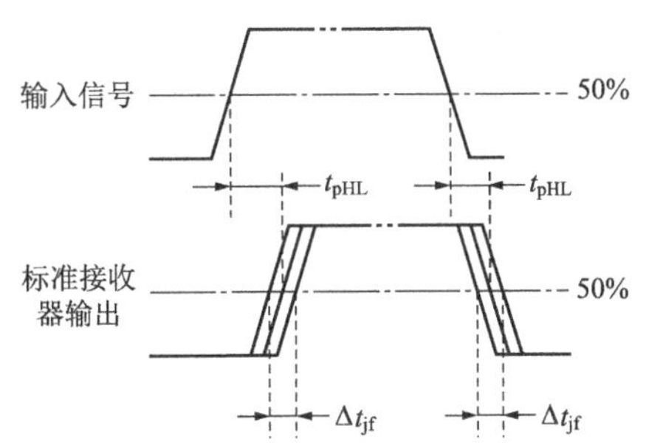

图 13.16 发信单元 **GP1FAV50TK0F** 的延迟时间与晃动

表 13.4　发信单元 GP1FAV50TK0F 的绝对最大额定值及推荐工作条件

(a)绝对最大额定值

项目	符号	额定值	单位	备注
电源电压	V_{CC}	−0.5～7.0	V	
输入电压	V_{in}	−0.5～V_{CC}+0.5	V	
工作温度	T_{opr}	−20～70	℃	
保存温度	T_{stg}	−30～80	℃	
焊接温度	T_{sol}	260	℃	每次 5 秒，最多 2 次

(b)推荐工作条件

项目	符号	MIN	TYP	MAX	单位	备注
工作电源电压	V_{CC}	4.75	5.0	5.25	V	
工作传送速度	T	—	—	13.2	Mb/s	NRZ 信号，duty50%

表 13.5　发信单元 GP1FAV50TK0F 的电学/光学特性

T_a=25℃　V_{cc}=5.0V

No.	项目	符号	测量条件	MIN	TYP	MAX	单位
1	峰值发光波长	λ_p		630	660	690	mm
2	光纤耦合光输出	P_C	APF 1m	−21	−18	−15	dBm
3	消耗电流	I_{cc}	—	—	8	13	mA
4	高电平输入电压	V_{iH}		2	—	—	V
5	低电平输入电压	V_{iL}		—	—	0.8	V
6	L→H 延迟时间	t_{pLH}	6.6Mbps 2 相信号	—	—	180	ns
7	H→L 延迟时间	t_{pHL}		—	—	180	ns
8	脉冲宽度畸变	Δt_w		−15	—	+15	ns
9	晃动	Δt_j		—	1	15	ns

2）收信单元

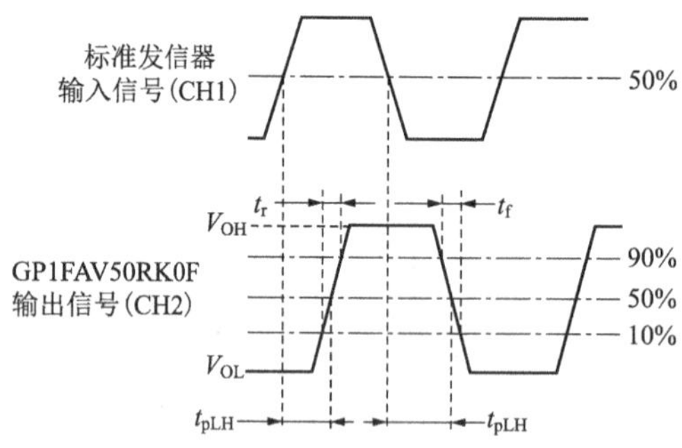

图 13.17　收信单元 GP1FAV50RK0F 的延迟时间与上升/下降时间

表 13.6 列出收信单元 GP1FAV50RK0F 的绝对最大额定值以及推荐工作条件。表 13.7 列出其电学/光学特性。在 13.2Mbps NRZ 下输入信号占空比为 50%。图 13.17 示出 GP1FAV50RK0F 的延迟时间与上升/下降时间的示意图。脉冲宽度畸变与 GP1FAV50TK0F 相同，定义为

$$\Delta t_W \equiv t_{pLH} - t_{pHL}$$

这种螺丝紧固型方形光连接器

中,除了以上介绍过的 5V 驱动型以外,还有 3V 驱动型的 GP1FAV30TK0F/RK0F,以及能够以 4 倍速度传送数字音频接口信号的 GP1FA51HTZ0F/RZ0F。

表 13.6 收信单元 GP1FAV50RK0F 的绝对最大额定值及推荐工作条件

(a)绝对最大额定值

项目	符号	额定值	单位	备注
电源电压	V_{CC}	−0.5~7.0	V	
工作温度	T_{opr}	−20~70	℃	
保存温度	T_{stg}	−30~80	℃	
焊接温度	T_{sol}	260	℃	每次 6 秒,最多 2 次
输出电流	I_{OH}	2	mA	源电流
	I_{OL}	10	mA	下沉电流

(b)推荐工作条件

项目	符号	MIN	TYP	MAX	单位	备注
工作电源电压	V_{CC}	4.75	5.0	5.25	V	
工作传送速度	T	0.1	—	13.2	Mb/s	
接收光功率	P_C	−24.0	—	−14.5	dBm	光输出峰值

表 13.7 GP1FAV50RK0F 的电学/光学特性

$V_{CC}=5.0V$ $T_a=25℃$

NO.	项目	符号	测量条件	MIN	TYP	MAX	单位
1	峰值灵敏度波长	λ_p		—	700	—	nm
2	消耗电流	I_{cc}	13.2MbpsNRZ,Duty50%	—	—	25	mA
3	高电平输出电压	V_{oH}	13.2MbpsNRZ,Duty50%	2.7	3.5	—	V
4	低电平输出电压	V_{oL}	13.2MbpsNRZ,Duty50%	—	0.35	0.5	V
5	上升时间	t_r	13.2MbPsNRZ,Duty50%	—	15	23	ns
6	下降时间	t_f	13.2MbPsNRZ,Duty50%	—	7	15	ns
7	L→H 延迟时间	t_{pLH}	13.2MbpsNRZ,Duty50%	—	—	180	ns
8	H→L 延迟时间	t_{pHL}	13.2MbpsNRZ,Duty50%	—	—	180	ns
9	脉冲宽度畸变	Δt_w	13.2MbpsNRZ,Duty50%	−20	—	+20	ns
10	晃动	Δt_j	13.2MbpsNRZ, Duty50%, $P_C=-14.5$ dBm	—	1	25	ns
			13.2 MbpsNRZ, Duty50%, $P_C=-24$dBm	—	—	25	ns

13.3 光纤环的基本使用方法与应用例

13.3.1 光纤环的基本使用方法

光纤环如图13.12所示，是用光纤将安装在设备间的光发信单元/光收信单元连接起来，对基于光的数字信号信息进行传输的系统。实际上，是把两个各自附有编码功能的IC组合起来使用，一个是为了将音频信息传送给光发信单元，另一个是将光收信单元的输出变换为音频信息。利用加载在数字音频标准的SPDIF上的信号进行信息传输。

13.3.2 光纤环在车载网络中的应用

汽车产业追求的是生产出舒适、快捷、安全而且环境优美的汽车，为此生产厂家纷纷引入电子设备。由于电路配置的使用量急剧增加，因而采用能够将设备与电路间有效连接起来的网络系统。

车载网络系统中，如图13.18所示，有控制系统、车身系统、安全系统、信息系统等。这里仅信息系统MOST(Media Oriented Systems Transport)作以简要介绍。

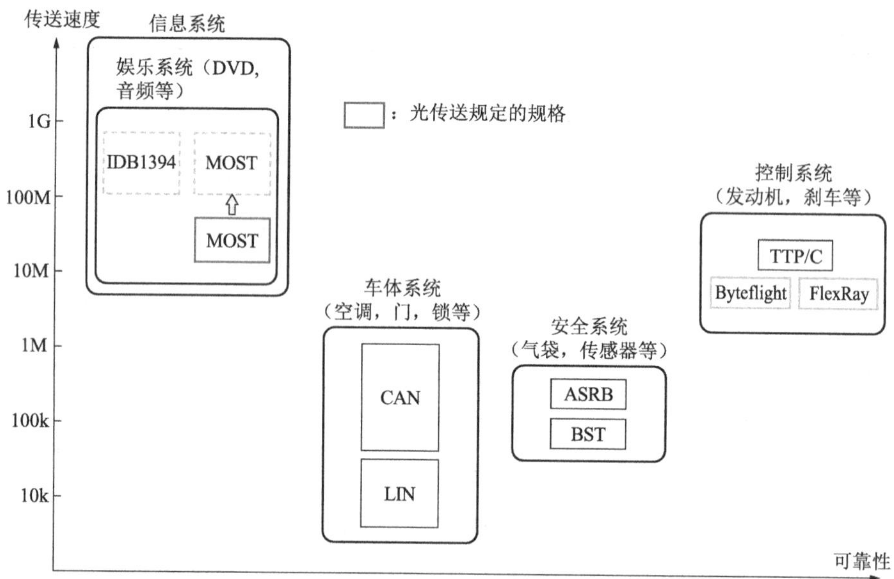

图13.18 车载网络

1. MOST概要

MOST规格，如图13.18所示，是处理多媒体信息的网络，其目的就是将急剧增加的车用AV设备有机地连接起来以便有效利用。例如能够从多个设备中访问其中一个设备。由于MOST是基于POF的数据传送建立的光网络，所以抗噪声能力强，没有 EMI/EMC 的影响，能够提高传送的质量。

MOST 对应的光纤环用光发信/收信器件要求的技术参数如下：

- 传送媒体：SI(stepindex)型 POF(直径 1mm)。
- 网络拓扑：单方向的环连接。
- 数据传送速度：25Mbps。
- 发光器件：发光二极管(发光波长 650nm)。
- 编码方式：二相方式。
- 光发信/收信部形状：基板安装插座型，引出端型。
- 工作温度：−40℃～85℃。

2. 通信方式

如图 13.19 所示，MOST 是将车内使用的各种多媒体设备环状连接起来形成网络。通过这样的连接，能够有效地实现信息选择系统和后排座位娱乐系统等。例如，后排座位的液晶监视器上能够映出行驶信息和 DVD 图像，用一个 HMI (Human Machine Interface，人机接口)就能够控制所有的设备。

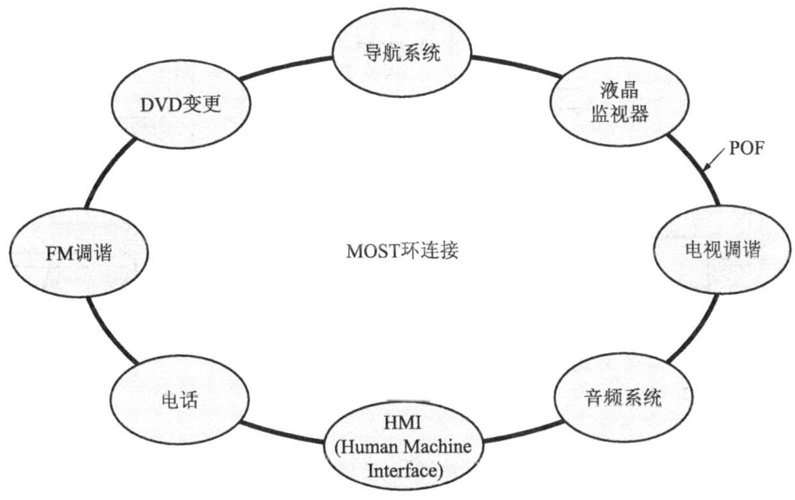

图 13.19 MOST 拓扑

MOST 的数据以字组为单位进行传送。这种字组，如图 13.20 所示，是由多个 frame 构成。

1 个 frame 由 64byte 的数据组成，其中包含 2byte 的控制数据，60byte 的源数据(同步数据，非同步数据)。基于 frame 的源数据的有效频带是抽样速率(44.1kHz)×frame(60byte)＝21.3Mbps。

字组数据如图 13.21 所示，是在环状的网络中沿一个方向传送的，所以安装在设备上的光发信/收信单元是 2 芯双向传送方式。在 MOST 的网络中，所有的分支点(连接的设备)以一个时钟同步传送数据。

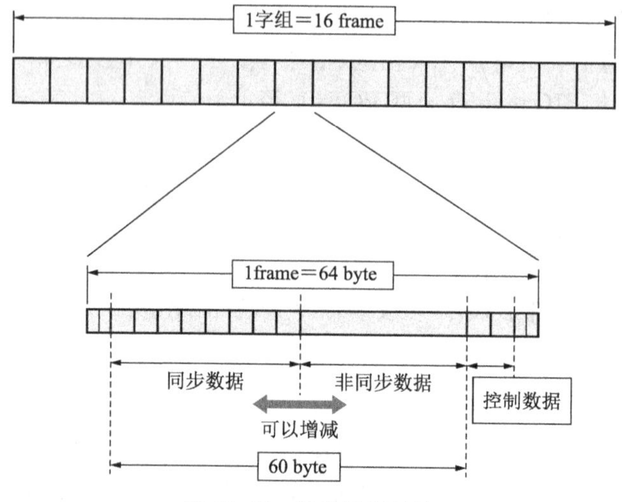

图 13.20　传送数据结构

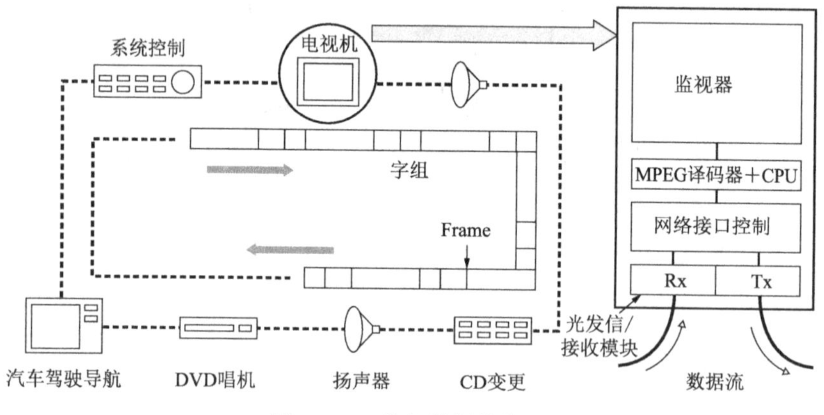

图 13.21　字组数据的传送

3. 发信/收信模块的结构

图 13.22 示出发信/收信模块的结构例。弹性引出端型如图 13.22(a)所示，发信/收信器件与安装在设备上的插座用 POF 连接，这样在增加了电路基板设计的自由度的同时还有利于减少高速传送时的无效辐射。图 13.22(b)的综合引出端型可以与以前的 POF 用光插座一样简单地安装在基板上。

发信/收信模块中使用的光发信/收信器件的结构如图 13.23 所示，器件固定在环形框架上，用导线连接起来，用透明树脂压模。授受光信号的部分呈透镜状。这种结构能够在−40～85℃温度范围工作。通过进一步改善器件的材质和结构，可望实现能够在−40～105℃温度范围工作的器件。

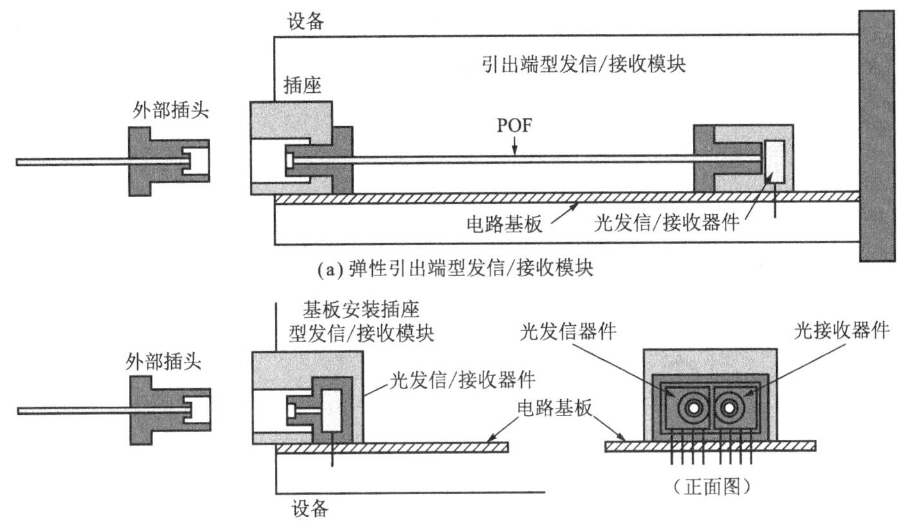

图 13.22 发信/收信模块的结构例

4. MOST 的特性

图 13.24 示出进行 25Mbps 的传送时光发信/收信器件的传送波形。MOST 由于使用二相调制，所以光信号的传送速度是 50Mps。图 13.24 是 50Mbps 的信号传送时光发信器件的光输出波形，可以看出能够充分确保响应特性。

图 13.25 是发信器的电路框图。图中 C_p 和 R_p 组成的脉冲峰化电路是使光输出高速化的电路。通过外加电阻 R_{ext} 使 LED 的光功率能够得到控制。偏置电流 I_{bias} 是光波形上升时补偿发光延迟的电流，可以减小脉冲宽度的畸变。

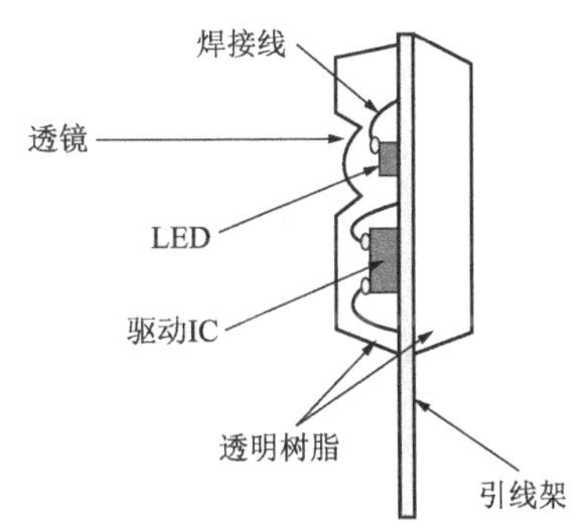

图 13.23 光发信/收信器件的结构例

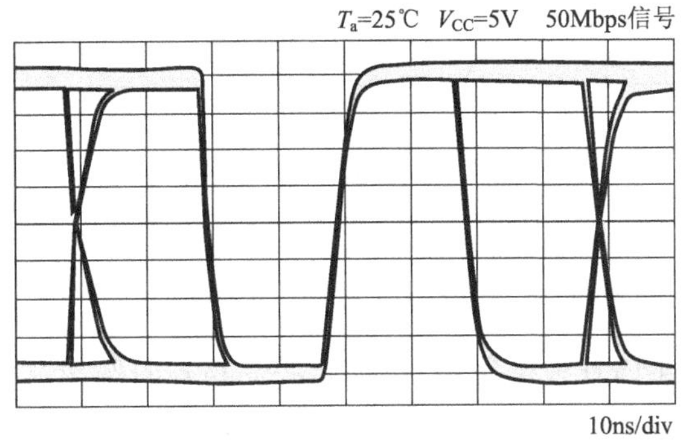

图 13.24 发信器光输出波形

图 13.26 是传送 50Mbps 的信号时收信器的输出波形。这是－24dBm 的光输入状态下的波形，它相对于光输入的最小额定值－23dBm 还有一定的余量。可以看出这时的受光灵敏度是充分的。

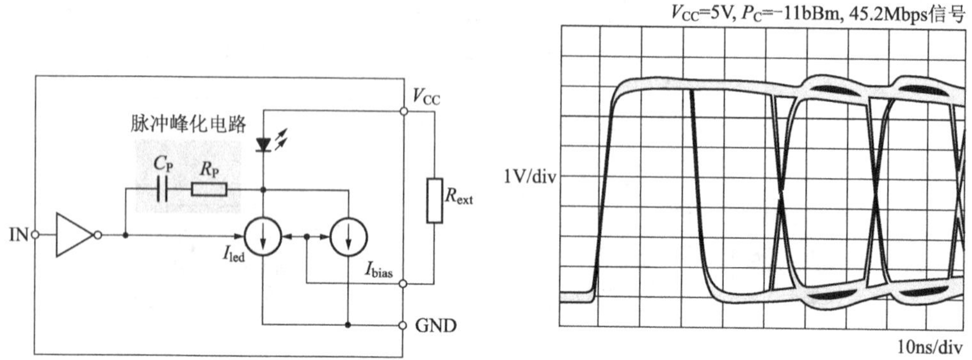

图 13.25　发信器电路的框图

图 13.26　收信器输出波形

图 13.27 是收信机的电路框图。光敏二极管 PD 和虚拟光敏二极管(虚拟 PD)构成差动电路，目的是减小同相噪声。另外，它还内藏有光检测电路，没有光信号时是暂停模式；当光信号输入时就变成工作模式。

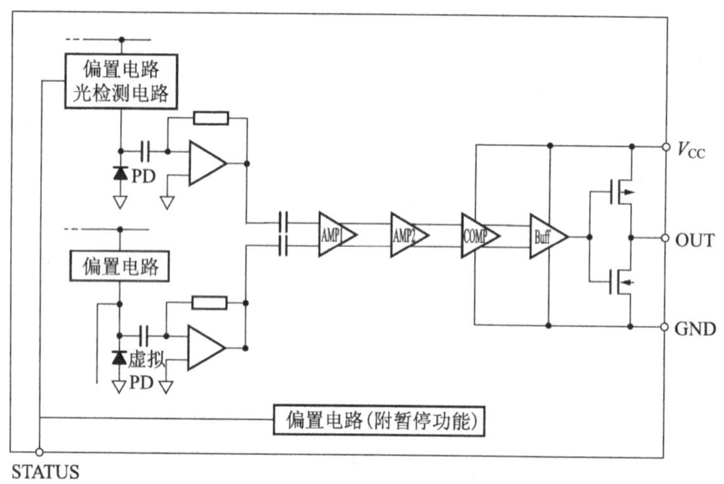

图 13.27　收信器电路的框图

13.4　MOST 环的应用例

图 13.28 示出车内各种设备用 MOST 环接起来的例子。与这些设备的要求相对应，按照控制的指令，介入 MOST 环进行数据的交换。就是说，对于任意的液晶监视器，可以放映 TV、DVD 等喜欢的影像，或者听 CD 等的音乐。这样就可以

将各种设备有机地组合起来,有效地发挥功能。

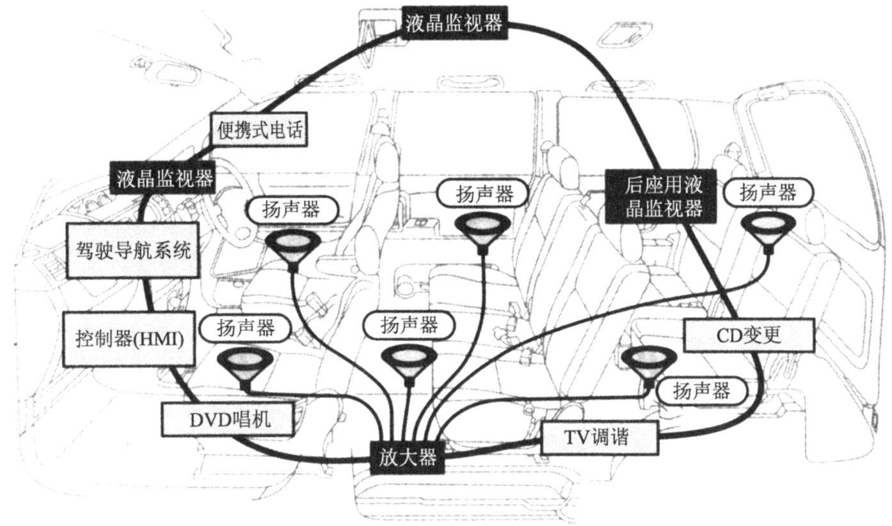

图 13.28 MOST 的应用例